国家林业和草原局普通高等教育“十三五”规划教材
科学出版社“十四五”普通高等教育本科规划教材
高等学校水土保持与荒漠化防治特色专业建设教材

水土保持经济植物栽培学

（第二版）

王进鑫　陈存及　主编

科学出版社
北　京

内 容 简 介

本教材分为上、下两篇。上篇是绪论和总论部分，包括了我国水土流失地区经济植物的分类与分布、生长发育规律、经济产量构成与产品品质、苗木培育、栽培品种的选择、栽植密度与立体配置、栽培方法与田间管理的基础理论和技术。下篇是各论部分，共 11 章，依照经济植物的主要用途，分别介绍了主要植物种的栽培意义、种类与品种、生物学与生态学特性、繁殖与栽培技术、抚育管理与更新复壮技术。本教材兼容草本、木本经济植物栽培理论及技术于一体，涉及面广、综合性强，具有一定的独特性。本教材以二维码展示拓展数字资源和选读内容，同时配套了拓展知识视频，配套资源可通过目录前的教学资源索取单申请。

本教材主要用于高等农林院校水土保持与荒漠化防治专业本科教学，也可作为高等院校自然保护与环境生态类、植物生产类专业本科，高等职业学校和成人继续教育本科、专科的教学用书，还可供生产、科研及管理部门的有关人员参考。

图书在版编目（CIP）数据

水土保持经济植物栽培学 / 王进鑫，陈存及主编．—2 版．—北京：科学出版社，2022.11

国家林业和草原局普通高等教育“十三五”规划教材　科学出版社“十四五”普通高等教育本科规划教材　高等学校水土保持与荒漠化防治特色专业建设教材

ISBN 978-7-03-073609-3

Ⅰ．①水…　Ⅱ．①王…　②陈…　Ⅲ．①水土保持－经济植物－栽培技术－高等学校－教材　Ⅳ．①S56

中国版本图书馆 CIP 数据核字（2022）第 198352 号

责任编辑：王玉时　马程迪 / 责任校对：杨　赛

责任印制：张　伟 / 封面设计：蓝正设计

科学出版社 出版

北京东黄城根北街 16 号

邮政编码：100717

http://www.sciencep.com

北京凌奇印刷有限责任公司 印刷

科学出版社发行　各地新华书店经销

*

2012 年 6 月第　一　版　开本：787×1092　1/16

2022 年 11 月第　二　版　印张：16

2022 年 11 月第二次印刷　字数：430 000

定价：59.80 元

（如有印装质量问题，我社负责调换）

《水土保持经济植物栽培学》（第二版）
编写人员名单

主　编： 王进鑫　陈存及

副主编： 刘增文　蔡丽平　李根前

编　委（按姓氏笔画排序）：

王乃江（西北农林科技大学）
王进鑫（西北农林科技大学）
王明春（西北农林科技大学）
吕月玲（西北农林科技大学）
朱清科（北京林业大学）
刘亚敏（西南大学）
刘秉正（西北农林科技大学）
刘增文（西北农林科技大学）
杜　峰（西北农林科技大学）
李会科（西北农林科技大学）
李根前（西南林业大学）
吴鹏飞（福建农林大学）
何海龙（西北农林科技大学）
邹小兴（福建农林大学）
张国防（福建农林大学）
陈存及（福建农林大学）
林锦仪（福建农林大学）
侯晓龙（福建农林大学）
梁一池（福建中医药大学）
董建文（福建中医药大学）
蔡丽平（福建农林大学）

主　审： 张康健（西北农林科技大学）

第二版前言

2012年6月《水土保持经济植物栽培学》（第一版）纸质版教材与配套电子光盘版教材正式出版，对推动我国水土保持与荒漠化防治特色专业建设、培养生态经济型林草植被建设高层次创新人才、助力脱贫攻坚战略任务全面实施发挥了重要的作用，获得了教材使用院校广大学生、教师和用人单位的好评，2018年被评为西北农林科技大学优秀教材。近年来，随着“基于成果导向教育”（OBE）理念的引入，《安吉共识——中国新农科建设宣言》的发布，国家一流专业建设、一流课程建设和课程思政建设与示范的全面推进，特别是现代信息技术、网络技术、多媒体技术的飞速发展，人们越发关注不同介质在知识承载、传播、获取中的重要作用，传统纸质教材面临着前所未有的挑战；加之国内外水土保持经济植物栽培学领域出现了大量的新技术和新方法，以及“水土保持经济植物栽培学”课程相继入选“西北农林科技大学线下一流课程”“陕西省线下一流课程”，要求重塑课程教学内容、方法、模式的任务已迫在眉睫。因此修订《水土保持经济植物栽培学》教材，构建现代信息技术与教育教学深度融合、纸质教材和数字资源相互支撑、多种介质综合运用的新形态教材，被提到议事日程，列入教材建设计划，并获得2019年西北农林科技大学重点教材建设项目资助。

2019年本教材获批国家林业和草原局普通高等教育“十三五”规划教材，2021年被列入科学出版社“十四五”普通高等教育本科规划教材。在国家林业和草原局院校教材建设专家委员会和科学出版社的指导下，在西北农林科技大学和福建农林大学教务处领导的大力支持下，经过教材修编委一丝不苟的精心锤炼，终于完成了《水土保持经济植物栽培学》（第二版）教材的编写工作。

本教材是在教育部“高等学校水土保持与荒漠化防治特色专业建设”项目立项教材的基础上，按照自然保护与环境生态类专业国家质量标准，结合高等院校水土保持与荒漠化防治专业教学特点，将现代信息技术与教育教学深度融合、多种介质综合运用修订而成的新形态教材。本教材基本保持了第一版的体例和章节，内容在第一版的基础上有所增、删，反映了近10年来国内外水土保持经济植物栽培学领域的创新成果与最新发展；依据最新《中国水土保持公报》、最新全国森林资源清查和产业经济数据等资料，更新了相关数据、资料与教学案例。特别是按照新形态教材编写要求，各章补充了必要的讲课、实验、野外实习视频，图片，栽培技术规程（标准）等数字资源，为同学们拓展学习提供了丰富、新颖的视听与阅读资料。

全书除绪论外，由19章组成，1～8章为总论、9～19章为各论。由于我国地域辽阔、自然条件复杂、经济植物种类众多，南、北气候及水土流失特点存在较大差异，各论部分章节较多。限于篇幅，教材在统稿过程中，仍将各论中一部分树种的栽培技术内容，以二维码的形式安排在了正文前的“选读内容目录”和相关章节末尾的“选读内容”之中，供各地高校在教学中选择使用。

本教材由西北农林科技大学的王进鑫教授和福建农林大学的陈存及教授任主编，刘增文、蔡丽平、李根前任副主编。参加编写工作的有西北农林科技大学、福建农林大学、北京林业大学、西南大学、福建中医药大学、西南林业大学等单位的21位教师与研究人员。各章的分工如下：绪论，王进鑫、陈存及、刘秉正；第一章，王进鑫、林锦仪；第二章，蔡丽平、李会科；第三章，王进鑫；第四章，王进鑫、刘增文、王乃江、吕月玲；第五章，王进鑫、何海龙；第六章，朱清科、王进鑫、何海龙；第七章，刘增文、王进鑫；第八章，蔡丽平、王明春、杜峰；第九章，吴鹏飞、董建文、王进鑫、李会科、刘增文；第十章，林锦仪、王明春、梁一池、吴鹏飞、董建文；第十一章，董建文、刘增文、蔡丽平；第十二章，邹小兴、林锦仪、王进鑫、王明春；第十三章，刘增文、李会科、张国防、吴鹏飞；第十四章，陈存及、侯晓龙；第十五章，刘增文、吕月玲、王乃江、陈存及；第十六章，王乃江、刘亚敏、王进鑫、何海龙；第十七章，王进鑫、蔡丽平、董建文、王乃江、侯晓龙；第十八章，王进鑫、李会科、吕月玲；第十九章，李根前。全书由王进鑫、陈存及统稿。

本教材编写过程中，参阅了大量国内外学者出版的著作、发表的论文、研究成果、制定的技术规程（标准）和相关科技工作者制作的视听资料，书中虽然做了文献来源标注或说明，但疏漏在所难免，在此一并表示衷心的感谢！

尽管在修订过程中，编者力图做到教材体系的新颖性与实用性相结合，但由于编者的水平有限，难免存在疏漏和不妥之处，敬请各位同仁、使用本教材的师生和读者给予批评指正，以便再版时修正。

编　者

2021 年 12 月于杨凌

教学资源索取单

凡使用本书作为教材的主讲教师，可获赠教学资源一份（包含配套的拓展知识视频）。欢迎通过以下两种方式之一与我们联系。本活动解释权在科学出版社。

1．关注微信公众号“科学 EDU”索取

关注→“教学服务”→“课件申请”

科学 EDU

2．填写教学资源索取单并拍照，发送至联系人邮箱

姓名：	职称：	职务：
学校：	院系：	
电话：	QQ：	
电子邮箱（重要）：		
所授课程 1：		学生数：
课程对象：☐研究生　☐本科（____年级）☐其他________		授课专业：
所授课程 2：		学生数：
课程对象：☐研究生　☐本科（____年级）☐其他________		授课专业：
使用教材名称/作者/出版社：		

联系人：王玉时　　咨询电话：010-64034871　　回执邮箱：wangyushi@mail.sciencep.com

目　　录

下篇　各　论

选读内容目录

上篇　总　　论

绪　论

【本章提要】 本章介绍了水土保持经济植物及其栽培的含义，经济植物在国民经济发展中的作用，我国水土流失地区经济植物栽培概况与特点；阐述了经济植物在水土保持综合开发治理、农村经济发展和农村脱贫致富奔小康中的作用和发展前景；提出了水土保持经济植物栽培学的基本任务和要求。

一、水土保持经济植物栽培在国民经济发展中的作用

（一）水土保持经济植物及其栽培的含义

水土保持经济植物，是指经济植物中既能适应水土流失地区恶劣的生态环境条件、充分发挥植物的水土保持作用，又能最大限度地利用植物本身的经济属性、提高国土资源利用效率的植物类群。

水土保持经济植物栽培，是指在水土流失严重、自然条件严酷、生态环境脆弱地带，为保持水土、改善生态环境、发展经济所进行的经济林草植被建设、经济植物产品生产的全过程。其主要任务是在充分发挥人工植被水土保持作用的同时，生产出优质、高产、低耗、无污染、有经济价值的植物产品（花、果、叶、皮、树脂、树液或寄生物），使改善生态环境的植被建设和发展经济的植物生产活动紧密结合，促进经济与环境的协调发展。

拓展阅读

（二）环境建设与经济发展的关系

生态环境的保护和治理，是当前国际上普遍关注的重大问题，直接关系着人类的生存和持续发展。党的十五届三中全会通过的《中共中央关于农业和农村工作若干重大问题的决定》指出，改善生态环境是关系中华民族生存和发展的长远大计，也是防御旱涝等自然灾害的根本措施。要大力提高森林覆盖率，使适宜治理的水土流失地区基本得到整治。生态工程建设要同国土整治、产业开发和区域经济发展相结合。在世纪之交的历史时刻，党中央做出了“植树种草、搞好水土保持，防止沙漠化、改善生态环境”的重大战略决策，并在全国范围内启动了生态环境建设这一跨世纪的宏伟工程。

党的十七大提出要把建设生态文明作为一项战略任务和全面建设小康社会的重要目标，党的十九大报告中指出建设生态文明是中华民族永续发展的千年大计，功在当代，利在千秋。建设生态文明，就要深刻认识“绿水青山就是金山银山”的发展理念。无数实践已经证明，保护生态环境，就是保护和发展生产力，像对待生命一样对待生态环境，生态环境优势就会转化为经济社会发展优势，绿水青山就可以源源不断地带来金山银山。生态环境与人类的经济活动息息相关，二者之间存在着对立统一的辩证关系。一方面，环境是经济的基础和制约条件，环境对经济发展起着重要作用；另一方面，经济发展又对环境变化起着主导作用。

环境是经济的基础，其主要表现在：①环境系统是产生经济系统的自然物质基础，经济系统是在人类作用和改造环境的过程中形成和发展的；②环境为经济活动提供了空间，是人类从事经济活动不可缺少的前提条件；③环境为生产活动提供用作原料和燃料的大量经济资源；④环境还可为发展旅游业提供舒适性资源。因此，保护和改善生态环境，则可有力促进社会经济的发展。

经济发展对环境变化的主导作用，则是随着社会的发展、生产力水平的提高及科学技术的进步而逐渐增强的。而且只有当人类按照自然规律和经济规律发展经济，妥善地处理经济发展

与环境的相互关系，才能使环境质量不断改善；同时，随着经济的发展，人民生活水平的提高，对良好环境条件的需求会越来越高，保护环境的意识也会增强，人们不仅不会破坏生态环境，还会积极主动地保护环境、改善环境，使环境质量不断提高。经济实力的增强，也能提供更多的资金用于环境建设，从而为经济活动提供更好的环境条件、供应更多的资源，促进经济发展。因此，正确了解环境与经济的对立统一关系，有利于正确处理两者的矛盾，实现环境与经济的持续、协调发展。

拓展阅读

（三）经济植物在国民经济发展中的作用

1. *经济植物是人类赖以生存的物质基础之一*　从人类还是早期猿人的时候起，人类就依赖于生物链中最重要、最基本的植物链环，依靠它养育并延续生命，进行创造发明，由此进化完善到现在。最早的工具和煮熟食物都是植物的贡献。世界和人类要延续下去，保持勃勃生机，自然离不开丰富的植物，特别是经济植物。因此，对植物链环出现的危机通过人工栽培措施予以及时补救，树立起绿色就是生命、绿色就是财富、绿色就是未来的观念，自觉地挽救绿色、保护绿色、建设绿色，用知识经济时代人类对智力资源的占有、配置，对知识的生产、支配和消费来代替对植物资源的掠夺和破坏，这是人类生存发展的唯一科学途径。发展经济植物可以为人们提供生产、生活必需的材料、燃料、饲料、肥料和果品。例如，《逸周书》大聚解第四十中写到："陂沟道路，藂苴丘坟，不可树谷者，树以材木。春发枯槁，夏发叶荣，秋发实蔬、冬发薪蒸，以匡穷困"。近年来，有关生物质能的研究与开发日益受到世界各国的重视，以能源植物（energy plant）（又称为"石油植物"或生物燃料油植物）为原料，生产出各种清洁燃料，从而替代煤炭、石油和天然气等石化燃料，可以减少对矿物能源的依赖，保护国家能源资源，减轻能源消费给环境造成的污染。在世界能耗中，生物质能约占14%，在不发达地区占60%以上。据估计，生物能源将成为未来持续能源的重要部分，能源植物具有广阔的开发利用前景。由此可见，经济植物栽培，不但是国民经济建设中产业结构问题，而且是关系全人类生存和发展的资源与环境问题，因此必须予以高度重视。

2. *经济植物是治理水土流失的重要措施*　据报道，近50年来我国因水土流失而损失的耕地达5000多万亩[①]，平均每年约100万亩（李松，2009）。每年流失土壤约50亿t，占世界土壤流失量的1/5；其中黄土高原土壤流失量达16亿t，约有4亿t淤积于下游河道。泥沙入黄逐年抬高黄河河床，致使黄河在洛阳以下成为悬河。长江、黄河水患历来为中华民族的心腹大患，而且这种险情并未削除。据《中国水土保持公报（2021年）》（莫沫，2022），2021年全国水土流失面积为267.42万km^2。其中，水力侵蚀面积为110.58万km^2，风力侵蚀面积为156.84万km^2。与2020年相比，全国水土流失面积减少了1.85万km^2；与《第一次全国水利普查水土保持情况公报》显示的2011年12月水土流失面积相比，10年间全国水土流失面积减少了27.49万km^2，年均减少2.749万km^2。此外，据第五次全国荒漠化和沙化土地监测结果（国家林业和草原局，2015）显示，截至2014年，全国荒漠化土地面积为261.16万km^2，占国土面积的27.20%；沙化土地面积为172.12万km^2，占国土面积的17.93%；实际有效治理的沙化土地面积为20.37万km^2，占沙化土地面积的11.8%。与2009年相比，5年间全国荒漠化土地面积净减少12 120km^2，年均减少2424km^2；沙化土地净减少9902km^2，年均减少1980km^2，与第四次监测期内的年均减少1717km^2相比，减少的幅度有所增加。这表明中国土地荒漠化和沙化状况已由20世纪末的"破坏大于治理"进入"治理大于破坏"的阶段。全国沙化土地由20世纪末每年扩展3436km^2转为每年减少1980km^2。水土流失及荒漠化面积减少、程度减轻，与

① 1亩≈666.7m^2

林草植被的恢复关系非常密切。据中国科学院水土保持研究所观测，在降雨量 346mm 的情况下，林地上每公顷的冲刷量为 0.27kg、草地为 0.41kg、农耕地为 15.9kg、休耕地为 30kg。据日本的观测资料显示，森林采伐后的径流量较采伐前增加 1.15 倍，高峰流量增加 1.05 倍。巫山县森林覆被率从 1949 年之前的 23.6%下降到 11.7%（20 世纪 80 年代），森林的水源涵养功能下降 1054m^3。长江三峡区香溪河流域，自 1970 年神农架林区开采以来，产沙量急剧上升，1980 年的产沙量较 1956 年前增加 45.5%。在黄土高原的试验观测表明，在汛期降雨量林区比非林区大的情况下，森林覆盖率 67.7%的流域较森林覆盖率 2.7%的流域减少径流量 25%～78%（刘厚成，2011）。最新的研究结果表明，林地开垦 10 年后，耕层土壤有机质、非毛管孔隙度、＞0.25mm 的水稳性团聚体及土壤稳渗速率较开垦前分别降低了 84.3%、44.0%、56.8%和 76.9%，土壤崩解率和冲刷量分别为林地的 21.5 倍和 25 倍，每年随泥沙流失的土壤有机质达 398.4～443.9t/km^2，土壤肥力严重退化（查轩和黄少燕，2001）。据中国水土流失与生态安全科学考察估算，仅 2000 年水土流失给中国带来的经济损失约 1900 亿元，相当于当年全国 GDP 的 2.1%（鄂竟平，2008），带来的生态环境损失尚难以估算。大量实践证明：治理水土流失，改善生态环境，必须以治本为主，标本兼治，而以林草为主体的生物措施则是其根本。

3. *经济植物栽培是促进农村经济发展，巩固植被建设成效的主要举措* 经济植物栽培是调整农村产业结构，繁荣农村经济的重要途径。它不仅可以充分发挥山区、丘陵区的土地资源和经济植物资源优势，增加群众经济收入，还会获得一定的燃料、肥料、饲料和木料（简称“四料”），对改善群众生活、生产条件，巩固植被建设成效具有重要作用。其一，在我国除少数有煤炭可以解决燃料的地区外，绝大多数水土流失地区都是“四料”俱缺地区，特别是燃料问题。由于缺乏燃料，人们不仅把农作物秸秆烧掉了，还将荒坡饲草也烧掉了，甚至燃畜粪、乱砍滥伐林木，致使农田土壤养分消耗得不到补偿，土壤肥力日益低下，植被恢复和建设的成效也难以巩固和提高。据调查，我国每年作薪柴烧掉的木材，占森林资源消耗总量的 1/3。例如，云南省农村一年消耗薪材 2100 万 m^3，占全省森林资源总消耗量的 57.22%（刘静等，2010）。其二，我国水土流失地区，自然条件严酷，干旱、洪涝发生频繁，土壤肥力低下，生产力水平不高，农村产业结构是一种单一的、典型的求生结构，自然经济仍占统治地位，严重地阻碍着区域的经济发展，使资源优势难以转化为商品优势和经济优势。因此，控制水土流失，治理生态环境，必须与治穷致富结合起来。在 1998 年召开的“跨世纪的陕西生态环境建设”研讨会上，我国水土保持界的老前辈关君蔚先生提出“治水在治山，治山在治穷”，并指出“从可持续发展的社会效益需要来看，应是生态效益高于经济效益，但从我国农村当前的经济基础来看，经济效益又急于生态效益。因此，作为战略思想，是要社会效益、生态效益和经济效益同步实现；但在战术上只能是经济效益、生态效益和社会效益同步实现”。尽管是一个顺序上的变化，但意义非同一般。实践也证明，植被建设中，只重视生态效益而忽视经济效益，既不符合我国当前比较落后的国情，也违背了植被建设者——广大人民群众的愿望，势必削弱造血功能和自我发展能力，缺乏建设的后劲。由此可以说明，不解决农村能源问题，不解决穷困问题，便不能解决植被破坏和水土流失等生态环境问题，而水土保持经济植物栽培为解决上述问题提供了条件。

4. *经济植物栽培可带动农村多业的发展，增加就业机会* 经济植物产品繁多，不仅能为食品、油脂、制糖、香料、化妆、医药、纺织、造纸、化工、涂料、选矿、铸造、造船、航空等工业提供数千种原料和产品，带动第二、三产业的发展，吸收消化大量劳动力，而且经济植物产品的生产是一项劳动密集型产业，为农村剩余劳动力开辟了新的就业门路。许多乡镇企业，以经济植物产品为基础，建立了产中、产后服务体系，开展产品的加工利用，把资源优势转化为产品优势，增强了自身的经济实力。例如，银杏叶每千克售价仅 1 美元左右，如果初加工成饮料，则每千克增值 5～8.2 倍，如果提取具有防治心脑血管病的特效成分银杏黄酮类化合物和萜内酯，则增值更大。据报道，银杏从原料、粗制品到药品市场上的价格之比为 1∶5∶100（陈榕虎和林端宜，2001）。我国目前可年产优质银杏干叶 2 万 t，若按每吨出口价 1000 美元计算，干叶可创利 2000 万美元，粗加工提取物创利 1 亿美元，药制品的附加值 20 亿美元。由此可见，若能通过精加工生产高附加值产品，既能将资源优势转化为产品优势、经济优势，又能带动农村多业的发展，增加就业机会。

拓展阅读

二、我国水土流失地区经济植物栽培概况

（一）我国经济植物栽培历史

经济植物是人类赖以生存的物质基础。在有农业生产之前，人类就以食用各类经济植物的果实为生了。1973 年在浙江省余姚河姆渡村发掘的原始社会遗址中，在残遗的植物中发现除稻谷外，还有成堆的橡子、酸枣等。我国古籍中有关经济植物栽培的记载，可追溯到 2600 多年以前，如《诗经》中不仅记述蒿、芩、葛、芍药等药用植物，也记述了枣、桃、梅等的栽培。在《战国策》中记有苏秦游说到燕国时，对燕文侯说："北有枣栗之利，民虽不由田作，枣栗之实，足食于民矣，此所谓天府也。"《史记·货殖列传》中，对果树栽培的盛况已有描述："安邑千树枣，燕、秦千树栗，蜀汉、江陵千树橘，淮北、常山以南河济之间千树萩，陈、夏千亩漆，齐、鲁千亩桑麻，渭川千亩竹……此其人皆与千户侯等。"《齐民要术》中记述了地黄、红花、吴茱萸、竹、栀、桑、胡麻、枣、梨、桃等的栽培。南宋时代韩彦直《橘录》等书中记述了橘类、枇杷、通脱木、黄精等 10 种药用类经济植物的栽培方法等。

总之，我国经济植物栽培历史悠久，广大劳动人民在长期栽培利用经济植物的生产实践中，曾创造和积累了丰富的栽培、管理经验，如嫁接、林农间作、以林保农、以耕代抚、筑梯作埂、开沟拦水、山顶留林、山腰留杂，山脚留草等。这些宝贵经验不仅在当时对经济植物栽培和水土保持起了很大的作用，而且对我们今天发展经济植物生产，采用生物措施控制水土流失，保护生态环境也具有现实意义。

（二）1949 年以来我国经济植物栽培概况

1949 年以后，随着农业、林业、牧业和医药卫生事业的发展，经济植物资源开发和栽培利用也得到了迅速的恢复和发展。1958 年 4 月国务院发出充分采收利用野生植物原料的指示，全国掀起了探查和利用野生植物原料的高潮。此后，国务院每年秋季都通知各地抓好"小秋收"，即采收野生经济植物，常年产品收购达 10 亿元左右。与此同时，药用植物、果树、经济林、牧草等栽培也有了一定的发展。例如，1983 年吉林人参存留面积为 8.5 万亩，鲜参总产量达 3152t，是新中国成立初期的十几倍；经过 5 年的发展，至 1988 年面积达到了 23.5 万亩，鲜参总产量达到 11 965t（岳沛华和刘中文，1991）。经济林面积由第四个五年计划清查时的 273 万 hm^2 增长到第五个五年计划时的 626 万 hm^2。特别是在十一届三中全会以后，被誉为世界生态工程的我国七大林业重点工程相继启动，再加上市场经济体制的逐步建立，有力推动了经济植被建设的步伐。1997 年，全国已有经济林 2000 万 hm^2，年产值约 800 亿元；2006 年底，全国有经济林 3000 万 hm^2，经济林年产值达到 2550 亿元，占全国林业总产值的 23.95%；果树面积增长幅度则更大。

为进一步提高我国经济林产品的质量，加快实施经济林名牌战略，扩大各地名特优产品的社会影响和知名度，进一步调动广大群众发展名特优经济林的积极性，国家林业局（现为国家林业和草原局）于 2000 年、2001 年、2004 年、2006 年分别将北京市平谷县（现为平谷区）等

88个县（市、区）、北京市怀柔县（现为怀柔区）等135个县（市、区）、北京市密云县等73个县（市、区）和浙江省天台县等7个县（市、区）命名为首批、第二批、第三批和第四批“中国名特优经济林之乡”。其中，仁用杏之乡9个（河北省涿鹿县、蔚县、承德县，内蒙古自治区宁城县，辽宁省凌源市、北票市、朝阳县，宁夏回族自治区彭阳县，新疆维吾尔自治区阿克陶县）；核桃之乡26个（山西省汾阳市、古县、左权县、黎城县，浙江省临安市、淳安县，山东省东平县，安徽省宁国市，云南省漾濞彝族自治县、昌宁县、大姚县、楚雄市、南华县、凤庆县，重庆市城口县，四川省南江县，河北省涞源县、涉县，陕西省洛南县、镇坪县、黄龙县，甘肃省成县、康县，新疆维吾尔自治区叶城县、和田县，河南省卢氏县）等。2003年10月国家林业局造林司组织对首批命名的“中国名特优经济林之乡”进行跟踪检查，从总体情况看，被检查单位自国家林业局命名为首批“中国名特优经济林之乡”“中国花木之乡”后，很受鼓舞，发展经济林产业的积极性更加高涨，当地政府、林业部门更加重视名牌效应，发挥区域资源优势，大力发展特色产品，生产规模和良种推广面积均有不同程度的扩大，经营管理水平不断提高，综合经济效益稳步增长，做大了产业，辐射带动了相关产业的发展，带动了一方经济发展。大多数单位典型示范作用发挥好，经济效益显著提高，成为当地种植业的高效示范样板。“中国名特优经济林山核桃之乡”浙江临安市已成为全国最大的山核桃加工集散地，专门成立了山核桃研究所，先后有11项科研课题通过省市鉴定并获奖，科研成果推广比例为95%，仅新研制的手剥山核桃技术，就使每千克山核桃增值9元。全市有加工企业221家，产品加工上市率达95%以上。“中国名特优经济林板栗之乡”湖北罗田县把板栗之乡建设与林业生态工程相结合，对基地建设按照高起点、高标准、“四统一”（统一规划、标准、施工、验收）的要求，建成高质量的百里板栗带，成为生态型经济林建设的样板。

《2020年中国国土绿化状况公报》（全国绿化委员会办公室，2021）显示，2020年，全国林业产业总产值达7.55万亿元，林产品进出口贸易额达1600亿美元，全国森林植被碳储量91.86亿t，绿水青山不断转化为金山银山。2021年，全国经济林种植面积继续保持在6亿亩以上，年产量超过2亿t，产值超过2.2万亿元，核桃、油茶、板栗、枣、苹果、柑橘等主要经济林面积和产量均居世界首位。从事经济林种植、加工和经营的国家林业重点龙头企业达到104家，核桃、油茶、板栗、枣、花椒、枸杞、苹果、柑橘等174个经济林产区入选中国特色农产品优势区。全国经济林加工利用产值达到6148亿元，较2012年增长112.6%（王敏，2022）。

拓展阅读

（三）水土保持经济植物栽培的特点

1. *栽培植物种类多，涉及学科范围广*　我国幅员辽阔，经济植物资源丰富。其中，绝大多数不仅适于在广大水土流失地区栽培，而且也具有较好的水土保持作用。这些植物有的属于牧草（如苜蓿、红豆草等），有的属于油料（如蓖麻、苏子），有的属于果树，有的属于经济林，有的属于花卉，也有的属于中药材。因此，从栽培技术来说，涉及众多学科的知识。同时，水土保持经济植物栽培作为我国生态经济型防护林体系建设的重要组成部分，还必须在生态经济学的指导下，将系统工程与生物科学、环境科学的理论相结合，根据区域的自然环境条件、经济背景和经营传统，统筹规划、合理布局、精心选择适生优良植物种，采用科学管理方法，以取得预期成效。

2. *栽培区域自然条件严酷，必须与相应的工程措施相结合*　水土流失地区生态环境脆弱，土壤肥力低，旱涝等自然灾害频繁发生。因此，经济植物栽培必须与配套工程措施如集流整地工程、有害生物防治工程、防护林工程等相结合，使经济植物种（品种）的生物学特性、对生态环境的要求与栽培区域的环境条件相一致，这是确保经济效益的关键。

3. *经济植物产品的生产有着更为严格的质量要求*　经济植物栽培生产与粮食及蔬菜作

物一样，不仅要求产量，也要求产品达到一定的质量。例如，药用类、水果类经济植物，对产品品质的要求就更为严格，它不仅要求产品的外观性状好，更要求产品的内在品质好（有效成分含量高、次生代谢产物的种类多、无毒性成分存在、口感好等）。所以，对采收期、加工工艺要求严格。又如，照山白（*Rhododendron micranthum*，小花杜鹃），其叶除了含总黄酮（可治病）外，还含有毒性成分——梫木毒素（andromedotoxin，也称"八厘麻毒素"，对呼吸及心脏都有抑制作用）。就产量而言，6～8 月收获最高，但此期总黄酮含量低，且含有较高的梫木毒素，此期采收时不能入药。此外，许多经济植物产品具有很强的"道地性"（中药材的道地性是鉴别药材优质与否的专用名词。道地药材又称地道药材，是指一定的药用生物品种在特定环境和气候等诸因素的综合作用下，所形成的产地适宜、品种优良、产量宏丰、炮制考究、疗效突出、历史悠久、带有地域性特点的药材），如吉林的人参、甘肃的当归、云南的三七、四川的黄连、宁夏的枸杞、江苏的薄荷、浙江的"浙八味"（白术、白芍、浙贝母、杭白菊、延胡索、玄参、笕麦冬、温郁金）等，只有在特殊的气候、土质等条件下栽培生产，才能达到优质标准。因为气候、土质等环境条件，不仅影响植物生长发育，更重要的是限定了次生代谢产物及有益元素的种类、数量和存在状态。例如，同一时期采收的兴安杜鹃（*Rhododendron dauricum* L. 别名：满山红、达子香、迎山红、鞑子香），黑龙江五常市的挥发油含量为 2.1%，穆棱市的只有 0.3%；就杜鹃素（farrerol，一种具有祛痰功效的药用成分）而言，产于伊春市乌翠区的为 6.0%，产于牡丹江市的为 2.9%。因此，经济植物的栽培，特别是引种栽培时，必须依据栽培植物的产品特性进行必要的区试及产品品质对比分析，然后再行决定。

拓展阅读

三、水土保持经济植物栽培学的目的和任务

水土保持经济植物栽培学，是研究栽培水土保持经济植物如何达到优质、高产、高效、生态、安全的理论和技术的应用学科，是为适应我国高等教育体制改革，着力培养学生能力和综合素质，以满足我国生态环境建设和经济发展，生态经济型防护林体系建设对人才培养的基本要求而编写的。其重点是讲授水土流失地区水土保持经济植物种的选择，生长发育规律及经济型乔、灌、草有机结合的立体配置技术，并应用栽培学原理合理调节经济植物产量、品质与环境因子、栽培措施之间的关系。其主要目的是改变片面强调生态效益而忽视经济效益的陈旧观念，促进水土流失地区小流域综合治理向生态经济型方向发展，确保经济植物生物学、生态学特性与环境的统一，环境治理与资源开发利用及农村经济持续发展的协调与统一，推动国民经济发展。

具体任务是：第一，使学生了解我国水土流失地区主要经济植物种质资源、特点及用途，并能识别主要水土保持经济植物种（品种）；第二，掌握经济植物生长发育规律及栽植技术，能选择合适的栽培植物种；第三，掌握水土流失地区主要经济植物的合理栽植密度、配置形式及特点；第四，掌握提高经济植物产量、品质的基础理论和基本技能；第五，掌握主要经济植物产量测定及经济性状鉴定技术，了解主要种的生物学习性，提高学生综合运用栽培原理和技术解决复杂栽培学问题的能力。

由于我国地域辽阔，自然条件复杂，经济植物种类繁多，南北气候、土壤及水土流失特点存在较大差异。因此，各论部分章节较多。各地在组织教学过程中，可根据实际情况有所侧重。

（王进鑫、陈存及）

复习思考题

1. 简述水土保持经济植物及其栽培的含义。
2. 从生态环境建设与经济发展的辩证关系出发，论述水土保持经济植物栽培的意义。
3. 试论经济植物在国民经济发展中的作用。
4. 国家林业局（现为国家林业和草原局）先后命名了多少个中国名特优经济林之乡？你知道的有哪几个？
5. 简述我国水土流失地区经济植物栽培的特点。
6. 如何理解中药材的道地性？
7. “浙八味”通常指哪八种中药材？
8. 水土保持经济植物栽培学的基本任务有哪些？

第一章 我国水土保持经济植物的分类与分布

【本章提要】本章介绍了水土保持经济植物分类的方法，阐述了12大类经济植物产品的形态、特征、性能、生产概况及其在国民经济建设中的作用，并简要介绍了水土保持经济植物主要栽培种的分布。要求掌握经济植物的分类方法，了解我国不同气候、不同水土流失类型区水土保持经济植物的分布。

第一节 水土保持经济植物的分类

我国是一个植物资源大国，目前已知的高等植物达35 286种，约占世界高等植物总种数的1/10。其中，有苔藓植物2100余种、蕨类植物2600余种、被子植物30 336种、裸子植物250种，分别占世界种数的10%、22%、10%和26.7%。这些植物分属于470科3700余属，有247个特有属，17 300多个特有种，高等植物特有种占我国高等植物总种数的49%。我国木本植物约8000种，乔木树种约3000种，分属于115科302属，全世界95%以上的木本植物在我国都有代表种分布。我国是地球上种子植物区系起源中心之一，也是种子植物种类最丰富的国家之一，种子植物种数（约30 586种）仅次于马来西亚（约45 000种）和巴西（约40 000种），居世界第三位（马敬能等，1998）。由于马来西亚和巴西地处热带，大多数是热带植物种类，而我国地域辽阔，从南到北有世界上唯一具有连续完整热带、亚热带、暖温带、温带和寒温带的气候类型及相应的植物种，从东到西有森林、草甸、草原和荒漠等多种植被类型及相应的植物种类，几乎拥有除极地冻原以外世界上所有的主要植被类型。因此，我国的植物资源不仅具有物种丰富度高、特有种属多等特点，而且区系起源古老、栽培植物种质资源丰富，植物资源的多样性是任何一个国家都无法比拟的。

丰富的植物资源为经济植物资源的开发奠定了基础。我国已发掘有利用经济价值的植物达2400余种（经济树木1000余种），分属于170余科。由于经济植物种类繁多，植物形态特征、生态适应性，产品特性和经济用途各异，为了便于研究和栽培利用，就必须对其进行分类。

目前，有关经济植物的科学分类，大多是按照植物种的不同原料类别与经济用途范围进行划分的，这是因为人类在开始利用和驯化栽培植物时，首先想到的是它有什么用。我国的经济植物分类开始较早，在公元前2～3世纪，《尔雅》中已有梨和柑橘的分类；北魏（公元386～534年）时期的《齐民要术》中就有利用乌桕种子榨油的记载，宋代蔡襄在《荔枝谱》（1059年）中已将福建栽培的荔枝分为32种；明代李时珍在《本草纲目》（1552～1578年）中将药用植物分为草、谷、菜、果、木5部30类（药材分为16部62类），其中属于“果部”的105种植物分为6类，即五果、山果、夷果、味果、蓏类、水果，属于“木部”的160种植物分为香木、乔木、灌木、寓木、苞木、杂木6类，但多从药物学方面加以解说；到《二如亭群芳谱》（1621年）问世时，对果谱则有了更进一步的划分；1933年奚铭已在其所著的《工业树种植法》一书中，按照树种的不同用途将其分为油料树、单宁料树等10类；20世纪50年代初陈植在《特用经济树木》一书中，将经济树木分为油脂、药用、香料等12类；20世纪60年代初由中华人民共和国商业部土产废品局、中国科学院植物研究所编著的《中国经济植物志》中，将经济植物分为纤维、油脂、淀粉、糖等10类；1983年，我国植物学家吴征镒、周俊、裴盛基在我国植物学会50周年大会上，提出了一个新的植物资源的分类体系，即首先将植物资源分为栽培与野生两大类。其中，栽培植物包括农林牧副渔各个方面人工种植的植物，野生植物是指人类采集利用的原料植物。这个分类体系着重于野生植物资源的分类，共分为食用植物资源、药用植物资源、工业用植物资源、防护和改造环境的植物资源、植物种质资源5类。20世纪90年代由何明勋主编的《资源植物学》中，对资源植物的分类是在苏联M. M. 伊里宁分类（1948年）的基础上，经补充和归并，将资源植物分为纤维、油脂、淀粉、食用、工业原料、有毒植物等10类；2004年底出版的何方和胡芳名编写的《经济林栽培学》（第二版）中，又将经济林分为油料类、芳香油类、香料调料类、工业原料类、干果类等15类；传统果树学、药用植物学中的分类则更多，有的根据果实构造，有的根据果树形态和生态，有的根据植物分科来分类，也有的把各方面综合起来进行分类。

水土保持经济植物是经济植物中人为划分的一个类群，一般以木本经济植物为主体。因此，在借鉴《经济林栽培学》中经济树木分类方法的基础上，依据水土保持经济植物的产品特性及其当前主要经济用途进行分类，共分为12大类。当然这一方法仍存在着一定的缺陷。其一，植物的不同器官，其原料特性和经济用途并不一定相同；其二，随着科学技术的发展、先进分析仪器的不断涌现和测试手段的改进，同一经济植物的主要经济用途将会有所变化。因此，有关经济植物的分类方法，仍有待于进一步修改、完善。

拓展阅读

一、油料类

植物油脂广泛存在于植物的孢子（低等植物）和高等植物的果实和种子中，抑或存在于植物的根、茎和叶中。

近几十年来，世界油脂的增长与20世纪50年代相比翻了三番。其中，植物油脂的增长占80%，但仍不能满足需要。美国、巴西、中国和阿根廷是世界主要油料生产大国，2013～2014年世界油料总产量为64 540.4万t（邓婷鹤，2015）。1996～2014年中国油料进口量从112万t增长至7755万t，增长了68倍；中国植物油进口量从276万t增加至868万t，增幅达215%。如果将进口油料折算成植物油，中国植物油进口量占总供给量的比例从1996年的28%上升至2014年的62%，对外依存度逐渐加深（王佳友等，2017）。2020年我国进口食用油籽为10 614万t、进口食用植物油为1170万t，均创历史最高纪录（张立伟，2021）。研究证明，植物油脂含有的脂肪酸远比动物油脂的多，其不饱和程度也高，这就决定了它所具有的广阔利用前景。我国油料类经济植物资源极为丰富，业已发现的有800余种，按用途可将其分为两类。

（一）食用油类

油脂是人体的主要营养物质，它所产生的热量要比蛋白质、碳水化合物高出1倍，尤其是许多植物都含有不饱和脂肪酸和甘油酯成分，可预防心血管病，甚至有一定的治疗作用。因此，植物油脂有可能取代大部分动物油脂。根据营养学家的建议，比较理想的以油酸或亚油酸为主的食用植物油是向日葵油、大豆油、玉米胚油、橄榄油、花生油、核桃油、茶油、元宝枫籽油。含有γ-亚油酸的油脂，如月见草种子油，具有显著的抗血栓形成效果，并有降血脂、降胆固醇和预防动脉粥样硬化的作用。此外，亚麻油、紫苏油、大豆油、牡丹籽油均成为保健食用油。

（二）工业用油类

油脂除食用外，在工业上有许多用途，是重要的工业原料。例如，油漆工业及涂料需要大量的干性油类，像脱水蓖麻油和桐油等；制革工业需要大量的含12～18碳脂肪酸类的油；造纸、印染和制革工业中，常用植物油脂作为软化剂、助染剂、辅助剂与抗静电剂的原料；塑料工业中需要一定的植物油脂作为增塑剂、引发剂和稳定剂。另外，一些植物油脂还是医药的重要原

拓展阅读

料，如胡桃油、蓖麻籽油、槟榔油可用于治疗瘰疬和癣疥；巴豆油和蓖麻油及使君子油可用于驱虫、作清泻药；鸦胆子油则对多种人体肿瘤有抑制活性等。很多植物油脂，如马桑油、蓖麻油是很有效的杀虫剂。

二、香料调料类

香料调料是现代食品、饮料、化妆、烟草、牙膏、医药等工业的重要原料，按产品特性和主要用途又可分为两类。

（一）芳香油类

芳香油类经济植物是指植株或器官（茎、叶、花、果、种子）中含有香精油（essential oil）、挥发油（volatile oil）或难挥发树胶的具有芳香味物质的一类植物。芳香植物中含有的芳香化合物在植物体中常呈香油状，被保存在植物体的某些特殊器官中，如油腺细胞、油腺或油毛中。一般用压榨方法、水蒸气蒸馏法或有机溶剂萃取等方法即可获得，通常所说的“精油”或“香精油”即属此类。

芳香油在工业上用作调香及配香剂，是香料工业、化妆品工业及食品工业的重要原料——日用香料（fragrance）。由于精油除少数品种外，一般不能单独应用，必须由数种乃至数十种精油或其成分调和以后，才能成为香精。因此，精油通常是配制香精的原料，故习惯上称作香料。据统计，世界香料生产中的60%常被用于化妆品生产，约30%用于食品生产。香精油在制皂工业及洗涤剂工业中的用量也在日益增多。

据不完全统计，全世界共有3600种芳香植物，其中被有效开发利用的只有400多种。世界上著名的植物香精油有玫瑰油、薰衣草油、迷迭香油、树兰油、茉莉花油、桂花油、薄荷油、樟脑油、芳樟油、香桂油、八角茴香油、山苍子油、橘油、桉树油、柠檬草油、芸香油、姜油等。不少香精油如玫瑰油、兰花油、树兰油等，其价值超过黄金。这些品种的原产地主要分布在地中海沿岸的欧洲诸国，中亚、中国、南美等地区也有分布。

我国芳香植物资源异常丰富，据统计，在世界上已被利用的近3000种植物香精中，我国有资源可以生产的达1000多种。其中，国产种子植物中，含香精的有260多科近800属，含精油较高的达370余种。然而被开发利用的仅50余种，纳入主要栽培的也只有20多种。其中，薄荷油、桂油和茴油的产量已稳居世界第一。我国香料业的发展比较迅速，目前，我国除内蒙古、西藏和宁夏之外，其余各省均有香料厂家，全国有香料企业500多家。我国每年香料人均消耗量为7g，而日本人均消耗量为250g。所以，我国香料消费市场有着巨大的潜力。

（二）食用香料类

食用香料植物是指用于各类食品加香调味或饮料调配的植物性原料，是植物的某个部位或全部。美国香辛料协会（American Spice Association）规定，凡是主要用来作食品调味用的植物，均可称为食用香料植物。

食用香料植物的开发利用，在农业和食品工业中占有重要的地位。当今和未来世界，对食品追求的目标是无污染、无残毒、安全可靠，且口味芳香、花色各异。作为赋香原料，天然植物具有独特的优越性，不仅具备上述条件，而且增强了食品的抗腐败和抗氧化性，甚至起到了疗效食品的作用，是人工合成香料远远不能比拟的。

目前，世界上生产的食用香料植物有500多种，但大量生产的只有几十种。食用香料植物可分为烹调香草（culinary herbs）和辛香料（spices）两大类。其中，烹调香草是指具有特有芳香的软茎植物，多采取顶部枝梢部分作食品的赋香调味，使用时既可用新鲜的，也可用其干品。常见的有月桂、迷迭香、百里香、留兰香、鼠尾草等。辛香料是指在食品调味中使用的干燥的芳香植物，其精油一般含量较高，并具有明显的芳香气味。主要使用植物的花蕾、果实、种子、树皮等，常用的烹调辛香料约有26种，如具热感和辛辣感的姜、辣椒、胡椒等，具芳香味的肉豆蔻、小豆蔻、胡卢巴、肉桂、丁香、多香果等，使食品着色的藏红花、辣椒、姜黄等。

目前，国际标准化组织（ISO）已经承认的食用香料植物有110多种，并对名称、产地、使用部位等进行了认证，以减少在国际贸易中的争端。在我国400多种香料植物中，食用香料植物占有相当部分和重要地位，如传统的出口商品八角茴香和中国桂皮，主要分布在南亚热带的华南各省及福建南部；在国际上享有很高声誉，并占据国际市场的薄荷素油和白熊牌薄荷脑的薄荷生产基地，主要分布在江苏、安徽、江西、河南等；既是食用香料（flavor），也是日用香料（fragrance）的独特珍贵的桂花资源，在国际市场上供不应求，主要分布于贵州、湖南、浙江等地；此外还有丁香、胡椒、香柠檬、小茴香等。

拓展阅读

三、饮料类

纯天然的保健饮品，已成为当今的时尚。据统计，2010年我国人均年消费软饮料仅8kg，为世界平均水平的1/5，是西欧发达国家的1/24，其中果汁及果汁饮料人均年消费量仅1kg，是西欧的1/40。目前，在饮料的消费中碳酸型饮料占比开始下降，纯天然果蔬型饮料占比逐渐上升，但占比仍然偏低。2019年我国生产的17 764万t饮料中，包装饮用水、即饮茶饮料和碳酸饮料三者占中国饮料销售额的比重分别为34.55%、21.12%、14.93%。经过多年的发展，果汁和能量饮料也已成为饮料行业的重要组成部分，2019年二者占中国饮料销售额的比重分别为15.60%、7.92%。因此，积极培育和开发具有保健功能的饮品资源，意义重大。

茶、咖啡、可可一直是世界性的饮品。我国是茶叶的主要生产国，茶区辽阔，品种丰富，茶类众多，遍及全国18个省（自治区、直辖市）。2018年我国茶园面积达293.04万hm^2，茶叶总产量为277.6万t，茶叶出口量约60万t。咖啡在我国热带、亚热带地区也有栽培，主要集中在云南、海南和广东。目前咖啡总面积近12万hm^2，2017年咖啡豆产量为11.5万t，产量仅占全球1.2%。除此之外，许多草、灌木和乔木保健饮品植物资源产品仍处在不断的开发利用之中，如菊花、金银花、山楂、杨梅、杜仲、槐、银杏叶、余甘子、合欢、梅、核桃叶、桑、女贞、沙棘、野刺梨、柿叶等。

拓展阅读

四、药用类

植物药在保障人类健康与治疗疾病方面，发挥着重要作用。我国药用植物资源异常丰富，栽培利用历史悠久。1978年出版的第3版《中华人民共和国药典（一九七七年版一部）》中，共收载中药733种，其中植物药有600多种。1988～1991年出版的《新华本草纲要》所收载的植物类药材近6000种，其中有2000种曾进行了野生家种或引种栽培，家种成功的有1000余种，大面积栽培生产过的有200余种。20世纪80年代，我国曾经进行过全面系统的资源调查，发现的药用植物资源种类包括383科2309属11 146种，其中藻、菌、地衣类低等植物有459种，苔藓、蕨类、种子植物类高等植物有10 687种，在这些药用植物中，临床常用的植物药材有700多种，其中300多种以人工栽培为主，传统中药材的80%为野生资源。1999年出版的《中华本草》全书34卷，其中前30卷为中药，载药8980种；后4卷为民族药（藏药、蒙药、维药、傣药各1卷），共载药1762种。《中华人民共和国药典》（2020年版）由一部、二部、三部和四部构成，收载品种共计5911种。其中一部中药收载2711种。

植物药中供利用的部分有全草（全株）、茎、叶、花、果、种子、皮及根等。药用植物所含的有用化学成分，即所谓“天然活性物质”种类甚多，有生物碱类、倍半萜类、二萜类、三萜皂苷、皂苷类、黄酮化合物、甾醇类、香豆素类、蒽醌类、蛋白质、氨基酸类、有机酸、脂肪酸类和多糖类等。

药用经济植物常因产区、分布环境、植株年龄、植物部位和采收时期的不同，其有效成分含量及药用效用会有很大差异，这是药用经济植物栽培及加工利用应注意的问题。

拓展阅读

五、纤维类

纤维广泛存在于高等植物中，一般木本植物的纤维含量可达总体重量的40%～50%。植物体的不同部位纤维含量分布差别很大，含于茎皮部分的纤维称为韧皮纤维；分布在叶中的纤维，称为叶纤维（如棕榈科植物）；含于果壳或种子部位上的纤维叫作果壳纤维或种子纤维等。木材纤维是木本植物茎干的主要组成部分，是造纸的上等原料，纤维类经济植物也是编织、纺织和制作绳索及填料的主要原料。

纤维中含有高聚糖化合物的纤维素和半纤维素，在一定的温度和催化剂的作用下，可被水解为单糖；再通过化学或生物化学方法，便可生产乙醇、糠醛、酵母和在工业上广为利用的乙酰丙酸等重要原料。据统计，我国已知的纤维植物有500多种。

六、工业原料类

工业原料植物涵盖的范围甚广，主要包括以下几类经济植物。

（一）淀粉类

淀粉属碳水化合物，常存在于植物的种子、果实、茎、块茎、根茎及块根中。淀粉是人类的重要食品，它可以做成粉丝、粥米、粉皮，也可用于制糖和酿酒；除此之外，淀粉也是重要的工业原料，广泛用于浆纱、印染、制革、冶金及铸造业中。淀粉通过发酵、改性，能生产许多重要的化工原料，如*p*-羟基苯酸、香子兰酸、乙酰丙酸、己酸、乳酸、乙醇、丁醇、丙酮及多羟丁酸酯等；淀粉黄原酸酯可用于净化处理废水；并已广泛应用于造纸、纺织、胶黏剂、制药、化妆品、洗涤剂、超吸水材料、水处理絮凝剂等领域。

除传统栽培的农作物外，我国淀粉类经济植物资源也不少，仅壳斗科橡子树类即可年产橡子上亿吨。

拓展阅读

（二）鞣料类

鞣质也称为单宁（tannins）或“栲胶”，广泛存在于植物体中，是植物细胞液的主要组成成分之一。在活细胞中主要存在于空胞内，当细胞成熟时，鞣质被细胞壁所吸收而积贮在死细胞内。通常，植物的果实、茎皮及叶中含量较高。

鞣质属于多元酚苯基丙烷类化合物，是一类具有收敛性的物质，通常根据鞣质的化学结构可分为三大类，即可水解鞣质（又可细分为没食子酸鞣质、逆没食子酸鞣质）、缩合鞣质（又称为儿茶酚类鞣质）和复合鞣质。著名的可水解鞣质如五倍子鞣质、化香果鞣质、橡椀鞣质、咖啡鞣质、漆树鞣质等；常见的缩合鞣质有儿茶鞣质、坚木鞣质、荆树皮鞣质、木麻黄鞣质、落叶松鞣质、云杉鞣质等；复合鞣质最初是从壳斗科植物中分离出的，是由构成缩合鞣质的单元黄烷-3-醇与水解鞣质部分通过碳碳键连接构成的一类化合物。

鞣质最早的利用是在印染方面，以后大量用于制革工业。此外鞣质在墨水制造、硬水软化、锅炉除垢、气体脱硫、石油化工与选矿、陶瓷、建筑、防腐防锈、废水处理、农药及医药中也有广泛应用。

世界鞣料年生产量约 50 万 t，主要产自俄罗斯、阿根廷、巴拉圭、坦桑尼亚、法国、意大利、巴西、印度和中国。我国已发现 300 余种单宁含量高的植物（孙达旺，1997），绝大部分鞣料植物资源分布在西部地区，植物单宁化工生产企业也主要集中在西部地区（陈笳鸿等，2002）。我国鞣质的年产量在 4 万 t 左右，落叶松、毛杨梅、橡椀、黑荆树是我国四大鞣料生产植物种。

（三）染料类

染料植物的栽培利用历史极其悠久，在夏代的历书《夏小正》中就有种植蓼蓝提取染料的记载；《诗经》中记载的植物有 132 种，其中许多是染料植物，如《诗经·小雅》中记有“蓝”，即今之蓼蓝（*Polygonum tinctorium* Lour.），可染蓝色；《诗经·唐风》中记有“栩”，即今之栎属（*Quercus*），可染黑色和黄色；《诗经·大雅》中记有“柘”，今依然称为柘，芯材可以提制黄色染料，称为“柘黄”，可染黄赤色。此外，苏木、黄栌、姜黄等也是重要的染料植物。

拓展阅读

（四）栓皮类

栓皮是利用树皮的栓皮层，如栓皮栎、栓皮槠等。栓皮也叫软木，具有相对密度小、弹性好、浮力大、不透水、不透气、耐酸、耐碱、绝缘、保温、隔音、防振、耐摩擦、耐腐蚀、不易与化学药品发生反应等特性，是重要的工业原料。

（五）色素类

天然色素的种类很多，依据其化学成分可分为四大类：第一类是四吡咯衍生物，分布于植物体的茎、叶中，主要是指植物体中的叶绿素。这类色素不仅无毒，而且对肝炎、胃溃疡、贫血等有一定的疗效，是很好的食品着色剂。第二类是类异戊二烯衍生物，又称为类胡萝卜素，包括胡萝卜素类和叶黄素类。此类色素广泛存在于植物体内，已知的植物达 300 种以上，如桃、杏、柑橘等果实中含有天然胡萝卜素，玉米、桃、柑橘、栀子属植物中含有叶黄素类物质。第三类是苯并吡喃衍生物，主要有花青素类和花黄素类。已知的花青素类植物达 130 余种，已成为商品的有从紫苏叶中提取的紫苏色素，从越橘属植物蔓越橘的浆果中提取的蔓越橘色素，从木槿属植物朱槿的花瓣、萼苞中提取的朱槿色素；已知的花黄素类（主要指黄酮及其衍生物）植物也很多，如苦楝、紫云英、茶、柿、无花果、银杏、柑橘、杨梅等。第四类是其他天然色素类，如紫胶虫色素、紫草色素、姜黄色素、甜菜色素等。

早在公元 10 世纪前，人们就会将茜草植物汁液做成玫瑰色糖果（唐莹莹等，2016）。随着染料工业的发展，人工合成色素在食品工业中被广泛应用。然而近几十年来研究表明，一般合成色素都有程度不同的毒性，有些甚至是致癌物质，因此合成色素的应用日益受到越来越多的限制，20 世纪 50 年代曾用于食品着色的 100 余种合成色素中，至今禁用的已有 60 余种，其中有 25 种以上具有致癌毒性。近年来，国内外在天然食用色素研究方面取得了一些成绩，如从可可壳中提取了可可色素，利用蚕粪生产叶绿素，从植物中提取红花黄色素、玫瑰茄红色素、大金鸡菊黄色素、越橘食用红色素、栀子黄色素、紫胶色素等。

拓展阅读

七、树液树脂类

树液树脂类植物是指植物体内能够分泌或内含树液、树胶、树脂的一类植物。包括：①树脂类，如各种松树。②树胶类，如豆科的阿拉伯胶树、鸭皂树、田菁、槐树；楝科的香椿；蔷薇科的桃、李、杏、樱桃；胡颓子科的沙枣；猕猴桃科的猕猴桃；松科的落叶松等。③胶料类，如桑科的印度橡胶树、米扬噎、白桂木；大戟科的三叶橡胶树、木薯橡胶树；杜仲科的杜仲；菊科的橡胶草；卫矛科的卫矛、丝棉木等。④糖料类，如糖槭、糖棕等。⑤漆料类，如漆树、野漆树等。

树脂（resin）是植物体内的分泌物或内含物。它常存在于植物的茎、根部，也存在于叶、果实或种子中。树脂从植物体内刚流出来时呈流体胶质状，颜色较淡，与日光和空气接触后，渐渐固化，形成透明或半透明的不规则块状物，干燥以后，质地脆硬，颜色加深。

树脂属高分子化合物，一般根据其化学组成和性质的不同，可分为香树脂类、硬树脂类和树胶树脂类。香树脂类是指树脂中含有芳香油的树脂，如松树脂；硬树脂类，即树脂中不含芳香油的树脂，常呈固体状，如琥珀脂等；树胶树脂类，即常混有较多植物胶的树脂。

树脂的用途甚广。在造纸工业中多被作为胶料及耐水剂，用来制成粘胶纸或粘胶纸板；在制皂工业中，用作增泡剂和除垢剂；在印染工业中，树脂用作干性油墨及干燥剂或柔软剂。

我国产树脂的植物种类不少，尤其是裸子植物，如松树的边材树脂含量在 1.4%～1.8%，心材可达 4.0%～6.5%，著名的树脂——正达脂、桧柏脂、松香等就是从松柏科植物中提取的。

树胶属于多糖类物质，均由可溶性部分（阿拉伯树胶素）和不溶性部分（黄蓍胶素）组成。两部分含量比例因种类而异，黏性是树胶的主要属性。

胶料有橡胶（rubber）和硬橡胶之分。两者均属高分子不饱和性碳氢化合物，且常呈乳汁状态存在于植物或树干皮层的特殊乳管中，但橡胶有很高的弹性与塑变性、不透水、不透气、不导电，具有抗化学腐蚀和耐摩擦等许多优良特性。硬橡胶的弹性较橡胶弱很多，但绝缘性能高，是防电、防磁的好材料。

全世界有橡胶植物 2000 种，广布于热带、亚热带和温带地区。世界上最著名的天然胶料是产自巴西的橡胶树。19 世纪该树种被引入东南亚的印度、马来西亚和爪哇等地栽培，此后马来西亚变成了世界上的主要橡胶生产基地。我国自 1904 年开始引种巴西橡胶，但种植规模很小，年产量只有 200t。20 世纪 50 年代，天然橡胶供应被封锁，为了满足国防建设和经济社会发展的需要，国家成立华南垦殖局，在海南岛、雷州半岛及云南等适宜地区大规模种植橡胶树。经过 60 多年艰苦卓绝的努力，中国已成为世界第三大天然橡胶种植国和第四大生产国（何长辉等，2020）。2018 年中国橡胶产量在 80 万 t 左右，但天然橡胶的消费量却近 600 万 t，巨大的缺口导致中国的天然橡胶严重依赖进口（刘锐金和黄华孙，2021）。

糖料类经济植物，如糖槭树，其树液含糖一般在 5%～7%，最高可达 10%。槭糖又称为枫糖，其主要成分是蔗糖（85%）、果糖和葡萄糖，是重要的食品原料之一。糖槭原产北美，后引种到我国辽宁盖州市和内蒙古赤峰市，目前许多地方均有栽培。

拓展阅读

除树脂、树胶、胶料和糖料类外，还有漆料类。中国的漆树资源丰富，有 16 属约 59 种。从漆树上采割的乳白色胶状液体是名贵的生漆，亦称国漆、土漆、大漆。生漆一旦接触空气后转为褐色，数小时后表面干涸硬化而生成漆皮，具有耐酸碱、耐腐蚀、耐摩擦、耐高温的特性，是中国特有的优质天然涂料，被誉为“涂料之王”。我国是世界上漆树资源生产、消费、出口大国，已有 4000 多年的栽培历史，同时也是世界上拥有漆树资源最多的国家之一（宋瑞雪，2021）。

八、农药类

传统化学农药所引起的严重污染问题，已引起世界各国人民的高度警惕，从而为生物农药的开发提供了契机。尽管目前生物农药只占全球农药市场份额的2.5%，但生物农药发展潜力巨大，国内外学者普遍认为今后几年内，生物农药将取代20%以上的化学农药。植物源农药是利用药用植物具有杀虫、杀菌、除草等特性的功能部位，或提取其活性成分，加工而成的药剂。由于植物源农药来源于自然，具有对人、畜安全，不污染环境，不易引起抗药性，在自然环境中易于降解等优点，已成为当今农药研究与开发的一个重要方向。目前，生物农药中的植物源农药占全球农药市场的1%，并以每年10%～15%的速度增长。在全世界50多万种植物中，已查明的杀虫植物有1005种，其中能引起昆虫拒食、忌避、麻痹、引诱、生长阻遏及抑制种群繁殖的特异性杀虫植物达700种。Wilkins等曾报道有1389种植物有可能作为杀菌剂，但开发成功的只有Talent™、Milsan™等几种。截至目前，已发现41属47种植物可用于防治线虫；柑橘、树莓、山茶、茶、接骨木、七叶树、羌活、刺槐、紫茉莉、连翘、板蓝根等32种植物中含有抑制病毒的物质，但植物病毒抑制剂开发尚无实质性的突破。Grange和Ahmed曾报道约有2400种植物具有抑制有害生物的活性，目前在30多科植物中发现了上百种具有杀草活性的化合物，如醌酚类、生物碱类、苯嗪酮类、肉桂酸类、香豆素类、噻吩类、腈类、类黄酮类、噻嗯聚乙炔类及萜烯类等，其中有些已被开发成天然除草剂，并得到专利保护和推广应用。除草效应最好的实例是从万寿菊属植物中提取的α-三联噻吩，除有除草特性外，还有杀线虫作用。我国于1958年、1971年、1975年进行了三次大规模的农药植物普查和实验工作，认定的农药植物有86科230种。《中国有毒植物》一书列入了有毒植物1300余种，其中许多种类具有杀虫、杀菌作用并被作为植物源农药利用。《中国土农药志》共记述植物性农药220种，主要为毛茛科、杜鹃花科、大戟科、茄科、百合科、豆科等有毒植物种类。然而，对农药植物中进行活性成分及构效关系研究的不超过20种，如苦楝、川楝、沙地柏等。由于许多农药植物仍处于野生状态，而农药活性成分的含量往往与植物品种、种植条件、收获时间等因素有关，以致在质量保证和数量上难以满足企业用作生产原料的要求。因此，目前可供直接加工利用的农药类植物极少，据Tomlin主编并于2000年出版的第12版《农药手册》(*The Pesticide Manual*)，只有印楝、马钱子、烟草、除虫菊和鱼藤5种；第17版《农药手册》(*The Pesticide Manual*)，收录的中国农药品种共16个，其中杀菌剂9个，杀虫、杀螨剂6个，除草剂1个（杨帆等，2017）。目前有关生物农药的开发业已起步。在我国巨大的药用植物资源宝库当中，已知的农药类经济植物资源并不多，主要有樟树、巴豆、木槿、乌药、使君子、枫香、越橘、梅、合欢、石榴、五加、马钱子、马桑、臭椿、鸦胆子、苦楝、川楝、紫花曼陀罗、永宁独活、贝加尔唐松草、灰绿黄堇、顶羽菊、冷蒿、皂荚、莨菪、假酸浆、蓖麻、泽漆、小果博落回、蛇床子等，然而真正利用的就更少。

拓展阅读

九、果品类

果品是人民生活的必需品，它不仅能为人体生长发育提供丰富的植物蛋白、糖和脂肪，而且许多果品还含有人体生长发育所必需的矿物质和维生素，具有很好的食疗效能。例如，核桃含有17%的蛋白质和60%～70%的脂肪；杏仁和榛子含蛋白质15%～25%，仅次于豆类而超过谷类2～3倍；柑橘、柿、山楂含有丰富的钙；枣和龙眼富含磷和铁；猕猴桃所含的维生素C比甜橙高10倍左右；各种鲜果都含有胡萝卜素、硫胺素、烟酸等重要维生素；果品中的果酸、单宁和芳香物质，能刺激胃腺的分泌，增进食欲，帮助消化；柑橘中的枸橼酸和苦橙素具有化痰止咳的疗效。

果品类经济植物的果实可以直接食用或经加工后食用，包括 3 个亚类。水果亚类，如柑橘、香蕉、苹果、梨、桃等。干果亚类，如核桃、板栗、巴旦木、枣、仁用杏、银杏等。杂果类，如山楂、李子、樱桃、石榴等。

我国地跨寒、温、热三带。自然条件极其复杂，果品类经济植物资源尤为丰富，是世界三大果树原产地之一。据调查，世界各国所有的果树总计近 60 科 2800 余种，而我国的果树就达 51 科 293 种，品种上万个。其中，作为商品性生产的约占 5%。我国水土流失地区果品类经济植物（包含砧木）种类甚多，不再逐一列举。

十、饲料类

饲料类经济植物种类繁多，贾慎修主编的《中国饲用植物志》中记述了 83 科 940 种；2002 年出版的《中国饲用植物》记述了 104 科 657 属 3680 种有利用价值的饲用植物。其中以草本植物和灌木为主。除苜蓿、红豆草等著名饲草植物外，柠条、沙枣等灌木也具有重要地位，特别是用于蚕业生产的桑树和柞树，为我国丝绸业提供了原料。目前我国桑园面积约 73 万 hm^2，全国 24 个省（自治区、直辖市）均有分布，桑茧年产量达 5.5 亿 kg 左右；我国有柞树 60 余种，柞林面积为 80.1 万 hm^2，分布在 11 个省（自治区、直辖市），以辽宁和河南两省面积最大，全国柞蚕茧常年产量 3300 万 kg 以上。

拓展阅读

十一、蔬菜类

“森林蔬菜”是目前风行世界的健康食品之一，在日本、西欧和东南亚等国被称为“天然食品”“山珍”“山野菜”。军事医学科学院卫生学环境医学研究所和中国科学院植物研究所曾对全国各地可食野菜进行了调查，收集了 100 个品种和 56 个参考品种，编绘了图文并茂的《中国野菜图谱》专著，为森林蔬菜的食用提供了科学依据。按食用部位的不同，山野菜可分为四大类：①茎菜类，是指蔬菜嫩茎、幼芽、嫩枝，如竹笋、枸杞、虎杖等。②叶菜类，是指嫩叶及其嫩芽，如香椿、黄连木、刺楸等。③花菜类，是指花、花苞，如桂花、刺槐、金银花等。④菌菜类，主要是利用树木的枝叶或木材为基质，培养各种食用菌，如香菇、银耳、黑木耳、猴头等。

近年来，随着市场经济的发展和外贸出口的需要，野菜的开发利用越来越受到人们的重视。人们已经预见到野菜所蕴含的巨大潜力，由自采自食发展为采集、收购，初加工、批量销售，深加工、内销和对外出口。一些野菜加工企业及出口加工基地相继出现，除传统的干制、腌制、盐渍外，还开发出罐装、瓶装、风味小菜制品、小包装干制品、软包装保鲜品及野菜汁等系列产品，深受消费者的青睐。目前，仅牡丹江地区野菜加工企业已达到 18 家，生产的野菜在我国航空食品中占有量达到 42%，仅提供给国际航线的野菜创收就超过 40 万美元。

拓展阅读

十二、寄主树类

寄主树类经济植物是指以植物为寄主，通过采收寄生在寄主植物上的资源昆虫的分泌物或虫瘿，取得经济产品的植物。通过寄主植物所生产的虫胶、虫蜡是主要的工业原料和出口创汇物资，如寄生在寄主植物上的紫胶虫分泌的紫红色胶质物，称为“虫胶”或“洋干漆”。广泛应用于国防、电器、塑料、油漆、印刷、轻工业及食品工业。寄生在寄主植物上的白蜡虫分泌的白色蜡质物，称为“虫蜡”“中国蜡”“川蜡”，具有密闭、防潮、防锈、防腐、着光、滑润和生肌止痛等特性，广泛应用于军工、轻工、机械、化工、纺织及医药工业上。寄生在寄主植物上的五倍子蚜形成的虫瘿，是重要的鞣质（烤胶）原料，广泛应用于石油、矿冶、化工、轻工、染料、制革、医药、国防等工业上。

我国已知的紫胶虫的寄主植物49科142属324种，但生产上常用的约30种，紫胶产区公认的优良寄主植物只有13种。白蜡虫寄主植物6科9属45种，但具生产价值的优良寄主种类不多。倍蚜虫的寄主植物有冬寄主和夏寄主之分，冬寄主为苔藓类植物，不同的倍蚜虫有不同的冬寄主，14种倍蚜虫已记录的冬寄主超过了40种，而已记录的夏寄主只有3种1变种，但具有生产价值的倍蚜虫寄主植物只有两种。

拓展阅读

第二节　我国水土保持经济植物栽培种及其分布

一、我国经济植物的分布

我国幅员辽阔，东西南北气候差异大（南北跨热带、亚热带、暖温带、温带等气候带；东西又分为湿润区、半湿润、半干旱区和干旱区），地形复杂，水土流失类型多、范围广，经济植物种类繁多、分布的地域性强。鉴于经济植物分布与气候因子的密切关系，按不同的气候区将我国经济植物区域分布情况分述如下。

（一）东北区

位于我国东北部，包括黑龙江、吉林、辽宁及内蒙古北部地区。地处北温带至中温带，是海洋性湿润气候向内陆干燥气候的过渡地带。年平均气温为2～8℃，2月平均气温为−30～5℃，7月平均气温为16～18℃，最高气温为40℃，最低气温为−40℃；年平均降水量在农区为300～500mm、林区为500～1000mm。该区属针叶林及耐寒落叶经济植物带，栽培及野生的经济植物主要有红松、紫杉、榛子、胡桃楸、蒙古栎、黄檗、刺五加、无梗五加、五味子、猕猴桃、山楂、苹果、梨、葡萄、文冠果等。

（二）内蒙古区

位于我国北部，包括内蒙古中部、山西北部、陕西北部、宁夏及甘肃中部等。地处中温带，属大陆性气候。年平均气温为3～9℃，1月平均气温为−28～−6℃，7月平均气温为20～24℃，年降水量为200～400mm。该区属荒漠草原及中温带落叶经济植物带，主要经济植物有蒙古栎、桑、榆、榛子、山楂、胡枝子、山荆子等。

（三）西北区

位于我国西北部，包括新疆、内蒙古西部和南部、甘肃北部等。地处北温带至中温带，为典型的大陆性气候。年平均气温为 3～11℃，冬寒夏热，最低气温为−40～−20℃，最高气温为30～40℃，年降水量一般在250mm以下，最低仅16mm，最高不到400mm，是全国最为干旱的地区。该区属荒漠草原及北温带落叶经济植物带，主要经济植物有榆、沙枣、核桃、苹果、山楂、葡萄、枸杞、天麻、巴旦木、沙棘等。

（四）华北区

位于我国北部，包括河北、山东及山西中南部、甘肃东部、陕西中部、河南、安徽、江苏北部等。年平均气温为8～15℃，最低气温为−35～−20℃，7月平均气温为22～28℃，年降水量为500～1000mm。该区属暖温带落叶经济植物带，主要经济植物有板栗、核桃、枣、麻栎、茶、栓皮栎、盐肤木、山楂、梨、葡萄、香椿、白蜡树、桑、党参、黄芪、甘草、麻黄、紫菀、枸杞等。

（五）华中区

包括江苏、安徽、河南、陕南一线以南，东至海岸线，西至横断山脉，南达北回归线以北地区。年平均气温在15℃以上，1月平均气温为2～8℃，7月平均气温为22～28℃，年降水量为500～1000mm。该区属北亚热带和中亚热带常绿经济植物带，主要经济植物有油茶、油桐、漆、杜仲、马尾松、山核桃、乌桕、荔枝、板栗、山苍子、白蜡树、黄连、厚朴等。

（六）华南区

包括广东、广西、福建3省（自治区）中南部以南，以及海南、台湾等，大部分地区在北回归线以南，属于南亚热带和热带地区。年平均气温在20℃以上，没有气候学上的冬天，年降水量在1500mm以上。该区属热带常绿经济植物带，主要经济植物有椰子、橄榄、胡椒、八角、橡胶树、油棕、蒲葵、棕榈、槟榔、高良姜、沉香、巴戟天、龙眼、荔枝、砂仁、广藿香、肉桂、三七、樟树等。

（七）西南区

包括云南、四川西部、西藏东南部等，即康滇地区。全区没有明显的四季，一般可划分为干季（11月至翌年4月）和湿季（5～10月）。湿季降水量在1000mm左右，干季只有200mm左右。该区属云贵高原干湿交替常绿、落叶混交经济植物带，主要经济植物有云南松、华山松、栓皮栎、云南山楂、滇榛、香叶树、滇八角、黄连木、高山栎、附子、川芎、味连、三角叶黄连、泽泻、厚朴、郁金、川归、川白芷、佛手、使君子等。

（八）青藏区

包括青海、西藏。位于世界第一大高原，平均海拔在5000m，属高原气候区。由东往西由半湿润、半干旱区直至干旱区，植被变化由草甸与针叶林带，森林与草甸带，草原草甸带，干旱荒漠带直至高寒荒漠带。主要经济植物有核桃、花椒、漆、桑、辽东栎、木姜子等。

掌握经济植物分布特征和分布规律，是开展经济植物引种驯化、栽培区划和基地建设规划的基础，是真正做到因地制宜，适地适树，科学经营，实现优质、高产、高效的关键。例如，国家林业局（现为国家林业和草原局）根据我国经济林的分布特点，结合不同地区的气候条件及当地的社会经济发展状况，制定了2002～2010年《全国经济林发展规划》，为我国经济林产业提出了奋斗目标。主要包括重点建设十大经济林开发区、100个经济林示范点和500个名特优新经济林基地县。其中，十大经济林开发区是：①以发展板栗、小枣、梨、仁用杏为主的京、津、冀、辽等地的干鲜果品经济林开发区；②以发展苹果、核桃、大枣、板栗为主的晋、鲁、豫干鲜果品经济林开发区；③以发展苹果、巴旦杏、板栗、枸杞、杜仲、花椒为主的陕、甘、宁、新名优果品、药材、调料经济林开发区；④以发展银杏、板栗、茶、桑及小杂果为主的浙、苏、皖、沪名优干鲜果品和小杂果经济林开发区；⑤以发展木本食用油料、木本药材、茶叶、柑橘为主的湘、赣、鄂木本油料、药材、茶叶及果品经济林开发区；⑥以发展龙眼、荔枝、柑橘、腰果为主的闽、粤、琼热带果品经济林开发区；⑦以发展生漆、油桐、五倍子、板栗、核桃、银杏为主的川、黔工业原料、木本药材、名优果品经济林开发区；⑧以发展八角、肉桂、芒果、龙眼为主的桂、滇香料、调料和热带干鲜果品经济林开发区；⑨以发展果品、山野菜、食用菌、人参为主的黑、吉、蒙森林食品和小水果经济林开发区；⑩以发展高原药材、核桃、苹果为主的青、藏高原药材和果品经济林开发区。这十大开发区总规划面积为2870万亩，包括全国30个省（自治区、直辖市）的600个县（市）。

2014年6月国家林业局会同国家发展改革委和财政部，联合印发了《全国优势特色经济林发展布局规划（2013—2020年）》，提出优势特色经济林发展要以提高农民收入为根本目标，按照“生态建设产业化、产业发展生态化”的要求，调结构、转方式，大力推进布局区域化、栽培品种化、生产标准化、产品特色化和经营产业化，充分发挥比较优势，实施扶优扶强发展战略，重点培育一批特色突出、竞争力强、国际知名的优势产区，建设一批高产、优质、高效、生态、安全的重点县，形成一批规模化、标准化、品牌化的产业示范基地。重点选择30个优势特色树种，优先规划布局，重点予以扶持，以期形成科学合理、特色鲜明、功能健全、效益良好的优势特色经济林发展格局，实现优势产品供给能力、粮油安全保障水平、生态富民增收效果显著增强的发展目标。该规划将全国划分为五大优势特色经济林片区，优先纳入规划范围的30个树种，分为优势经济林和特色经济林两类。其中，优势经济林包括油茶、核桃、板栗、枣、仁用杏 5 个树种，确定的优势区域为 804 个重点基地县，占规划所有县的74.8%。特色经济林包括油橄榄、榛子、香榧、杜仲、蓝莓等25个树种，确定的优势区域包括271个重点基地县。

拓展阅读　拓展阅读

二、我国主要水土保持经济植物栽培种及其分布

我国是一个多山的国家，山地面积约占总土地面积的70%。山地资源的广布性和土地资源的不合理利用，加上人为地滥垦、滥伐、滥牧等因素，致使全国范围内的水土流失日趋严重。据《2018 年中国生态环境状况公报》，全国土壤侵蚀总面积为 294.9 万 km^2，占普查总面积的31.1%。其中，水力侵蚀面积为129.3万km^2，风力侵蚀面积为165.6万km^2；全国荒漠化土地面积为261.16万km^2，沙化土地面积为172.12万km^2；全国岩溶地区现有石漠化土地面积为10.07万km^2。严重的水土流失与土地荒漠化，已成为我国重大的生态环境问题之一。

在我国水土流失地区，分布着大量的经济植物种，尽管许多种类仍处于野生状态，但其在增加植被盖度、控制水土流失、发展地区经济中发挥着重要作用，现将以地上部分为经济产品的水土保持经济植物种名、主要利用部位、分布范围，按产品特性和主要用途列入表 1-1～表1-12。为了便于大家对经济植物的多种用途有更为全面的了解，表中对一些多用途经济植物并未按照严格意义上的分类标准进行分类，而以单列的形式出现。

表1-1　主要油料类水土保持经济植物及分布

科名	种名	含油率（%）	产区分布
胡桃科	山核桃	67.1	华东
	野核桃	68.6	西北、西南、华北、华中
	胡桃楸	68.2	西北、东北、华北
山茶科	油茶	41～58	华东、华中、华南、西南
大戟科	油桐	48～71	华东、华中、华南、西南、西北
	木油桐	49～58	华南、华中、西南
	石栗	61～72	华南、云南、江西、湖南
	轮叶戟	59.3	云南、海南
	蓖麻	48～62	全国各地
	乌桕	26～70	华东、华中、华南、台湾、陕西、甘肃
蔷薇科	巴旦杏	58.4	西北（主产新疆）
	桃、山桃	50.9	西北、东北、华北、西南、山东
	山杏	49.9	西北、东北、华北

续表

科名	种名	含油率（%）	产区分布
桦木科	榛	55.4	西北、东北、华北
	毛榛	63.8	西北、东北、华北、西南
壳斗科	水青冈	56.8	华北、华中、华南、华东、西南
檀香科	檀梨	65.6	华南、华中、西南
金粟兰科	草珊瑚	50.2	东北、华东、华中、华南、西南
松柏科	铁尖杉	52.7	西南、华南、华东
	华山松	56.1	西北、华北、华中、西南
	油杉	48.4	华东、华南
	云杉	43.0	西北、西南
罗汉松科	罗汉松	47.3	华东、华中、华南、西南
芸香科	柚	42～56	华东、华中、华南、西南
漆树科	黄连木	26～52	西北、华北、华东、华中、华南、西南
	人面子	69.5	广东、广西、云南
卫矛科	大氏卫矛	51.2	西北、西南、华中、华南
	冬青卫矛	38～58	华北、华东、华中、陕西
	大果卫矛	38～58	华东、华中、华南、西南
	西南卫矛	52.6	西北、华中、西南
大风子科	毛叶山桐子	34～54	华东、华中、西南、陕西、甘肃
山榄科	山榄	51.3	华东、华中、华南、西南
安息香科	陀螺果	49.6	华中、华南、西南
	赛山梅	52.8	华东、华中、华南、西南
紫草科	破布木	51.8	华南、福建、云南、西藏、台湾
苦木科	鸦旦子	23～59	华南、福建、云南、台湾
木兰科	天女花	45.8	东北、华中
	南五味子	44～51	华中、华南、西南
樟科	黄樟	55.4	华南、华中、西南、福建
	银木	56.3	四川、陕西、甘肃
	乌药	53.1	华东、华中、华南、西南
	香叶树	47～56	华东、华中、华南、西南
	黑壳楠	47～57	华东、华中、华南、西南、陕西
	山胡椒	39～53	西北、华北、华中、华南、华东、西南
	甘橿	50～55	华东、华中、华南、西南
	山苍子	46～52	华东、华中、华南、西南
	清香木姜子	33～56	华中、华南、西南、福建、台湾
	木姜子	55.4	华中、华南、华东、陕西、甘肃、西藏
	新木姜	54.1	华东、华中、华南、西南、台湾
	鳄梨	50.1	华南、福建、湖南、台湾
杜英科	仿栗	51.0	西南、华中
夹竹桃科	黄花夹竹桃	69～76	福建、华南、云南、台湾
唇形科	紫苏	34～55.0	全国各地
紫杉科	香榧	51.7	苏南、闽北、皖南、湖南、浙江、陕南、鄂西、四川、云南
槭树科	五角枫	46～48	河北、山西、山东、河南、陕西、辽宁

表 1-2　主要香料调料类水土保持经济植物及分布（芳香油类）

科名	种名	单位及含油率（%）	产区分布
樟科	山苍子	果 4.0～6.0	华东、华中、华南、西南、台湾
	肉桂	茎干 1.0～2.0	华南、云南
		枝、叶 0.3～0.4	
		果 1.5	
	樟树	果 1.5～2.1	华东、华中、华南、西南、台湾
		枝、叶 0.3～0.7	
	山胡椒	枝、叶 1.0	华北、华东、华中、华南、西南、陕西
	檫木	果 2.0～3.0	华东、华中、华南、西南、台湾
漆树科	黄连木	果 0.12	西北、华北、华中、华南、西南
		枝叶 0.7～1.0	
龙脑香科	龙脑香	茎干 60～75	云南南部
桃金娘科	柠檬桉	茎、叶 0.5～2.0	华南、西南、福建、江西、湖南
	蓝桉	枝、叶 0.9～2.9	华南、西南、福建
金缕梅科	枫香	花 0.2	华东、华中、华南、西南
蔷薇科	扁桃	茎、叶 50～70	西北
蝶形花科	紫穗槐	花油 2.50	西北、东北、华北、华东、华中、西南
	紫藤	花油 0.6～1.0	西北、华北、华东、华中、华南、西南
芸香科	花椒	果 4.9～9.0	西北、华北、华中、华南、西南
	香椒子	果 4.0～9.0	华北、华东、华中、华南、四川、内蒙古、辽宁
	枸橼	果 6.5～9.0	华东、华中、华南、西南
	柑橘	果 1.5～2.0	华东、华中、华南、西南、台湾
	橙	果 1.5～2.0	华东、华中、华南、西南、台湾
	香橼	果 1.0～1.5	华东、华中、华南、西南、台湾
杜鹃花科	宽叶杜香	茎、叶 1.2～3.4	东北
	小叶杜鹃	茎、叶 2.7	东北、内蒙古
五加科	五加	茎干 25	华东、华中、西南
菊科	北野菊	花 6.0～8.0	东北
柏科	柏木	茎、叶 0.2～1.0	西北、华北、华东、华中、西南、台湾
		茎干 2.0～5.0	
	桧柏	茎、叶 2.0～3.0	西北、华北、华东、华中、西南、台湾、东北
	山刺柏	茎、叶 2.0～5.0	西北、西南、华东、华中
	新疆圆柏	茎、叶 1.5～1.6	西北、华北、华东、华中、华南、西南、台湾
马兜铃科	细辛	茎、叶 2.0～3.0	西北、东北、华东、华中、西南
	八角	果 8.0～12.0	华南、西南、台湾
木兰科	木兰	花油 1.0～1.2	华东、华中、华南、西南、陕西、台湾
	厚朴	茎干 4.0～5.0	华东、华中、华南、西南、陕西、台湾

表 1-3　主要香料调料类水土保持经济植物及分布（食用香料类）

科名	种名	利用部位	产区分布
胡椒科	胡椒	浆果	云南、广西、广东、台湾
桑科	啤酒花	雌花穗	新疆、黑龙江、辽宁、河北、山东、内蒙古、四川、陕西、甘肃、江西、浙江
木兰科	八角茴香	果实	福建、贵州、云南、广东、广西、浙江
樟科	中国肉桂	树皮	福建、海南、云南、广东、广西
	斯里兰卡肉桂	树皮	福建、海南、云南、广西
	月桂	叶	福建、广东、浙江、江苏、台湾
蔷薇科	玫瑰	花	山东、甘肃、河南、安徽、江苏
豆科	胡卢巴	种子、茎叶	新疆、黑龙江、吉林、河北、河南、四川、青海、甘肃、贵州、浙江
芸香科	柠檬	果实	福建、江西、云南、四川、广东、安徽、湖南
	花椒	果实和叶	河北、河南、山西、山东、湖南、四川、陕西、甘肃、江西、广东、广西、西藏
伞形科	小茴香	果实和种子	全国各地
木犀科	桂花	花	湖北、湖南、四川、福建、江苏、浙江、陕西、江西、广东、广西、台湾
	金桂	花	湖北、福建、浙江等
	银桂	花	湖北、福建、浙江等
唇形科	亚洲薄荷	叶	四川、安徽、浙江、陕西、江苏、江西、台湾等
	香紫苏	叶	陕西、河北、河南等
	蒙百里香	花和花序	内蒙古、陕西、甘肃、宁夏、青海
菊科	菊花	花、枝叶	全国各地
姜科	草果	果、茎、叶	广西、台湾、云南、贵州等
	砂仁	果实和叶	广西、广东、福建、云南
茄科	辣椒	果实	全国各地
桃金娘科	丁香	未开的花蕾	广西、广东、福建、云南、海南等
胡麻科	芝麻	种子	河北、山东、湖北、四川、安徽、江苏

表 1-4　主要饮料类水土保持经济植物及分布

科名	种名	部位	产区分布
山茶科	茶	叶	长江流域以南各省区
茜草科	咖啡	种子	云南、广西、福建、广东、海南
梧桐科	可可	种子	南方引种栽培
柿树科	柿	叶	西北、华北、华中、西南
银杏科	银杏	叶	辽宁、山东、河南、湖北、四川等
杜仲科	杜仲	叶	华东、华中、华南、陕西、甘肃
菊科	菊花	花	河南、安徽、浙江等
胡桃科	核桃	叶	西北、西南、华北、华中

表 1-5 主要药用类水土保持经济植物及分布

科名	种名	部位	产区分布
银杏科	银杏	叶	辽宁、山东、河南、湖北、四川等
松科	马尾松	松节油、花粉	长江流域及以南各省
柏科	侧柏	种子、枝叶	全国各地（除新疆、青海）
三尖杉科	三尖杉	枝、叶	陕甘南部、湖南、湖北、四川、江西、福建、云南、广东、广西
红豆杉科	紫杉	枝、叶、皮	东北、山东、江苏、江西等
	红豆杉	枝、叶	陕甘南部、湖南、湖北、四川、安徽、福建、云南、贵州、广西
麻黄科	麻黄	茎	东北、华北、陕西等
杜仲科	杜仲	茎、皮、叶、籽	长江中下游各省，北京，河南，广东，广西，浙江
小檗科	阔叶十大功劳	叶	陕西、河南、安徽、浙江、江西、福建、湖北、湖南、四川
木兰科	玉兰	花蕾	全国各地
	厚朴	皮、花、果	长江流域，陕、甘南部，四川
	北五味子	果实	东北
蜡梅科	蜡梅	花	江苏、浙江、湖北、四川、陕西
樟科	肉桂	茎皮	云南、广东、广西、福建
	樟树	枝、干	广东、广西、湖南、湖北、福建、台湾、浙江、云南
芸香科	吴茱萸	果实	长江流域及以南各省
苦木科	臭椿	树皮、果	全国各省
蔷薇科	山楂	果	西北、华北、东北
	枇杷	叶	长江流域各省及陕西、甘肃、河南
	梅	果	全国各地
含羞草科	合欢	皮、花、种子	华东、华南、西南、辽宁、河北、河南、陕西
	槐	花蕾、果	全国各地
	皂荚	果实	东北、华北
楝科	苦楝	皮、果实	黄河中下游及其以南各省
锦葵科	木槿	花、皮、种子	全国各地
柽柳科	柽柳	茎皮	华北、西北及长江中下游各省
山茱萸科	山茱萸	果	华北各省
木犀科	连翘	果	西北、东北、华北、山东、江苏、湖北、云南
	女贞	果实	长江流域及以南各省
茄科	枸杞	果实、叶	全国有栽培
	中宁枸杞	果实、叶	宁夏
紫葳科	凌霄花	花	黄河流域以南各省
茜草科	栀子	果	长江流域及以南各省
葫芦科	栝楼	果实	黄河流域至长江流域
姜科	砂仁	果实	广东、广西、云南、福建
	益智	果实	云南、四川、福建、海南

表 1-6　主要纤维类水土保持经济植物及分布

科名	种名	部位	产区分布
卫矛科	南蛇藤	茎皮	西北、东北、华北、华东、华中、华南、西南
大戟科	山麻杆	茎皮	华东、华中、华南、西南、陕西
	野桐	茎皮	华东、华中、华南、西南、陕西
锦葵科	木芙蓉	茎皮	华东、华中、华南、西南、台湾
	肖梵天花	茎皮	华东、华中、华南、西南、台湾
	青檀	树皮	华东、安徽
梧桐科	梧桐	树皮	华东、安徽
椴树科	扁担杆	树皮	西北、华北、华东、华中、华南、西南
	华椴	树皮	西北、华北、西南
	粉椴	树皮	西北、华北、华中
	糠椴	树皮	西北、东北、华北、内蒙古
	蒙椴	树皮	西北、东北、华北、内蒙古
	椴树	树皮	全国各地
瑞香科	芫花	茎皮及枝条	西北、华北、华东、华中、西南、台湾
	河朔荛花	茎皮及枝条	西北、华北、华中
	南岭荛花	茎皮及枝条	华东、华中、华南、西南
	山棉皮	茎皮及枝条	华东、华中、华南
榆科	山黄麻	茎皮及枝条	华东、华中、华南、西南、台湾
	青榆	茎皮	东北、华北、华中、华东
	榆树	茎皮、木材	全国各地
	榉树	茎皮	东北、华北、华东、华中、西南
杨柳科	杞柳	枝条	黄河、淮河流域
	山杨	木材	西北、华北、华中、西南
柽柳科	柽柳	枝条	西北、华北、华东、华南、西南
禾本科	芦苇	茎秆	全国各地
棕榈科	棕榈	茎皮、果皮	长江中下游各省
萝摩科	杠柳	种子毛	西北、东北、华北、内蒙古
桑科	构树	茎皮	全国各地
	桑树	茎、枝	全国各地
松科	马尾松	木材	淮河、汉水流域以南各省
禾本科	斑竹	茎秆	长江流域各地
	毛竹	茎秆	长江流域及以南各省
	慈竹	茎秆	华中、西南

表 1-7　主要工业原料类水土保持经济植物及分布（淀粉类）

科名	种名	部位及含量（%）	产区分布
壳斗科	板栗	种子 56.8～70	西北、华北、华东、华中、华南、西南、辽宁
	毛栗	种子 60.0～70.0	华东、华中、华南、西南、河南、陕西、山西
	锥栗	种子 50.0	华中、华南、西南
	红栲	种子 45.0	华东、华中、华南、西南

续表

科名	种名	部位及含量（%）	产区分布
壳斗科	青冈栎	种子 60.0～70.0	华东、华中、华南、西南、河南
	多穗石柯	种子 79.7	华中、华南、西南
	槲树	种子 60.0～70.0	华北、华东、华中、华南、西北、西南
	麻栎	种子 50.4	华北、华东、华中、华南、西南
	泡栎	种子 50.0～68.1	华东、华中、华南、西南、河南
	辽东栎	种子 40.0～63.4	西北、东北、华北、山东
	蒙古栎	种子 55.8	东北、华北、内蒙古
	栓皮栎	种子 50.4～63.5	西北、华北、华东、华中、华南、西南、辽宁
棕榈科	桄榔	果 44.5	华南、云南
鼠李科	枣	果实含糖分 25～30（鲜），60～70（干）	西北、东北、华北、华东、中南、西南
柿树科	柿	果实含糖分 12～18	西北、华北、华中、西南

表 1-8　主要工业原料类水土保持经济植物及分布（鞣料、染料类）

科名	种名	部位及含量（%）	产区分布
含羞草科	黑荆树	树皮 42.81～49.65	云南、广东、广西、四川、福建、浙江
	台湾相思	树皮 23.2～25.5	华南、福建、浙江、江西、云南
	山合欢	树皮 35.8	华东、华中、华南、西南
胡桃科	胡桃楸	树皮 48.9	华东、华中、华南、西南、台湾
	野核桃	树皮 48.9	华东、华中、华南、西南、台湾
	化香树	树皮 6.9～15.4 果 22.8，叶 20.24	华东、华中、华南、西南
	圆果化香树	果 41.8	福建
杨柳科	山柳	树皮 16.1	西北、华北、内蒙古
松科	落叶松	树皮 9～16	西北、东北、华北
	油松	树皮 7.02～13.47	西北、东北、华北
杨梅科	杨梅	树皮 11.0～12.6	华东、华中、华南、西南
桦木科	赤杨	树皮 5.3，果 22.8	东北、河南、山东
	鹅耳枥	叶 16.4	东北、华北、内蒙古、山东、湖北
	虎榛子	叶 14.9，树皮 6.0	西北、东北、华北、内蒙古、江苏、四川
	江南桤木	果 11.44，树皮 6.8～15.8	长江流域
壳斗科	南岭栲	树皮 5.6，木材 10.3	华东、华中、华南、福建
	栓皮栎	树皮 10.6， 壳斗 17.8～27.3	西北、华北、华东、华中、华南、辽宁
	麻栎	叶 5.6，壳斗 21.6～35.81	华北、华东、华中、华南、西南
	辽东栎	叶 10.29～15.26， 壳斗 7.33	西北、东北、华北、山东
	蒙古栎	树皮 13～16， 壳斗 9.60～16.73	东北、华北、内蒙古
蔷薇科	山刺玫	茎皮 14.3，叶 15.9	东北、华北、内蒙古
芸香科	降真香	树皮 16.72	华南、西南

续表

科名	种名	部位及含量（%）	产区分布
大戟科	石栗	树皮 18.3	华东、华中、华南、云南
	木油桐	树皮 17.5	华东、华中、华南、云南
漆树科	南酸枣	树皮 7.3～19.6	华东、华中、华南、云南
	黄栌	叶 10.34	西北、华北、华东、华中、西南
紫金牛科	铁仔	树皮 35.0	华东、华中、华南、云南
桑科	构树	树皮 8.45，叶 14.8	西北、华北、西南
安石榴科	石榴	果皮 25.0～32.0 树皮 20.0～30.0	全国各地
五加科	常春藤	茎皮 12.0，叶 29.4	华北、华东、华中、华南、西南
	刺楸	树皮 20.0～30.0，叶 13.0	华北、华东、华中、华南、西南
山茱萸科	灯台树	树皮 14.4～30.0	华东、华中、华南、西南
槭树科	青楷槭	果 15.8	东北

表 1-9　主要树液树脂类水土保持经济植物及分布

科名	种名	品名	产区分布
松科	马尾松	松脂、松香	华东、华中、华南、西南、河南
	油松	松脂、松香	西北、东北、华北、四川
	落叶松	落叶松脂	东北、华北
	红皮云杉	云杉树脂	东北、内蒙古
漆树科	漆树	生漆	辽宁、河北、河南、陕西、甘肃及长江以南
桦木科	白桦	软木脂	东北、华北
龙脑香科	坡垒	达麻脂	广东、广西、云南、海南
金缕梅科	枫香	苏合香脂	陕西、河南、华东、华中、华南、西南
樟科	华南楠	楠木脂	华东、华中、华南
瑞香科	沉香树	沉香脂	华东、华南、江苏
蝶形花科	槐树	槐树胶	西北、华北
蔷薇科	杏	杏胶	西北、华北、华东、华中、西南
	山桃	桃胶	西北、华北、华东、华中、西南
大戟科	巴西橡胶	橡胶	湖南、云南、台湾
卫矛科	卫矛	硬橡胶	西北、东北、华北、华东、华中、西南
	华北卫矛	硬橡胶	西北、东北、华北、华中、四川
杜仲科	杜仲	杜仲胶	华东、华中、西南、陕西、甘肃
木通科	猫儿屎	木通胶	华中、西南、陕西、甘肃、西藏
槭树科	糖槭	枫糖	辽宁、湖北、湖南、河北等

表 1-10　主要农药类水土保持经济植物及分布

科名	种名	部位	产区分布
菊科	除虫菊	花、全草	河北以南各省
茄科	烟草	叶、种子	西北、华北、华东、华中、西南
杜鹃花科	羊踯躅	花序	湖南、安徽、浙江、江苏

续表

科名	种名	部位	产区分布
大戟科	巴豆	种子	广东、广西、湖南、湖北、江西、浙江、江苏、福建、台湾、云南、贵州、四川
罗汉松科	陆均松	树皮	海南
卫矛科	雷公藤	根、叶	长江流域以南及沿海
百部科	百部	全草	长江以南各省
楝科	苦楝	种子	西北、华北、华东、华中、西南
	川楝	茎皮、根皮、种子	四川、云南等
夹竹桃科	夹竹桃	叶、茎皮	长江以南各省
苋科	牛膝	全草	全国各地
鸭跖草科	蛛丝毛蓝耳草	全草	广西、湖南、江西、福建、台湾、云南、贵州
	水竹叶	全草	华东、中南、西南
唇形科	野芝麻	全草	全国各地
红豆杉科	南方红豆杉	树皮、叶	江西、湖南、四川、安徽、福建、台湾、浙江、云南、贵州
豆科	锈毛鱼藤	茎、叶、根	广东、广西、云南
	厚果鸡血藤	果实、种子、叶	广东、广西、湖南、江西、福建、台湾、云南、贵州、四川
	皂荚	果实	西北、华北、东北、华南及四川、贵州
无患子科	无患子	外果皮	长江以南各省及湖北、台湾
山茶科	油茶	茶籽饼	华东、华中、华南、西南
樟科	樟树	木材、枝、叶	广东、广西、湖南、江西、福建、台湾、云南、贵州、四川、安徽、浙江
锦葵科	木槿	树皮	全国各地均有栽培
使君子科	使君子	果实	广东、广西、海南岛、四川、云南、福建、台湾等
马钱科	马钱子	种子	云南等
马桑科	马桑	果实、树皮、叶	西北、西南等地
苦木科	臭椿	树皮、叶	西北、华东、华中、华南、西南
	鸦胆子	种子	福建、广西、云南、台湾、广东等地
胡桃科	枫杨	叶	山东、江苏、浙江
山茶科	木荷	树皮、叶	安徽、浙江、福建、江西、湖南、广东、台湾、贵州、四川

表 1-11 主要饲料类水土保持经济植物及分布

科名	种名	形态、利用部位	主要成分（%）						产区分布
			水分	粗蛋白	粗脂肪	无氮浸出物	粗纤维	粗灰分	
藜科	优若藜	灌木、叶	55.56	9.58	1.72	20.92	8.35	3.87	西北、内蒙古等
豆科	直立黄芪	多年生草本、茎叶	66.71	4.85	1.89	15.2	9.0	2.35	西北、东北、华北、西南
	紫花苜蓿	多年生草本、茎叶	6.0	19.2	5.6	46.4	14.7	8.1	西北、东北、华北、内蒙古
	红豆草	多年生草本、茎叶	干草	16.8	4.9	49.6	20.9	7.8	西北、华北
	胡枝子	灌木、叶、果	干草	14.93	3.57	42.33	25.04	4.16	东北、西北、华北
	白车轴草	多年生草本、茎叶	干草	14.5	3.5	33.9	25.6	6.0	东北、西北、华北

续表

科名	种名	形态、利用部位	主要成分（%）						产区分布
			水分	粗蛋白	粗脂肪	无氮浸出物	粗纤维	粗灰分	
豆科	葛	藤本、叶	干草	16.08	2.52	40.70	27.49	6.13	西北、华北、华东、西南
	柠条	灌木、枝叶	干草	22.07	5.28	31.78	35.12	5.75	西北、华北、东北
	紫穗槐	灌木、枝叶	干叶	20	—	—	—	—	全国各地
	羊柴	灌木、枝叶	干叶	23.51	4.47	34.42	—	—	内蒙古、陕西、宁夏
含羞草科	银合欢	灌木、枝叶	干叶	24	8.2	48	15	9	华南
禾本科	冰草	多年生草本、茎叶	干草	10.6	3.0	45.5	34.1	6.8	西北、华北、华东、西南
	野古草	多年生草本、茎叶	63.31	2.59	0.86	18.01	13.38	1.85	除新疆、西藏外全国各地
	无芒雀麦	多年生草本、茎叶	66.38	2.69	0.68	16.40	11.87	1.98	西北、华北、东北
	拂子茅	多年生草本、茎叶	62.40	3.22	0.59	16.46	14.33	2.82	全国各地
	披碱草	多年生草本、茎叶	64.96	2.91	1.09	15.52	13.21	2.31	西北、东北、华北、西南
	老芒麦	多年生草本、茎叶	7.65	11.13	4.0	35.22	29.95	12.05	西北、东北、华北、西南
	狼尾草	多年生草本、茎叶	鲜草	1.74	0.80	13.40	7.15	3.21	西北、华北、华东、华中、西南
	白草	多年生草本、茎叶	13.50	8.95	2.22	37.64	29.03	8.67	西北、华北、西南
	芦苇	多年生草本、茎叶	15.07	16.01	3.90	40.88	17.89	6.25	全国各地
	草地早熟禾	多年生草本、茎叶	55.46	2.83	1.02	18.75	16.99	2.95	西北、东北、华北
	芨芨草	多年生草本、茎叶	鲜草	5.24	0.80	20.7	8.48	1.67	西北
胡颓子科	沙枣	乔木，叶	干叶	15.7	6.5	17.4	—	—	西北、内蒙古及华北西北部
桑科	桑	小乔木，叶	干叶	21.1	—	—	13.0	—	全国各地
壳斗科	柞栎	乔木，叶	干叶	28.5	—	—	27.9	—	西北、东北、华北、华南、西南

注："—"表示该指标未测定

表 1-12　主要寄主树类水土保持经济植物及分布

虫种	科名	种名	产区分布
紫胶虫	蝶形花科	钝叶黄檀	云南、贵州、福建、广东、广西、四川
	蝶形花科	思茅黄檀	云南、贵州
	蝶形花科	南岭黄檀	福建、广东、广西、江西、湖南等

续表

虫种	科名	种名	产区分布
紫胶虫	蝶形花科	木豆	云南、贵州、四川
	蝶形花科	大叶千斤拔	云南、广东
	蝶形花科	瓦氏葛藤	云南、福建
	含羞草科	山合欢	四川、江西、湖南
	含羞草科	光腺合欢	四川
	含羞草科	苏门答腊金合欢	福建
	桑科	聚果榕	云南
	桑科	哈氏榕	广西
	梧桐科	桂火绳	广西
	梧桐科	火绳树	云南、贵州
白蜡虫	木犀科	女贞	云南、贵州、四川、湖南、湖北、江西、福建、浙江、江苏、安徽、广东、广西、陕西等
	木犀科	紫药女贞	四川、云南、贵州等
	木犀科	长叶女贞	云南、贵州、四川、湖北、西藏等
	木犀科	散生女贞	云南
	木犀科	白蜡	云南、四川、广东、广西、福建、浙江、江苏、安徽、山东、河南、河北、东北各地等
	木犀科	华南小蜡	福建、广东、江西、湖南等
	木犀科	白枪杆	云南、广西等
	木犀科	美国白蜡	云南、广西、广东等
	木犀科	流苏	云南、贵州、四川、河南、河北、江西、福建、浙江、安徽、陕西等
	锦葵科	木槿	云南、贵州、四川、广东、广西、福建、浙江、江苏、安徽、山东、河南、河北、陕西等
倍蚜虫	漆树科	盐肤木	云南、贵州、重庆、陕西、湖北、湖南等
	漆树科	青麸杨	云南、贵州、重庆、陕西、湖北、湖南等
	漆树科	红麸杨	云南、贵州、重庆、陕西、湖北、湖南等

（王进鑫、林锦仪）

复习思考题

1. 简述我国水土保持经济植物资源概况。
2. 经济植物分类的主要方法有哪些？
3. 依据植物产品的特性和主要经济用途，可将经济植物划分为哪几大类？
4. 简述在野外如何鉴别树脂与树胶类经济植物。
5. 依据化学组成和性质的不同，树脂可分为哪几种类型？
6. 工业原料植物涵盖的范围甚广，主要包括哪几类经济植物？
7. 简述寄主树类经济植物通常包括哪几类。
8. 依照不同的气候区，我国经济植物的分布可划分为哪几个区域？

第二章　经济植物的生长发育规律

【本章提要】本章论述了木本经济植物的生命周期、年生长周期；草本经济植物生长发育特点、生长发育时期的划分，多年生草类生长发育速度及再生性等内容。要求掌握草本和木本经济植物生长发育的规律，学会经济植物生长发育阶段的划分及物候期的观测方法。

第一节　木本经济植物的生长发育规律

一、木本经济植物的生命周期

木本植物（woody plant）木质部发达，根和茎坚硬，多年生。在其个体发育过程中都要经历萌芽、生长、结实、衰老和死亡的过程，这个过程包含了植物全部的生命活动，称为生命周期。木本经济植物的生命周期较草本植物长。实生繁殖的木本经济植物，自种子萌发后，要经过多年才能开花结实，开花结实后，只要生态条件适宜，管理技术得当，可以连续生长并开花结实和收获，如此生存几年、几十年，甚至几百年。

树木的各部分生长不是独立的，在正常情况下相互配合，构成一个整体。地上部分营养器官（茎、枝、叶）和繁殖器官（花、果实和种子）及地下部分的根系，是一个相互依赖的整体关系。根部完全依靠地上部分的枝叶得到它生长所需要的碳水化合物，地上部分则要依赖根系从土壤中吸收生长所必需的水分和矿物质。这种依赖关系，使得地上部分与地下部分形成一定的比例关系，地上部分的枝、茎（干）、叶、花、果之间也存在一定的比例关系，栽培上要合理调节这种关系，以达到经济林木的高产、稳产和延长其经济寿命的目的。

根据经济树木的自然寿命发展规律和栽培上的经济目的，将木本经济植物个体发育的生命周期划分为幼年期（营养生长期）、始收期（结果初期）、盛收期（结果盛期）、收获衰退期（结果衰退期）、衰老更新期 5 个不同的生长发育时期。木本经济植物生命周期长短和经济寿命长短受生态环境条件和栽培技术措施的影响。在栽培上既要根据各个不同时期的生长特点和生理要求，又要考虑水土保持要求，采取相应的技术措施，促进其生长发育的进程，缩短树木的营养生长阶段，尽量延长经济寿命，推迟衰老期的到来，达到高产、优质、高效益的目的。

由于在每一年中，木本经济植物都要经历多个不同的生长和发育阶段，完成年生长周期，因此，木本经济植物生命周期的完成都是以年生长周期各发育阶段为基础的，顺次通过生命周期中的各个发育阶段。

（一）幼年期（营养生长期）

幼年期（营养生长期）是指从种子萌发或苗木定植以后，到第一次开花结果或开始有收益（如树胶、树脂等）之前的一段时期。这一时期所需时间的长短，与树种品种、繁殖方法、立地条件、管理措施等因素有关。例如，香榧实生繁殖树要 8～10 年，而嫁接繁殖树 3 年就可以开花结果。陕西省果树研究所（1980）报道：早实型核桃从种子萌发到首次开花结果只需 1～2 年，因此被称为“隔年核桃”或“当年核桃”，而晚实型核桃则需 8～10 年才能开花结果。一般生长在土层浅而瘠薄、管理水平差的实生树幼年期往往比生长条件好、管理水平高的要更长。

这一时期的特点是离心的营养生长旺盛，树冠和根系迅速扩大占据空间，光合面积和吸收面积迅速扩大。同化物质和矿质营养累积逐渐增多，为开花结果和生产创造条件。

这一时期的主要栽培任务是，首先要保证成活，然后才能成长。促进营养器官匀称健壮地生长，培养良好的树体结构，制造和积累大量的营养物质，尽量缩短幼年期。目前，经济树木树体结构的培育，主要依靠幼年期的栽培管理来完成。因此，在栽培管理技术上要注意土、肥、水的调节，采用整形技术培养丰产树形，常用的措施有：深翻扩穴，增施肥水，培养强大根系，轻修剪多留枝，使根深叶茂，早日形成预定的树形，在后期可适当使用生长抑制剂，如多效唑和 B_9 等，促使形成花芽。进入结果收获阶段。

（二）始收期（结果初期）

始收期（结果初期）是从开始有收获（或结果）到大量收获（或结果）之前的一个时期。这一时期的前期，树体生长仍然旺盛，树冠继续迅速扩大，分枝大量增加并形成骨架。根系继续扩展，须根大量发生。树冠外围开始结果。这时期所结果实果个大，水分多，皮厚，味酸，随着树龄的增大，骨干枝的离心生长减缓，产量不断提高。

进入始收期（结果初期）后，树体结构已构成，营养生长从占绝对优势向与生殖生长平衡过渡。这一时期的长短，主要取决于树种和栽培技术。一般进行矮化密植的经济林木，由始收期进入盛收期较短，而核桃、香榧等乔砧稀植的经济树木，此时期持续时间较长。

这一时期栽培管理的主要任务是在保证树体健壮生长的基础上，迅速提高产量，争取早期丰产，早日进入盛收期。管理技术特点是轻剪、重肥，继续深翻改土，加速树冠形成，促进树体生长和花芽形成，并注意合理配置各种枝组，培养良好的树形。

（三）盛收期（结果盛期）

盛收期（结果盛期）是指从经济植物大量结果或是树胶、树液等经济产品盛收起，经过丰产稳产至大小年现象出现、产量开始明显下降为止的一个时期，也是栽培上最有经济价值的时期。这一时期无论是根系还是树冠扩大生长都达到最大限度，骨干枝离心生长逐渐减缓，枝叶生长量逐步减少，发育枝减少，结果枝大量增加，产量达到高峰。盛收期的大量养分多集中供给果实生长，消耗大，因此很易造成营养物质在供应、转运、分配及消耗与积累之间的平衡关系和代谢关系的失调，致使在各年间的产量有波动，即“大小年”。

这一时期栽培的主要任务，是保证丰产稳产并延长这个时期的年限。管理技术特点是加强光照、土壤、肥水的管理和树体保护，保持树体健壮和良好的营养水平，通过适宜的修剪来调节养分的积累与消耗、生长与结果之间的平衡关系。

（四）收获衰退期（结果衰退期）

收获衰退期（结果衰退期）是指从大小年现象出现、产量开始明显下降到几乎无经济收益时为止的一个时期。这一时期主枝先端停止生长，并开始向心枯死；顶芽或靠近顶芽的侧芽不再发育成为旺盛生长的新梢；骨干枝先端开始衰弱；在枝条光秃部位相继发生徒长枝；小侧枝开始发生干枯。根系分布范围也开始缩小，产量逐年下降。

这一时期，在栽培上为了维持一定的产量，要加强管理，在条件可能时适当增施肥料。由于树体生长势减弱，要特别注意病虫害的防治，同时，适当回缩和利用更新枝条。

（五）衰老更新期

衰老更新期是指从产量降到几乎无经济收益时开始至大部分植株不能正常结实、出现衰老死亡时为止的一个时期。这一时期树体表现衰老，主枝向心枯死，新梢少、细弱，部分骨干枝衰亡。树体抗性减弱，产量下降显著。

进入衰老期以后，在栽培上已经没有经济意义，应进行更新。经济树木，品种较好的可以

拓展阅读

采用截干更新复壮，品种较差的进行改头换种或砍去老树。

二、木本经济植物的年生长周期

木本经济植物在一年中随外界生态环境条件的变化出现一系列的生理与形态的变化，并呈现一定的生长发育规律性。植物这种随气候而变化的生命活动过程称为年生长周期。植物在年生长周期中所表现出来的生长发育的变化规律，通常由器官的动态变化反映出来，这种与季节性气候变化相适应的器官动态变化时期称为生物气候学时期，简称物候期。各种木本植物的物候期可以有大的物候期，也可以有小的物候期，每一个大的物候期包含多个小的物候期，如枝梢生长物候期，可分为枝梢开始生长期、枝梢旺盛生长期、枝梢缓慢生长和停止生长期几个小的物候期。物候期可长可短，可根据需要和研究条件来确定物候期的长度及制订观察内容。

各种木本经济植物物候期及其进程是不同的，这与树种品种的遗传性有关，如落叶木本经济植物有明显落叶休眠期，而常绿木本经济植物，虽然终年生长和不落叶，但随水分和气温的变化，仍然交替出现生长与休眠。树木物候期是它们在系统进化过程中长期适应外界环境条件而形成的。因此，树木各物候期的表现都对环境条件有一定的要求。如果环境条件发生改变，经济树木物候期的进程就要发生改变。所以，同一树种在同一地区，可因各年的气候条件改变而出现物候期的提前或推后。同样，同一树种栽种在不同的地方，它们的物候期会因各地气候和地理条件不同而异。通常认为，地理条件通过气候条件起作用。例如，纬度越高，海拔越高，温度越低，春季物候期越晚。

虽然如此，各种木本经济植物的物候期仍有共同的特点。首先，物候期的进行具有顺序性，在年生长周期中，每一物候期是在上一个物候期基础上进行的，同时又为下一个物候期做准备。例如，开花是在花芽分化的基础上发生的，而又为结果做好准备。其次，物候期在一定条件下具有重演性，大多数多年生的经济植物每年都重复上一年的物候期，一些树种的某些物候期可能在一年中重复发生，出现多次生长，多次开花结果或落叶。例如，枣树的枣吊受害后，枣股可多次萌发枣吊。最后，物候期有重叠性，表现为同一时间和同一树上可同时表现多个物候期，如春季地上部分枝条生长与地下根系活动同时进行，春季同时存在开花期和春梢生长期。

经济植物的物候期标志着植物与外界环境条件的矛盾统一。物候期的变化反映了经济植物在一年中随气候条件变化的年生长的进程。落叶性的经济植物可明显分为生长期和休眠期。从春天萌芽开始进入生长期，从落叶开始进入休眠期。而热带及亚热带无明显的集中落叶而休眠，但在低温及干旱等不良的环境条件下，会使植物体进入相对被迫休眠。在生长发育过程中出现物候期及顺序如下：叶芽（落叶经济植物），膨大期、萌芽期、新梢生长期、芽分化期、落叶期；叶芽（常绿经济植物），春梢生长期（老叶落叶期）、夏梢生长期、秋梢生长期、相对休眠期（或冬梢抽生期）、花芽分化期；花芽，膨大期、开花期、坐果期、生理落果期、果实生长期、果实成熟期；根系，开始活动期、生长高峰期（多次）、相对停止活动期。

各种物候期出现的先后不尽相同，这与遗传性和各地气候状况有关。例如，葡萄早春根系活动比地上部活动开始早，但柿、栗发根与萌芽大体同时进行，或发根迟于萌芽。发根早的经济植物在有些年份早春气温回升快的，或在较温暖的地区可出现发根与萌芽同时的现象。

外界环境条件的变化，如温度、降雨、养分等能改变物候期的进程。所以，可采用不同的管理措施影响物候期，从而影响经济植物的生长发育，通过调控使之有利于生长发育，达到提高经济产量的目的。例如，温带落叶经济植物向南移，可使生长期延长，而推迟落叶，加上冬季低温不足，常不能顺利通过休眠，次年萌芽不整齐，花的质量也差。常绿经济植物秋季气温较高，雨水充足，氮水平较高，使秋梢生长期延长。核桃使用硫酸锌可促进休眠，避免初冬的冻害。

（一）根系生长期

根是木本经济植物的重要器官之一。它由主根、侧根和须根组成，主根由种子的胚根发育而来，其上生长各级大的分枝为侧根，侧根上形成的较细的（一般直径小于 2.5mm）称为须根，须根可分为形成次生结构的生长根和无次生结构但具有吸收功能的吸收根，大多数经济植物的须根上长有根毛。有些植物如长山核桃、荔枝、龙眼等因为有菌根共生，一般无根毛。具有菌根的植物吸收能力更强，可促进根系生长。根系的主要功能是固定植株，吸收水分和矿物质，贮藏养分，合成某些物质，同时又把水分、矿物质、贮藏养分、合成的某些激素输导至地上部，根系还分泌有机物和无机物，根系对植株生长发育起重要作用。

多数经济植物根系生长活动的时间早于地上部分，土温 3～5℃就开始生长活动，一般终年生长而无休眠期，只要条件适宜根系全年都可以生长，吸收根也随时发生。但由于地上部的影响、环境条件的变化及种类、品种、年龄的差异，不同时期有生长强弱和生长量大小之分，一年有 2～3 次的生长高峰，与地上部分的生长呈现出相互交替生长的现象。只有当土壤水分不足、土温过低时根系才被迫停止生长。

根系生长除与树种、砧木及年龄有关外，还与栽培管理技术和土壤条件有密切关系。地上有机营养制造多和输送根系多的有利于根系生长；同时温度适宜、肥水条件充足也有利于根系生长和吸收。土壤质地疏松深厚，有利于根系的生长和吸收，如果土壤板结则影响根系的生长，不利于吸收。据研究，木本经济植物的根系扩大延伸范围，在壤土中是根冠的 2 倍，在砂土中是 3 倍，在黏土中是 1～1.5 倍。土壤肥力也影响根系的分布范围。因此，在栽培上，创造良好的土壤环境，促进根系的生长，利于地上部分生长发育，增强光合性能，乃是重要的丰产措施之一。

（二）萌芽、展叶和开花期

木本经济植物的萌芽是休眠期转入生长期的标志，是指从芽膨大时起，经芽开放，至幼叶展出分离前，或花蕾露出止。植物的芽体根据性质分为叶芽和花芽，叶芽萌发后形成枝叶；花芽萌发后形成花或花枝。芽在形成过程中，由于形成部位和外界环境条件的不同，而具有异质性，同时具有不同的萌芽力和成枝力。对于有些利用枝叶的经济植物，如厚朴，萌芽力和成枝力是影响产量的非常重要的因素。在热带亚热带地区，无论落叶经济树木还是常绿经济树木，其实一年中都有多次萌芽生长，但都以越冬后的春季萌芽最多，这显然是与休眠期有充分的营养贮备有关。春季萌芽的迟早因植物的种类、品种、树龄、树势及不同地点环境条件而不同。落叶树种在昼夜平均温度达 5℃以上时开始芽萌动，而常绿树种则要求较高的温度，在 10℃以上才萌芽，幼年树比老年树萌动早。萌芽后，紧接着是展叶或开花。叶芽萌发后，紧接着是幼叶相互分离的展叶，其展叶期应是一个过渡性的物候期，紧接着树体进入新梢生长，由于时间极短，所以有时把它包含在萌芽期，萌芽期分为芽体膨大和幼叶展叶两个阶段。

开花是一个很重要的物候期，对于以果实或花为利用价值的经济植物，其产量的多少与开花关系密切。木本植物的开花可分为花蕾或花序出现期、开花始期（5%的花已开放）、开花盛期（50%的花已开放）、开花末期（仅有 5%的花未凋谢）、终花期（花冠全部脱落或凋谢）5 个时期。

开花期出现的早晚，因树种、品种和环境条件而异，特别是与气温有密切关系。不同树种对开花温度要求不同，晴朗和高温时，开花早，开放整齐，花期也短；阴雨低温时，开花迟，花期长，花开放参差不齐。枣树虽然分布较北，但要求开花温度为 18～20℃，因此开花季节一般在 5 月中下旬；核桃则在 17～20℃开花，一般在 4 月下旬至 5 月上旬开花；油茶虽为中亚热带的树种，但开花温度要求为11～17℃，在冬季开花；文冠果、巴旦木分别在8～12℃、7～15℃就可以开花。不同地区的开花期不同，板栗始花期在昆明是5月上旬，在北京则推迟至6月上旬；白蜡始花期在昆明是3月中旬，在北京是4月中旬。

各年的气候变化，特别是早春气温升高的迟早，能使开花期提前或推后20～25d，也与当地的纬度和海拔有关。

在温带地区的木本经济植物一般每年开花一次，在亚热带、热带则一年有2～3次甚至多次开花的现象。

（三）新梢生长期

新梢生长期是指从叶芽萌发后，新梢开始生长，到枝梢生长停止，顶芽形成时止的一个物候期。新梢生长包括加长生长和加粗生长两方面。叶芽萌发后，利用上一年积累的贮藏营养，顶端分生组织进行细胞分裂、生长，幼叶伸出芽外；随着节间伸长，叶面积加大，光合作用增强，不断制造有机营养物质，生长旺盛；旺盛生长期的长短与枝条生长强弱呈正相关。以后随着顶芽形成，抑制物质的增加及外界条件的作用，新梢生长的速度开始变缓或相对停止，枝叶逐渐木质化且已趋成熟，光合能力达到最大，制造的有机营养物质不断向枝干根系转移，并重新分配到各个器官。在枝梢伸长期间，随着光合产物的积累，茎内形成层薄壁细胞不断分裂，增大形成新的输导组织，使枝条不断加粗。枝梢的生长，可逐步扩大树冠，增加叶面积，加强有机养分的制造，增大结果面积，对于增强树势和提高产量具有重要意义。

不同的木本经济植物新梢生长动态有很大差异，同一种类也会因品种、环境、树龄、树势、负载量等因素的影响而有所变化。树势强壮，负载量适宜，有利于枝梢生长；树龄小的枝梢生长强健；枝梢的开张角度不同，枝梢的生长势也不同；树体内源激素等也影响枝梢的生长，细胞激动素、生长素和赤霉素促进枝梢生长，而脱落酸和乙烯则抑制枝梢生长。同时环境条件对枝梢生长也有很大影响，在生长季节，温度适宜、肥水充足，生长就旺盛，温度过低或过高、肥水不足，则生长不良；强烈的光照会抑制生长，而光照不足时，枝梢趋于徒长。紫外线多也会抑制生长，高山上生长较弱，紫外线增加也是一个因素。所以通过栽培技术改善经济植物的内在、外在条件，可以控制枝梢的生长。一般在温带或亚热带的落叶经济树木，每年大体抽梢1～2次，第一次抽的是春梢，或再抽一次即秋梢。在亚热带的常绿经济树木，每年可抽梢3～4次，分为春梢、夏梢、秋梢和冬梢。在热带则可抽梢多次。各类新梢在生产上的利用价值，因树种、年龄和地区的不同而有差异，所以生产上要根据不同树种、年龄及其利用价值进行适当的促控，有利于生长，增强树势，提高经济产量。

（四）花芽分化期

花芽分化（flower differentiation）是指木本经济植物芽轴的生长点经过生理和形态的变化，最终构成各种花器官原基的过程。花芽分化是重要的生命活动过程，是完成开花的先决条件。花芽分化过程可分为生理分化期、形态分化期和性细胞形成期。生理分化期是指在芽的生长点内进行着由营养生长向生殖生长状态的一系列生理生化转变的过程。形态分化期是指花的各个器官的发育过程，生理分化多在形态分化前一个月。由于生理分化是生长点处于花芽分化前不稳定转变状态，代谢方向易于改变，是花芽分化的临界期，是控制花芽分化的非常有效的关键时期；当生理分化完成后，生长点肥大高起、略呈扁平半球体状态，从而可以与叶芽区别开来，表明已进入花器官分化的形态分化阶段；性细胞形成期则是在第二年春季发芽以后，开花之前才完成，形成花芽。因此如果在形态分化和性细胞形成期的条件较差，很容易引起生殖器官的发育不全或退化，严重影响花的质量。

花芽分化会受树种、品种、树龄、经营水平和外界条件的影响，大多数落叶的经济树木在上一年夏秋进行花芽分化，第二年才开花。柿子 6～8 月进行花芽分化，第二年春季开花。油茶是在当年春梢上完成花芽分化，当年 10 月开花。薄壳山核桃雄花序夏季分化，次年春季发育完全，雌花序冬末或早春才分化，5 月中旬开花。常绿经济植物则在冬春进行分化，如龙眼一般在 1～3 月分化；荔枝 12～2 月分化，4～5 月开花。但杨梅则是夏秋分化，冬季开花；油橄榄的花芽分化于花前两个月完成。油棕花芽形成到开花要两年时间。

木本经济植物的不同器官与花芽分化的关系都甚为密切，在花芽分化之前，必须有良好的枝叶生长基础，以累积充分的结构物质。生长细弱和徒长对花芽分化都是不利的。开花结果消耗大量贮藏养分，抑制根系和枝梢的生长，同样会影响花芽分化。根部影响花芽分化的进行主要是通过水分、无机养分的吸收和细胞分裂素的形成和输送等来起作用。

花芽分化还受外界环境条件的影响，光照充足，有利于花芽分化；在花芽分化之前适度干旱，有利于花芽分化；温度条件也影响分化，温带落叶经济植物一般在 20～30℃的夏秋季节开始花芽分化，但其完成花芽分化的全过程还需要一个低温的休眠期才能发育健全；大多数亚热带或热带的常绿经济植物花芽分化则需要一个相对低温的条件，才能进行并使之发育良好，在不受冻的前提下，温度低些更为有利。另外，矿质营养也影响花芽分化，除大量元素氮、磷、钾外，微量元素中的硼、锌、钼等对花芽分化也都起直接或间接的作用。所以，在栽培上，通过加强树体的管理，增强树势，适当整形修剪和疏花疏果，调整生长与结果之间的关系，以及适当的肥水措施，均可促进花芽分化。

（五）果实的发育与成熟期

开花后经过授粉受精，子房膨大到果实成熟，为果实发育期。这一时期的长短，因木本经济植物的种类和品种而异，如核桃为 120～130d，柿为 165d，油茶为 180～200d，香榧为 74 周。

授粉过程需要传粉媒介，传粉媒介有风媒，如核桃，板栗；有虫媒，如油桐、油茶。传粉不仅受到天气和昆虫的限制，并且受开花特性的影响，大风阴雨天不利于授粉。大多数经济植物经过授粉受精后，在种子发育时产生的激素刺激下，才能结果。根据自花授粉能否结实，可分为自花授粉和异花授粉。凡是同一品种进行授粉受精并能结实，达一定经济产量的称为自花授粉。有些经济植物，自花授粉不结实或达不到一定经济产量的，即为“自花不孕”，必须用不同品种授粉才能结实的称为异花授粉，如油茶。提供花粉的树一般称为授粉树。授粉品种具有选择性，有些品种授粉可结实，并具有经济产量的，称为异花亲和性；结实少或不结实的，称为异花不亲和性。生产上，对于“自花不孕”的常应配置授粉树，并且要注意亲和性。经济植物为了适应异花授粉常出现雌雄异花同株，但雌雄异熟，如核桃、板栗、油桐，还有雌雄异株，如千年桐、阿月浑子、香榧等。授粉后能否完成受精，受到许多内、外因素的影响。

经过授粉受精后，花的子房膨大而发育成果实，但在开花和幼果发育过程中常有大量的花（包括花蕾）和未成熟的果实中途脱落。落花原因多是花器发育不完全，或花量过多，养分消耗大造成的。土壤水分缺乏、温度过高过低、光照不足等都会引起落花，没有授粉或受精也会引起落花。一般坐果率的高低与木本经济植物本身的性状有关，如枣的坐果率仅为 0.5%～2.0%，荔枝、龙眼只有 1%～5%，油桐大花多花类型的坐果率是 40%～50%，而单花类型的坐果率达 90%～95%；通常木本经济植物的坐果率为 10%～35%。植物坐果后，在生长发育过程中，都会有部分幼果要脱落。而以开花后两周和其后一个月出现的两次落果高峰最为突出，一般称为生理落果。第一次落果主要原因是授粉受精而影响到胚的发育，这次落果达到全部幼果的 60%～80%；第二次则是由果实迅速增大时相互间的营养竞争造成的，如果营养生长旺盛，加剧这种矛盾，使落果更加严重，一般可达到 10%～20%；第二次生理落果之后除自然灾害外，一般坐果较为稳定。从授粉受精到果实采收前的整个果实生长发育过程中，营养不足和自然灾害，如病虫害、风害、旱涝等都会引起落果，所以在栽培上增加授粉受精机会，增加有机营养和防止灾害，乃至疏去过多的果实都是为了保证产量和品质的有力措施。

拓展阅读

果实发育的最后阶段为成熟阶段，果实的成熟除表现出一定的大小、形状外，还表现在外观色泽和内在的风味、质地等的变化。

果实的色泽随着果实的成熟逐渐转化为该品种固有的颜色。色泽的形成与碳水化合物、糖的含量有关，光照充足、温度适宜和日变温大，有利于碳水化合物的形成和糖的增加，也有利于果实着色。果实风味包括糖和酸的含量及其比例、果实的涩味、苦味、香味等方面的综合评价。果实成熟时，淀粉转化为糖，使果实中的含糖量增加，而酸作为呼吸基质逐渐被消耗，使果实中的酸含量减少。一些果实中的涩味和苦味随着果实的成熟也逐渐转化为其他物质，同时在一些酶和非酶的作用下，产生具有挥发性的微量芳香物质。另外一些坚果类的果实，成熟时，种仁中含有大量的脂肪、蛋白质、淀粉和糖等，所有这些共同构成果实特有的风味。

从果实发育过程中可知，一切有利于碳水化合物的累积和运转的内外在条件，包括充分的光照、适宜的温度、水分和矿质营养等对提高果实的品质，包括果实的大小、色泽、质地、风味等都有很大的作用。

（六）落叶期和休眠期

落叶是植物生长发育过程中的一种自然现象。落叶的木本经济植物的落叶标志着树木进入休眠，这是对不良环境条件的适应，增进营养的积累和转化，有利于次年春天的正常开花结果。在正常情况下，各种经济植物的落叶期是稳定的，常绿的经济植物也有落叶，是叶衰老的表现，其落叶是在新叶成长之后，老叶才逐渐老化脱落，所以能使树冠保持终年常绿。如果常绿木本经济植物秋冬过量落叶，以及不正常的过早或延迟落叶，对其生长都是不利的。落叶木本经济植物的落叶一般与温度降低、日照缩短有关。而在热带、亚热带无低温的条件，常常利用干旱迫使落叶木本经济植物进入休眠。

休眠是经济植物适应低温、高温、干旱、短日照等不良外界环境条件的特性，是经济植物的芽或其他器官生长暂时停顿，仅维持微弱生命活动的一种状态。落叶的木本经济植物的休眠可分为自然休眠和被迫休眠。自然休眠是指即使给予适宜生长的环境条件仍不能萌芽生长，需经过一定的低温条件，才能解除休眠，之后才能正常萌芽生长的休眠，是树种、品种的固有特性。而被迫休眠则是由于不利的外界环境条件（低温、干旱）的胁迫而暂时停止生长的现象，逆境消除后即恢复生长。自然休眠期的长短因树种而不同，主要表现在对需冷量（温带落叶树木为了结束自然休眠，必须经过一定时间的低温或必须有一定的低温量才能完成树体内部的物质转化，为萌芽做好准备。生产上通常把植物通过自然休眠所需经历0～7.2℃低温的累计时数，称为“需冷量”）的要求不同。不同树种自然休眠的需冷量差别很大，从几十个小时到超过2000h。

一般常绿的木本经济植物无自然休眠期，在外界条件不能满足时，也会使之进入被迫休眠状态。一旦条件适宜，就转向生长。

自然休眠的开始和结束的迟早，在生产上有着非常重要的意义。生产上常采取多种措施，对木本经济植物休眠期进行调控。如为减少早霜和晚霜的危害，生产上采取适当的技术措施，促进其提早进入休眠和延迟解除休眠。

第二节　草本经济植物的生长发育规律

草本植物是一个庞大的植物类群，根据德国学者克涅尔的分类方法，草本植物可分为一年生草本和多年生草本两种生活习性完全不同的生活类型。一年生草本，其生活周期为一年，即从种子萌发到产生新种子在一年内完成，种子脱落后，地上和地下的器官全部死亡。在各类草地植被中，一年生草均有分布，但比例较小，形不成优势种和建群种，因此其经济利用价值不大。与一年生草不同，多年生草本分布极广，生长旺盛，叶面覆盖面积大，能在较长时间保持高产稳产的特性。此外，其根系发达，有利于对不同类型土地开发、利用和整治，对于水土保持、生态环境建设具有十分重要的作用。本节所谈草本植物生长发育规律，主要针对多年生草本植物而言。

拓展阅读

一、草本植物生长发育特点

多年生草由于种类不同，生长发育的状况各有其特点，这里就多年生草类中禾本科草类及豆科草类两个最为重要的经济类群的生长发育特点分别予以介绍。

（一）禾本科草类生长发育特点

植物学中将禾本科植物种子称为果实，即颖果，它主要是由胚和胚乳构成，胚由胚芽和胚根组成，胚芽能形成幼枝，胚根形成初生根，胚乳是贮藏营养的地方，占据种子的绝大部分，其内充满淀粉（85%～90%）和蛋白质（10%～15%）。胚和胚乳由一个小盾片隔开，此外，在紧贴种皮下有一层由蛋白质细胞构成的薄层组织，称为糊粉层。

当种子吸水膨胀开始萌芽时，体内的原生质在酶的作用下从静止转入活跃状态，促进了物质转化过程与呼吸作用（这种作用在未萌发时是很弱的），胚乳里的有机物质开始迅速分解，形成易于运转的更活跃的产物运送到胚中。胚细胞利用这些营养物质进行代谢活动，同时合成新细胞的组成部分，这就开始了生长过程。胚根首先突破种皮长出，形成1或数个胚根，胚芽鞘和第一营养叶接着伸长，与此同时，幼枝的生长点（在胚中早已形成3～5个叶原基）开始依次产生新的叶原基，此后在地面出现第一个绿色叶片（就是出苗期）。

随着胚芽鞘的出土和第一营养叶的伸长，以后又形成几片叶，并包围着生长点（或叫茎尖）于茎基中央，生长点分生细胞发育逐渐形成幼茎，由幼茎几个靠近的节形成分蘖节，由分蘖节向下长出次生根，由分蘖节上的腋芽向上长出侧枝。分蘖时枝条在叶鞘内者称为鞘内枝，而枝条穿破叶鞘生长者称为鞘外枝，前一类的枝条往往沿着母枝向上生长，形成稠密的株丛（密丛型）；后一类枝条开始水平方向生长，然后再向上生长（根茎型）或者同母枝以锐角向上生长形成疏松的株丛（疏丛型）。有的禾本科草在同一株丛发育两种类型的枝条，如根茎疏丛型的禾本科牧草。分蘖时当第一代侧枝长出2～3片叶时，同样也可以开始分蘖产生第二个侧枝，这些由第一代侧枝形成的侧枝，称为第二代侧枝或第三级侧枝，以后各代侧枝的形成也类似主枝上第一代枝条形成那样，严格地按照一定的程序，并依次逐渐形成株丛。分蘖时期一般集中在春季和夏秋两个时期，夏秋分蘖是在开花开始的分蘖过程，从芽上产生新的营养枝，这次分蘖过程一直延续到低温的来临。第二年春季出现第二次分蘖一直进行到开花期来临。这两个分蘖时期所形成的枝条，无论在数量上还是质量上都是不同的，一方面夏秋时期形成的枝条是在已达到开花结实的母枝上发育的，而春季分蘖所形成的枝条则是在幼年的营养枝上发生的，因而夏秋分蘖所形成的枝条生长旺盛而强壮；另一方面夏秋分蘖是处在短日照条件下，气温也逐渐降低，从而限制了枝条向上生长的进一步发育，生命活力转向形成芽和枝条，因而夏秋分蘖的时间长，能形成较多的分蘖。禾本科草类分蘖能力取决于外因和内因两个方面，外因中光能增加可以提高分蘖性，而弱光降低分蘖性；内因中，首先是遗传性，禾草的种、变种、品种不同，分蘖力也不同；其次生长年龄也影响分蘖力。由于多年生禾草依靠分蘖来扩大营养枝的数量，而阶段发育却是在茎的生长点内进行的，因此分蘖所产生的各个枝条，都要单独通过自己的各个阶段，各侧枝形成的时间不同，在形成和生长的过程中，所处的环境条件不同，因此它们在阶段发育上也就不同。根据苏联学者 T. 李森科的阶段发育理论，对于春性草，当第一个枝条结实后，于其基部的分蘖节产生的夏秋分蘖枝条继续生长可再次结实，而对于冬性草分蘖枝条当年不能继续发育，仅保留芽于基部，这种分蘖越冬时不死亡，或叶片枯死而芽不死，到第 2 年再完成其他各个发育阶段。总之分蘖所产生的枝条，随着气候条件的变化，按其生长习性分别于不同的时间进入其他发育阶段（拔节、抽穗、开花、结实等）。由于多年生禾草在一年的生长期内进行两次分蘖，即春季分蘖和夏秋季分蘖，所以在禾本科草的株丛中常见有几种不同类型的枝条，即短营养枝、长营养枝、生殖枝三种类型。短营养枝由根出叶簇组成；长营养枝是形成茎的枝条；长枝继续发育，顶端出现花序的枝条称为生殖枝，株丛中各类枝条所占比例的大小，则是决定其利用特点和经济价值的重要依据。

禾本科草根系的发育伴随着种子萌发，首先是胚根的生长，始为主根，以在其上长出侧根，这些萌发后最初的根统称为初生根，不同种的禾本科草，初生根的数目是不同的，同一种禾本科草初生根的数目多少是固定的，是由该种禾本科草的遗传性决定的。禾草初生根是在一段时间内陆续发生的，在大田条件下，禾草的第一条初生根在播后第 8～10d 出现，第二条在播后 10～16d 出现，第三、四条根在播后第 12～23d 和 23～33d 出现，初生根出现后，前期生长快，后期生长慢，初生根的寿命一般为 4～8 周。在初生根生长的同时，从枝条基部的分蘖节上长出次生根，由于每一个枝条能形成自己的根系，因此禾草的根系较为庞大。次生根发生时间视草种类而异，如无芒雀麦、紫羊茅等草本植物在出苗后 16～17d 发生，猫尾草、圆柱披碱草在出苗后 38d 出现。在大田生产中，次生根生长的总趋势是播种当年快，但不同生育期生长发育速度也有所不同，一般由种子萌发至分蘖开始根系发育较慢，此时入土深度仅 8～15cm，分蘖后期，根系生长加快，拔节、抽穗期间由于地上部分生长速度加快，根系生长速度又有所减缓，到抽穗后由于地上部分生长缓慢，根系生长速度又有所增加，并持续到结实期及地上部枯死以前，其生长除与草本植物学特性有关外，还受外界条件的影响，如土壤水分、土壤温度、土壤养分、光照等。根系大部分集中在 0～30cm 处，占总根量的 65%～90%，视品种而异。根系的形成和腐烂在改良土壤结构和提高肥力、防止土壤侵蚀和保持水土等方面都有着很重要的意义。

（二）豆科草类生长发育特点

豆科草类的果实为荚果，种子是由种皮包裹着的子叶和胚所组成，不含胚乳。子叶是原生叶原基，胚包括胚根、胚轴（胚茎）和胚芽。萌发时，种子首先吸水膨胀，胀破种皮，子叶贮藏的营养物质转化并运送到胚根、胚轴和胚芽，胚根开始分裂生长，突破种皮，发育成主根，接着下胚轴伸长先把子叶和胚芽推出地面，然后从胚芽中出现第一片真叶，为单叶，随后出现第二片、第三片真叶，即三出复叶，再经过一段时间生长，形成莲座叶丛（4～5 片真叶，均为三出复叶）。冬性的豆科草类便在这种状态下进入冬季，春性豆科草类能在第一年结实，所以春性豆科草类在莲座叶丛以后便形成茎，并从基部叶腋开始分枝，而后从茎上的腋芽发生上部分枝，再后于基枝上形成花蕾和花，最后形成果实和种子。在开花结实的同时于基部又产生新的分枝，以获种子或者被利用后这些新枝又进入上述生长过程，至于如此反复生长多少次则因草种、各地气候和利用方式不同而异。春性多年生豆科草本，秋季形成的枝条主要起制造并向地下部输送贮藏养料的作用，这些枝越冬时死亡，次年须从植株基部的更新芽上萌发形成新枝进行第二年的生长发育。至于前面提到的冬性豆科草，在莲座叶丛时进入冬季，那时于其基部已形成更新芽，到第二年即从这些更新芽上萌发新枝，这些新枝继续生长，进入各发育时期。在亚热带地区冬性豆科牧草，头年秋季入冬前形成新枝或发育不完的枝，越冬时并不死亡，第二年继续生长。

豆科草类出苗后6～8周，在生长过程中，与子叶相连的第一节逐渐进入土表以下，使其变粗变短，在茎的下部发育成根颈，这种现象是由下胚轴和上部的初生根细胞侧向生长引起的，根颈上具有更新芽，它是春季萌发，每次利用后再生的主要基础，根颈入土深度与豆科草类抗寒性呈正相关。与禾本科草类相比，豆科草类越冬性比较差，这是由于其更新芽露在外或接近土壤表面，而禾本科草类的分蘖节位于地下，并受发育不全的叶和死去的残株所保护，因此豆科草类在秋季不能晚于稳定霜冻来临前30天进行利用，这样以便植株在利用后有一个时期的恢复过程。

豆科草类根的发育是从胚根开始的，当种子萌发时，胚根首先伸长，并向下生长，其后随胚芽的生长，根系进一步发育为主根，并于其上产生分支根，形成直根系。当地上部开始形成真叶时，根系进一步伸长，支根增多，并开始形成根瘤，当地面形成莲座叶时，根系有一个较长时期的发育过程，根系长度超过地上部几倍甚至十几倍，后来主根上部增粗，在接近地面处膨大，形成初期的根颈，此时也就形成了豆科草类完整的根系，以后地上部形成分枝时，根变化不大，当地上部株丛形成后，根系又有所增长，至第一年入冬时根颈直径可达2～3cm，根系的增长、增粗一般表现随草本植物年龄的增加而增长，每年都有分支根死亡，并产生新的枝根，整个根系随生活大周期的死亡而死亡。豆科草类根系分布深度随草种的不同差异很大，一般入土深度为1.5～2.5m，深的可达3～6m，最深达10m以上，根系上具有根瘤，主要分布在0～20cm土层的根系中，根瘤有固定空气中氮素的功能，因此豆科草类在改善植物氮素营养、提高土壤肥力、增加后作产量等方面有重要意义。

二、草本植物生长发育时期

多年生草类每年随着气候的变化，在其生长发育过程中要经过在形态特征和生理功能上彼此不同的几个时期，称为生长发育时期，简称生育期。植物器官的形成和形态上的变化通常用物候观察的方法来进行记载，所以生育期也叫物候期。物候观察的意义在于摸清不同地区植物生长发育的规律及与外界环境条件的关系，为采取科学的管理技术措施提供依据。草本植物的生长发育期如下。

（一）萌发或返青

当春季条件适宜时，草类开始萌发再生，此时便称为萌发期（或称返青期），一般开始于日平均温度3～5℃，但不同自然地带、不同草地类型，多年生草类萌发的时期是不一样的，即使是同一地区，不同年份，气温上升的快慢和水分条件的好坏都会影响草本植物的萌发时期。观察鉴别草本植物萌发期的标准，一般以50%的植株萌发或返青时为依据。

（二）分蘖—分枝期

禾本科草类从分蘖节产生侧枝的时期叫作分蘖期；豆科草类及杂类草从基部叶腋产生侧枝的时期叫作分枝期。一般开始萌发后15～20d便开始分蘖分枝。鉴别的标准仍以50%植株出现分蘖或分枝依据。

（三）拔节期

禾本科草类在地面出现第1个茎节时叫作拔节期，以50%的植株第1个节露出地面1～2cm为标准。

（四）抽穗—现蕾期

禾本科草类50%的花穗从顶部叶鞘伸出时称为抽穗期，豆科及杂类草50%形成花苞之时叫作现蕾期。

（五）开花期

花冠（禾本科为稃壳）张开，雄蕊伸出，开始散布花粉之时为开花期。禾本科草类50%的植株开花为开花期；豆科及杂类草开花株数达到20%时为始花期，达到80%时为盛花期。禾本科草类花期较短，为6～12d；而豆科草类及杂类草花期较长，有的一直延续到深秋，植物学上称为无限花序。

（六）结实期

从受精到种子完全成熟叫作结实期。此期一般在10d以上，成熟种子变硬后一般3～7d脱落。禾本科草类可分为乳熟、蜡熟、完熟三个时期，鉴别标准一般是50%以上的籽粒内充满乳汁并接近正常种子大小时为乳熟期；80%以上的种子内含物质呈蜡质状为蜡熟期；80%的种子变坚硬且开始脱落为完熟期。豆科草类为无限花序，花期很长，因此结实期比较长。

（七）果后营养期

多年生草类结实后，产生夏秋分蘖或分枝时叫作果后营养期。果后营养期为植物越冬积累更多的营养物质，以保安全越冬。

（八）枯黄期

多年生草类结实后，随着气候的下降和霜冻的危害，植丛地上部逐渐枯黄，直到下一年返青前为枯黄期。鉴别标准是当地上部分2/3的叶片枯黄时算起。

三、多年生草类生长发育速度及再生性

（一）多年生草类的生长发育速度和寿命

1. 依据生长发育速度及寿命不同，多年生草类常划分为以下4类

（1）生长发育速度迅速，寿命短的草类，如高燕麦草、红三叶、多年生黑麦草等，它们在播种当年就能发生生殖枝，第二年即发育完全，并可收获，平均寿命为3～4年。

（2）生长发育速度较慢，寿命中等的草类，如猫尾草、白三叶、鸡脚草，在播种当年通常不能形成生殖枝。第2～3年发育完全，并可收获，平均寿命为5～8年，如加强管理，合理利用，寿命可增到8～10年。

（3）生长发育速度缓慢，真正多年生草类，如无芒雀麦、小糠草、看麦娘等，播后第3～4年产量最高，寿命为10年或10年以上，如采用农业技术及合理利用，这些草类的寿命及产量都能够显著地增加。

（4）生长发育速度很慢，真正寿命长的草类，如米芒、针茅等，这些草在第5～8年生产力最高，平均寿命为10～15年以至数十年。

2. 根据寿命长短，多年生草类也可以划分为以下4类

（1）二年生植物，如草木樨、多花黑麦草等，播种当年产量很高，生长第二年死亡，夏秋播种，在第二年产量最高，第三年死亡。

（2）少年生植物，如红三叶、杂三叶草，播后第二年产量最高，第三年便可显著下降。

（3）中年生植物，如紫花苜蓿、无芒雀麦等，第2～3年产量最高，到第4年产量下降。

（4）多年生植物，如草地早熟禾、冰草、白三叶等，第3～4年产量最高。

多年生草类的这些特性，在建立人工草地时，草种选择和组合方案的制订等方面均有重要作用。

（二）多年生草类的再生性

再生性是指草被刈割或放牧后重新恢复绿色株丛的能力。再生是多年草类生长的一个重要特性，再生的草称为再生草。由于多年生草类具有再生性，所以在整个生长季节可多次利用。利用后，草类的再生主要有以下几种方式：①短枝的继续生长；②长枝的继续生长；③腋芽的继续生长；④植物地面和地下休眠芽的生长，形成新的枝条。上述4种再生方式，有时可能兼

有，有时可能以某一方式为主。一般来说，短枝的生长和由根茎，分蘖节、根颈上的芽形成的新枝条，对形成草群生产力有较大意义。

衡量多年生草类再生能力常采用三个指标：再生速度、再生次数和再生强度。再生速度是指草类被利用后恢复至可供再次利用（一般8～10cm）所需的时间，也可用再生草在此期内平均每天增加的高度（cm/d）来表示，即再生速度＝再生高度/再生天数。再生次数（再生力），是指在1年的生长季内多年生草能够忍受刈割或利用的次数，再生次数多说明其再生性强。再生强度是指单位时间内再生植株增加的干物质重量，即再生草产量（g/d），通常也可用下面两种方法表示：一是以各次再生的产量与第一次利用时的产量相比；二是以各次再生草的产量分别与总产量相比。

不同草类的再生性是不一样的，这是在长期系统发展过程中形成的。多年生草再生性除受其生物学特性所制约以外，还受外界条件的影响：①气候条件。温暖潮湿会使草类再生过盛，反之，空气干燥，降雨稀少会减少再生。②土壤条件。土壤水分、养分及空气状况均能影响草类的再生性。③利用条件。第一次早期利用（牧、刈），在其他条件良好的情况下能加强再生，增加利用次数，如果延迟利用（开花完毕或种子形成后）会减弱再生；利用次数过多会抑制再生等。④管理技术措施。合理施肥、灌溉、松耙等管理技术可加强草类的再生性，缺乏管理或管理不善会使草类的再生不良。

从上述情况可以看出，多年生草类之所以能在一年内被多次利用其关键在于具再生的能力，不同的自然地带、不同的植物种、不同的利用方式和管理技术，其再生状况差异很大，因此合理利用和科学管理是加速草类再生，提高其生产力的重要条件。

（蔡丽平、李会科）

复习思考题

1. 名词解释：物候期、生命周期、年周期、始收期（结果初期）、盛收期（结果盛期）、收获衰退期（结果衰退期）、芽的异质性、萌芽力、成枝力、花芽分化、需冷量、鞘内枝、鞘外枝、再生速度、再生强度。
2. 木本经济植物的生命周期包含哪几个阶段？各阶段的主要特点及其栽培任务是什么？
3. 影响新梢生长的主要因素有哪些？
4. 简述花芽分化的概念及阶段。
5. 试分析影响花芽分化的主要因素。
6. 木本经济植物地上部分年生长周期包含哪几个时期？
7. 草本经济植物的生长发育包括哪几个时期？
8. 简述多年生草类再生的主要方式以及衡量再生能力的主要指标。
9. 多年生禾本科草类的枝条有哪几种类型？
10. 多年生草类按照寿命长短可划分为哪几类？
11. 影响多年生草类再生性的外部因素有哪些？

第三章　经济植物产量与产品质量

【本章提要】本章介绍了经济植物产量的含义、产量形成的基本条件、产量的构成要素与发育研究、产量形成的生理学基础及提高产量的途径；阐述了经济植物产品品质的内涵、提高产品质量的途径等内容。要求学会应用发育研究法和生长分析法分析生长发育特性与产量性能之间的关系，掌握经济产量的测定技术和方法。

第一节　经济植物的产量

一、产量的含义

栽培植物的产量有生物产量与经济产量之分。人们常说的产量是指有经济价值的收获物的总量。

生物产量是指经济植物通过光合作用形成的净的干物质重量，即植物根、茎、叶、花和果实等的干物质重量，生物产量是植物的自然属性。植物生物产量中，90%～95%为有机物，其余为矿物质。就此意义上讲，光合作用形成的有机物质的净积累过程就是产量形成的过程，光合作用制造的有机物质是产量形成的物质基础。

经济产量是指栽培目的所要求的有经济价值的主产品数量或总量。栽培植物不同，其所提供的产品器官也不相同。例如，根及根茎类经济植物提供的产品器官是根、根茎、块茎、球茎、鳞茎等；种子及果实类经济植物提供的产品是果实、种子；以花为主要用途的经济植物提供的产品器官是花蕾、花冠、柱头、头状花序；以皮为主要用途的植物提供的产品是茎皮、根皮，有些植物则全身是宝，全株均可作为经济产品等。经济产量和产品品质是植物产品的社会属性。水土保持经济植物由于其栽培目的具有双重性的特点，故一般以地上部分利用为主。

应当指出，生物产量与经济产量之间有一定的比例关系，通常人们把经济产量与生物产量的比例称为经济系数（K），又称相对生产率或收获指数。如果以 Y_b 代表生物产量，以 Y_x 代表经济产量，则 $Y_x = Y_b \cdot K$。通常情况下生物产量高，经济产量也高。植物种类不同，可利用的主产品器官不同，因此经济系数也不一样。

二、产量形成的基本条件

各种经济植物的产量形成过程，实质上都是能量的转化与贮存过程。但这一过程不能凭空产生，而是要依赖于一定的基本条件和配合一定的物质供应，才可能促成相应的转化或贮存。

经济植物产量形成的基本条件可分为 4 个方面，即植物体自身条件、外界气象条件、土壤肥力条件和一定的栽培技术措施。这 4 个基本条件既是独立地，又是互相联系地对经济植物产量形成做出各自的贡献。

苏联的 A. P. 康斯坦丁诺夫（1982）把这些条件分别称为生物组、气象组、土壤肥力组和农业技术组，并把它们及它们与产量的关系用图 3-1 表示，如果把这些基本条件与产量形成过程作为一个系统来看，那么在这个系统中，既有物质能量的输入，也有物质能量的输出。系统的实体部分应是植物本身，而输入包括气候资源、土壤资源和人文结构等，输出部分便是经济植物产量。

（一）生物组——经济植物资源

植物是物质循环和能量流动的场所，植物宛如一台绿色机器，以它的生物遗传特性、生物学特性及各种生理机能与外部因素相结合，而外部因素能不断地为生物体的建造提供能量和物质，致使最终构成人类所必需的产品产量。所以产量的高低，首先就与这台机器的工作效率有关。从预报和测定植物产量角度来认识和了解植物，最重要的是该植物的丰产性、抗逆性、生长期长短及对环境条件的基本要求，特别是对气象条件的要求，更应当明确。丰产性能高的植物品种，其实质是对外界条件同化能力和适应能力强的结果；抗逆性强的植物品种，往往随环境条件的变化而产量的变动较小，有的专门抗御某些不良条件的影响；关于生长期一般来说，生长期越长产量越高。另外，要熟悉植物的生物学特性，特别是它在产量形成中对外界气象条件的要求。

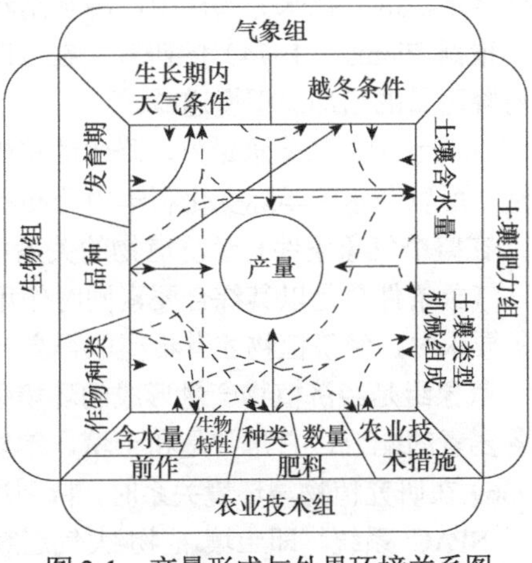

图 3-1　产量形成与外界环境关系图

（A.P.康斯坦丁诺夫，1982）

（二）气象组——天气和气候资源

植物产品的多寡仍然主要取决于外界自然条件的保证程度。在这些自然条件中，气象条件则是制约产量变动的最主要条件。当气象条件发生异常，可给大范围地区的植物产品生产带来不利的影响。通常说的气象条件，实际上包括两部分，即代表一个地区生产潜力（确切地说是气候生产力）的气候环境和影响具体年份植物产量的生长前期及生长期间的天气条件。

在研究气象组与产量的关系时，总是和生物组的经济植物对外界气象条件的要求相对应来分析的，而所涉及的气象要素，主要是光、热、水及其配合。找出产量与外界气象因素之间的定量关系，是产量测定方法建立的基础。这方面国内外学者做了大量工作。

在影响植物生长发育及最终产量形成的外界气象因素中，首先考虑的是光。因为它既是能量来源，也是自然热量的供应者，植物产量实质上就是光能转化成化学能的一种形式，所以光照条件对产量的贡献是最重要的。然而与其他气象要素相比，光的供应又常常是充分的。正如苏联 CoπockoB 研究生物气候潜力时所说的那样，“植物生产力水平在很大程度上取决于外部环境的温度、水分和光，但光是非限制因子，重点分析的应是温度和水分”（刘树泽等，1987）。

在经济植物生产中，温度作为自然环境条件的一个因素是十分重要的，其生物学意义主要在于对植物生化反应速率的控制上和对植物呼吸作用速率的作用上。一般来说，在光照和所需物质满足后，作物生产力的高低或产量潜力的发挥，主要由当时的温度状况来决定。在当前生产技术水平条件下，光能和 CO_2 浓度都不会构成明显的限制作用，水分、养分条件在人为控制下，只要有一定投资也可在一定程度上得到满足，而要想大面积、大幅度和长时间地调节温度，则是难以实现的，所以它往往成为生产中的关键因子。温度作用包括气温、叶温（植物体温）和土温。它们同时作用于植物，且在植物的不同发育阶段中所起的主导作用不同。一般在植物的前期生长阶段（发芽到出苗阶段），土温比气温和叶温重要；而后期则相反。许多研究指出，在适宜生长温度范围内，随温度的增加生化反应加强，干物质积累增多。

水分条件在经济植物生育过程中的作用在前面已做了详细论述。由于植物所需的水分中，仅有 1%直接用于光合作用，其余 99%的水分被蒸发和蒸腾所消耗，所以蒸发和蒸腾往往成为评价植物水分条件，建立水分平衡的基本数据，同时也是评价植物产量形成条件、生产是否经济的客观标准。在水分条件中，降水是水分平衡中的一个主导因子，也是气象组系统输入的变量。根据 Pianka（1974）的研究，在温暖干旱区内当年降水量超过 800mm 时，植物生产力则随着降雨量的增加而缓慢递减。

在降水中，除降水量外，降水的特性（时间与空间分布的不均匀性）也影响到经济植物的产量，所以降水的年际变化和年内分布状况，则是经济植物产量预报时人们所特别关心的。

在整个气象条件与经济植物的关系中，我们只是对主要气象要素分别做了简要分析，实际上，气象条件总是以其综合要素同时作用于植物的，只有当各要素协调起来，恰当地满足了植物的要求时，经济植物才有希望取得高产。

气象组是经济植物产量形成的环境条件之一，但它对经济植物的作用不仅仅限于气象组内部各要素的配合，它常常是和土壤、地貌等自然因素联合起来起作用的。澳大利亚学者 Phlip（1966）在研究植物与环境关系时，特别注意生物体与环境的统一联系和环境的整体作用，并提出了 SPAC 系统，即土壤-植物-大气连续系统，希望以此系统来说明植物与环境条件的物质交换、能量流动情况，通过下面土壤肥力组与产量形成的分析，我们也将会进一步了解环境因子之间的相互关系。

（三）土壤肥力组——土壤肥力资源

土壤和气候资源一样，也是决定经济植物产量的主要条件，而且土壤和气候条件之间又存在着有机的联系。从产量形成与测报角度来研究土壤肥力时，重点是要考虑其与温度、湿度有着相当密切关系的土壤水分和表征土壤结构特点的土壤容重及酸碱度（pH）。

土壤水分在自然条件下，主要来自大气降水，所以应把这一肥力因素看成外界气候条件在土壤中的延续。但是在同样自然降水条件下，由于土壤类型、地形地貌的不同，土壤含水量也存在相当大的差异。除土壤水分外，在表示土壤结构和各种不同元素含量的土壤肥力参数中，与产量关系最密切的是土壤容重，它可以综合地反映出土壤的机械组成、土壤孔隙度、土壤有机质含量及水分物理性质。同时，土壤容重与土壤中的氮（N）、磷（P）和其他元素含量又有着密切关系。所以，土壤含水量与土壤容重一起不仅可以代表土壤的化学和生物化学性质，而且也反映了土壤微生物的特点，故二者综合起来可以反映某种土壤的肥力特征。因此，在考虑土壤肥力特征时，主要使用土壤容重（d）和土壤水分（θ）这两项指标，其中，产量测报中应用最多的是土壤水分（θ）。

此外，土壤酸碱度也是影响经济植物产量的重要土壤因素，特别是在盐碱地区。

（四）农业技术组——栽培管理技术与人文结构条件

这部分主要包括管理水平、技术水平、区域经济状况及市场导向等。在一般情况下，这一组条件对产量的影响，使产量呈逐年上升的趋势，特别是栽培管理技术水平。因此，对那些以气象产量变动为自变量的产量测报方法，首先必须用一定方法排除该组条件对产量的贡献，这就是通常所说的时间趋势处理。至于因经济政策或市场导向所引起群众劳动热情变化而对产量的影响，通常用政策系数予以考虑。

以上我们分别对经济植物产量形成的 4 组基本条件作了分析。但是在实践中，这 4 组条件对产量形成的影响不是孤立的，而是相互联系、综合制约着产量的形成。

尽管上述产量形成的 4 组条件是经济植物生长发育和最终形成产量所不可缺少的必要条件，但必须明白，在一定的栽培区域内，上述这些条件对某一经济植物的产量形成而言，并不是同等重要的。其中必有一个或几个是产量形成的限制因素。只有通过实际调查和分析历年产量变动与外界环境条件的关系，才能找出主导环境因素及其对产量影响的关键期，从而使经济植物产量测报方法变得简单、准确。

三、生态条件对产量形成的可调控性与不可逆性

经济植物在其整个生长周期中，可能遇到各种不同组合形式的外界环境条件，特别是气象条件。这些外界条件的不同组合，对植物产量形成的影响可能有利也可能不利。其中一些影响由于补偿作用，前后具有一定的可调控性，有些影响则是不可逆转的。

产量形成过程中前后条件对产量形成的可调控性包括两个方面，一方面是前一个生育阶段条件好而后一个生育阶段不好。这时，原来可能增产的条件，由于后阶段条件不好，使原来增产的趋势发生逆转，这是一种向减产方向的调节。另一方面是前一个生育阶段条件不好，而其后生育阶段环境条件改善。在这种情况下，原来造成减产的条件，由于后期特好条件的补偿作用，使其减产程度得到缓和，这是一种向增产方向的调节。

这种前后期影响的关系，目前还难以完全用数学模式来加以定量分析，但正如日本学者宗方所说“思考这个问题是有趣的，但是要分析某一阶段植物生长与气候之间的关系如何受前期气候条件的影响却是困难的”。这是应进一步研究的问题，然而注意到这一问题并给予适当的或经验性的考虑，这在分阶段评定产量形成条件的估产方法中是必要的。

关于产量形成的不可逆条件，是指当某种极端性或毁灭性天气条件出现时，造成经济植物死亡或不能形成经济产量的情况。一般来说，遇到绝收的不可逆条件的情况是罕见的，而造成减产的条件却是普遍的。

四、产量的构成要素

经济植物的产量，是按单位土地面积上有经济价值的产品数量来计量的。但是，产量的构成要素却因植物种类或栽培目的所要求的主产品器官不同而异。

对以种子计产量的：产量＝株数×每株种子数×种子单粒重。

对以果实计产量的：产量＝株数×单株平均果数×单果平均重。

对以树液、茎皮计产量的：产量＝株数×单次单株收获量×收获次数。

对以叶计产量的：产量＝株数×每株叶数×单叶平均重。

对以花计产量的：产量＝株数×有效分枝数×每分枝上花数×单花重。

将产量按其构成因素分解成简单的植物学数量性状，有助于利用发育研究法，通过对生育过程状况的调查来研究生长发育特性与产量性能之间相关性，以及单个因素对产量的影响程度。例如，油茶单株结果多、果大，仅从这两点来看似乎是高产的，但是单位面积株数少、结果树体结构不合理、果大而果皮厚、籽粒多而小、壳厚且出仁率低，其实际产量还是不高，这是负相关的结果。对产量构成因素的正确分析，不仅有助于栽培品种的选择，而且有助于采取针对性的栽培管理措施，提高产量。

五、经济植物产量形成的生理学基础

（一）经济植物生长发育模式

经济植物的产量形成过程，是其植物体在长期生长过程中，利用光合器官将太阳能转化为化学能，将无机物转化为有机物，最后转化为有经济价值的产品数量的过程。经济植物要想完成此过程，必须先形成光合器官和吸收器官，继之形成产量的容器，最后是产量内容的形成、运输和积累，这是经济植物生长发育模式的骨架。

经济植物个体和群体的生长与繁殖过程，均按 Logistic 曲线的生长模型进行。一般干物质积累过程经历缓慢增长期、指数增长期、直线增长期和减缓停滞期几个阶段。在生长初期植株体幼小，叶片和分枝不断发生，并进行再生产，干物质积累与叶面积成正比。植株体干物质量的增长取决于

初始干物质重、相对生长率（干重增长系数）和生长时间的长短。这种关系，可用指数方程表示：

$$W = W_0 e^{RT}$$

式中，W 为植株体干重；W_0 为初始干重；R 为生长率；T 为时间；e 为自然对数的底。

生长率 R 是随植株体大小、环境条件的变化而变化。随着植株生长，叶面积增加，叶片相互荫蔽，单位叶面积的净光合速率则随叶面积的增加而下降，但是由于此期单位土地面积上叶面积总量大，因此群体干物质的积累几乎近于直线增长。此后，随着叶片衰老，功能减退，同化物分配中心调整（转向生殖生长），群体干物质累积速度减慢。当植株进入成熟期时，干物质积累因生长停止而停止。植株进入衰老期，干物质有减少的趋势。

（二）生长分析

栽培状态下的经济植物生产，从来都是群体结构状态，所以栽培条件下的产量是单位面积上、群体有经济价值的产品器官的数量或重量的总和。由于群体是由许多个体组成的，因此了解、研究单位面积上个体和整个群体的生物产量的增长、增长速度、单位光合器官生产干物质的能力，以及它们之间的相互关系，是我们研究提高经济植物产量的基础工作。

经济植物的相对生长率（RGR）是以完整个体为对象来阐述其生长的增长率。产量是表示干物质积累的一种方式。干物质积累以光合作用为基础，其整株干物质积累与净同化率和整株叶片状况有关。净同化率（NAR）是表示单位叶面积在单位时间内的干物质增长量。这里说的叶片状况是指叶面积比例(LAR)和比叶面积(SLA)，LAR 为叶面积对植株干物质重之比(L/W)，即单位干物质重的叶面积；SLA 为叶面积与叶重之比（L/W_L），用以表示叶厚。相对生长率与净同化率和叶片状况的关系可用下式表达：

$$\mathrm{RGR} = \mathrm{NAR} \cdot \mathrm{LAR}$$

$$\mathrm{RGR} = (\mathrm{NAR} \cdot \mathrm{SLA}) \cdot W_L / W$$

上式表明，相对生长率受净同化率、比叶面积、叶重与株重之比的影响。依据此式我们可以探讨影响相对生长率的主要因素，也可以比较各环境因子对生长率的影响状况。

经济植物生长率（CGR），又称为群体生长率，是指单位时间、单位土地面积上植物群体增加的干物质重量。可用下式表示：

$$\mathrm{CGR} = \mathrm{NAR} \cdot \mathrm{LAI}$$

式中，LAI 为叶面积指数，即单位土地面积上的总叶面积。

上式表明，产量增长速度与净同化率 NAR 和叶面积指数 LAI 有关。对某一给定的经济植物（特别是它的某个时期）而言，净同化率 NAR 变化幅度很小，可视为常数。所以，某一经济植物的生长率 CGR 随叶面积指数 LAI 变化而变化；又因 LAI 随生长进程不断变化，对经济植物有直接意义的是整个生育期间的平均值或积分值。在上式中，如令 NAR 一定，将 LAI 用 LAI 对时间（t）的积分代之，则得下式：

$$\mathrm{CGR} = \mathrm{NAR} \cdot \int \mathrm{LAI}\,(\mathrm{d}t) = \mathrm{NAR} \cdot \mathrm{LAD}$$

式中，$\int \mathrm{LAI}\,(\mathrm{d}t)$ 或 LAD 称为叶面积持续期，也称为“叶日积”。

由此可以看出，群体生长率的大小取决于叶面积持续期（LAD）的长短，即较长时间、保持较大叶面积是获得高额产量的必要条件之一。

（三）经济植物产量的源库关系

1919 年 Blackman 提出产量的限制因子后，许多学者从事有关研究，到 1928 年 Mason 等提出了“源库”学说。“源”是指制造及供应同化物的部位；“库”则是指存储或消耗同化物的部位。输出光合产物的叶片即源；接受光合产物的生长中心，包括正在长大的果实、种子或芽等即库。正常情况下，植物体内的代谢源与库是相互协调的，在对光合产物的需要量大时，叶的光合速率也较大，反之亦然。例如，迅速生长的植物或叶片较成熟植株或叶片的光合速率高。但如摘去花、果及除去植株或枝条顶端分生组织等都使叶的光合速率降低。

从同化物形成和贮存的角度来看，植物同化物的“源”应当包括制造光合产物的器官（叶片）和吸收水和矿物质的器官（根）；根还能吸收NH_4^+合成氨基酸，吸收CO_2形成苹果酸等。植物同化物的“库”，广义地说，既包括最终贮存同化物的种子、果实、块根、块茎等，又包括正在生长的需要同化物的功能器官，如根、茎、叶、花、果实、种子等。狭义的库，专指收获的对象。所谓“流”是指源与库之间同化物的运输能力。源、库、流三类器官的功能不是截然分开的，有时也可以相互代替。从生产上考虑，首先必须有大的源以供应大的库；其次库之间的物质分配问题也很重要，这种分配既有竞争关系，也受外界环境及物种的遗传性所限制。人为地调节这种分配关系以取得最大经济产量，则是栽培学的主要任务之一。

拓展阅读

六、提高经济植物产量的途径

（一）提高源的供给能力

提高源的供给能力是提高经济植物产量的最根本途径，其具体措施如下。

1. 增加光合作用的器官　叶子是利用光能进行光合作用的主要器官，一个植株或一个群体的叶面积越大，接受光能就越多，物质生产的容量也越大。反之，物质生产的容量就小。所以，增加叶面积是提高源供给能力的最基本保证。增加叶面积即提高叶面积指数（LAI），对一个群体来说，就要增加栽培密度。栽培密度加大，叶面积增加快，达到LAI最大值的时间早。但密度的增大是有一定限度的，只有在一定范围内叶面积才与产量呈正相关，超出此范围后，植株过密，叶层或冠层互相遮阴，底层叶片光照强度低，光合生产率下降，有些会因饥饿而死亡，反而会降低叶面积指数。一般茄科、豆科植物叶面积指数以3～4为最佳。

2. 延长叶子寿命　植株叶片寿命的长短主要由植物种本身的遗传特性所决定，但光、热、水、养等环境因子也会影响叶子的寿命。一般光照强，肥水充足，叶色浓绿，叶子寿命就长，光合强度也高，特别是延长最佳叶龄期的时间，可显著提高光合产物积累。

3. 增加群体的光照强度　光是植物光合作用的能源。在饱和光照强度内，光照越强，光合积累越多。光照在一个群体的不同叶层的垂直分布与叶面积指数的关系，服从“比尔-兰伯特”定律：

$$I_F = I_0 \cdot e^{-K \cdot M}$$

门司（Monsi）将其表示为

$$I_F = I_0 \cdot e^{-K \cdot \mathrm{LAI}}$$

式中，I_F为任一叶层的光强；I_0为群体的入射光强；K为消光系数；LAI为叶面积指数。

群体中各叶层接受光照强度的大小，不仅与栽培密度有关，也与栽培方式和管理措施，如行距、行向、立体配置、整形修剪等有关。通过栽培措施调节光强的理想状态，使群体中各叶层接受的光照强度总和达到最大，能显著提高源的供给能力。

净同化率（NAR）也称“净同化生产率”，是指在一定时期内，单位叶面积通过光合作用所形成的干物质量，减去呼吸作用所消耗的量之后的净物质量。提高净同化率不外乎提高光合强度，延长光合作用时间和降低呼吸消耗。其中，增大昼夜温差是降低呼吸消耗的有效措施。因为温差大时，白天光合积累多，而夜间呼吸消耗少。

尽管净同化率（NAR）的增加幅度不如叶面积的增幅大，但是到了生长发育后期，尤其是产品器官的形成期，叶面积的增加已达到一定限度，这时候维持一定强度的同化率使净同化率不下降，就成为提高产量的关键。

（二）提高库的贮积能力

1. *满足库生长发育的条件*　经济植物库的贮积能力，取决于单位面积上产量容器的大小。经济植物不同，贮积的容器也不同，即使同一种植物，利用部位不同，构成产量的贮积容器也不相同。例如，果实类产量容器的容积取决于单位土地面积上的株数、每株果数和果实大小的上限值；以花为采收对象的植物，其产量容器的容积取决于单位土地面积上的株数、有效分枝数目、分枝上花（花头、花序）的数目和单花大小的上限值。这些容器的数目取决于分化期，而容积取决于生长、膨大等的速率和持续期的长短。

在自然条件下，经济植物源与库的大小是协调的，源大的时候，必须建立相应的库。然而人为的能动调节作用，则主要在于促进其生长，保证满足植物分化期、快速生长期、膨大期的光、热、水、肥、气条件。

2. *调节同化物的分配去向*　植物体内同化物分配，总的规律是由源到库。第一，由某一源制造的同化物主要流向与其组成源库单位中的库。特别是当多个代谢库同时存在时，强库多分，弱库少分，近库先分，远库后分。第二，优先供应生长中心。各种经济植物在不同生育期各有其生长中心，这些生长中心通常是一些代谢旺盛、生长速率快的器官或组织，它们既是矿质元素的输入中心，也是同化物的分配中心。第三，就近供应。一个库的同化物来源主要靠它附近的源——叶来供应，随着源库之间距离的加大，相互间供求程度就逐渐减弱。一般来说，上位叶光合产物较多地供应籽实、生长点；下位叶光合产物则较多地供应给根。第四，同侧运输。同一方位的叶制造的同化物主要供给相同方位的幼叶、花序和根。

由于植物体存在着许多的源、库单位，各个源、库对同化物的运输分配都有分工，各个源的光合产物主要供应各自的库。对于生产来讲，有些库并非有经济价值，对于那些没有经济价值的库，就应通过栽培措施尽量减少其容积，使光合产物集中供应有经济价值的库。例如，果实类经济植物，在生殖生长阶段就应通过整形修剪等措施抑制过旺的营养生长（如环剥、疏剪、打顶等）。此外，代谢调节（如提高或降低叶内 K 与 Na 的比值）、激素调节（成花素等）和环境调节（平衡施肥等）也是控制同化物分配去向常采用的方法。

（三）提高输导组织同化物的运输能力

植物同化物由源到库是通过输导系统完成的，输导系统之间的联系、畅通程度和距离远近决定着同化物的运输能力。植物光合产物很多，如果运输分配不到位，经济产量也不会高。同化物是通过韧皮部进行运输的，韧皮部输导组织的发达程度是同化物运输的一个重要因素。适宜的温度、光照强度、充足的肥料，特别是磷肥供应不仅可促进光合产物的合成，也能促进光合产物的运输和提高贮积能力。

另外，源与库相对位置的远近，也影响运输效率和同化物的分配。通常情况下，库与源相对位置较近，能分配到的同化物就多，这也是许多育种工作者致力于矮化株型研究的原因之一。现代许多矮化的新良种其收获指数已由原来的 30%左右提高到 50%～55%。

拓展阅读

第二节　经济植物产品的品质

一、经济植物产品品质的内涵

经济植物产品的价值不仅取决于产量，而且取决于品质。植物产品品质包括内在质量和外观性状两个方面。内在质量主要是指有效成分的种类、比例、含量，有无农药残留或非目的性的毒性成分等。对果品类还包括食用品质（口感、取仁难易等）、贮藏品质等；外观性状是指色泽、质地、大小、形状等。许多果品、药材都是按大小、形状和色泽进行等级划分的。

二、影响经济植物产品品质的因素

经济植物产品品质的影响因素很多，情况错综复杂，这里只讨论几个主要的影响因素。

1. 植物种或品种的遗传特征　大多数栽培经济植物，都是经过选择、引种、驯化或人工杂交繁育而成。因此，相同种类不同品种间，经济性状往往有较大差异。此外，植物的经济性状在遗传上都是数量性状，容易受环境条件的影响。当环境条件发生变化时，就有可能引起一定性状的分离，甚至引起基因突变，不同程度地出现品质变劣的情况也是常有的。

2. 气候生态因素的影响　经济植物产品有效成分的积累、产品的大小、整体形状、色泽等受地理、季节、光、温等因素的影响，从而造成品质上的差异也是很大的。

3. 栽培技术措施的影响　栽培技术措施在某种程度上，对经济植物产品质量起着关键的作用，如栽培品种是否优良、栽培密度是否合理、土壤及植物体管理措施是否得当等。另外，植物种子中的蛋白质含量，由南往北随纬度的增加有增高的趋势；由热带向温带过渡，植物种子含油的饱和程度由高变低，高度不饱和的脂肪酸油，多出现在寒冷干旱的北方或高海拔地区等。栽培区（特别是产品形成期）的环境条件是否符合该植物生长发育或代谢的要求，收获期的早晚等都直接影响着产品的有效成分含量、比例、形状、色泽等质量指标。

拓展阅读　拓展阅读

三、提高经济植物产品品质的途径

1. 重视优良品种的选育工作　良种选育是提高经济植物产品品质的根本途径。我国经济植物种类繁多，品种资源丰富，分布区域广阔，加之多为实生繁殖和异花授粉，基因杂合，有充分利用杂种第一代优势的可能。根据这些特点，通过植物种选择、产地选择（种源选择）和个体选择，可以最大限度地利用现有的植物基因资源，投资少、见效快，技术要求也简单，易为广大群众掌握。现在许多地方栽培的当家品种和有苗头的株系都是通过选择得到的，如油桐中的'四川米桐'；油橄榄中的'九峰米札''中山 24'；油茶中的'灵川葡萄油茶'等。然而，对一定地区而言，"选种"有其局限性，即有时在当地植物种群中不一定能找到人们希望的优良类型或植物种，这就必须借助于引种驯化。引种驯化也是对自然界现有植物基因资源的直接利用，它不仅可改变现有经济植物种的布局、丰富本地经济植物资源、改善群落结构和物种组成、补充生物区系成分、丰富景观内容和生态系统，而且也是提高经济植物产品质量的一种多快好省的途径。例如，巴西橡胶、油橄榄、'红富士'苹果等许多重要的优良经济植物种或品种都是从国外引种得到的。除选、引之外，育种是当今优良新品种培育的主要趋势。通过有性杂交、基因重组，可以把两个或更多亲本的优良特性综合在一起，创造出品质优良的基因型或新品种。特别是以植物组织（细胞）培养和基因重组为中心技术的组织培养、细胞培养、花粉培养、体细胞杂交（细胞融合）、外源 DNA 导入等植物细胞工程育种和基因工程育种，既可弥补常规育种的无性繁殖困难、远缘杂交不孕等不足，又可导致植物的遗传改良，获得人类所需的经济性状。

2. 完善栽培技术措施　经济植物种类很多，不同植物因产品器官及其内含物的化学成分组成不同，从土壤中吸收的营养元素也有很大差异。此外，植物种类不同，根系深浅，喜光程度、冠层高低也不相同，栽培中充分利用不同植物的生物学习性和生态特性，合理混交，形成复层结构，既有利于合理利用土地、光、热、水、养资源，又可提高产品产量和品质。

许多果品类经济植物产品，对色泽的要求更高，如苹果品质标准中要求：红色品种要求全红（果面、萼洼、梗洼处全呈红色）；绿色果实要求全绿；黄色果实要求全黄。特别是红色品种，如果不采取一定的栽培管理措施（如控N增K，摘叶转果，铺反光膜，及时秋剪或套袋除袋，适期采收等）很难达到商品质量要求。

需要注意的是，经济植物产品品质的提高，往往不是任何一个单一措施所能奏效的，必须综合运用各项栽培技术，使多种有利因素适当配合，才能取得预期效果。

（王进鑫）

复习思考题

1. 名词解释：生物产量、经济产量、比叶面积、叶面积比例、叶面积持续期、群体生长率、源、库、流。
2. 简述经济植物产量形成的基本条件。
3. 产量形成过程中前后条件对产量形成的可调控性包括哪些方面？
4. 分析产量构成因素的目的是什么？
5. 试从源库学说的基本理论出发，论述提高经济植物产量的途径。
6. 提高源的供给能力的具体措施有哪些？
7. 提高库的贮积能力的具体措施有哪些？
8. 论述影响经济植物产品品质的因素。
9. 简述提高经济植物产品品质的途径。
10. 简述植物体内同化物分配的一般规律。

第四章　经济植物的苗木培育

【本章提要】本章主要论述了常用的播种育苗、嫁接育苗、扦插育苗和分株育苗的相关理论、技术与方法，同时对容器育苗、塑料大棚育苗和组织培养等新兴的育苗技术做了简介。要求掌握播种育苗、嫁接育苗、扦插育苗和分株育苗的相关理论、技术与方法。

第一节　播 种 育 苗

播种育苗是一种传统的苗木培育方法，由于其技术简单，且能提供数量较多的苗木，满足大规模生产的需要，所以许多经济植物特别是砧木苗的培育多采用播种育苗法。利用种子播种培育的苗木，称为实生苗。

一、种子的处理

为了使种子发芽整齐，提高发芽率，促进苗木生长，一般在播种前应对种子进行浸种和催芽处理。

1. *浸种法*　多数种子在播前只要用凉水或温水浸泡，使种子吸水膨胀，播后即可提早发芽。一般树种用凉水浸泡3～5d即可播种。种皮较厚的，如油松、侧柏等树种的种子，要用45℃的温水浸种3～5d，然后播种。刺槐、皂角、核桃、杏、桃、苦楝等树种的种子，可用85～90℃的热水烫种，即先将种子放入缸内，倒入85～90℃热水后，连续搅拌3～4min，使种子受热均匀，然后再倒入凉水，搅拌后使其自然冷却，浸泡24h捞出，以后每天用凉水冲洗一次，待种子膨胀后即可播种。在有灌溉条件或雨后墒情好时，水浸后的种子可进行催芽处理，出苗效果更好。催芽的方法是将种子放入笼筐或摊在席上，上面用草或麻袋盖住，保温保湿，每天用清水冲洗1～2次，同时要翻动种子，待种子裂嘴或开始露白时进行播种。

2. *沙藏法*　对休眠期较长、发芽较慢的树种，如核桃、板栗、桃、杏、银杏等种子也可进行沙藏处理。

3. *去蜡去油法*　对种子外皮有蜡质和油质的种子，如花椒、漆树、乌桕、青麸杨等，由于种子坚硬、透水性差、发芽困难，播前需进行脱蜡。在陕南常用机械脱蜡、碱水洗涤和热水浸种的方法联合处理，即播种前将种子放入普通打米机内打去蜡层，再用70℃草木灰水（水10份，草木灰3份）或2%的纯碱水或洗衣粉水浸泡，待水冷却后，用手搓去附着的蜡皮或油脂，再用清水冲洗，然后捞出催芽，待种子有30%以上裂嘴时即可播种。

除上述方法外，还可于播种前3个月，用牛粪拌种，次年春季播种前取出，打碎后连同牛粪一起播种，在花椒育苗时采用此法，效果明显。为了防止土壤病虫害，播前需对种子进行消毒处理。一般用2%高锰酸钾或1%硫酸铜溶液浸种5min消毒，并用清水洗去药液。同时在野兔、鼠类活动频繁地带还可对消毒过的种子喷撒适量有机农药拌种。

二、播种方法

播种方法有点播、条播、撒播三种。点播适于对核桃、板栗、银杏等大粒种子，按一定株行距，用锄或小铲在苗床上挖穴播种；条播适于对中粒种子采取人工开沟或机械操作方式进行，省工省时，管理方便；撒播适于对小粒种子播种使用，由于撒播用种量相对较大，故可和细沙或细土混合撒施。

拓展阅读

播后应根据种粒大小、土壤质地及气候条件决定覆土厚度。一般种子覆土厚度为种子直径的 2～3 倍。对特别小的种子可不覆土，用木板镇压或用筛撒一层细砂土即可。在土壤比较黏重的圃地上育苗，一定要用细沙或黄褐土覆盖，以免板结影响出苗。

三、播种时间

大多数种子宜于春播，但在春季播期干旱少雨，秋季雨水较多，且水源不足的地方，秋季播种育苗也较常用。一般春播 3 月中旬至 4 月上旬为适宜期；秋播在 11 月中旬进行。

四、苗期管理

苗期管理是否适时适法，关系到育苗的成败，并直接影响造林。因此，必须特别注意加强苗期的抚育管护工作。

1. 遮阴　有些树种，如银杏、油松等在幼苗期常怕高温、强光，尤其怕地表高温对出土嫩芽造成灼伤，可采用遮阳网或覆盖农作物秸秆、麦糠、锯末等进行遮阴。同时播后加盖覆盖物，可防止黏重土壤上播种板结，减少蒸发，减免雨水冲刷，提高种子发芽率。

2. 水肥管理　种子出土期尽量不要浇水，以免降低地温，影响出苗。为此，除在下种前浇透水、蓄饱墒以外，下种后还要松土保墒，必要时可加盖地膜，待苗出土后，要浇一次水，一般一年生播种苗需浇水 6～8 次。在苗木速生期绝不能缺水、缺肥。幼苗出土后可结合浇水，一般每公顷施尿素 45～60kg，此后每隔 3 周施一次尿素，每公顷 60～75kg，有些苗木结合间苗喷施尿素或微肥，效果也不错。

3. 间苗　播种密度一般大于留苗密度的几倍，为了保证苗木的正常生长，苗木出土后要分批进行间苗，除去生长过密、细弱、受伤及有病虫害的苗木。间苗的时间和次数，要根据树种、幼苗生长情况和培育目的而定。一般间苗要进行 2～3 次，这样不会使幼苗因环境突变而影响生长，也不致因遭受某种灾害而缺苗。

针叶树幼苗出齐 1 个月后，阔叶树苗长出 2～4 片（对）真叶时，进行第一次间苗。间苗最好在雨后或灌溉后，土壤比较松软的条件下进行，避免间苗时将土带动，并注意间苗后灌水，以免影响苗木生长。对某些针叶树，幼苗期喜群生，互相庇荫对幼苗生长有利，则不需要间苗或适当间苗。当苗高 8～10cm 时进行定苗。结合间苗进行移植补苗，使幼苗均匀分布，提高苗木的产量和质量。

4. 松土除草　松土除草是最基本的苗木抚育措施。在苗木生长期间，苗床的土壤由于降雨和灌溉等原因，表层土壤变得紧实而板结，使出苗率大大降低；杂草对苗木的危害很大，不仅强烈地争夺苗木生长所需的水分、养分和光照，还助长了病虫害的传播，所以在苗木生长发育过程中松土除草尤为重要。

除草要掌握除早、除小、除了的原则，在雨后天晴或灌溉后进行除草。松土的深度，小苗宜浅，随着苗木的生长，松土深度逐渐加深，一般松土除草一年要进行 6～8 次。撒播和条播苗除草应用手轻轻拔除，以免带土伤及邻近苗木。

除草是苗木抚育中最重要的管理工作之一，要花费相当多的劳力和资金。近年来我国化学除草已在南方一些苗圃进行试验，据安徽农学院对马尾松苗圃地采用每公顷 25%可湿性除草醚 6～9kg，或扑草净 0.75kg 溶于 900～1050kg 水中，用喷雾器将药液均匀洒在苗床上，其杀草效果达95%以上。

使用除草剂灭草，无论是在幼苗出土前还是幼苗生长发育期间，都应坚持先试验后使用的原则。因为有的除草剂既能杀灭杂草，也能杀伤幼苗，有的因使用浓度不当，会抑制幼苗生长。

5. *病虫害防治*　要遵循防重于治的原则。一般情况下应采取综合防治的方法为佳。

第二节　嫁接育苗

嫁接育苗是将植株的一部分如枝条、芽接在另一植株的枝、干或根上，从而萌发长成新的个体的育苗方法。用以嫁接的部分叫作“接穗”，承受接穗的部分叫作“砧木”。接穗与砧木愈合后长成的新植株叫作“嫁接苗”。这种苗木繁殖方法的优点在于能保持品种的优良特性、早结果、早丰产，增加树体抗逆性，增强品质。特别对于经济植物或某些难于繁殖的珍贵树种更有其现实意义。

影响嫁接苗成活的因素主要有接穗与砧木的状态，嫁接时期的温度及嫁接技术的优劣。要提高嫁接成活率，必须做好嫁接前的准备工作。适时、适树，熟练嫁接，认真管理。

一、接穗和砧木的准备

接穗质量的好坏是嫁接能否成功的重要因素之一。接穗应从优良品种或优良类型、无病虫害、生长健壮的中、壮年母树树冠的中、上部外围采集。所采枝条应是生长良好、充分成熟的发育枝。幼树的枝条或徒长枝不适宜作接穗。在生长期采集的接穗，最好是随采随用；在休眠期采集的接穗，应进行低温（0℃以下）窖藏。为了防止接穗在贮藏过程中失水，可在接穗采集后进行蜡封处理。操作过程为：将破碎的石蜡装入石蜡桶内层，外层加水，置炉火上加热至石蜡温度为95℃以上时，将接穗快速浸入石蜡中并立即抽出，接着同样处理另一端，如此逐条处理。据山东省果树研究所试验，采用套袋贮藏接穗成活率为92.6%，而蜡封接穗成活率为100%，后者比前者成活率高。

二、嫁接方法

嫁接长期以来主要应用于果树和经济林木，但近年来一些用材树种如三倍体毛白杨、马尾松及一些珍贵草本植物等也开始使用。嫁接从大的分类上有芽接和枝接两种，常用的有如下几种。

1. *带木质部芽接*　也称嵌芽接。春季（2月下旬至3月下旬）及秋季（8～9月）均可嫁接。秋季的嫁接时间长、嫁接效果比春季嫁接好，生产上多以秋季嫁接为主。嫁接时，选择生长健壮、芽子饱满的枝条作接穗，采下后剪掉叶片，仅留叶柄。用1～2龄的苗作砧木，在砧木地上5～10cm处，从上向下削一刀，由浅入深，深达木质部粗度的1/4～1/3，刀口2.5～3.0cm。然后在第一刀的下端，横（斜）刀下切，取下盾形切块。再取粗度与砧木相当的穗条，以芽为中心，立即用上述方法，削取同样大小的盾形芽片，将芽片插入砧木接口，对准两侧或一侧的形成层，并用塑料薄膜自上而下绑扎严实。

2. *舌接*　春、秋季均可进行。主要特点是砧穗形成层接触面大，相互嵌合牢固，接后易成活，新梢生长快，抗风折。适于苗圃良种嫁接及幼树高接，在陕南银杏产区应用普遍。嫁接时，用刀斜向下切，将接穗下端削成马耳形斜面、长约3cm，接穗上保留1～3个饱满芽或只在与斜面相对的位置保留1个饱满芽。然后，在斜面下端1/3处下刀，劈开一裂缝，深约2cm，使裂缝下成舌状接口。在砧木的适当位置，采用同样的方法，削切出与接穗完全相同的斜面及舌状接口，左手将砧木舌状接口轻轻张开，右手将接穗舌状接口轻轻张开，并使砧、穗的舌状部分相互嵌合插入，然后进行绑扎。

3. 切接　一般采用单芽切接，以春季嫁接为主。砧木选用直径为1～2cm的幼苗，在距地面5～10cm处截断，削平切面后在砧木一侧垂直下切（略带木质部），深达2～3cm。接穗则切削一面，呈2～3cm的平行切面，对侧基部削一小斜面，将削好的接穗插入砧木切口中，使形成层对准，砧木与接穗的削面紧密结合，然后用塑料薄膜从上往下捆扎。

4. 劈接　一般在春季（3月），多用于粗大砧木的嫁接。特点是砧木（粗）、接穗（细）粗度差异大，夹合牢，成活后新梢生长旺盛，缺点是砧木伤口大，不易愈合。嫁接时，砧木距地面5cm左右处截断后，在其断面中央垂直向下切一刀，劈开砧木，切口长达2～3cm，截取一段长7～10cm的接穗，接穗上有饱满芽2～3个，自接穗下端芽的两侧，斜削成长3～5cm的楔形削面（有芽的一侧稍厚，另一侧较薄）。用竹（木）撬开砧木切口，将接穗（稍厚的一侧在外边）顺砧木切口的边缘插入，插入深度以接穗削面外露约0.3cm为准，使砧、穗的形成层对齐。一般可在砧木切口两侧各插入一根接穗，再用塑料条扎紧切口；砧木较粗大时，可以不予绑扎，直接用湿细土堆埋即可。

5. 腹节　在高接换头时常用此法补充树腹的残缺部分和枝干的光秃部分，接穗削出一个长4～5cm的削面，在砧木上斜切一长4～5cm的半圆形切口。从切口上端削出一个深达木质部的半圆形削面，再与切口垂直向下切一刀并把皮层拨开，插入1～2个接穗，用塑料薄膜捆扎紧，此法主要适于秋季嫁接。另外嫁接时，注意在砧木上多选几个位置，接穗长短要视接口枝的部位和树势强弱剪留。

6. 皮接　砧木离皮后采用此法。将砧木在距地面5cm处截断，削成断面。接穗削成长3～5cm的斜面，厚0.3～0.5cm，背面削一小斜面，将大斜面向木质部，插入砧木的皮层中，若皮层过紧，可用竹（木）撬开皮层，将接穗插入。注意接穗削面上端与砧木之间要留0.5cm的伤口间隙，使留白处的愈合组织与砧木横断面的愈合组织相接，以利成活。

7. 髓心形成层对接　此法多用于针叶树的嫁接。掌握接穗和砧木的形成层活动旺盛时期是嫁接成活的关键，其表现特征是当新梢生长旺盛，针叶开始形成、嫩梢尚未木质化时，形成层活动机能进入旺盛期。对马尾松而言，为4月下旬至5月下旬。接穗取一年生枝条，截成6～8cm长，除保留顶端6～8束针叶外，其余全部去掉，再在针叶以下用刀先斜切至髓心，然后沿髓心纵向削去半边接穗，削面要平直光滑，反面末端再斜切一刀使接穗基部成舌形。在砧木比较平直的一侧去掉针叶，从树皮和木质部之间，自上而下地削开长度与接穗长削面相等，下端斜向切去削开的皮部使成尖趾状，然后将削好的接穗贴于砧木削开部分，使二者的形成层紧密结合，再用塑料条自上而下严密绑缚。

三、嫁接后的管理

嫁接成功与否，不仅要看嫁接成活率，还要看存活率、接口愈合程度及接穗生长发育情况，所以嫁接后的管理是十分重要的。

1. 抹砧芽　在生长季节，需要不断抹掉砧木上发出的萌芽，以保证接芽的正常生长。

2. 加强水肥管理　若是在圃地嫁接育苗，在嫁接前要浇足水，嫁接后，一周内绝不能浇水，否则由于苗圃地温降低，形成层细胞分裂减慢，不利于接口愈合。对于秋季嫁接培育半成品苗时，嫁接后根据墒情适时浇水2～3次，灌后追施一次尿素，每公顷45～60kg。

3. 剪砧　一年生砧木秋季芽接后，可根据砧木生长情况，保留部分枝叶后，从上部剪断，以提高圃地光照和温度，大的砧木上芽接成活后也要进行剪砧，以满足接穗生长所需养分。

4. 绑支柱　接穗萌发的新梢，在完全木质之前很容易遭受风害折损，可在新梢生长至30cm左右时，用长80～100cm的木棒进行固定。

5. 解绑　秋季嫁接的，在次年春季 3 月树液开始流动时，解开包扎物，检查成活；春季嫁接的，7 月中下旬可解除包扎物。

对某些果树除上述管理外，还需对萌发的新梢进行摘心、松土除草及进行有关病虫害防治。

拓展阅读

四、嫁接成活的原理与影响因素

（一）嫁接成活的原理

嫁接后的嫁接苗之所以能够成活主要是接穗和砧木结合部分的形成层具有分裂新细胞的能力，使二者紧密结合而共同生活。嫁接后，接穗和砧木切口上的细胞能形成一种淡褐色的薄膜来保护切口，防止内部细胞水分的蒸腾，在薄膜内切口附近的形成层便迅速分裂生长形成愈合组织，愈合组织把接穗和砧木的原生质相互连通起来。另外，形成层不断分生，形成新的木质部和韧皮部，把砧木、接穗的导管、筛管等输导组织连接起来，接穗的芽和枝可获得砧木根系所供给的水分和养分，便开始发芽生长形成一个新的植株。由此说明，嫁接能否成活，主要取决于接穗和砧木形成层结合的程度，接触面越大，接合越紧密，越容易成活。

（二）影响嫁接成活的因素

1. 砧木与接穗的亲和力　在实践中，并非所有的植物都能嫁接成活，有的不能接活，有的接活后会产生种种不良现象，有的愈合体虽已大量形成，甚至已长成树，但嫁接部位还会脱落死亡，这都是两者之间“亲和力”小所造成的。所谓亲和力，就是砧木和接穗能通过愈合组织愈合在一起，形成一个新的植物体的能力。有无这种能力和这种能力的强弱，是嫁接能否成活和成活后生长好坏的重要因素。

在一般情况下，凡亲缘关系近的，多数“亲和力”较大；亲缘关系远的“亲和力”则较小或没有“亲和力”。因此，同种间最易接活，同属间次之，同科之间又次之。不同科的植物之间嫁接成活困难的原因是亲缘关系较远，接穗和砧木之间在形态、解剖结构，生理生化特性及遗传特性方面差别太大，以致不能形成一个统一的代谢过程所造成的。

2. 植物的生物学特性　嫁接时要注意砧木和接穗生长的物候期，一般砧木萌动期较接穗早、嫁接成活率高，这是因为接穗萌动时所需要的水分、养分可由砧木及时供给。有些树种如松类富含松脂，柿、核桃富含单宁在大气中氧化形成的隔离层都会影响切口的愈合。除此之外，核桃树种的伤流现象也会阻碍砧、穗间树液的交流、窒息伤口细胞的呼吸，使愈合组织难以形成而影响嫁接成活。

3. 外界环境条件　嫁接要在适宜的温度、湿度条件下进行。温度太高，空气干燥会使蒸腾加强，接穗枯萎；温度太低不利于形成层细胞分裂，愈合组织不易形成；湿度太高呈饱和状态也会影响形成层细胞的活动，或水汽凝结成水滴附着于伤口而引起腐烂。嫁接最适宜的温度为 20～25℃，相对湿度为 80%～90%。因此，嫁接应选择适宜的环境条件。例如，一般芽接在 7～8 月上旬，温度在 25℃左右时进行，这时形成层细胞分裂快会有利于嫁接成活。枝接在春季进行时则要注意保持一定的湿度。采用塑料带包扎就可有效地保持一定的湿度和适当的温度，有利于提高嫁接成活率。

拓展阅读

第三节　扦插育苗

利用优良母树的一部分营养器官（如根、茎、枝、叶等）作插条，在一定条件下插入土、沙或其他基质中形成一个完整新植株的方法。它的优点是能保持母树优良性状，成苗速度快，开花结实早，育苗成本也比播种苗低。

扦插育苗，根据所用枝条木质化程度不同，分为硬枝扦插和嫩枝扦插两种。生产中则以硬枝扦插应用广泛。

一、插条的选择

选用发育健壮的 1 年生实生苗条，或根部萌生的 1 年生萌芽条，扦插成活率较高。一些针叶树如雪松、云杉等，从 1～5 年生实生幼树上采条，扦插成活率高。因为这类枝条发育阶段较嫩，容易生根。例如，陕西省蓝田县林业站 5 年的试验结果，白皮松扦插育苗，采自 10～20 年生天然林的 1～2 年生枝条，其生根率为 4.5%；而来自 4～5 年的人工林 1～2 年生枝条，生根率为 57.7%。

插穗选取的部位，对不同树种有不同要求。水杉、桦木用枝条先端部分作插穗，成活率高；而杨、柳等以基部、中部枝条作插穗，成活率高。针叶树插穗上可留一定的叶束，可制造部分营养物质，供给插穗生根需要。

二、插穗的处理

插穗一般在秋季落叶后或春季发芽前进行采集。春季一般可随采条、随剪裁、随扦插，秋季采条，种条（插穗）应进行贮藏。一种是在室内用湿沙埋藏；另一种是在室外，挖沟进行贮藏。为促进插穗生根，在扦插前用水浸泡 2～3d，增加插穗的含水量，有利于生根。对难生根的树种，可采取以下方法对插穗进行处理。

1. *温水处理*　对插穗中含有树脂的松类、云杉等针叶树，用 30～50℃温水浸泡 2h，使树脂溶解，促进生根。

2. *生长刺激素处理*　常用的生长刺激素有 α-萘乙酸（NAA）、β-吲哚乙酸（IAA）、β-吲哚丁酸（IBA）、2,4-D。一般使用时均采用水剂或粉剂，使用浓度依树种不同而异。

3. *药物处理*　用 0.1%～0.2%的高锰酸钾溶液浸泡插穗，可使插穗基部氧化，增强其呼吸作用，使插穗内部的营养物质成为可利用状态，促进生根。其他药剂还有硫酸锰、硝酸银、磷酸、乙酸、蔗糖等。

4. *ABT 生根粉处理*　近年来大力推广了 ABT 生根粉，收到了良好的效果。经多种树种的插穗处理试验表明，扦插成活率可提高 10%～20%，提高苗木生长量 5%～10%。例如，用 50mg/kg 的 ABT 生根粉 1 号溶液，浸泡花椒枝插穗 1h，其成活率达 90%、比对照提高 20%；用 50～100mg/kg 的 ABT 生根粉 2 号溶液处理水杉插穗，成活率比对照提高 30%～40%。

5. *稀土处理*　稀土是元素周期表中的 5 个“镧系”元素和与“镧系”元素化学性质相似的钪、钇 17 个元素的总称。大量的研究资料表明，稀土可提高植物对 N、P、K 及其他营养元素的吸收和体内运转；稀土能提高植物体内叶绿素含量，促进光合效率的提高和光合产物的增加；稀土能促进植物中硝酸还原酶的活性，从而促进种子萌发，根系生长，促进无机 N 向有机 N 转化；同时，还可增强植物的抗逆性。近年来，稀土也用在苗木扦插上，一般采用浓度为 50～100mg/kg 的硝酸铈溶液，可比对照提高 13%的生根率。

三、扦插季节与方法

春季回暖早的地区，可在 3 月初进行。插穗长度对扦插成活率和苗木生长有显著的影响。一般将硬枝插穗剪成 15～20cm，插穗形态学下端呈马耳形，上端剪平，且最上端芽距上剪口要保留 2cm 左右的距离。每一插穗上留 2～4 个芽。采用露地型垂直扦插法。扦插前，将整好的圃地施足底肥，翻耕耙平，整成宽 1～1.5m 的畦，留出上端芽扦插，按树种定株行距。

除用枝条扦插育苗外，利用插根育苗也是较好的育苗方法。例如，杜仲、泡桐、杨树等，插根育苗是利用起苗时修剪下的较粗根系，或挖掘植株采根，剪成 7～15cm 的根段，细的一段（形态学下端）向下，插入苗床中，粗的一端微露地面，由断面愈伤组织处或根段皮部萌芽长成新苗。西北林学院于 1987 年在杜仲无性繁殖育苗中，总结出“留根露头”“细根扦插”等方法，特别是利用杜仲根段生理极性不显的现象，将杜仲根段平埋比直插萌苗数提高了 12%。插根育苗，种根粗度以 1～4cm 为宜。

四、苗期管理

扦插育苗管理中最关键的工作是灌水、施肥、除萌。小片田扦插，插后立即灌水；大片田扦插，可边扦插、边灌水，以免插穗失水。埋根苗、插条苗在幼芽长到 10cm 左右时，要进行摘芽，每株仅留 1 个健壮的幼芽，对培养的幼芽主枝上萌生的侧芽也应及时抹掉。扦插育苗一般情况下年浇水 6～8 次，结合浇水每次每公顷撒施尿素 60～75kg。此外，除草、防治病虫害等工作也要跟上。

五、扦插生根的原理与影响生根的因素

（一）扦插生根的原理

植物营养器官的再生能力是插穗繁殖的生理基础。因为植物细胞具有高度独立的生理作用和修复失去器官重新形成一个完全独立的个体的能力。例如，失去根的茎可以发出新根，失去茎的根也同样可以产生新茎，插条育苗正是利用植物的这种再生能力进行苗木繁殖的。

插条苗成活与否取决于插穗能否生根。插穗一般是先形成根的原始体以后再长出不定根，所以根的原始体是不定根的前身，是插穗生根的重要物质基础。根据根的原始体在插穗上的部位和形成时期不同，可分为“皮部根原始体”和“愈合组织原始体”两种。前者是在当年生枝条的皮下形成的，后者是扦插后从插穗下端愈合组织中分化形成的。所以插穗生根的部位有以皮部生根为主和以愈合组织生根为主的类型，也有中间类型。

1. 皮部生根类型　如杨树、柳树、大叶黄杨等树种，都是以皮部生根为主。正常的情况下枝条内最宽髓射线与形成层的结合点上，能形成大量特殊的薄壁细胞群，也就是根的原始体。许多树种如杨、柳等在生长末期，根原始体就已形成。在结合点的外端是皮孔，根的原始体可从皮孔中得到氧气，从髓射线组织中获得营养物质，所以扦插后在适宜的温度、湿度和通气条件下，经过 3～5d，根的原始体就会从皮孔中长出不定根。

2. 愈合组织生根类型　任何植物受伤后都有恢复生机、保护伤口愈合的能力。在插穗的下切口由薄壁细胞分裂而形成的一种半透明的瘤状突起就是初生愈合组织。其作用是保护伤口、吸收水分和养分。初生愈合组织继续分化，逐渐形成和插穗相应组织发生联系的木质部、形成层和韧皮部等组织，最后充分愈合，在适宜的温度和水分条件下生出不定根，这就是愈合组织生根。例如，悬铃木、柳杉都是以愈合组织生根。属于这种生根类型的，大多是生根困难树种，生根期一般也较长，其原因是枝条的形成层内，缺乏现成的根原始体。

3. 中间类型　很多树种，皮部和愈合组织都能生根。一般认为愈合组织的形成，对插穗成活有利，但是有的树种如水杉，据试验观察不定根是从切口上缘的皮部长出，愈合组织和不定根的发生没有关系，甚至会因为愈合组织的形成，使插穗推迟生根。

（二）影响插穗生根的主要因素

1. *树种的遗传特性* 树种的遗传特性不同，插穗生根的难易程度有很大差别。根据插穗生根的难易可把树种分为三类。容易生根树种，即在一般条件下扦插能获得较高成活率的树种，如杨树、柳树、杉木、悬铃木、水杉、黄杨、夹竹桃等；不太容易生根的树种，需要在一定的技术条件和集约经营管理下才能获得较高的成活率，如雪松、刺槐、龙柏、圆柏、女贞等；生根困难的树种，即不经特殊处理，很难扦插成活，如松类、栎类、樟树、苦楝等。研究表明同一树种由于品种不同，它们之间的生根能力也有差别。例如，杨树中的黑杨派、青杨派的大部分品种在一般栽培技术条件下，扦插容易生根；而白杨派、胡杨派的大部分品种，如不采取促进生根的措施则难以生根。

出现以上差别的原因，据研究是由于插穗本身含有抑制生根物质的影响，至于抑制生根物质的化学成分、性质有待进一步的研究。

2. *母树和枝条的年龄* 随着母树年龄的增长，植物的新陈代谢作用和生活力都要降低，使插穗分生能力减弱，生根困难。据试验水杉树种从 1～3 年生苗木上所采插穗生根能力最强，15 年生以上的母树枝条发根率很低。所以应选择年龄小、分生能力强、容易生根的树木作为采穗母树。

多数树种 1 年生枝条的再生力强，2 年生次之，2 年生以上的枝条再生能力弱，且枝条上没有芽。因此，一般都不用 3 年生以上的枝条作插穗。但对某些生长慢的树种，如雪松、龙柏、圆柏等，因其 1 年生枝条细，营养物质含量少，为了使其较快生根，提高成活，可采用 2 年生枝条做插穗。

3. *枝条着生部位和生长发育状况* 枝条着生在母树上的部位不同，根的原始体多少不同，生根率和苗木生长情况也不同。一般以靠近根颈越近插穗生根率越高，苗木生长也好。

枝条生长发育越好、营养物质含量越多，插后越容易成活，苗木生长也越好。一般认为同一株母树主干上的枝条比侧枝，尤其是比多次分枝的侧枝发育好，生活力强。所以应采集发育充实、着生在主轴上的枝条作插穗。

4. *插穗粗度和长度* 插穗的粗细和长短对成活和苗木的生长都有一定的影响。一般认为相同年龄的枝条插穗粗壮的比较好。因为插穗粗壮营养物质和水分含量充足，有利于插穗愈合生根和苗木生长。但过粗不仅剪条和扦插较困难，且多从枝条基部取得。由于基部芽瘦小发育不良使插穗发芽晚、生根慢，愈合不好，新苗生长缓慢。适宜的插穗粗度一般为 0.3～2cm。水杉试验结果证明从枝条中段截取插穗不仅粗度适宜，且芽子饱满生活力强，易于生根。

插穗的长度主要根据生根速度和环境条件而定。多数生根快的树种插穗可短些，生根较慢的树种插穗可长些；在适宜的湿润条件下插穗可短些，条件差时插穗可长些；嫩枝扦插可短些，硬枝扦插可长些。一般插穗的长度可为 15～20cm。

5. *插穗上芽和叶的作用* 插穗上保留的芽、叶不但可以进行光合作用，制造一定的养分供给插穗生根和生长的需要，而且通过叶片的光合作用还可以形成一定数量的生长激素，这对促进生根是十分重要的。因此剪取插穗时应注意保留芽、叶，特别是针叶树和常绿阔叶树的嫩枝扦插保留一定的叶、芽尤为重要。

6. *土壤湿度* 土壤湿度可以调节插穗体内水分平衡，使插穗不致枯萎，是影响插穗生根的主要因素。扦插初期，插穗尚未生根，吸水能力很弱，而地上部分却已开始萌动，这种现象叫作“假活”。“假活”时间的长短因树种不同而异，如悬铃木约 1 个月；水杉为 60～70d，此时如果插穗枝叶过量蒸腾，植物体内的水分收支不能保持平衡，就会导致插穗枯萎。实践证明这时植株对土壤水分的需要量比成活后高。所以，为了提高扦插成活率，在这一时期需要经常洒水使土壤水分保持为田间持水量的80%左右，或设法提高空气湿度以减少水分过度损耗。此外，也可采取适量的抹芽、摘叶、遮阴等措施，防止插穗过量蒸腾，以利成活。

7. 气温和地温　温度对插穗生根有很大影响。温度包括气温和地温两个方面，虽然它们是互相联系着的，但从插穗生根来说，它们所要求的气温和地温是不尽相同的。

插穗生根的适宜土壤温度因树种不同而异。有些树种能够在较低的土温下生根，如杨树、柳树等。但多数树种生根的最适温度为20℃左右。因此在春季扦插时若土温太低则不宜提早扦插。同样如果夏季扦插土温过高也应采用遮阴或喷水等方法降温。

气温的作用主要是满足芽的活动和叶的光合作用，地上部分的生长和积累的营养物质对生根是有促进作用的，但气温升高，往往使叶部蒸腾加速，容易导致组织失水，同时也加速呼吸作用，使光合作用产物随呼吸加强而消耗。因此，在插穗生根期间，创造地温略高于气温的条件是有利的，这至少在减少叶部蒸腾和增加插穗切口的吸水速率方面是有作用的。

8. 土壤通气性　土壤中的氧气是插穗生根时进行强烈呼吸作用所必需的条件。扦插后，插穗生根需要不断地从新鲜空气中吸取足够的氧气进行呼吸作用，所以土壤必须通气良好。如果通气不良或水分过多，插穗将会腐烂致死。土壤质地常影响土壤水分和通气性，黏重土壤容易积水，通气不良，土温较低；砂土通气良好，但持水力弱，容易干燥，所以应选择疏松、通气良好、湿度适宜的沙壤土进行扦插。但是应注意无论在哪种质地的土壤上扦插，过量灌溉使水分充满土壤孔隙，都会引起通气不良，不利于生根。

9. 大气湿度和光照　较高的大气湿度有利于插穗成活，特别是对于难以生根的插穗如银杏、文冠果等树种的插穗，在大气相对湿度为80%～90%的条件下，再配合使用生长素可以促进生根。

适宜的光照，可以促进插穗生根，但强烈的光照则会增加蒸腾，导致插穗体内水分不平衡，以致使插穗枯萎或灼伤，尤其是常绿树种在进行嫩枝扦插更应注意。因此在光照过强时应适当遮阴，以利于提高插穗的成活率。

以上影响插穗生根的内在和外在因素不是孤立的，而是互相作用、综合影响的。其中内在因素起主导作用，但是在一定条件下又是可以改变的。因此，改善和创造适宜的外界条件，可以达到促进插穗生根，提高扦插成活的目的。

拓展阅读

第四节　分株育苗

分株育苗是将植株上萌发的枝条培养生根后，从母株上分离下来的育苗方法。对于很少用种子繁殖的树种如樱桃、竹类等可采用此法。不足之处是只能用于少量繁殖，且对母株损害较大。分株育苗又可分为如下几种方式。

一、直接分株

直接分株是直接利用树冠下面的根蘖苗或树冠上的枝条，于早春堆土（树冠枝条可用锯开的小花盆或塑料容器装土紧贴于枝条），第二年春季截取带根的幼苗（树冠枝条分株可连同容器一同取下），这种方法，每株母树每年可出苗5～10株。

二、直立压条

直立压条也叫作平茬堆土法，即在早春或秋季将定植母株从地表2cm处平茬，待新梢长出

20cm 左右时，用行间湿润土进行第 2 次培土。培土时把过高的萌蘖分开，以利通风透光。待苗高 40cm 左右时再培一次土。两次培土后进行灌水、松土和除草。当年 11 月中旬土壤结冻前，扒开土堆分株。这种方法繁殖樱桃苗，每年每株母树可出苗 10 株左右。

三、水平压条

对竹类可埋秆、埋节育苗。埋节时以 2 年生竹为宜。母株挖回后，锯成节段。锯节段时，节上留 10cm，节下留 20～25cm，双节可适当短些，以不影响下节段长度为宜。上下切口削成方向相反的马耳形，尽量避免损伤竹青或削破竹筒。埋节育苗在春季 2 月中旬至 3 月中旬为宜，此时竹竿养分积累丰富，芽眼尚未萌发。

拓展阅读

第五节　容 器 育 苗

容器育苗是苗木培育上的一项新技术，目前在全世界已得到广泛应用。

一、容器育苗的优点

（1）容器内有较适合的温度、湿度，土壤肥沃且经过消毒处理，因而较裸根苗发芽快，出土早，苗木生长健壮。

（2）容器苗栽植时，苗与所带土球一起移栽到造林地上的，无须进行切根、假植和包装等作业，最大限度地减少了根系受到的损伤和水分散失，因而大大提高了栽植后的成活率。

（3）容器苗栽植后无缓苗期，幼苗生长比裸根苗快，因而能够较早地达到郁闭状态。

（4）容器苗栽植不受季节限制，延长了栽植时间，且对栽植技术要求不高。

二、容器的种类和规格

育苗的容器种类很多，归纳起来有两大类：一类是环保型容器，即容器和苗木可一起栽植入土的容器，一次性使用，在土中能被微生物分解，如纸质营养杯、黏土营养杯、泥炭容器、营养砖块等；另一类是循环型容器，即容器在苗木栽植时不能直接栽植入土，必须取下容器，并可循环利用，如用聚苯乙烯、聚氯乙烯制成的塑料袋、硬塑料营养杯、塑料多孔穴盘等。容器的形状有圆柱形、圆锥形、方形、六角形等。

容器规格根据育苗植物种和培育苗木的大小而定。但为降低成本，应采用能保证造林成效所允许的最小规格。目前使用的塑料袋一般高 8～20cm，直径 5～12cm，袋的四周有排水、通气孔。在北美、北欧等温带地区多用小型容器，其直径 2～3cm，高 9～20cm。在热带、亚热带地区，培育大型苗木的容器容积可达 100cm。

我国推行的容器种类主要是塑料薄膜容器，这类容器一般用厚度为 0.02～0.04mm 的农用塑料制成，具有制作简便、价格便宜、牢固、保温、防止养分流失、播种或扦插后出苗早和育苗效果好等优点，适于培育各种植物和不同规格的容器苗。容器分有底与无底两种。有底容器中下部分别打 8～12 个直径为 0.5cm 的小孔，孔间距为 2cm 左右，便于袋外水分渗入和根从孔中舒展。市面常见的有山西省林业科学研究所研制的无底六角形塑料杯，江苏、安徽、四川、陕西等省生产的有底圆形杯，其直径为 4～5cm，高 12～14cm，可用于培育 1～2 年生苗木。

三、容器育苗技术

（一）育苗地的选择

育苗地宜选择在地势平坦、疏松，土层厚度在20cm以上的沙壤土地或黄褐土上，且灌溉和交通条件便利，距居民点较近的地方。

（二）播种或扦插前的准备工作

1. 育苗地的耕作　因为育苗地的土壤将来要配制为基质，所以这一环节非常重要，它对于改良土壤的理化性质、消灭杂草和病虫害作用重大。秋季起苗后应及时深耕，深度以20～25cm为宜。

2. 种子或插穗的处理　容器育苗时种子的消毒、催芽，或插穗的处理，与播种育苗或扦插育苗相同。

3. 做苗床　容器育苗采用低床宽幅育苗方式。苗床净宽度为1.5m左右，长度因地形而定；步道宽30～40cm，应在基质消毒与配制之前就做好。具体操作时先按2m行距放线，然后以线为中心用铁锹从两边加第一遍土，用脚踏实，再覆盖第二遍土，直到脚踩不陷，垄通直不歪斜，做好的垄高为20～25cm。

4. 基质的配制　基质又称为营养土，是培育容器苗的物质基础，也是影响育苗成功与否的关键之一。用林内腐殖质土或泥炭沼泽土等为原料配制的基质效果当然最好，但事实上，在大量育苗的情况下，很难解决此类原料的来源问题。而一般来说，许多植物种对育苗地的土质要求不是很高，因此本着“因地制宜，就地取材”的原则，可充分利用育苗地原有的土壤，通过采取消毒、施以无机肥等措施，获得培育容器苗的基质。

1）土壤消毒　目的是消灭土壤中的病菌和害虫，为苗木创造良好的生长条件。常用的有效方法是：在整地时，可将代森锰锌的粉末随同肥料一起均匀撒在苗床上，每公顷用量为37.5～45.0kg，随后进行深翻，深翻次数在2遍以上，深度在15～20cm，不仅要达到使药剂与土壤充分混匀的目的，而且要实现破碎土块、疏松土壤、清除草根石块，最终达到土壤平、松、匀、细的目的。

2）基质的配制　基质配制与土壤消毒同步进行。营养土的配制方法及比例多种多样，但都脱离不了共同的原则，那就是“富含营养物质、结构疏松、保水、保温、通气性能良好”。本着这个原则，对沙壤土以普通磷肥或磷酸二氢铵作基肥（满足苗木生长初期对磷肥的需求），一般施用量为：磷肥2250～3000kg/hm^{2}或磷酸二氢铵750kg/hm^2，施后深翻。最后把基质沿苗床长度堆积到苗床中心，便于日后装袋使用。

5. 装填基质与摆放容器袋

1）装填基质　这一过程虽然简单，但十分重要。装填时用手指抄装数次，或用自制装土器，将土装满袋子即可。

2）摆放容器　容器要摆放整齐紧凑、不留空隙，这样既能保持土壤湿润，又能提高土地利用率。容器上部要平整，不可高低错落，如有空隙用土填实，周围用土培好。

3）小水漫灌　容器袋摆好后，在播前1～2d用小水漫灌。为控制水量，可在地头多开几条水口，确保水从容器袋底部基质向上渗透，注意苗床内不得积水。有条件的地方可采用喷灌。

（三）播种或扦插

1. 播种或扦插时间　上述工作完成后，即可开始播种或扦插，但具体时间因地而异。

2. 播种或扦插技术要点　处理好的种子点播在容器中央，为了提高出苗率，一般采取加大播量的方法，即每个容器袋内播3～5粒，随后用基质覆盖，厚度不超过1cm。扦插方法与常规扦插育苗相同。由于苗床过宽，点种或扦插时可用一长木板搭在苗床两边的步道上，作业人员蹲在上面操作。

（四）苗期管理

苗期管理措施是否得当，直接关系到苗木的产量和质量，对育苗成败至关重要。因而，要加强苗期的管理工作。

1. *出苗期或生根期管理的技术要点*　这一时期的中心任务是创造有利条件，促使幼苗出土或插穗生根。

1）覆盖　在早播或扦插育苗时，可用农作物秸秆覆盖或在苗床上方架设小塑料拱棚，既保暖又可减少水分蒸发；晚播或扦插育苗，由于气温和地温相对较高，可采用露天容器育苗。

2）灌溉　适时适量进行小水漫灌，使土壤经常保持湿润即可，决不可过多，否则会导致种子或插穗腐烂，降低场圃发芽率或扦插成活率。特别要注意的是，水的流量务必要小而缓慢．以防冲走基质或幼苗。

3）除草　在幼苗出土期间，一些杂草也陆续萌发，可趁小在墒情好时拔掉。

2. *幼苗期管理的技术要点*　这一时期的中心任务是保苗并促进根系发育，为苗木的速生创造良好条件。

1）间苗、补苗与除萌蘖　当播种幼苗全部出土后，要及时进行间苗。首次间苗，每个容器袋暂时保留 2 株健壮苗。间苗时力求小心谨慎，以免拖带出基质和保留的芽苗。对无苗的容器袋，在间苗的同时进行补苗。间苗后要立即进行灌溉，使根系与土壤结合。对扦插幼苗，还要及时除去多余的萌蘖。

2）灌溉　幼苗期组织幼嫩，对土壤水分需求量不大，只要适时适量进行灌溉，保持土壤湿润即可，做到少量多次。

3）除草　可结合间苗、灌溉同时进行。

4）病虫害防治　针叶树容器苗易感染立枯病，在幼苗期应以预防为主，可每隔一周及时喷洒 0.5%的硫酸亚铁溶液 2～3 次；对虫害，可根据害虫种类用麸皮和有机农药拌和撒施。

5）追肥　容器袋内基质营养物质有限，因而需要追肥以满足幼苗对养分的需求。幼苗期第一次追肥，以氮肥为主，本着“由稀到浓，少量多次”的原则，结合灌溉撒施，在施肥期，适逢降雨，也可利用墒情撒施。

3. *速生期管理的技术要点*　这一时期的中心任务是加强对苗木肥、水等方面的管理，提高苗木的质量。

1）追肥　追施以氮肥为主。为使苗木充分木质化，防止徒长，一般到 8 月下旬停止施用氮肥。

2）灌溉　这一时期由于正处于炎热、干旱的夏季，苗木对水分的需求量增加，要加大灌溉量，做到多量少次，每次灌溉的深度以灌透容器袋为好，谨防出现土壤板结、干裂的现象。

3）间苗和补苗　在 7 月上旬再进行一次间苗和补苗工作，以确保一定的出苗率。

4）除草　继续做好除草工作。

4. *硬化期管理的技术要点*　这一时期的中心任务是防止徒长，促进苗木木质化，提高越冬防寒能力。从 9 月以后停止实施一切有利于苗木生长的措施，如施肥、灌溉等。

（五）容器苗的出圃

容器苗起苗时应注意：①起苗时圃地不宜过干，应提前 2～3d 将育苗地灌足水，这样既易于起苗，又可以避免运输过程中苗木失水。②人工起苗时，用小铲从容器底部轻轻铲起，尽量不要弄破容器袋，以保持根团完整。③起苗时不要为了图省事而用手抓住一大把苗子用力拔，这样做会损伤苗木的侧根，甚至会将苗子从容器中拔出，成为废苗。④人工起苗工作效率低，用工量大，应科学有效地安排劳力。

拓展阅读

塑料大棚育苗和组织培养育苗具体见选读内容 4-1 和选读内容 4-2。

选读内容 4-1　选读内容 4-2

（王进鑫、刘增文、王乃江、吕月玲）

复习思考题

1. 经济植物苗木繁育的主要方式有哪些？各有何特点？
2. 经济植物播前种子处理的方法有哪些？
3. 简述播种的方法及其适用条件。
4. 播种苗苗期管理的主要内容是什么？
5. 试论嫁接成活的原理及其影响因素。
6. 简述难生根树种插穗处理的主要方法。
7. 试论扦插生根的原理与影响生根的因素。
8. 简述容器育苗的主要优点。
9. 试述植物组织培养的意义及培养程序。

第五章　经济植物栽培种的选择

【本章提要】本章主要介绍了水土保持经济植物栽培种选择的因地制宜、适地适树原则，生态效益与经济效益兼顾原则，良种（品种）区域化原则；阐述了有关立地的几个基本概念，立地条件类型划分的原则和方法；水土保持经济植物应具备的条件，不同地区经济植物栽培种的选择，立地条件与经济植物栽培种的选择，交通运输条件与经济植物栽培种的选择等内容。

水土保持经济植物栽培的目的，一方面是为了充分利用植被的水土保持作用，改善水土流失区日益脆弱的生态环境；另一方面则为了获得高产、优质的植物产品，满足工农业生产和人民生活对植物原料或产品的需求，促进区域或国民经济的发展。要实现这一目的，栽培植物种的选择就非常重要。水土保持经济植物栽培种的选择是指对能够起到保水固土作用的乔、灌、草等经济植物种或品种的选择。

第一节　水土保持经济植物栽培种选择的原则

一、因地制宜、适地适树原则

我国水土流失范围广、面积大，各地气候、土壤和水土流失状况等千差万别，加之经济植物种类繁多，各植物种（品种）的生物学特性，对生态环境条件的要求也不一样。因此，必须根据各地自然条件，在植被区划、林牧业区划和水土保持规划的指导下，因地制宜、适地适树，使经济植物种的生物学、生态学特性与栽培区域的立地条件相适应，以充分发挥经济植物的经济效益和生态效益。

因地制宜，主要是依据植被区划和水土流失治理的需要，宜林则林，宜草则草；根据距离城市的远近及交通状况，选择熟期适当的栽培品种或产品耐贮藏运输的植物品种，这一点对水果类经济植物栽培种的选择尤为重要；依据本地是否有产品加工能力或工厂，选择适于加工的种或品种；有外销任务的地区，则应选择国际市场销售所要求的品种进行栽培等。

适地适树中的“地”，不能单纯从技术角度只看土壤的种类和肥瘠。它应包括两个方面的内容，一是栽培区域的自然环境条件，二是社会经济情况。自然环境条件主要考虑的是水热状况和具体的立地条件类型；社会经济情况主要是指该地区在历史上和当前经济植物生产在各项生产上所占的比重，群众的生产经验和经营方式，国家对该地区水土流失治理、植被建设和经济植物生产基地建设布局的要求等。

适地适树中的“树”是指栽培植物类型、种或品种的生物、生态学特性和栽培管理措施。

植物与环境是矛盾统一体的两个对立面，但又是不可分割的整体。二者之间既不可能有绝对的融洽，也不可能有永恒的平衡，这对矛盾的斗争存在于一切场合，贯穿于过程的始终。所谓“相适”是指两者间的基本矛盾部分，在栽培的主要过程中是相互适应和统一的，是能够产生预期经济效果的。当然，任何矛盾总是处在不断变化之中，但只要解决了基本“相适”这一主要（基本）矛盾，其他矛盾便可以通过栽培管理措施加以调节，使其向符合人们愿望的方向发展。

贯彻“因地制宜、适地适树”的原则，有利于提高栽培植物的成活率、保存率，发挥经济植物种速生、丰产、优质的经济属性和生产潜力。

拓展阅读

二、生态效益与经济效益兼顾原则

水土保持经济植物栽培，既是一种典型的商品生产，又是植被建设和生态环境治理的重要内容之一。从商品生产的角度来看，应该选择结实早、生长快、产量高、品质优、经济价值高的优良植物品种（类型），特别是一些名优特新品种。然而，从水土保持的角度来看，除此之外，还要求所选择的植物种，具有发达的根系、浓密的冠层、较强的抗蚀性和耐干旱、耐瘠薄等特性。此外，商品生产常受市场经济规律的制约，有较强的波动性，而以植被建设为主体的生态环境治理则是一项长期的任务。因此，在树种选择中必须坚持生态与经济效益兼顾的原则，注意选择一些产品市场波动较小的长线经济植物。同时，应避免选择那些因经济产品收获而引起新的水土流失的植物种，如根或块茎类经济植物。

三、良种（品种）区域化原则

自然界是有序的，每一种植物都有一定的分布空间和最适的生长环境。大量研究证明，植物化学产物与植物的地理分布、环境条件有密切的关系，这也是许多经济植物特别是药用植物产品呈现出典型“地道性”的基本原因。同时，经济植物栽培品种区域化的规划，势必要促进良种化工作的开展。只有在良种化的前提下栽培经济植物，方能取得丰产、优质的植物产品。因此，种（品种）的区域化、良种化既是经济植物生产集约化和现代化的必然趋势，是发展经济植物产品生产必经的过程，又是栽培植物种选择必须坚持的原则之一。

所谓良种，主要是高产、稳产、优质、抗逆性（对干旱、水涝、低温、高温、病虫害的抵抗能力）强、耐贮藏等方面都优良的品种。良种选用的原则是：首先，选择出在本地适应性和适栽性都好的当家品种，如果本地没有适当的优良品种或外地有更好的品种，则应严格按照引种程序和要求引种外地品种；其次，为了保持母本的优良性状和提早收获，在繁殖方法上要求采用无性繁殖。在当前生产中主要是通过嫁接繁殖的途径实现良种化。

拓展阅读

第二节　立地条件类型的划分

一、关于立地的几个基本概念

1. **立地**　关于立地国内外有过不少定义。美国林业工作者协会（1971）为立地所下的定义是“按其环境考虑的一个地段，这种环境决定该地段可能有的植被类型和质量”；德国《森林立地调查》（1981）认为立地是“植物生长地段作用于植物的环境条件的总体”；《中国农业百科全书·林业卷》的定义是：“按影响森林形成和生长发育的环境条件的异同所区分的有林地和宜林地地段称为立地”。尽管这些定义的表达形式不同，但含义基本一致，即指森林或其他植被与之相关联的自然环境综合的空间位置。其中，包括气候、土壤和生物因素。立地通常是立地条件或森林植物条件的简称。

2. **立地条件类型**　简称立地类型，是指具有相同植物生长环境条件即立地性质的地段的群体，即这些立地具有大致相同的作用于植物生长的外界因子。

3. **立地条件类型划分**　立地条件类型划分亦称立地分类，是研究立地条件的自然分异规律及由此引起的不同立地的性质及植物生产力之间的差异，并按照一定的原则和方法，对不同综合自然体的立地条件进行划分和归并。划分立地条件类型，既是立地分类的中心环节，又是栽培学中正确选择植物种（品种）的基础性工作。

4. 立地质量评价　也称立地评价，是指对立地质量或生产力高低所进行的分析、判断，并按其生产力高低进行分级。一般相同的立地类型必然具有一致的立地质量，但立地质量相同并不意味着属于同一立地类型。

二、立地条件类型划分的意义

立地条件类型划分是正确选择栽培植物种和制订各项栽培技术措施的基础，也是科学分析植物生长环境条件，贯彻因地制宜、适地适树（草）原则的必要条件。只有在充分认识了立地条件的基础上，才有可能依据不同经济植物的生态特性选择合适的植物种，也才有可能使制订的各项栽培技术措施符合自然发展规律，从而实现经济植物的丰产、稳产和优质。

三、立地条件类型划分的原则

（1）立地条件类型的划分应该在同一栽培类型区的局部范围内进行。根据我国水土流失治理中实行以小流域为单位进行综合治理的特点，立地条件类型划分以小流域为单元较为合适。因为范围越大，影响植物生长的因子越复杂，划分类型时需要考虑的因子也就越多，划分过粗不能满足需要，划分过细则很烦琐。

（2）要抓住那些影响栽培植物成活、生长和发育的主要因子，即主导因子，并用这些主导因子来命名划分的类型。黄土地区的主导因子有坡向、地貌部位、土壤种类等；土石山区主要是海拔、坡向、土层厚度等；河滩地区或沿海平原地区主要是地下水位、土壤质地、盐渍化程度等。

（3）立地条件类型划分的细致程度，应依据经济植物生产的集约化程度来决定。只有当环境因子的变化，导致采用不同的植物种或栽培措施时，才划分为不同的类型，特别是经济植物栽培的立地类型划分应更细致一些。

四、立地条件类型划分的方法

（一）主要环境因子的分析与分级

立地条件类型是个复杂的综合概念，是众多环境因子的综合反映。为了全面掌握栽培区域的立地性能，从而找出影响经济植物生长的主导因素，就必须对立地条件的有关各项因子进行调查、分析和分级评价。

影响植物生长的因素既包括自然因素，又包括人类活动等人为因素。就自然因素来看又可分为两类，一类是植物可以直接同化利用的生活因子，包括光照、温度、水分、养分、空气等，另一类称为环境因子，包括海拔、坡向、坡度、地貌部位、岩性及土壤的理化性质等。环境因子虽然大多不能被植物直接吸收利用，但对生活因子有着重大影响，特别是在相同的地貌类型区内，环境因子可以基本反映各项生活因子的高低程度。下面对主要的环境因子予以分析。

拓展阅读

1. 地形因子　主要包括以下几个方面。

1）海拔　一般随着海拔的升高，太阳辐射增大，气温降低，空气湿度和降水量在一定范围内也会增加。与此同时，土壤微生物活动受阻，有机质分解慢而积累多，土壤的淋溶过程和灰化过程加强，土壤酸碱度增大，这些变化则直接影响着经济植物的分布和产量。例如，湖南湘西土家族苗族自治州是国内油桐主产区，但油桐主要分布在海拔500～700m的山间丘陵地带，700～800m山地则生长不良，1000m以上的山地则没有油桐分布。

因此，在山地、丘陵地区，当相对高差较大时，进行立地条件类型划分就必须考虑海拔的差异。海拔的分级可参照当地植被的垂直分布情况，并根据调查区域海拔的分布范围，灵活掌握。一般可分为两级或三级，即低山区或浅山区，中山区和高山区等。

2）坡向　坡向可引起光照、温度的剧烈变化，从而导致水热状况和土壤理化性质的差异。一般在北半球，阴坡日照时间短，辐射强度低，蒸发量小，同时土壤的物理风化和化学风化相对较弱，因此土壤相对于阳坡湿润而肥沃；而且这种影响在中纬度地区尤为明显。不同坡向上土壤水分条件的差异对栽培植物的成活和生长有很大影响，特别是在水土流失严重的半干旱地区，阳坡成活率低，生长差。坡向一般可分为两级或四级，若按两级划分，可将半阳坡归入阳坡，将半阴坡归入阴坡。具体划分为：阳坡即南坡；半阳坡包括东南、西南、西坡；阴坡即北坡；半阴坡包括东北、西北、东坡。

3）坡度　坡度会影响到太阳光线的入射角，即坡面所获得的太阳辐射，从而引起气温、土温和其他生态因子的变化。更为重要的是，坡度越大水土流失越严重，使得土壤水分条件变差，土层薄而贫瘠，从而影响经济植物的生长。据广西农林植被调查队对广西阳朔油茶林地的调查，8°与16°坡面相比，油茶树高、基径分别增长了3.85倍和70.8%，单株平均果数和产籽量分别增长了4.22倍和3.43倍。坡度一般可分为2～3级，即急坡（>25°）、陡坡（15°～25°）、缓坡（<15°）。

4）地貌部位　不同的地貌类型区，地貌特点不同，地貌部位的划分也不一致，就是在一个地貌类型范围内，也要根据当地具体情况进行划分。不同地貌部位温度、风的状况、土壤的厚薄及土壤水分状况都很有很大差别，造林树种、造林技术等也有不同。因此，地貌部位是划分立地条件类型的重要因子之一。黄土地区和土石山区的地貌部位划分如下。

（1）梁峁顶或塬面：地势高，风力大、温度较低，黄土地区的梁峁顶和塬面面积较大，地势平坦，水分条件一般较阴坡略低，但高于阳坡，土石山区山脊部分比较尖削，应包括梁脊两侧附近的部分，土壤一般比较干燥。

（2）梁峁坡或塬坡：梁峁坡或塬坡的宜林性质除受坡度、坡向的影响外，坡位不同，土壤的厚薄、干湿等也不一致。一般坡上部土层较薄，坡下部土层较厚，水分条件较好，风力较小，温度也较高一些，但土壤侵蚀比较严重。这种情况又与坡的断面形式有关，变化比较复杂。坡的不同部位简称坡位，可区分为上、下两部分或上、中、下三部分。

（3）沟坡：即侵蚀沟沟坡，为黄土地区特有的地貌，坡度很陡，土壤干旱。

（4）沟底：一般地势低平，水分充足，土壤也较肥沃，但在土石山区有很多深沟峡谷，终日不见阳光，低湿阴冷。

（5）坡麓：土石山区这种地貌较多，面积也较大、土层厚、水分条件也较好。

（6）滩地：地势平坦，水分充足，均为冲积土，机械组成变化大。影响树木生长的因子主要是地下水位的高低和土壤机械组成，有的地方还可能有盐碱。

2. 土壤因子　主要包括以下几个方面。

1）土壤类型　成土因素的不同组合形成了众多的土壤类型，并且呈现出一定的水平和垂直分布规律，其中也夹杂着非地带因素构成地域分布的特点。我国的纬向地带性土壤（东部的湿润海洋性地带谱）从南到北依次由砖红壤、赤红壤、红壤与黄壤、黄棕壤、棕壤、暗棕壤与漂灰土带构成；经向地带性土壤（干旱内陆性地带谱）由东到西依次由栗钙土、棕钙土、灰钙土和漠土带构成；两者之间，自黄土高原向东北直到大兴安岭西麓尚有由褐土、黑褐土、黑钙土、栗钙土、灰褐土、灰黑土与黑土带构成的过渡性土壤地带谱。不同的土壤类型适合于不同的经济植物生长。因此，了解各种土壤适宜的经济植物种，可为经济植物栽培种的选择提供依据。

2）土层厚度　土层厚度是土壤肥力的一个重要指标，厚层土植物根系发展的空间大，吸收的养分总量多。虽然有的植物种对瘠薄土层的适应能力较强，如松、柏等可以在岩石裸露的地方生长，但无论何种植物，在土层厚的地方都会比土层薄的地方生长良好。黄土地区土层都较厚，因此土层厚薄一般不作为划分立地条件类型的因子之一，但在土石山区土层厚薄的变化很大，通常是很重要的因子。土层厚薄一般可分为三类，即厚层土（>50cm）、中层土（26～50cm）和薄层土（<25cm）。

3）土壤质地　土壤质地是评价立地质量好坏的重要指标之一。土壤质地与土壤温度，土壤透水性与保水力，土壤养分的含量与保肥能力、土壤空气、土壤的坚实程度等许多性质有密切关系，如砂质土有机质及养分含量低、漏水漏肥，但土温易上升、土壤较疏松，一般耐薄、耐旱植物种可以生长。黏质土虽然养分含量较高，但透水能力很差，土壤空气含量很低，影响根系呼吸，特别是干燥时土壤极为坚实，植物根系很难下扎，植物生长往往不良。壤质土介于二者之间，适宜各类植物生长。土壤质地可按物理性黏粒（<0.01mm 土粒）含量多少分类，在造林工作中一般可分为 3～5 级。

砂质土：物理黏粒的含量在 10%以下。

壤质土：物理黏粒含量在 10%～60%。

必要时壤质土又可分为砂壤、轻壤、

中壤、重壤四级，其物理黏粒含量分别为 10%～20%、20%-30%、30%～45%、45%～60%。

黏质土：物理黏粒含量在 60%以上。

对土壤质地的鉴定一般凭经验用手摸、搓即可，也可用土壤学上所介绍的搓片或搓条法。

在黄土地区，黄土的机械组成在较大范围内比较均匀一致，土壤质地一般并不成为划分立地条件类型的重要因子。但在土石山区、河滩上的冲积性土壤，土壤机械组成的变化往往较大，对植物生长的影响就会很大。对土壤质地除注意水平变化外，还要注意其在土壤中的垂直变化，特别是冲积性土壤，不同层次往往沉积有质地不同的土壤，形成所谓蒙金土或倒蒙金土。这些情况对经济植物种的选择都有很大影响。

4）土壤的其他性质　影响植物栽培的土壤性质还有土壤的 pH、土壤的盐渍化程度、地下水位的高低、石灰结核的含量及结核层分布的深度等，均应根据当地的具体情况，决定是否作为划分立地条件类型的因子。

3. 地类　可分为有林地、疏林地、灌木林地、生荒地、二荒地、耕地等，地类不同，光照、温度、生草化程度、土壤理化性质等均有不同，经济植物栽培所应采取的措施如整地、抚育管理等有很大差别，对植物种选择也有影响。

4. 风　局部地形的变化可以引起风的强弱的较大变化，有些经济植物抗风能力很差，特别是以采收果实、叶子等为主要收获物的经济植物种也不宜栽植在经常有强风吹袭的地方。因此划分立地条件时，应将梁峁顶部冲风坡、风口等部位划出来，栽植抗风性强的经济植物种。

（二）各环境因子之间的相互关系分析

在构成立地条件的众多环境因子中，有些具有独立的生态作用，如水文条件等，但绝大多数环境因子之间常存在着一系列错综复杂的关系，它们既有内在联系，又有相互影响，而且这种影响会随着时间、空间的变化而变化。例如，坡向不仅影响到了光、热的分配，也影响到了土壤的水分和养分状况。但是也不能把坡向这个因子孤立起来看，如果条件变了，坡向的作用也会随之发生变化，如在一些群山相连、雨大雾多、植被茂密的深山区，坡向的生态作用可能根本显示不出来。因此，如果不把各方面的环境因子联系起来进行具体分析，就难以对立地条件做出正确的分析评价。

同时，要善于找出主导因子。在一个流域或治理区域内，作用于经济植物生长发育的环境因子很多。如果一个个并列起来，似乎很难找出头绪，这就要运用辩证唯物主义的观点，分析主要矛盾，从中找出主导因子来。由于情况千变万化，要找出主导因子，首先必须逐个分析各环境因子与植物生长发育所必需的光、热、水、气、养等生活因子之间的关系，从中找出对生活因子影响面最广，影响程度最大的那些环境因子；其次则是找出那些处于极端状态，有可能成为植物生长发育的限制因子的环境因子，如干旱、严寒、土壤含盐量过大等。把这两方面结合起来，从立地如何保证经济植物正常生长发育所需的生活因子着手，逐个分析各环境因子的作用程度，主导因子就不难找出。

在分析主导因子时应注意两点。

（1）探求主导因子，不能只凭主观分析，而要依靠客观调查。对不同生态要求的植物种，立地条件中的主导因子是不同的，应分别加以调查分析。

（2）主导因子的地位离不开它所处的具体场合，条件变了主导因子也要发生变化。因此，必须从动态、发展的角度来看待主导因子。

（三）立地条件类型划分的主要方法

1. *按生活因子的分级组合划分*　这种方法是20世纪50年代苏联波氏林型学派为苏联欧洲部分平原地区划分立地条件类型所采用的。我国曾按这一方法提出过华北石质山地立地条件类型表、陇东黄土高原沟壑区立地条件类型表、山西西山地区丘陵沟壑区立地条件类型表（表5-1）。这种方法认为，在气候条件大致相似、经营措施完全一致的情况下，在一个不大的区域内，影响植物正常生长发育的主要因素是土壤的干湿状况和土壤的肥瘠程度。因此，可用二者不同等级的组合反映立地的性质。但其缺点是：等级划分的标准难以掌握，一般必须通过指示植物的生长状况进行判断，尤其是对于山区条件下的小气候差异难以反映出来；另外，生活因子在野外条件下的测定比较困难，尤其是土壤水分状况，是一个瞬时变量，经常处于不断变化之中，很难通过1～2次测定值进行等级划分。

2. *按主导环境因子的分级组合划分*　这种方法是根据大量的、客观的立地因子调查分析，从中找出影响栽培区域立地性质的主导因子，并按主导因子的分级组合来划分立地条件类型。例如，陕甘宁黄土丘陵沟壑区立地条件类型及适生植物种表（表5-2）、冀化山地立地条件类型表、晋陕黄土高原沟壑区立地条件类型及适生树种表（表5-3）。这种方法通俗易懂，使用方便。因此是我国目前普遍应用的划分立地条件类型的方法。但这种方法比较粗放，往往对一些次要因子照顾不够。尤其是在大范围内划分的立地条件类型，很可能名称完全相同，但立地性质并不完全一致。

表5-1　山西西山地区丘陵沟壑区立地条件类型表

水分级	土壤瘠薄、无结构，有机质＜0.2%（A）	土壤较瘠薄，有结构，有机质0.2%～0.6%（B）	土壤较肥，有良好结构，有机质0.6%～1.0%（C）	土壤肥沃，有机质＞1.0%（D）
极干：土壤含水量＜5%（0）	A_0			
干：土壤含水量5%～10%（1）	A_1	B_1		
潮：土壤含水量10%～15%（2）		B_2		
润：土壤含水量15%～20%（3）			C_3	D_3
湿：土壤含水量20%～25%（4）			C_4	D_4

注：土壤含水量是指5～6月旱季土壤30cm处水分状况

表 5-2　陕甘宁黄土丘陵沟壑区立地条件类型及适生树种

立地质量等级	立地条件类型名称	主要适生树种
Ⅰ	沟坝川水地	油松、河北杨、新疆杨、小青杨、国槐、白榆、臭椿、沙枣
	石砾河滩地	
Ⅱ	黄土残塬、台旱地	油松、河北杨、新疆杨、小青杨、小叶杨、白榆、刺槐、臭椿、杜梨、毛条、柠条、沙棘、文冠果、沙枣
	黄土梁间低地	
Ⅲ	黄土梁阴坡	河北杨、小叶杨、白榆、臭椿、柠条、沙棘、山桃、山杏、毛条、柠条、油松、侧柏
Ⅳ	黄土梁阳坡	侧柏、白榆、臭椿、山杏、杜梨、毛条、柠条、沙棘、文冠果、沙柳
	黄土梁顶	油松、侧柏（背风面）、柠条、沙棘（迎风面）
Ⅴ	盐碱河滩地	胡杨、沙枣、柽柳、紫穗槐

注：摘自《黄土高原立地条件类型划分和适地适树研究报告》（1984）

表 5-3　晋陕黄土高原沟壑区立地条件类型及适生树种

立地质量等级	立地条件类型名称	主要适生树种
Ⅰ	沟底川滩塌积冲积土	毛白杨、箭杆杨、小叶杨、15 号杨、北京杨、旱柳、白榆、国槐、刺槐、臭椿、泡桐、楸树、核桃、紫穗槐、杞柳、白蜡、桑、花椒
Ⅱ	沟底川滩冲积石砾土	旱杨、紫穗槐、红枣
	塬面黄土	泡桐、毛白杨、新疆杨、15 号杨、箭杆杨、大关杨、臭椿、楸树、旱柳、白榆、柿子、合欢、紫穗槐、核桃、花椒、桑、苹果、梨、桃
	山梁坡、沟坡中下部黄土阴坡	油松、华山松、河北杨、侧柏、杜梨、沙棘、紫穗槐
Ⅲ	山梁坡、沟坡中下部黄土阳坡	河北杨、刺槐、核桃、花椒、柿
	山梁坡、沟坡上部黄土阴坡	油松、华山松、紫穗槐
	山梁坡、沟坡上部黄土阳坡	油松、麻栎、辽东栎、沙棘
Ⅳ	山梁顶黄土	油松、侧柏、山杏、沙棘、狼牙刺
	山梁坡、沟坡上部姜石粗骨土阳坡	侧柏、杜梨、山桃、沙棘、黄蔷薇
Ⅴ	山梁坡、沟坡中下部红黏土阳坡	河北杨、麻栎、辽东栎、沙棘、荆条
	山梁顶黄土冲风口	侧柏、杜梨、山桃
	山梁顶姜石粗骨土	侧柏、杜梨、山桃、黄蔷薇
	险峻山梁坡、沟坡黄土	山桃、火炬树

注：摘自《黄土高原立地条件类型划分和适地适树研究报告》（1984）

3. *用数量化方法划分*　这种方法是在总结分析前两种方法优、缺点的基础上，通过对栽培区域土壤、气候和植被分布特征的分析，以土壤水分含量为基础变量，地形（地形部位、海拔、坡向、坡度）和土壤因素为自变量，采用数量化理论（Ⅰ）的数学模型建立预测方程，编制出土壤水分数量化立地质量得分表，并划分立地条件类型。西北林学院（现为西北农林科技大学）曾采用这一方法对黄土高原沟壑区淳化县的立地条件类型进行了划分。

上面我们介绍了几种常用的立地条件类型划分的方法，可以看出，各种方法均有其适用条件和优、缺点，随着科学技术的发展，仍有必要作进一步研究和探索。

第三节　水土保持经济植物种的选择

正确分析立地条件和划分立地条件类型、全面掌握植物种的生物学和生态学特性是一切栽培植物种选择的最基本条件之一。对水土保持经济植物栽培来说，由于其栽培目的的双重性，对植物种的选择有着更高的要求。

一、水土保持经济植物应具备的条件

（1）根系发达，抗拉力强，能形成网络固持土壤。

（2）适应性强，具有较强的抗旱、耐瘠薄或耐水湿性能和一定的抗病、抗虫及抗鼠害等能力。

（3）适宜密植或分枝多、落叶丰富且易于分解，可以迅速郁闭或较快形成松软的枯枝落叶层。

（4）生长迅速、收益早，丰产、稳产性强，产品质量好，经济价值高。

（5）具有一定的经营传统、成熟的栽培经验和技术。

（6）产品易于保存或运输，产品的采收不应引起新的水土流失。

当然，任何一个植物种难以同时满足上述条件，但是只要我们抓住抗逆、丰产、优质、抗蚀性能强等特点，其他条件可以通过细致的经营管理弥补。

二、不同地区经济植物栽培种的选择

水土保持经济植物应具备的条件，主要是解决为了实现栽培目的，应该选用符合哪些条件的经济植物的问题，它不涉及具体的栽培区域、立地条件及树种资源。那么，对于某一栽培区域（地区）来说，到底有哪些经济植物种可以选用，这就是不同栽培区域的植物选择问题。一般可以从两个方面来考虑。

1. *乡土植物的选用*　所谓“乡土植物”，就是指本地区原有天然分布的植物种。这些土生土长的植物种，由于长期适应分布地区气候、土壤条件，所以在当地生长发育良好。选择这些经济植物种进行栽培，不仅种源丰富，有利于实现品种区域化栽培，而且能充分发挥经济植物的优良特性，确保产品质量。

应该注意的是，不同植物种的天然分布范围有大有小。对于分布范围大的植物种，其中心分布区和边缘分布区植物的生长状况、经济产量和产品品质往往明显不同，通常中心分布区就是它的适生区。例如，我国油茶在华北低山丘陵区，分布的海拔为500～800m，八角的适生区在华南丘陵低山区海拔300～700m，香榧的适生区在华东、华中山区海拔500～1000m的地区。

2. *外来植物种和优良品种的选用*　所谓外来植物种，是指本地区没有天然分布，而由外地区引进的植物种。在本地没有适当的种（品种）或外地有更好的优良植物种（品种）时，可按引种程序和要求，认真比较引进地区和原产地区的自然条件，特别是气候条件。只有当自然条件基本相似时才能引种栽培。

优先选用乡土植物种和适当引种外来植物种或优良品种，是不同地区经济植物栽培种选择的基本要求。它初步解决了一个地区能够栽培哪些经济植物种的问题，但就严格意义上的适地适树来讲，仍然是不够的。

三、立地条件与经济植物栽培种的选择

同一个立地条件类型，可能有几个甚至更多的适生经济植物种可供选择；或者同一个经济植物种可能适用于几个不同的立地条件类型。因此，在最后确定栽培植物种时，还必须通过分析比较，把立地条件相对较好的地块（立地条件类型）优先留给经济价值高或对立地条件要求较为严格的植物种；相反，把立地条件较差的立地条件类型留给适应性强、经济价值相对较低的经济植物种。

四、交通运输条件与经济植物栽培种的选择

交通运输条件对经济植物产品的商品化及产值具有重要影响。我国广大水土流失地区，地形复杂、交通不便，产品就地加工能力有限。因此，在选择经济植物栽培种（品种）时，应根据不同经济植物种的产品特性和当地的交通运输条件等特点综合考虑。例如，在交通不便的区域，尽量选用产品易于贮存、加工或对运输条件要求不严的经济植物种等。

总之，对水土保持经济植物来说，栽培种（品种）的选择，主要是以良好的经济性状、经济效益和水土保持作用为主要指标。

（王进鑫、何海龙）

复习思考题

1. 名词解释：适地适树、良种、立地、立地条件类型、立地质量评价、坡向、乡土植物。
2. 简述水土保持经济植物栽培种选择的原则。
3. 如何理解适地适树种的“地”与“树”。
4. 试论立地条件类型划分的原则与方法。
5. 水土保持经济植物应具备哪些条件？
6. 简述如何为不同栽培地区选择合适的经济植物栽培种。
7. 试述如何依据立地条件或交通运输条件进行经济植物栽培种（品种）的选择。

第六章　经济植物的栽植密度与立体配置

【本章提要】本章主要论述了确定经济植物栽植密度的原则，经济植物复合系统的结构，复合系统的空间结构设计与基本类型、复合系统的时间结构设计及其基本类型等内容。学会应用生态学原理、水土保持原理，确定合理的栽植密度，掌握乔、灌、草三者有机结合的立体配置和多维用地技术。

第一节　栽植密度

一、概述

栽植密度是单位面积上栽植幼苗或苗木的株数。栽植密度关系着群体平面结构、光能利用、地力利用，直接影响着经济植物产量、产品质量及植被的水土保持作用。在一定范围内，适当密植有利于增加叶面积、充分利用光能；密植后植株根系的吸收面积扩大，并有促进根系向纵深伸展的作用，从而提高了植物的吸水、吸肥能力和吸收区域，增强土壤的抗冲、抗蚀性。同时，由于密植，植被能迅速郁闭，既能保墒、抑制杂草生长，又能削弱雨滴动能，降低甚至避免雨滴的溅蚀作用，保持水土。此外，更重要的是，合理密植也是增产的重要措施之一，即在一定范围内，密度与产量呈正相关。但超出了最适密度范围，则土壤营养面积不够，受光不足，植株个体生长不良，光合速率降低，达不到增产的目的。

二、确定栽植密度的原则

栽植密度要依据经济植物种类、生物学和生态学特性，当地气候条件、土壤肥力、管理水平及水土流失程度而定。通常应考虑下述各点。

1. *植物种的生物学和生态学特性*　　不同的经济植物种、植株高低、茎叶或树冠伸展幅度、对光照的要求程度、生长状况、地下部分分布的深度和广度及对水分、营养面积的需求有很大差异。一般植株高大、茎叶伸展幅度大、喜光的阳性植物或速生的植物种，栽植密度应小，即稀植；相反，栽植密度应大些。

2. *品种及砧木*　　为了保持植物优良品种的特性，经济植物大多采用无性繁殖的方法培育苗木或进行品种更新换代。目前最为常见的是嫁接繁殖法。砧穗的不同组合对植株大小、茎叶或树冠的伸展幅度有较大影响，因此栽植密度也不相同。一般嫁接苗木使用本砧嫁接的，不仅能提早结实，保持品种纯度，而且株形也变小，栽植密度可适当加大，如果使用矮化砧，栽植密度就更大；相反，如果使用乔化砧，栽植密度要减小。例如，用千年桐作砧木，三年桐作接穗，则会扩大树冠，栽植密度应由原来的600～900株/hm^2减至450～600株/hm^2。同一植物种的不同品种，栽植密度也不相同，如油桐中的对岁桐栽植密度在900～1050株/hm^2，米桐栽植密度在600～900株/hm^2，而柴桐在450～600株/hm^2。

3. *立地条件类型*　　立地条件的优劣直接影响着经济植物的生长发育。在立地条件较好的地块，植物生长迅速，茎叶或树冠伸展幅度较大，生长旺盛，栽植密度应小些；相反，在立地条件差、土壤干旱瘠薄、水土流失严重的地块，植物生长缓慢、株形小，可适当加大密度，缩短进入郁闭的进程，提高植物群体抵抗外界不利因素的能力。但是，在林木的有关研究中，R. 克纳普（1967）认为，为了获得较高的产量，“在贫瘠的土壤上，必须相应地扩大林木的距离”。并认为“立地条件越恶劣，抚育间伐强度越大越有利；相反，在好的立地条件下，强度抚育间伐不能提高产量。这是因为在恶劣的立地上，每株林木生产一定量的木材而需要的空间比肥沃土地上大”。因此，有关立地条件与栽植密度的关系，仍有待于进一步研究。

4. 经营目的和管理条件　以茎皮、茎秆、叶、花为主产品的经济植物可密植，并伴随经济植物的生长、郁闭，逐年间伐；以果实为主产品，尤其是对果实色泽有特殊要求的经济植物应稀植。在具有精细田间管理（及时整枝，摘叶等）条件的地方，可适应密植；反之，要稀植。

5. 气候条件　在低温、干旱、大风、暴雨等有碍经济植物正常生长发育的地块，可适当密植，以充分发挥植物群体抵御自然灾害的能力。

总之，影响栽植密度的因素多而复杂，但只要抓住充分利用立体空间资源、提高经济植物产品产量和质量、充分发挥植物的水土保持作用这一总的原则，因地制宜地综合考虑即可确定具体栽植密度。

第二节　水土保持经济植物种群的结构与立体配置

水土保持经济植物兼容了草本和木本两类不同生活型的经济植物，具有构建高功效复合人工植被系统的优越条件。因此，应用生态经济学原理，现代生物学、生态工程技术及物种共生和物质循环再生利用等功能原理，合理配置和调控种群的时、空与分布结构，实现时、空资源的多层利用、多次利用、综合利用。充分发挥不同种类经济植物组合种群的互利共生效能，不仅有助于提高自然资源的利用率和经济植物产品的生产率，而且对防止水土流失、恢复地力、保持系统的稳定性具有积极作用。因此，水土保持经济植物种群结构的立体配置，是建立高功效生态经济型生物防护工程体系的核心。

一、经济植物复合系统的结构

（一）物种结构

物种结构是指复合系统的物种组成、数量及彼此之间的关系。理想的物种结构能对环境资源最大限度地适应和利用，它可以在同等物质和能量的输入情况下，借助结构内部的协调达到增益效果。因此，设计物种结构时应考虑以下几点。

1. 植物种的生态适应性　每一植物种都需要一定的生态环境，复合生态系统的物种选择就必须考虑该物种对生态环境条件的要求与当地的大生境及各物种组合在一起产生的小生境是否一致。

2. 生物的竞争与互补性　在任何生物群体内部，都存在着种间的相互作用，有竞争作用、相生相克作用和寄生作用等。例如，梨树、苹果树与柏树生长在一起，柏树会成为梨-桧柏锈病的转主寄主，因而梨树、苹果树易患梨-桧柏锈病；核桃根系会分泌一种胡桃酮的化学物质，它会影响某些植物的生长。在核桃树下生长的苹果树往往生长矮小，果小质差。因此，应选择有互惠互利作用的植物种群，减少或消除种间的不利作用，才能获得好的效果。

3. 物种的经济产量与品质　水土保持经济植物复合系统建立和经营的目的，主要是在水土流失地区生态环境得到保护和改善的基础上，获得国民经济发展所需要的各类经济产品和最大的经济效益。因此，对组合物种的选择，一方面要注意物种间的相互作用，另一方面还得考虑各物种产品的产量、品质和总产值。它应比单一种植有更高的产量和更大的经济效益。

4. 社会经济因素　经济植物复合经营的产品必然要进入社会作为商品流通。社会经济因素，反过来要作用于生产领域。因此，在组合物种的种类组成和数量关系上应充分考虑市场的容量，对市场波动较小的物种和长线产品，比例应大些。

（二）空间结构

空间结构是各物种在系统内的空间分布，即所处的位置。合理的空间结构是提高光能利用率、增加单位面积生物总产量和转化率的重要措施。空间结构的主要构成要素是平面结构和垂直结构。

平面结构又称水平结构，是指各种群在平面空间上的分布形式、比例及相互间的关系。除密度这一形成水平结构的数量指标外，物种的分布形式也是形成水平结构的重要指标。种群内部种植点的配置有行状（长方形、正方形及正三角形）和群状两种；种群间也有规则分布与不规则分布两种。在规则分布中形成不同形状的带、网或片等。在不规则的类型中，水平结构的布局依地形、地貌、土地利用状况而变化。

垂直结构是指各种群在立面空间上的分布形式、比例及层次关系。在长期自然选择和适应过程中形成的自然植被群落结构特征，对设计经济植物人工复合系统中的垂直结构，具有重要的参考价值。例如，多层结构的天然林，在有限的空间内生长着高低不同的多种树木，既有乔木、灌木，也有草本菌类植物。乔木可以形成林冠层，而灌木位于林冠层下，林地上还生长有多种多样的草本植物及真菌类生物，这些植物对环境条件要求不同，彼此和谐地伴生在一起，各自分别处在不同的空间高度上，利用着适合于自身的不同强度的光照和其他条件。此外，在各个不同的层次上，还生活着多种动物、昆虫和微生物，从而构成了一个复杂的食物网并由此而产生了相生相克的调控机制。

拓展阅读

（三）时间结构

时间结构是经济植物复合系统内各种组分的时间安排序列。一般来说，一个系统内的生态因子是相对稳定的。因此，时间结构主要是对不同物种的时间调控和配置，也就是根据各经济植物的生长发育特点及对环境条件的特殊要求，选择适当的植物种，延长生产时间，使资源和人力等得到充分利用。

（四）食物链结构

食物链结构是按照能量循环和物质转化的一般规律，通过引入新的链环，延长或完善食物链组合，增加二、三级产品或减少物质消耗，从而提高物质转化率或取得所需的经济产品。

在经济植物复合系统中，引入转化环，即引入经济昆虫、食草动物等次级生产者以增加次级产品产量；或引入抑制环即间接增益的食物链，如增加天敌减少害虫，利用生物的相生相克作用，减少病虫害、鼠害及鸟兽等对物质的消耗。

大多数经济植物复合系统的生物组分均为植物性生产者，它们之间并不形成完整的食物链。

（五）技术结构

技术结构就是研究发挥经济植物复合系统功能的技术措施。重点在物质和能量投入内容、程度、时间和方法，通过技术干预，协调系统内生物与生物之间，生物与环境之间的关系，以便更好地发挥整体结构优势。

技术结构具有明显的动态特征，它随物种结构、空间结构、时间结构的变化而变化，任何一个结构的改变都会引起技术结构的改变。

总之，经济植物复合系统的结构是一个多维的复杂结构，5 种结构并非各自孤立地存在，而是相互联系、相互依存的整体。系统功能的发挥需要 5 种结构的和谐统一。

二、复合系统的空间结构设计与类型

在如何提高光能利用率，充分利用空间资源方面，自然界为我们提供了许多经济而高效的模式。事实上，经济植物复合系统正是在对自然植物群落模仿过程中得以发展的。

（一）平面结构的设计及其类型

经济植物组合种群平面结构的设计，一方面必须考虑到复合系统所在地域内不同地点，如小地形和微地形的变化、土壤养分、土壤温度和盐渍化程度的不同，同时也要考虑到复合结构本身造成的差异。例如，株型高大的经济林果与株型较小的经济植物间作或混交，高大的经济林果植株不仅对相邻较小经济植物光照产生影响，而且其根系也与较小经济植物争夺养分、水分，形成了离林果带不同距离较小经济植物生长条件的不同。为此，就要在林果带两边一定范围内，种植较耐阴同时对土壤水分、养分要求较低的经济植物。另一方面水土保持经济植物复合系统是一种高功效的人工生态系统，经营的集约化程度更高，它的水平结构必须易于管理和操作。一般经济林果等在平面空间上的配置方式以宽行密株、宽窄行结合为主，通常不采用正三角形或正方形的配置形式；草本类经济植物在平面空间上的配置，也应以获得最佳的总体效益为目标。

平面结构可分为带状间作、均匀混交、团状混交等多种类型。

1. *带状间作*　一般的果药间作、果农间作，经济林草间作多采用这种带状结构。

2. *均匀混交*　这种混交方式在木本经济植物栽培中较为多见。

3. *团状混交*　团状混交也称为丛状混交。海南橡胶研究所在海南文昌橡胶林场设计的胶椒（胡椒）团状混交水平结构，其橡胶树的种植密度为行距15～18m，丛距4.4m，每丛4株，株间距离1.2m，胶行间种植胡椒4～5行，株行距2m×2.5m，每公顷有橡胶树502～600株，与纯胶林单位株数相当，但增加可采摘胡椒1275～1575株/hm^2，效益颇佳。

（二）垂直结构设计及其类型

垂直结构设计时，应着重考虑地上空间上的高、矮层次结合；土壤空间上的深根、浅根层次结合；光能利用上的阳性与阴性、阳性与中性、中性与阴性及阳、中、阴相结合等复层种植法。

复合系统的垂直结构，又称为层次结构，一般可分为3种基本类型：单层结构、双层结构和多层结构。

1. *单层结构*　单层结构是垂直结构中最简单的一种，即复合体的不同经济植物种位于同一空间层次。因而不同物种间对光、热、水、养分等生活因子的竞争较为强烈，分化现象严重，生产力不高。

2. *双层结构*　双层结构是经济植物复合体中最为常见的一种垂直结构，如热带的胶—茶间作，暖温带的枣—粮间作、果—蔬间作，温带的松—参间作等多属此类。这种结构中，上层为乔木或灌木，形成林冠层，林木行间种植灌木或草本经济植物，从纵切面上看，成为上、下两个十分整齐的层片。

3. *多层结构*　多层结构是按照分布结构优化设计原理，把有共存互利效用的乔木、灌木、草本及菌类等经济植物种群，在垂直空间上合理成层布置，以实现生态空间的高效利用。多层结构，是水土保持经济植物复合体最理想的垂直结构形式，但其结构设计技术复杂。水土保持经济植物复合体的多层结构主要有3种基本类型。

1）平原地区多物种组成的立体配置　这种立体配置主要是林—果—农或乔—灌—草相结合，一般为3层结构，如银杏—苹果—农复合型、香椿—樱桃—金针菜复合型等。

2）丘陵山地依地势和海拔进行带状多层次布局　这是以小流域为单元的生态经济型防

护林体系建设中，立体配置的主要形式。一般在小流域上游集水区之内坡面栽植沙棘等灌木或乔木经济护坡林以涵养水源、减少水土流失；坡面中部根据条件修建各种形式的梯田，栽培果树或其他经济林、草；坡面下部坡脚处和沟道两侧土层深厚、土壤肥力较高的地方建成各种梯田、台地，建设高产经济林、果园；在沟道内布设柳谷坊、塘坝群，发挥群体效应，拦蓄径流泥沙。在每个水平带上又实行立体种植，如梯田埂坎上栽植杜仲、花椒、柿；田面上种植苹果；行间种植豆科牧草或经济作物、药材。

3）多物种组成的庭院经营　发展林—园—牧相结合的庭院经营，不仅栽培管理方便，而且对保持水土、发展经济具有不可低估的作用。庭院立体种植通常都可划分为4个层次，种植的经济植物种主要有杏、桃、核桃、苹果、梨、石榴、无花果、枣、李、桑、玫瑰及葡萄等，蔬菜有白菜、甘蓝、萝卜、洋葱、茄子、辣椒、韭菜等，并饲养禽畜和养蚕。庭院物种的空间结构特点是，层次多而界面又不甚明显，但设计有序，全年经营。

三、复合系统的时间结构设计与类型

时间结构设计包括季节时序设计和复合系统经营全过程的长、中、短期时序设计。前者是根据不同种群的生物学特性，合理运用套、复种生产技术，以提高自然资源的利用率。例如，兴化市苏宋林场的池杉—草莓—辣椒（西红柿），即在池杉林下间作的草莓行间套种辣椒、西红柿等。后者是在经济植物生产系统的整个经营过程中，为了保持系统的稳定持续性，为经营单位提供连续的经济效益。在设计上，应考虑长、中、短期相结合的复合经营方式，重视短、中期套种，以短养中，以中养长，以长促短。

合理安排生物组分在系统中的时间顺序，是提高复合系统功能不可忽视的问题。通过适当的时间结构安排，可以大幅度提高光、热、水、土资源的利用率，利用物种间的互利关系，保持系统的持久稳定发展，更好地发挥植被的经济效益和水土保持等生态效益。

在水土保持经济植物复合系统中，植物种植在时间序列上有5种形式，即轮作、连续间作、短期间作、替代式间作和套种等。

1. 轮作　轮作是指在同一块土地上，按照一定的植物或不同复种方式的顺序，轮换种植植物的栽培方式。前者称为植物轮作，后者又叫作复种轮作。例如，黑荆树、山毛豆、三叶豆、牛肋巴、山黄麻、旱冬瓜等树种与农作物或药材轮作。轮作年限一般根据立地条件和植物种的不同而异，如“8—2”制，即种8年旱冬瓜等树木，再种2年农作物或药材。

2. 连续间作　间作是在同一块土地上，同时或同季节成行或成带状间隔地种植两种或两种以上生育季节相近的经济植物。连续间作主要是从时间结构上对间作的划分，以区别早期间作（短期间作）。例如，胶—茶间作，即在橡胶林行间种植茶树，两者多年长期共存。此外，黄连、益智、砂仁、巴戟、云南罗芙木等药用植物一般都耐阴喜湿，适宜于连续间作，如益智能在70%郁闭度下生长良好；黄连是半阴性植物，要求荫蔽度40%～90%，透光度30%～60%。这些植物在乔木经济植物冠下种植，正好满足了其耐阴喜湿的生长发育要求。

3. 短期间作　主要是指在经济林、果幼树期，利用林地空间实行林—农、果—农、林—药等间作，随着经济林、果等主要培育目的植物的生长、冠幅增大，不适于农作物、药材、蔬菜等间作植物生长时，停止间作。

4. 替代式间作　替代式间作也称为景观替代，如杉木栽培区的杉木—油桐—农作物间作模式，是在营造杉木的同时，在杉木行间栽植油桐和作物，头三年以经营作物为主，并抚育了油桐和杉木。当油桐郁闭时停止农作，以经营油桐为主；7～8年后杉木郁闭成林，油桐产量下降而被淘汰，以经营杉木为主，同时又可在杉木行间种植耐阴的药用植物如黄连、黄智等。

在黄河中下游沿岸、西北和东北地下水位高、盐碱重的低洼地，可先选择抗盐性强的沙枣营造林网，在网格内种植抗盐性很强的碱茅等牧草，2～4 年后改种紫花苜蓿；经初步改良后再栽植梨、枣等果树，株距 2～4m，行距 8～10m，形成复合林网，相应地把盐碱滩地分成小于 $1hm^2$ 的地块，进行畦灌；果树行间种小麦、小麦收割后复种箭舌豌豆。

5. 套种　套种是指在一块田地上，不同季节播种或移栽两种或两种以上生育季节不同的植物。也可以说是在前茬植物生育后期，在其行间播种或移栽后作植物的种植方式。它是把两种生育季节不同的植物一前一后结合起来，充分利用时间和空间，使田间在整个生长季节内，始终保持一定的叶面积指数，充分利用光能，可有效地保持水土、提高土地利用率。例如，西南地区在柚木林下套种肉桂、菠萝。此外，也可利用经济林、果等落叶期进行套种。例如，多种落叶果树如枣、柿、桃、梨、苹果等在冬春套种小麦、豌豆等作物。

上面我们对水土保持经济植物复合经营的时、空结构设计及主要类型，做了简要介绍。由于自然植物群落中，各物种在生态位分化和资源充分利用方面具有极高的水平，所以天然植物群落，无论是水平结构还是垂直结构，在绝大多数情况下，均表现为连续的变化，并无明显的边界。然而，在人工设计的复合系统中，无论是垂直结构还是水平结构，一般均具有比较清楚的边界。这种明显边界的存在，一方面说明了人类对自然模仿和再创造的限度；另一方面也指明了复合系统可能的发展方向。

（朱清科、王进鑫、何海龙）

复习思考题

1. 名词解释：栽植密度、矮密栽培、集约栽培、物种结构、时间结构、技术结构、轮作、间作、连续间作、短期间作、替代式间作、套种。
2. 简述确定经济植物栽植密度的原则。
3. 设计经济植物复合系统的物种结构时应考虑哪些因素？
4. 试分析经济植物复合系统中，存在着哪些基本的结构类型。
5. 试论经济植物复合系统平面结构设计的基本思路与类型。
6. 试论经济植物复合系统垂直结构设计的基本思路与类型。
7. 水土保持经济植物复合系统的多层结构主要有哪些类型？
8. 水土保持经济植物复合系统中，植物种植在时间序列上有哪几种形式？

第七章 经济植物的栽培技术

【本章提要】本章主要论述了整地方法与时间，干旱、半干旱地区集流整地工程设计要素，集流整地工程设计方法，水土保持经济植物种植的方法、特点和应用条件、技术要点、季节和时间等内容。要求掌握经济植物栽培的技术特点及主要方法。

第一节 整地方法与时间

一、整地的目的与任务

水土保持经济植物栽培用地一般都是未经耕作的荒山、荒地，上面或多或少都生长有植被，即使是原有栽培经济林的老荒地，也生长有杂灌，这就需要进行栽培园地的整理。园地整理包括清理和整地两项内容。清理在翻耕土壤前进行，起到清除灌木、杂草、作物残茬，以及一定程度上消灭病虫害的作用；清理方式有全面清理、带状清理、块状清理 3 种；清理方法有割除清理、火烧清理、堆积清理、化学清理等。在山区进行园地清理，通常用火烧清理，即在夏、秋、冬季先将林地杂灌砍倒（俗称砍山），铺开晒干，然后用火烧（俗称烧山、炼山），但要精心设计，避免引发山林火灾。园地清理后，即可进行整地（称为挖垦）。经济植物栽培是以“土”为基础的，整地具有改善土壤的水分、养分和通气条件，影响近地表层的湿、热状况，提高栽植成活率，促进经济植物的生长发育，且有利于栽植施工等许多优点。但是，如果整地工程设计不合理、施工不到位，不仅难以达到预期效果，甚至还会造成更为严重的水土流失。

二、整地的方式和方法

整地方式分为全面整地和局部整地，局部整地又分为带状整地和块状整地。采用何种整地方式，主要根据地势、土壤、耕作习惯和水土流失等条件来确定。

（一）全面整地

全面整地是将准备栽种的地块全部挖垦。这种方式改善立地条件的作用显著，清除灌木、杂草彻底，便于实行机械化作业及进行林粮间作，苗木容易成活，幼林生长良好，但花工多，投资大，易发生水土流失，在使用上受地形条件（如坡度）、环境状况（岩石、伐根）和经济条件的限制较大。全面整地幼林生长较好，但水土流失严重，用工量较高。全面整地只适用于坡度较小、立地条件在中等肥厚湿润类型以上的坡地或平原地区，以及有在林地内间种农作物习惯的地区使用。

（二）局部整地

局部整地是指根据栽植地的自然条件，只进行局部挖垦的整地方式。其中，呈长条状翻垦土壤，并在翻垦部分之间保留一定宽度原状地表的局部整地方式，称为带状整地；呈块状翻垦土壤的局部整地方式，称为块状整地。

1. *带状整地的主要方法* 在坡度较大、地形相对比较完整的山坡栽植，可采用带状整地。这一方法改善立地条件的作用较好，预防土壤侵蚀的能力较强，便于机械或畜力耕作，也较省力。山地进行带状整地时，带的方向可沿等高线保持水平；平原进行带状整地时，带的方向一般可为南北向，如当地害风严重，可与主害风方向垂直。山地带状整地方法有梯田、水平阶、水平沟、撩壕等；平原带状整地方法有犁沟、带状、高垄等。

1）梯田整地　梯田整地应用得好是最好的一种水土保持方法。用半挖、半填的办法，把坡面一次修改成若干宽度 1.2m 以上的水平台阶或反坡台阶，上下相连，形成阶梯，前者称为水平梯田，后者称为反坡梯田。梯田由梯面、梯壁、边埂、内沟等构成。每一梯面为一经济林木种植带，梯面宽度因坡度和栽培经济林木的行距要求不同而异。一般是坡度越大、梯面越狭。筑梯面时，可反向内斜，形成反坡梯田，以利蓄水。梯壁一般采用石块和草皮混合堆砌而成，保持 45°～60°的坡度。并让其长草以作保护，边埂可种植胡枝子等灌木。

修筑梯田前，应先进行等高测量，在地面放线，按线开梯。由于坡面坡度不会很规整，放线时要注意必须等高但可不等宽。根据株行距的要求，在距离太大的坡面上，可以插半节梯，因为不可能要求每一条梯带都一样长，会出现长短不一，可以用插梯的办法。

随着经济林栽培经营集约度的提高，要求建立“三保山”（保水、保土、保肥），水平梯田整地可以达到“三保山”的要求。但梯田整地要因地制宜，在坡度超过 25°，或石质山区不宜应用梯田整地。

2）水平阶整地　在坡度 30°以上的地段，不宜采用梯田整地。因填挖多，坡面动土太宽，梯壁高，壁埂不易坚牢，容易造成崩塌。为此，可沿等高线将坡面修筑成狭窄的台阶状台面。阶面水平或稍向内倾斜，有较小的反坡；阶面宽因地而异，石质山地为 0.5～0.6m，土石山地及黄土地区 0.8～1.2m，阶的外缘培修土埂；阶长为 2.5～5m，视地形而定。

3）水平沟整地　沿山坡等高线开沟，将挖出的土堆放在沟的下方，在埂的内壁栽树。沟深 0.3～0.4m，宽 0.4～0.6m，沟长 2.5～5 m，视地形而定。

4）撩壕整地　先挖水平带，带面宽度为 1.0～2.0m；然后在水平带的外侧作高度和宽度分别约 15cm 的土埂；在土埂内挖壕，深度为 0.5～1.0m；带间距离因行距而定，一般是 3～7m。撩壕整地比水平沟整地在改善土壤条件、保持水土、促进植物生长方面有更大的优越性。

2. 块状整地的主要方法　在坡度大、地形破碎的山地或石山区栽植，可采用块状整地。块状整地是按照种植点的位置在其周围翻松一部分土壤以利栽树成活。这种方法灵活、省工、成本低，同时引起水土流失的危险性较小，但改善立地条件的作用相对较差，蓄水保墒的作用也不如带状整地。整地的范围视栽植地条件、苗木大小及劳力情况而定。块状整地时，块状地的排列方向应与种植行一致，山地沿等高线，平原呈南北向。山地应用的块状整地方法有穴状、块状、鱼鳞坑；平原应用的方法有坑状、块状、高台等。

1）穴状整地　穴状整地为圆形坑穴，穴面与原坡面持平或稍向内倾斜，穴径为 0.4～0.8m，深度为 0.25～0.8m。穴状整地可根据小地形灵活选定整地位置，有利于充分利用岩石裸露山地土层较厚的地方和采伐迹地伐根间土壤肥沃的地方，整地投工数量少，成本比较低，但其改善立地条件的作用较其他方法为差。

2）块状整地　块状整地为正方形或矩形坑穴。边长 0.8～1.0m，深 0.25～0.8m。一般黏重的土壤树穴标准大一些，砂壤土树穴标准可以小一些。块状整地有较好的改善立地条件作用和一定的保持水土效能，并且定点灵活，比较省工。

3）鱼鳞坑整地　鱼鳞坑整地是一种最常见的块状整地方法，在与山坡水流方向垂直环山挖半圆形植树坑，使坑与坑交错排列成鱼鳞状。一般坑长 0.8～1.0m，宽 0.5～0.8m，深 0.25m，由坑内向外取土，使坑面水平，并在坑外边筑成半环状土埂以保水土。

4）高台整地　高台整地为正方形、矩形平台，台面高出原地面。高台整地排水良好，但投工多，成本高，劳动强度大。一般用于水分过多的迹地、沼泽地，以及某些地区的盐碱地等。

拓展阅读

三、整地时间

无论什么样的整地方法，“要想效果好，就要整得早”，这是各地群众在造林整地方面的重要经验。所谓整得早，就是要在植物栽培前一年或半年进行预先整地，至少也要提前一季整地。提前整地，土壤才有熟化的过程，在土壤理化性质得到改善，翻松的土层受到降水的充分湿润之后，植物栽培才会取得良好效果。

除过土壤冻结时期外，一年四季均可整地。伏天整地，由于温度高，杂草种子尚未成熟，杂草翻入地下易腐烂，雨季即将来临，有利于改良土壤结构，增强保墒能力，提高地力和消灭杂草。秋季整地，杂草种子可以埋入地下，入土越冬的幼虫、虫蛹等翻到地表，对消灭杂草和害虫有很大意义，经冬季冻融，土壤结构也可得到改良。但在气候干旱地区，秋季整地开春后土壤墒情没有夏季整地高。秋季栽培也应在当年春天或夏天整地。整地时间不仅影响成活率，也影响植物生长。青海农林科学院对水平阶整地栽植观察表明：6 月中旬提前整地，当年秋季栽植的榆树，3 龄时的高度为 1.6m，而秋季随整地随栽植的为 1.1m；辽宁建平造林试验站的资料指出，即使是在雨季栽植，提前整地也对提高栽植成活率有很大意义。

整地提前的时间，因立地条件不同也有差别。在低湿的草滩地，阴湿寒冷的中、高山阴坡的积水部位，应提前 1 年或 2～3 年进行整地，待翻上来的草皮腐烂之后，才宜于栽培植物。

第二节 干旱、半干旱地区集流整地工程设计

一、集流整地工程设计要素

由于栽培地条件变化很大，对集流整地工程的要求不一样，因此集流整地工程也是多种多样的，所起的作用和效果也有所不同。我国劳动人民在沟坡治理中，积累了丰富的集流整地经验。

集流整地工程设计的要素包括整地的深度、宽度、长度（局部整地）和断面形式。

（一）深度

整地深度是整地技术指标中最重要的一个。整地深度在改善立地条件方面的作用，远比整地破土面积的作用大。所以，适当增加整地深度，加厚疏松肥沃的土层，往往比加大整地面积更能给林木的生长发育创造适宜的环境。在确定整地深度时，一般应考虑下列因素。

首先，应考虑栽植地区的气候特点。气候干、湿类型不同的地区，整地的深度应有差异。在干旱地区，为了提高蓄水能力、增加土壤含水量，整地深度应比湿润地区大些。

其次，应考虑栽培地的立地条件。在同一地区，立地条件不同，整地的深度也不相同。阳坡、低海拔地区，土壤含水量变化大，整地深度宜稍大。同时还应考虑土壤本身的特点：①土壤水分在不同时期不同深度的动态。由于表层湿度低而不稳，深层含水量则较丰富，波动较小，所以整地的深度就应比水分易受外界因素影响而产生波动的土层的厚度大一些，以便切断上下层之间的联系，减少蒸发损耗。②土层厚薄。在土层较薄、母岩坚硬风化不良的地方，整地费工，整地深度不可能太大；而土层虽薄但母岩风化良好的地方，可适当增加整地深度。③是否带有间层。河流两岸的沙地，因洪水大小及泥沙沉降速度不同，在土壤剖面上经常呈现出质地不同的层次，整地深度可按间层的质地和埋藏部位确定，一般应注意使粗

沙、细沙或壤土、砂土相互掺和，以改良土壤。不少土壤有钙积层的分布，这种钙积层对林木根系发育极为不利，特别是胶结紧密或厚度大的，根系更是难以向下穿透，所以整地时要尽量使其松动和破坏。

再次，应考虑林木根系分布的特点。在自然界中，林木根系的分布范围一般随树种、林龄和立地条件而不同。在一定范围内，加大整地深度，根系的分布也有加深的趋势。但是，在一定的年龄阶段，树种根系分布范围又是相对稳定的。据国外资料，8 年生长的下列树种根系在 0～40cm 土层中占总根量的百分率为：云杉 99.4%、松树 98.4%、落叶松 95.9%、栎类 96.7%、锦鸡儿 96.1%，更深土层中的根量很少。从这些资料可以看出，林木的绝大部分根系都集中分布在 40cm 以上的土层中，据此可以作为整地深度的上限。整地深度的下限，应超过栽植常用苗木根系长度。由于栽植所用苗木根系长度一般在 20～25cm，故整地深度应为 20～25cm 及以上，以保证根系充分伸展不窝根。

（二）宽度

局部整地时的破土宽度应以自然条件允许和经济条件可能的前提下，力争最大限度地改善栽植地的立地条件为原则。确定破土宽度一般需要根据下列条件：①发生水土流失的原因。由于整地宽度越大，破坏自然植被严重，水蚀的可能性就越大，故在山区整地的宽度不宜过大。②坡度的大小。在陡坡，如果破土宽度太大，断面内切过深，土体不稳，容易塌陷，既费工又造成水土流失。相反，缓坡整地的宽度可以大一些。据西北林学院水保系在延安的研究资料，在 25°～30° 坡上，反坡梯田的田面宽应为 0.8～1m。③植被状况。有植被覆盖的栽植地上，杂灌木越高，遮阴范围越大，破土宽度也应越大，以保证幼林地上部分和根系有较大的伸展余地，在与杂灌、草的竞争中处于有利地位。④经济条件。因为整地的宽度关系到所需的劳力、物力和时间，所以经济条件不允许时不宜过宽。⑤树种要求的营养面积，特别是经济林树种更要有较大的营养面积。

破土穴或带间的距离主要根据栽植地的坡度和植被状况等而定。在陡坡、植被稀少、水土流失严重的地方，带（穴）间应保留的宽度可以大些，原则上应使其上产生的地表径流量能为整地带（穴）所容纳。一般破土宽度与保留部分宽度为：杂草、灌木高度不大的荒山可为 1∶1 或 1∶2，灌木高大茂密的地方，可采用 1∶1 或 2∶1。

（三）长度

整地破土面的长度主要是指带状或块状整地的带或块的边长。破土面长度在生物学上的意义，不如深度、宽度那么显著。在山地的采伐迹地上，破土面的长度随地形破碎程度、裸岩或伐根的分布和坡度而不同。一般地形越破碎，影响整地施工的障碍越多，破土的长度应越小。越高越陡，破土面长度也应越小，因为在有些条件下，长度过大，破土而不易保持水平，反而会使地表径流大量汇集沿坡流下造成冲刷。破土面长度大些，有利于种植点的均匀配置。

（四）断面形式

断面形式主要是指破土面与原地面（或坡面）所构成的断面形式。这种断面形式一般与栽植地区的气候特点和栽植地的产地条件相适应。在干旱地区，为了更多地积蓄大气降水、减少蒸发、增加土壤湿度，破土面可低于原地面（或坡面）或与原地面（或坡面）成一定角度，以构成一定的蓄水容积。在水分过剩地区，为了排除多余的土壤水分，提高地温、改善通气条件，促进有机质的分解，破土面积可高于原地面。

整地的技术规格还涉及土埂的有无及其规格等。一般在带（或穴）外缘修筑土埂有利于蓄水拦泥；在带中筑横埂有利于防止水流汇集。此外，整地还有一定的质量要求，就是说整地要严格按照规定的技术规格施工，如整地深度、宽度和长度合乎标准，土内的石块草根捡得干净，土埂修得牢固及表层肥土与底层心土放置有序，土层不乱等。

二、集流整地工程设计方法

（一）集流区面积确定

集流区面积与降水量、径流系数、土壤水分短缺量、栽植区面积大小有关。首先由可能蒸散量、不同树种的蒸散系数和降水量可计算出设计地区土壤水分亏缺量，然后依据造林树种的生物学特性、造林方式等因素确定栽植区面积，在此基础之上根据该区域平均径流系数等即可计算出满足林木生长所需的集水面积。

$$D_{ef}=ET_0-P=K_e\cdot PET-P$$

$$M_2=[D_{ef}/(P\cdot f)]\ M_1$$

式中，M_2为集流区面积（m^2）；M_1为栽植区面积（m^2）；f为径流系数；D_{ef}为土壤水分短缺量（mm）；ET_0为林木的蒸散量；P为年降水量（mm）；PET为可能蒸散量（mm）；K_e为不同树种正常生长时的蒸散系数。

（二）工程措施安全校核

集水面坡长和植树带的蓄水容积，在满足林木生长需求的同时，还必须满足坡面工程安全的需要，因此需要用一定频率的暴雨来校核所设计工程的蓄水容积是否能满足安全需求。

1. 设计标准　目前造林整地工程设计，还没有统一的标准。国内外一些专家建议，集流整地工程按5～10年一遇的24h最大暴雨标准设计。在实际应用时，可根据实际情况确定。如果设计标准过高，浪费劳力；标准过低，造成水土流失，甚至冲毁工程，对林木生长不利。对经济林栽培而言，由于对水分条件要求较高，应按10年一遇暴雨标准设计，以确保整地效果与工程安全。

2. 设计暴雨径流系数　依据水文学中相关计算公式，设计暴雨的径流系数可用下式计算。

$$f_{10\%}-1-R\cdot I_{10\%}{}^{r_1-1}$$

$$I_{10\%}=A_{10\%}/t^n$$

$$A_{10\%}=H_{24.p}\cdot 24^{n-1}=K_p\cdot H_{24}\cdot 24^{n-1}$$

式中，$f_{10\%}$为10年一遇的坡面径流系数；R为降雨损失系数；r_1为降雨损失指数；$I_{10\%}$为10年一遇的24h平均暴雨强度（mm/h）；$A_{10\%}$为10年一遇最大24h设计暴雨雨力（mm/h）；$H_{24.p}$为10年一遇最大24h设计暴雨量（mm）；t为暴雨历时（h）；n为暴雨强度衰减指数（历时1h以内时，$n=n_1$；历时1h以上，24h以内，$n=n_2$）；H_{24}为多年平均最大24h降雨量（mm）；K_p为皮尔逊Ⅱ型曲线模比系数。设计暴雨计算中上述各种参数，查《水文手册》即可取得（常磊等，2002）。

3. 设计有效蓄水拦泥总容积　从工程安全出发，集流工程的设计容积应根据设计的最大暴雨量、栽植区入渗量、集流坡面径流量与使用年限内因土壤侵蚀而损失的容积计算。若假设暴雨期间栽植区土壤入渗速率与集流坡面相同，为确保采取整地工程措施后，在工程的使用或维修年限内不发生超标暴雨的情况下，坡面无地表径流输出系统外部，则有

$$V=[H_{24.p}\cdot f_{10\%}\cdot M_1+H_{24.p}\cdot f_{10\%}\cdot M_2+hs\ (M-1)\cdot M_2]\ /1000$$

式中，V为单个整地工程的有效容积（m^3）；$H_{24.p}$为10年一遇最大24h设计暴雨量（mm）；$f_{10\%}$为设计暴雨径流系数；M_1为栽植区面积（m^2）；M_2为集流区面积（m^2）；M为工程的使用或维修年限（一般取3～5年）；hs为多年平均土壤侵蚀深度，$hs=A/(1000\cdot C)$，其中，A为侵蚀模数［t/（km^2·年）］，C为表层土壤容重（t/m^3）。

4. 设计最大集流坡长　若按设计暴雨计算的最大集流区水平坡长为Lp（m），栽植区整地带水平宽度为Bp（m），栽植区长度为L（m），则

$$M_2=Lp\cdot L,\quad M_1=Bp\cdot L$$

$$Lp=［1000V-H_{24.p}\cdot f_{10\%}\cdot Bp\cdot L］/［H_{24.p}\cdot f_{10\%}+hs（M-1）］L$$

式中，V为单个整地工程的有效容积（m^3）。

（三）整地工程断面设计

在确定了栽植区面积、集流区面积并且计算出了设计总容积之后，根据立地条件选择适当的整地方式进行整地工程设计。下面以反坡梯田、水平沟、鱼鳞坑三种主要集流整地工程为例进行设计计算（王百田，1993）。

1. *反坡梯田*　反坡梯田断面如图 7-1 所示。若梯田的水平宽度为B，集流区的实际水平坡长$L_p=L_s+b'$，栽植区的实际水平宽为$B_p=B+b$，梯田有效蓄水深为H，则有效容积应等于设计总容积V：

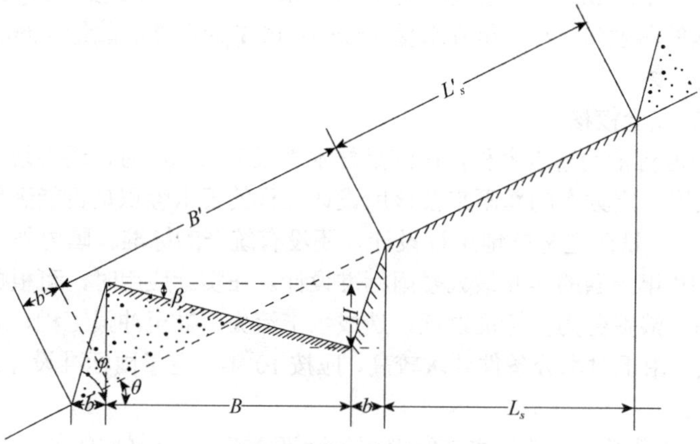

图 7-1　反坡梯田断面图

$$V=\frac{B^2\cdot\tan\beta}{2}\left(1+\frac{\tan\beta}{\tan\varphi}\right)$$

外坡φ一般取 60°，反坡角β为

$$\beta=\arctan\left[\frac{\tan\varphi}{2}\left(\sqrt{1+\frac{8V}{B^2\tan\varphi}}-1\right)\right]$$

相应的最大有效蓄水深H为

$$H=\frac{B\tan\varphi}{2}\left(\sqrt{1+\frac{8V}{B^2\tan\varphi}}-1\right)$$

如果让切方和填方相等，坡度为θ时，则

$$b=\frac{B}{2}\cdot\frac{\cos\varphi\cdot\sin(\theta+\beta)}{\cos\beta\cdot\sin(180°+\theta-\beta)}$$

栽植区斜面长度 B′为

$$B'=\frac{B+b}{\cos\theta}$$

集流区斜面长度为

$$L_s'+b'=\frac{(L_s+b)}{\cos\theta}$$

2. 水平沟　　水平沟断面如图 7-2 所示。若沟底宽度为 d，外埂顶宽 e，则实际栽植区水平宽为 $B+e$，集流区水平宽 $L_p=L_s+b$，外侧斜坡 φ 一般取 45°左右，内侧斜坡 φ_1 一般取 35°，里内侧斜坡 φ_2 一般取 70°，自然坡度 θ，则有效容积等于设计总容积时，设计水平沟深度 H 为

$$H=\sqrt{\frac{d^2+2VZ}{Z}}-\frac{d}{2}$$

其中：$Z=\frac{1}{\tan\varphi_1}+\frac{1}{\tan\varphi_2}$。

栽植区斜面长度 B' 为

$$B'=\frac{d+HZ+e}{\cos\theta}$$

集流区斜面长度为

$$L_s'+C=\frac{1}{\cos\theta}\left[L_s+(B+e)\frac{\sin\cdot\theta\cos\theta}{\sin\varphi(180°+\theta-\varphi)}\right]$$

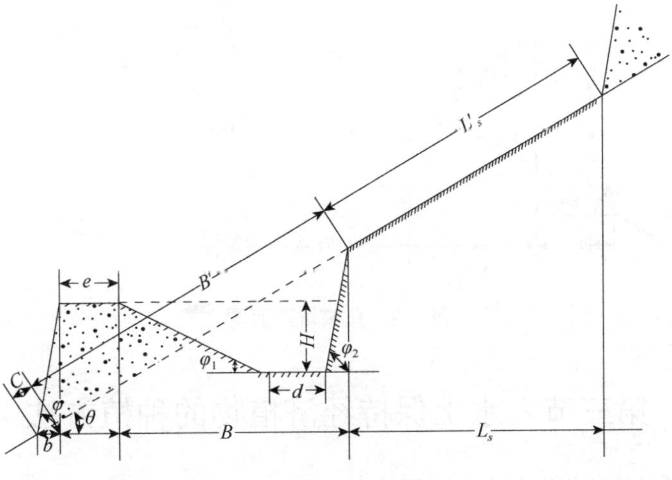

图 7-2　水平沟断面图

3. 鱼鳞坑　　鱼鳞坑形似半月形坑穴，坑面一般取水平状，坑的两角设有引水沟，有时内侧也设蓄水沟。外侧坡度 φ 较大，内侧坡角 φ_1 较小，底面半径 R_1 一般取 0.5～1.0m，埂顶宽 e 一般取 0.20～0.25m，断面如图 7-3 所示。设 R_2 为顶面半径，H 为最高深，φ_2 为里内侧坡度，在自然坡度为 θ 时，设计总容量等于有效容积时，鱼鳞坑最高深 H 为

$$H=6V/(R_1+R_2)^2$$

从图 7-3 可知：

$$R_2=R_1+ZH$$

其中，$Z=\frac{1}{\tan\varphi_1}+\frac{1}{\tan\varphi_2}$。

因为鱼鳞坑形状是圆柱截段，在计算容积时需知道 R_2、H，而 R_1 可以事先确定。如果令

$$S=6VZ$$

$$P=-\frac{4}{3}R_1^2$$

$$q=-\left(\frac{16}{27}R_1^3+S\right)$$

则得到 R_2 的解：

$$R_2=\sqrt[3]{-\frac{q}{2}+\sqrt{\left(\frac{q}{2}\right)^2+\left(\frac{P}{3}\right)^3}}+\sqrt[3]{-\frac{q}{2}-\sqrt{\left(\frac{q}{2}\right)^2+\left(\frac{P}{3}\right)^3}}+\frac{R_1}{3}$$

鱼鳞坑同反坡梯田和水平沟不同，集流面长度的确定比较复杂，要根据具体的地形条件来确定。比较简单的情况是沿同一等高线上鱼鳞坑左右相连，这时可以参照反坡梯田或水平沟进行处理（图 7-1 和图 7-2）。

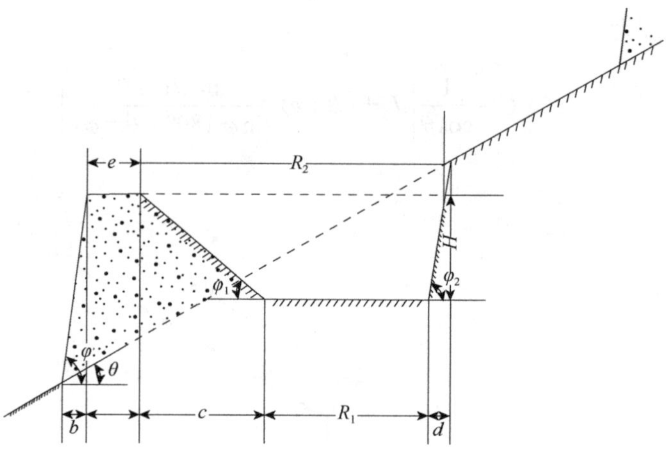

图 7-3　鱼鳞坑断面图

第三节　水土保持经济植物的种植方法

由于水土保持经济植物为兼有水土保持和经济效益的乔、灌木树种或草本植物，所以其种植方法随植物种而异，有的等同于一般的荒山造林方法，有的则要求按照经济林栽培的方法种植。一般而论，水土保持经济植物栽植方法根据所用材料（种子、苗木、插穗等）的不同，可分为播种、植苗和分殖三种方法。

一、播种法

拓展阅读

播种法是把植物种子直接播种到栽培园地的方法，简称直播。播种是一种常用的造林、种草方法，虽然在经济林栽培中很少应用，但在突出以水土保持为其主要效益的某些自然和经济条件下，依然显示出较大的优越性。

（一）播种法的特点和应用条件

种子直接播入土中，幼芽出土后就生长在种植园地上，不再经过移栽，可以避免起苗造成

根系损伤，有利于形成分布自然、舒展、匀称的完整根系。对于直根性树种来说，这一点尤为重要。从种子发芽开始起，幼树即生长在一个固定的地点，对栽植地的气候、土壤条件比较适应。同一穴内常播入大量种子，发生多株幼苗，可以形成小群体，有利于增强林分的稳定性。并可为经过自然分化，选留生长健壮的植株，淘汰不良的林木，构成优良林分创造条件。播种法技术简便易行，不仅可以省去育苗等繁杂工序，而且施工的全过程较植苗法简单，适于在地广人稀的边远地区大面积栽植应用。节约投资、节省用工，栽植成本较低。但是播种法也有某些不足，主要是对栽植地的立地条件要求比较严格，一般干旱、高温、寒冷、霜冻、风沙及杂草灌木茂盛的地方播种往往不易成功；幼林初期生长比较缓慢，进入郁闭年限拖长，需要进行较长时间的抚育管理，投工较多，加上用种量大、某些树种种子价格昂贵等因素，又会增加成本；播种后易遭鸟兽危害，牲畜践踏和人为破坏。

播种法可在下列情况下应用：栽植地立地条件好或较好，特别是土壤湿润疏松，灌木杂草不太繁茂的地方；鸟兽害及其他灾害性因素不严重或较轻微的地方；人烟稀少、处边远地区的栽植地，可进行飞机播种；具有大粒种子的树种，以及有条件地用于某些发芽迅速、生长较快、适应性强的中小粒种子树种；种子来源丰富、价格低廉的树种。

（二）人工播种的技术要点

1. *播前种子处理*　　种子播前处理的目的，主要是为了完成发芽准备，加速种子发芽，缩短留土时间，保证幼苗出土整齐，以及预防动物、病虫危害。措施有种子消毒、拌种、浸种和催芽等。种子处理应根据树种特性、立地条件、栽植季节的不同分别采用。春季播种深休眠种子要提前进行催芽，使幼苗当年出土整齐，争取秋末以前充分木质化，能够安全越冬。春季播种被迫休眠种子一般应进行浸种，使幼苗及早整齐出土，形成扎得较深的根系和木质化程度较高的地上部分，以增强抵御高温、干旱及其他不良环境因素的能力。如果栽植地比较干旱或晚霜、低温危害严重，则可不浸种，而播种干种子，相反，如果栽植地比较湿润，经过催芽处理之后再播种，其效果会更好。雨季一般应播干种子，但如能准确地掌握雨情，也可以先浸种再播种。秋季播种造林时，一些地区（特别是北方）为避免冬季严寒可能带来的危害，大多希望种子当年生根而幼苗不出土，故无论是长期休眠种子，还是被迫休眠种子，均以播种未处理的种子为宜。

在病虫害比较严重的地方，播种前种子（特别是针叶树种的种子）应利用粉剂或药液进行拌种处理，也可利用药液进行消毒浸种或闷种，以防治传染性病害和地下害虫。在有可能发生鸟兽害的地方，应进行药剂拌种，预防野鼠、鸟类为害，以保证种子发芽及出土前后一段时间不被窃食。预防病虫和鸟兽危害的具体方法，可参考有关专业书籍。

2. *播种方法*　　播种方法可分为撒播、条播、穴播和块播 4 种。

1）撒播　　撒播是在栽植地上均匀地撒布种子的方法。撒播前一般不进行整地，播种后不覆土，而是使种子在裸露状态下发芽成苗。撒播工效高，成本低，但作业比较粗放，特别是种子常在降落中途被植物所截阻，到达地面的又易被鸟兽吃掉或被流水冲走，而发芽种子的幼根有时又难以穿透地被物层，因接触不到土壤而死。撒播主要用于劳力缺乏、交通不便的大面积荒山、皆伐迹地和火烧迹地，以及沙漠边缘地带。适用植物种多为具有中小粒种子的针、阔叶树种和草种。

2）条播　　条播是在经过全面整地或带状整地的栽植地上，按一定行距进行播种的方法。播种行为单行或双行，连续或间断。播种入土或播后覆土镇压。条播便于机械化或半机械化作业，但种子消耗量较大。应用不甚普遍，仅用于采伐迹地更新、次生林改造，以及某些水土流失地区，植物种多为草本植物、灌木树种（如柠条、毛条、紫穗槐、枸杞、花棒）和个别乔木树种（如栎类）。

3）穴播　穴播是在局部整地的栽植地上，按一定的行穴距挖坑播种的方法。一般是在挖穴后，分植物种并按其种粒大小，均匀地播入数粒乃至数十粒种子，然后覆土镇压。穴播操作简便，选点灵活，用工量少，是播种方法中应用较广的一种。穴播可用于各种类型的栽植地，适用的植物种也很多，包括具有大、中、小粒径种子的各种树种和草种。

4）块播　块播是在经过整地的大块状地上，密集或分散地播入大量种子的方法。块状地的面积一般在 $1m^2$ 以上。块播后可以形成植生组，具有群状配置的优点，但此法施工比较烦琐。如果块状地内有多个均匀分布的播种点，则称为簇播、窝种、巢种。块播常用于已有阔叶树种天然更新的迹地引进针叶树种、改造林木分布不均的次生林、沙地造林及种草等。

此外，还有一种近似于穴播的播种方法，叫作缝播。缝播是在未整地的栽植地上，挖窄缝、小穴播入种子，或选择石块、灌木、草丛下方开缝播种。缝播的主要好处是不破坏土壤结构，不易被鸟兽发现，有利于防止窃食。

3. *播种量*　播种量的多少，主要取决于种子的发芽率和单位面积上要求的最低限度幼苗数量。由于种子的发芽率和幼苗的保存率常受多种因素制约，所以要根据不同情况区别对待。一般容易发芽的植物种、适应性强的植物种、品质优良的种子、良好的立地条件及整地细致的地方，播种量可以小一些，反之，就应该大一些。

根据各地的生产经验，穴播时种粒大的核桃、胡桃楸、板栗、三年桐等，每穴播种 2～3 粒；种粒稍小的栎类、油茶、山杏、文冠果等每穴 3～5 粒；种粒中等的红松、华山松等每穴 4～6 粒；种粒较小的油松、马尾松、樟子松、云南松等每穴 10～20 粒；柠条、花棒等每穴 20～30 粒。播种方法不同，用种量也不相同。一些植物种穴播的用种量，要比条播、撒播低 50%～90%。

4. *播种技术*　无论采用哪种播种方法，在技术上都要求覆土厚度适当（除撒播外）、放置方式得当和种子撒布均匀。覆土厚度对种子发芽、出土及保蓄水分的影响很大，往往是决定成败的关键。覆土过厚影响种子发芽，幼芽受到的机械阻力大，出土困难，造成幼芽弯曲，甚至引起腐烂；覆土过薄会使种子处于干土层中，不利于吸收水分和保持湿度，甚至可能会使已经发芽的种子干缩。覆土厚度随种子粒径大小、播种季节及土壤质地和湿度的不同而不同。大粒种子覆土厚度为 5～8cm；中粒种子 2～5cm；小粒种子 1～2cm。秋播、土质黏重、土壤湿度较大，覆土厚度宜稍大，反之，则宜稍小。一般覆土厚度以种子短径的 2～3 倍为宜。对于大粒种子来说，放置方式关系到生根发芽的难易和出土的迟早，因而也是一个重要的问题。一般认为核桃、胡桃楸等应使缝合线垂直于地面，而栎类、板栗等则可以横放使之平行于地面。覆土后须轻轻镇压。

（三）播种的季节和时间

播种的季节和时间，影响种子出苗率、出土时间和成苗数量，而且关系到苗木木质化程度和抗旱越冬能力。根据栽植地区的气候特点，特别是温度、降水条件和灾害性因子特点，以及土壤条件，并结合植物种的生物学特性和栽植技术要求，选定适宜的播种期，是搞好播种工作的基础。就全国范围来说，四季都可以进行播种，但北方应把水分和低温作为确定播种期的首要条件，而南方则应将伏旱、高温和降水强度作为主导因素，同时还要分析不同植物种播种方法和技术上的异同，作为最后确定适宜播种季节和时间的依据。

1. *春季播种*　春季人工播种，一般应在湿润地区或水分条件好的高海拔、高纬度地带的山地和采伐迹地进行，而且可采用多种植物种栽植。在湿度条件较差的地方，也可播种某些经济林树种。为了提高出苗率，避免干旱、日灼和晚霜危害，播种时间最好在土壤水分条件较好的土壤解冻初期。春季飞播造林主要应限于南岭山地以北至秦岭、淮河一线以南地区。具体地说，这一地区春末夏初多梅雨的东部，以在3～4月播种适宜；而春雨较少的西部，则可待雨量增多后于5月前后播种。

2. *夏季播种*　春旱严重的地区，可利用多雨的夏季播种。这一时期气温高、降水多，水热同期，是造林的良好季节，播种后种子发芽出土快，易于取得造林的实际成效。夏季播种可在秦岭、淮河以北到长城沿线一带，以及云贵高原地区进行。播种时间，原则上应使种子获得发芽所需的湿度、温度条件，同时要保证幼苗出土后有一段较长的生长期，能够充分木质化，安全越冬。具体时间可根据当地的气候特点和年际变异规律，通过向气象台了解，或提早到雨季来临前播种未处理的种子等办法确定，一般可在雨季开始初期，即6月上旬至7月中旬为宜。适于夏播的树种主要有松类、沙棘、柠条、毛条、花棒等。

3. *秋季播种*　秋季是许多植物种果实、种子成熟的季节，也是一个良好的播种季节。人工播种主要是一些大粒种子的植物种，如栎类、核桃、山杏、油茶、油桐等。大粒种子采集后立即播种，可以减轻果实、种子贮运工作量，种子在土内越冬具有催芽作用，翌春发芽早，生长快。但留土时间较长，易为鸟兽窃食，某些植物种的中小粒种子还易被风吹失散。飞机播种仅限于个别地区（如四川东部），时间以秋雨较多的8月下旬至9月中旬为宜。

4. *冬季播种*　冬季，北方地区天气严寒，土壤冻结，一般没有播种造林的条件。而南方某些地区，温度高，土壤也比较湿润，可以进行马尾松、黄山松、云南松、麻栎等树种的造林。飞播只能在南岭以南至粤桂沿海丘陵山地进行，时间大致为春雨初至、气温回升的农历春节前后。

二、植苗法

植苗法是以苗木作为栽植材料进行栽植的方法，又称栽植法。植苗法是应用最普遍的一种栽植建园方法。

（一）植苗法的特点和应用条件

植苗所用的苗木一般具有比较完整的根系和发育良好的地上部分，栽植后对不良外界条件的抵抗能力强，能够较快地适应栽植地的环境条件。苗木从条件比较优越的苗圃移植到栽植地后，往往出现时间长短不一的缓苗期，尤其是使用裸根苗栽植和在立地条件差的地方栽植更为明显。一般以植苗法营造的人工林，比应用播种方法营造的人工林郁闭早，初期生长迅速。用种量小，能以数量较少的种子，培育出较多的苗木，特别适于种源少、价格昂贵的珍稀树种栽植。但是，植苗造林的育苗工序庞杂，花费劳力多，技术要求高，这又在一定程度上提高了栽植成本。

植苗适用于绝大多数树种和各种立地条件。即使某些深根性树种，也可在育苗过程中采用截根等措施，促进侧根发育，避免移栽时损伤主根引起的不良后果；某些无性繁殖的树种，育苗后再栽植，比分殖更稳妥、可靠；苗木移植造成的机械损伤，可通过合理起苗或直接培育容器苗加以弥补。因此，植苗造林几乎不受树种的限制。植苗造林在干旱、水土流失严重、植被繁茂及动物危害严重的地方，比播种造林成功的把握大。因此，这一方法对栽植地立地条件的要求相对不甚严格，基本不受立地条件的限制。

（二）植苗法的技术要点

1. *苗木的种类、年龄和规格*　植苗法应用的苗木种类主要有播种苗、营养繁殖苗（包括扦插和嫁接苗）和两者的移植苗及容器苗等。从对栽植技术的影响分析，这些苗木可按根系是否带土分为裸根苗和带土苗两大类。裸根苗，是以根系裸露状态起出的苗木，包括以实生或无性繁殖方法培育的移植苗和留床苗。这一类苗木起苗容易、重量小，贮藏、包装、运输方便，栽植省工，是目前生产上应用最广的一类苗木。但起苗伤根多，栽植后遇不良环境条件常影响成活。带土苗，是根系带有宿土且不裸露的苗木，包括各种容器苗和一般带土坨苗。这一类苗木根系比较完整或完整，栽植易活，但重量大，搬运费工、费力。一般营造用材林，因用于栽植的树种种类较多，采用的苗木种类也较多，主要是以不同繁殖方法培育的留床苗或移植的裸根苗及容器苗。苗龄为1～4年生。营造防护林，常用经过移植的裸根苗，有时也用未经移植的裸根苗。城市和“四旁”绿化，一般用经过移植的裸根苗，甚至经过多次移植的大规格带土坨苗或者裸根苗。采伐迹地更新有时还利用野生苗。

2. 苗木栽植前的保护和处理　植苗法苗木成活的关键在于保持体内的水分平衡。苗木从圃地起出后，在分级、处理、包装、运输、栽植地假植和栽植取苗等工序中，必须加强保护，以减少失水变干，防止茎、叶、芽的折断和脱落，避免运输中发热发霉。保护的重点是针叶树、根系和起苗初期，但对阔叶树、地上部分和起苗后期，也应给以足够的重视。关于起苗至运输完毕的保护方法，已在苗木培育部分阐述。运至栽植地暂时不栽的苗木，应及时选阴湿地方假植，随栽随取，栽入植穴前苗根须浸入带水容器或以湿润物包裹。

为了保持苗木的水分平衡，栽植前应对苗木进行适当处理。地上部分的处理措施有截干、去梢和剪除枝叶、化学药剂处理、蒸腾抑制剂处理等；地下部分的处理措施有修根、蘸泥浆、蘸吸水剂、浸水、化学药剂或外源激素蘸根及接种菌根菌等。

1）截干　截干是截去大部分苗干，仅栽植保留一小段苗干的苗根。截干栽植可减少苗木地上部分的水分蒸发，防止枯干，适于在干旱多风地区普遍应用，也可在延误栽植时间或以质量较差的苗木栽植时应用。截干最好在起苗前进行，留干高度可为地表以上5～10cm，不超过15cm。截干主要用于萌芽能力强的树种。

2）去梢和剪除枝叶　去梢和剪除枝叶就是剪掉苗木部分主干和枝叶。其作用是缩小蒸腾面积，保持地上、地下部分的均势，以利水分平衡。去梢还可以改善干形，促进新梢旺盛生长。去梢可剪去苗干高度的1/4～1/3，不要超过1/2，部位可略高于饱满芽。剪除枝叶，一般可去掉侧枝全长或叶量的1/3～1/2，主要用于已长出侧枝的落叶阔叶树和常绿阔叶树苗木。

3）化学药剂处理　化学药剂处理是利用药剂喷洒地上部分。文献报道的有机酸类药剂有苹果酸、柠檬酸、脯氨酸、丙氨酸、反丁烯二酸等。其作用是减少水分蒸腾，增加束缚水含量，提高原生质黏滞性和弹性，增强苗木抗旱能力及生活力。前4种药剂的溶液配比可试用1.0%；后1种0.3%，浸泡时间约半小时。无机药剂有硝酸铵、磷酸二氢钾、氧化钾（草木灰）等，浓度可分别试用0.1%、0.4%和10%。

4）蒸腾抑制剂处理　蒸腾抑制剂处理是以抗蒸腾物质喷洒地上部分。据介绍，国产的此种物质有抑蒸剂、叶面抑蒸保温剂、PVO（张子荣，1981）等。其主要作用是在不影响光合作用和不过高增加体表温度的情况下，于茎叶表面形成一层薄膜，阻止水分从气孔溢散。配制溶液的加水倍数为：抑蒸剂40倍，PVO 10～20倍。此外，还可喷洒叶面抑蒸保温剂、石油乳剂、十六醇、橡胶乳液等。

5）修根　修根是剪除受伤的根系、发育不正常的偏根，截短过长的主根和侧根。其主要是为了迅速恢复吸水功能，便于包装、运输、栽植。但修根要适当，只要不过长，可不必修剪。

6）蘸泥浆　苗木启运前或栽植前将根系蘸上稀稠适当的泥浆，也是生产上常用的方法。蘸泥浆可使根系较长时间地保持湿润，达到保持苗木生活力的目的。蘸泥浆最好在苗木起出后即刻进行。利用吸水剂加水配成的水凝胶蘸根，具有保水效果好、时间长、费用低、处理后重量轻等优点。据北京林业大学试验，以1%配比的H-SPAN水凝胶蘸根，侧柏2年生苗木曝晒

8h 的成活率仍达 76%，而浸水后曝晒的苗木成活率仅 5%。

7）浸水　栽植前将苗根（或苗木）在水中浸泡，增加含水量，补充越冬造成的水分亏缺，是一种简单易行、效果明显的方法。经过浸水的苗木，耐旱能力增强，发芽提早，缓苗期缩短，有利于提高栽植成活率。浸泡时间原则上以体内含水量达到饱和状态为度，一般浸一昼夜即可，最长不宜超过 3d。但某些木质化程度差、容易失水的树种，浸泡时间可在不致沤烂的情况下适当延长。浸泡最好使用含氧浓度较高的流水或清水。

8）外源激素蘸根　主要是为了促进多发、早发新根。可用的激素有萘乙酸、吲哚乙酸、吲哚丁酸、赤霉素等。前 3 种激素可使用浓度为 25～50mg/kg 的溶液，浸泡时间不超过 24h；后者可使用 0.1%的溶液，浸泡 10min。

9）接种菌根　在栽植工作中，提出接种菌根已有长久的历史，近年来对其生产价值的重新估计，为人们所瞩目。接种菌根的主要作用是：增强根系吸收能力，促进苗木生长；抗御不良环境条件，提高栽植成活率；产生激素物质，改善树种间生长发育条件。接种可采用市售菌根制剂，也可利用林内或苗圃的带菌土。利用天然带菌土接种时，应从无病虫害且菌根丰富的地方取土。接种菌根仅限于根系有菌根但未着生的树种。

需要指出，上述苗木处理措施，主要是针对裸根苗的。当利用容器苗栽植时，一般只需苗木保护，特别是防止运输过程中的散坨，而无须进行其他处理。

3. 苗木的栽植方法　栽植方法一般可分为如下几种。

1）按植穴的形状分类　有穴植、缝植和沟植 3 种。穴植是在经过整地的栽植地上挖穴栽苗，应用最为普遍，可栽植各种苗木，但工效低。穴深应大于苗木主根长度；穴宽应大于苗木根幅。使用手工工具或挖坑机开穴，每穴植入苗木 1 株或多株。缝植是在经过整地的栽植地或土层深厚未整地的栽植地上，用锄、锹开成窄缝，植入苗木后，再从侧方挤压，使土壤与苗根密接。此法栽植速度快，也能获得较高的成活率，特别是在高寒地区还可以预防或减轻冻拔害，不足之处是根系常被挤压变形。缝植一般用于新采伐迹地、沙地栽植针叶树小苗。沟植是在经过整地的栽植地上，以植树机或畜力拉犁开沟，苗木按一定株、行距摆放沟底，再覆土、扶正、压实。此法效率高，但只能用于地势平坦或坡度较缓的地方。

2）按苗木根系是否带土分类　有裸根栽植和带土坨栽植两种。两者的优、缺点如前所述。

3）按同一植穴栽植的苗木数量分类　有单植和丛植两种。丛植的优点类似于群状配置，可以形成独特的小气候，抗御不良环境的影响，从内植株间相互促进和竞争，因而栽植成活率、保存率较高，植物生长快，栽植成本因无须补植而较低。适于丛植的主要是耐阴或幼年耐阴的植物种。栽植一般以采用小苗为宜，如能稍带宿土效果更好。

4）按使用的工具分类　有手工栽植和机械栽植两种。手工栽植一般以镐、锹等或畜力牵引犁铧进行栽植，多用于山地栽植。机械栽植是在整地深度符合要求、草皮充分腐烂的栽植地上，取合格苗，利用植树机划线开沟、植苗、培土及镇压等工序完成栽植的方法。这种方法栽植工效高、劳动强度小，栽植成本低。机械栽植主要用于地形平坦且宜林地集中连片的平原、草原、沙地、滩地等。目前国内外山地栽植机械化程度均不太高。

4. 苗木的栽植技术　栽植技术通常是指栽植深度、栽植位置和施工具体要求等。适宜的栽植深度应根据树种、气候和土壤条件、栽植季节的不同灵活掌握。一般考虑到栽植后穴面土壤会有所下沉，故栽植深度应高于苗木根颈处原土痕 2～3cm。栽植过浅，根系外露或处于干土层中，苗木易受旱；栽植过深，影响根系呼吸，妨碍地上部分的正常生理活动，不利于苗木生长。现有科研成果和生产经验证明，在湿润的地方，只要不使根系裸露，适当浅栽并无害处，因为在此种条件下，湿度有保证，浅栽可使根系处于地温较高的表层，有利于新根的发生；而在干旱的地方，尽量深栽一些反而对成活有利，因为在这种情况下，根系处于或接近湿度较大且稳定的土层，容易成活。此外秋季栽植可稍深，雨季宜略浅；生根能力强的阔叶树可适当加深，针叶树多不宜栽植过深；截干苗宜深埋少露。所以，栽植深度应因地制宜，不可千篇一律。

栽植位置一般在植穴中央，使苗根有向四周伸展的余地，不致造成窝根。有时把苗木植于穴壁的一侧（山地多为里侧），称为靠壁栽植。靠壁栽植的苗木，其根系贴近未破坏结构的土壤，可得到通过毛细管作用供给的水分。此法多用于栽植针叶树小苗。有时还把苗木栽植在整地（如黄土地区的水平沟整地）破土面的外侧，以充分利用比较肥沃的表土，防止苗木被降雨淹没或泥土埋覆。

施工要求除前面所说的以外，栽植的技术流程可概括为“三埋两踩一提苗”，即包括三次埋土、两次踩实及一次将苗木向上提起的过程。具体栽植技术要点如下：首先在栽植穴中央放入一锨表土（也可混入适量基肥），形成小土丘，此谓“第一埋”；接着放入树苗，将根系置于小土丘之上并保持根系舒展，不窝根、不上翘，再进行“第二埋”；在培土到一半时，将树苗稍微向上提一下，同时注意调节栽植深度，这叫“一提苗”，目的是防止树苗窝根，影响成活和生长；提苗后，要将已埋的土向下踩实，即“一踩”，使苗木根系和土壤紧密接触；接着进行“第三埋”，将剩下的心土埋入至与地面平齐；再进行第二次踩实，即“二踩”，使苗干挺直、苗木根系与土壤紧密接触，防止干燥空气侵入，保持根系湿润，同时可防被风吹斜。穴面可视地区不同，整修成小丘状或下凹状，以利排水或蓄水。干旱条件下，踩实后穴面可再覆一层虚土，或盖上塑料薄膜、植物茎秆、石块等，以减少土壤水分蒸发。

栽植容器苗和带土坨苗时，除防止散坨外，应去掉循环型容器或根系不易穿透的容器，一次性环保型可分解容器则可连同容器一起栽植。

拓展阅读

（三）植苗的季节和时间

为了保证苗木顺利成活，需要根据栽植地区的气候、土壤条件，栽植植物种的生长发育规律及社会经济状况，确定适宜的栽植季节和时间。具体地说就是应选择温度适宜，湿度较大，遭受自然灾害的可能性小，符合植物种生物学特性，栽植省工、省力、省投资的季节进行栽植。就全国范围来说，一年四季均可进行植苗，但不同地区、不同植物种又有各自的适宜季节和具体时间。

1. *春季栽植*　全国各地春季的气候差异很大。北方气温逐渐回升，日温差大，降水少，蒸发量大，大风多。但初春土壤墒情相对较好，而后又变得干旱。植物在此时开始发芽生长，根系因发育所要求的温度较低，开始活动的时间比地上部分要早。因此，春季栽植应尽量提早。春季适于绝大多数树种栽植。春季栽植时间很短，应按不同树种发芽物候期、土壤解冻先后安排栽植顺序，以免贻误时机。

华中、华南地区，除气温差异较大外，降水量很多，空气湿度大，土壤湿润，植物开始生长早（有的在春季之前就已开始生长），栽植也应力争早些。栽植顺序可先栽常绿针叶树、竹类，再栽落叶阔叶树，最后栽常绿阔叶树。

川滇地区春季高温、少雨、低湿，正值旱季中后期，是全年最旱的时候，故不宜进行春栽，而应把栽植时间提早到冬季或推迟到雨季。

2. *雨季栽植*　雨季是全年降水最集中、气温最高的季节，但各地降水和气温的绝对值相差很大。在此时期高湿配合高温，或高湿配合较低气温，植物生长旺盛。土壤吸水变得松软，整地、栽植省力且省工。但雨季天气变化无常，晴雨不定，降水始期、末期及其分布年际变化很大；苗木蒸发强度大，移栽伤根不易恢复，影响成活。雨季栽植时间的长短各地不同，大体上是西南比华中和华南长，华中、华南比华北长。雨季栽植应选蒸腾强度较小或萌芽能力强的树种。雨季栽植要掌握雨情，一般以在下过1～2场透雨，出现连阴天时为最好时机。雨季栽植切忌栽后等雨。

3. 秋季栽植　进入秋季后，全国气温由北向南、自西向东依次降低；降水量均明显减少；土壤仍较湿润；植物由生长缓慢过渡到进入休眠，但根系停止生长稍迟。秋季栽植，根系当年可恢复一部分，翌春发芽早，抗旱能力强，栽植时间较长，便于从容安排生产。但风大、风多，风蚀严重的沙地和冻拔害严重的黏重土壤，则不宜秋季栽植。秋季栽植的时间，华北、东北、西北地区可在植物已经落叶至土壤结冻前进行，而华中、华南气温仍高，主要植物种多不在此时栽植。适于秋季栽植的植物种主要是落叶阔叶树种，但条件优越的地方，也可栽植常绿阔叶树。

4. 冬季栽植　冬季是一年中温度最低、降水最少的季节。北方冬季漫长，地冻天寒，不能栽植。华中各省气温虽低，但不严寒。华南及西南各省天气晴朗，温度适宜，但雨水渐少，许多植物种经过短时休眠后根系即开始活动。因此。对后两个地区来说，冬季是主要的栽植季节，它实际上是秋季栽植的延续或春季栽植的提前。

三、分殖法

分殖法是利用植物的营养器官（如枝、干、根、地下茎等）作为栽植材料进行栽植的方法，又称分生法。

（一）分殖法的特点和应用条件

分殖法具有营养繁殖的一般特点，由于它是营养器官的延续，所以能够保持母本的优良遗传性状。但某些植物种有时因多代连续无性繁殖，往往造成林木早期生长衰退、寿命短等不良后果。由于营养器官中贮藏着丰富的养分，栽植初期林木生长较快。与植苗相比，这种方法无须采种、育苗，施工技术简单，栽植省工、省时，节约经费。

分殖法主要用于能够迅速产生大量不定根的植物种；虽然具有这种能力的植物种为数较少，但它们大多是常用的主要栽植植物种，因而这一方法仍然应用很广。分殖的材料来源，受母树数量、分布状况的限制，故母树稀少的地区，进行大规模栽植有一定困难。由于分殖主要依靠繁殖材料孕发新根，因而为满足其发根的基本条件，要求栽植地具有良好的湿度条件，否则就不能保证栽植成功。

（二）分殖方法和技术要点

分殖法按所用营养器官的不同，可分为插木、分根及地下茎栽植等多种方法。

1. 插木法　插木法是利用树木的一段枝条或树干作插穗，直接插植于栽植地的方法。由于所用材料规格和插植方法的不同，插木法可进一步分为插条和插干两种方法。

1）插条法　插条法是截取植物或苗木的一段枝条作插穗，直接插于栽植地的方法，在分殖法中应用最广。插穗可在植物秋季落叶后到春季发芽前从中、壮年优良母树上选取，也可以从采穗圃、苗圃中选取。最好利用根部或干基部萌生的粗壮枝条，如杉木根或根株的萌蘖条。有些萌芽力弱的针叶树应利用梢部带顶芽的枝条。枝条的适宜年龄随树种而不同，柳杉、垂柳、旱柳等2～3年生；杉木、小叶杨、花棒、柽柳等1～2年生；紫穗槐、杞柳等1年生。采集粗度1～2cm的枝条，可剪制成插穗。插穗的规格一般为长度30～70cm（针叶树30～60cm），下口切成马耳形或切平。杨树、柳树插穗，可在栽植前进行浸水处理，以增加含水量，增强抗旱能力，提高栽植成活率。柳杉、杉木可将插穗下端枝条修去一些。扦插多用直插。扦插深度因树种、穗长、土壤湿度和栽植季节而异：落叶阔叶树在干旱、风沙危害严重的地方栽植，应深埋使插穗低于地面，以预防干旱、风蚀，而在栽植地水分条件良好或土壤含盐量较高的地方栽植，则可露出地面3～5cm，以顺利发芽，预防盐碱危害；常绿针叶树种（柳杉、杉木等）插植深度可为插穗长度的 1/3～1/2。秋季扦插时为保护插穗顶端不致在冬春季失水风干，要适当深埋，不使上切口外露。

插条法一般要求栽植地土壤比较湿润深厚，但是有时也不得不在水分条件较差的地方栽植，为此需要选择降水充沛的雨季进行插植。插条常用的树种有杉木、柳杉、杨树、柳树、柽柳等。

2）插干法　插干法是将幼树树干或大树粗枝直接插于栽植地的方法，又叫栽干。插干栽植一般采用2～4年生直径3～5cm的枝干，截成长3～5m备用。插植深度约100cm，每穴直插插干1株。插干栽植多用于旱柳、垂柳、白柳及某些杨树营造片林或“四旁”绿化。近年华北、西北、华中、华东部分省区推广的杨树长干深插也是一种插干栽植方法。这种方法是把2～3年生杨树大苗，自根颈处截断，并剪去部分枝条，用此种不带根的树干栽植，深插2～3m使接近地下水，其余部分露于地面之上。科研与实践证明，由于树干的下切口可以直接吸收地下水，且长干处于湿润土层中，故发根早，根量多，叶面积大，成活率高，生长迅速。目前长干深插主要用于易生根的杨类，如 I-214 杨、I-72 杨、沙兰杨、群众杨等，难生根的树种（如毛白杨）也正在进行试验研究。

长干深插的技术关键在于使下切口接到地下水，达不到地下水的地方，也要尽量深插。栽插的孔穴，可用人工挖成或以机械钻成。长干插入后，插孔要用土填满砸实，如有可能最好适当进行灌水。

2. *分根法*　分根法是利用刨取的粗根截成插穗，插植于栽植地的方法。根条可于秋季植物落叶后，土壤尚未结冻前，或春季土壤已经解冻，而植物尚未发芽前，从发育健壮的母树根部挖取。选取粗度不小于2cm的根条，剪成长约20cm的根插穗，倾斜或垂直插入土中，上端微露，上切口盖土成堆。这种方法适用于根部容易萌生不定芽的植物种，如泡桐、漆树、楸树、刺槐、香椿和文冠果等。

3. *地下茎法*　地下茎法是竹类的栽植方法之一。中国竹种很多，一般按其地下茎的繁殖特点和形态特征分为单轴型、合轴型和复轴型三大类。单轴型竹类具有地下横走的竹鞭，其上有节，节上生根，称为鞭根。每节着生1芽，有的芽发育成新鞭，有的发笋长成竹子，形成稀疏分散的竹林，故又称散生竹，主要竹种有毛竹、刚竹、淡竹、桂竹、石竹、水竹等。合轴型竹类没有地下横走的竹鞭，但老竹的地下部分竹节极密，节上有大型芽可发笋成竹，因形成的新竹竹竿靠近老竹竹竿且密集成丛，故又称为丛生竹，主要竹种有青皮竹、粉单竹、撑篙竹、麻竹、慈竹等。复轴型竹类既具有地下横走的竹鞭，形成散生竹林，又能从老竹发育新竹、新鞭，形成密生竹林，同时兼有以上两个类型的特点，故又称混生竹，主要竹种有苦竹、茶秆竹等。

不同类型的竹子，其分殖的方法不完全相同。常用的方法有移栽母竹、移鞭、埋蔸和埋节等。

1）移栽母竹　移栽母竹就是从原有竹林中挖取母竹栽植于其他栽植地的方法。母竹可从竹林外缘或竹丛周围挖取，年龄以1～2年生为宜。为了准确地发掘鞭根，首先需要确定地下竹鞭的走向，方法是：单轴型和复轴型竹类按母竹最下一盘枝条所指的方向寻找并挖出，而合轴型竹类可在切断短粗地下茎与竹英的连接处后挖出。挖掘时，应按一定长度截断竹鞭两端，来鞭留短些，长30～40cm，去鞭留长些，长40～70cm。挖出的母竹在打梢并妥善包装后运至栽植地。挖穴栽植，穴宜稍大，最好施入适量肥料。栽植时须注意使鞭根舒展，防止损伤鞭芽和笋芽，覆土可比母竹入土部分稍深，分层填土踏实，穴面壅土成丘状，并覆以厚层杂草。

2）移鞭　　移鞭就是从成年竹林中挖取2～5年生鞭芽饱满的竹鞭进行栽植。竹鞭应在鞭芽出土前即栽植开始前1个月左右挖出，尽量多带宿土，截成长约100cm，平埋在挖好的沟内，覆土厚约10cm，使略高于地面并踩实。

3）埋蔸和埋节　　埋蔸和埋节是利用合轴型竹类蔸、节上的芽进行栽植。埋蔸是把挖出的母竹竹竿自地表以上20～30cm处截断，利用下余部分（称作竹蔸）栽植，由竹蔸上的芽发笋成竹。埋节是利用地上部分的竹节进行栽植。具体方法是春季将母竹竹竿截成段，每段最好有2个竹节，直埋、横埋或斜埋在深20～50cm沟内，节上枝芽偏向两侧摆放；然后覆土、压实、盖草。从严格的意义上讲，埋节虽为分殖方法，但已不属于地下茎法范畴了。

（三）分殖的季节和时间

插木法的季节和时间与植苗法基本相同，依据树种、地区的不同，可在春季、秋季插植。常绿树种随采随插，落叶树种随采随插或采条后经贮藏再插。有些树种可在雨季插植，有些可在冬季插植。从目前北方地区的情况看，杨柳类树种秋季插植的效果优于春季，雨季插植效果也相当良好。

在竹类产区栽植，除寒冷及酷热天气外。其他时间都可以进行小规模栽竹，不受时间限制。大面积栽植时，单轴型竹类可在生长缓慢的冬季和早春（11月至翌年2月）进行；合轴型竹类可在1～3月进行。

拓展阅读

（刘增文、王进鑫）

复习思考题

1. 简述整地的日的与任务。
2. 整地方式有哪几种？
3. 主要的带状整地和块状整地方法各有哪些？
4. “要想效果好，就要整得早”，这是各地群众在造林整地时间方面的经验总结，如何正确理解其含义？
5. 集流整地工程设计的基本要素包括哪些？
6. 试述确定整地深度需要考虑的主要因素。
7. 集流整地工程设计中确定断面宽度需要考虑的主要因素有哪些？
8. 分别简述播种法、植苗法、分殖法建园的特点和应用条件。
9. 常用的播种方法有哪些？
9. 简述苗木栽植前的保护与处理方法。
10. 试分析不同季节植苗建园的特点。
11. 按所用营养器官的不同，分殖法又可分为哪几种方法？

第八章　水土保持经济植物的田间管理

【本章提要】本章分别介绍了以生殖器官和营养器官为经营目的的水土保持经济植物的田间管理特点，论述了土壤管理、施肥、水分管理、整形修剪、保花保果与疏花疏果、树体保护等田间土壤与植物体的管理技术，以及冻害、霜害、冷害、寒害、鸟兽等自然灾害及防治技术。要求掌握水土保持经济植物栽培的各项田间管理技术特点与方法。

田间管理在水土保持经济植物栽培过程中是一项较复杂但很重要的工作。虽然水土保持经济植物一般都具有耐旱、耐瘠薄的特点，但在水土流失地区要保证有经济产量，田间管理是关键。它包括从栽植至收获乃至整个生命结束的全部过程的管理，在这个过程中，一方面要根据植物各生育时期对养分、水分、温度、光照、空气等条件的要求特点，采取不同的促控结合的管理措施，保证植物正常生长发育，使每一时期都具有高产稳产的长势，为下一个生长期奠定良好的生长基础；另一方面要积极防御旱、涝、风、雹、霜、病虫、杂草等危害，保证植物安全生育，不遭受自然灾害的侵袭。可见，田间管理是综合运用各项技术措施，为植物创造有利的生长条件，克服不利条件的过程。

拓展阅读

第一节　水土保持经济植物田间管理的特点

水土保持经济植物自从栽植成活后，根据植物种类、年龄及其经营目的不同，其管理特点也不同。根据利用器官不同，可把水土保持经济植物分为两大类，一类是以花、果及种子等生殖器官为经营目的的经济植物，如果品类、大多数油脂类和淀粉类、咖啡、砂仁等；另一类是以干、枝、叶、皮等营养器官和一些树液树脂及寄生昆虫的分泌物等为经营目的的，如竹类、栓皮类、寄主树类、树液树脂类、杜仲、厚朴、肉桂、茶树及一些鞣料类等。这两类经济植物在田间管理上有很大的区别。

一、以生殖器官为经营目的的水土保持经济植物田间管理特点

（一）幼年期的管理特点

幼年阶段主要是进行营养生长，建成植物体，为开花做好形态和内部物质积累的准备。由于水土流失地区的土壤干旱、贫瘠，所以这一时期的首要任务在于提高成活率；其次是扩大根系生长范围，促进生根，培养生长健壮、分布均匀的骨干枝，扩大树冠，增加绿叶层，为早实、丰产奠定基础。管理的特点是：①经济植物栽植后，早期根据植物萌发生长的要求，可进行覆盖或淋水保湿，提高成活率，后期可结合稀薄液肥浇灌及覆盖，进行防旱保湿，保证植物生长对水分和养分的需求，雨季防止植穴积水，应及时排水。②扩穴改土和松土，改善土壤的理化性状，有利于根系扩大生长。③施肥上，以增施有机肥为主，适当施用速效肥，要以薄肥勤施为原则，速效肥以氮肥为主，在每一次抽梢前后施用。④进行适当的间作，最好间作绿肥，以改良土壤。⑤根据不同水土保持经济植物特性进行整形修剪。

（二）结果初期的管理特点

结果初期，植物体能开花结果，但营养生长仍然占主导地位，成花坐果较困难，因此有计划地控制营养生长，增加植物体有机营养的积累是结果初期有一定经济产量的关键。管理特点

是：第一，施肥上要减少氮肥比例，增施磷钾肥，控制枝梢生长过旺，提高枝梢质量。第二，培养健壮结果母枝，促其老熟。第三，结果母枝老熟后，抑制营养生长，促进花芽分化。第四，花前肥不宜过早施。第五，修剪宜轻。

（三）结果盛期的管理特点

此时期生殖生长旺盛，产量最高，由于经济产量高，消耗营养也更高，注意营养生长与生殖生长的关系。栽培管理特点：第一，枝梢生长和结果期间，要及时提供营养，维持树体正常吸收和消耗。第二，丰产年份根系负担重，生长衰弱，对不良环境抵抗力低，要重视浇水、排水，防止细根缺水死亡或积水窒息，以致降低吸收能力，树势减弱。第三，重视改善土壤环境，增施有机肥，深耕改土，促进根系活力。第四，提高叶片质量，延长有效叶的寿命，在树体养分消耗高峰期，充分利用叶面吸收能力，喷施叶面肥。第五，减少无效消耗，修剪宜重。

（四）结果衰退期的管理特点

这一时期从高产稳产到开始出现产量不稳直至产量明显下降。其特点是：地上部分枝条分枝级数渐高，先端枝条及根系开始回枯，出现自然向心更新，枝梢和根系生长量较少，注意更新复壮，延长经济寿命。栽培管理特点：第一，有计划地更新根系，通过改土、培土、松土，施入有机肥，创造有利于根系更新的土壤环境，延缓老根衰亡，增加新根生长量。第二，促进新梢生长，施入肥料时宜提高氮素比例，配合磷钾肥。第三，有计划地进行老根更新，促进萌发壮健更新新梢，选留生长位置合适的不定芽。

（五）衰老期的管理特点

这一时期为植物生命活动进一步衰退时期。从产量明显下降到几乎无经济收益，甚至部分植株不能正常结果以至死亡。表现为骨干枝、骨干根系逐渐衰亡，枝条生长量小，细小纤弱，结果枝和结果母枝越来越少。体内生理活动下降，抗逆性能和树冠更新能力显著下降。一般进行砍伐，另建新园。

二、以营养器官为经营目的的水土保持经济植物田间管理特点

由于利用部位主要是枝、干、叶、皮等营养器官及树液树脂及寄生昆虫的分泌物等，这类水土保持经济植物不管是幼年树，还是成年树，主要的任务是促进营养生长，抑制生殖生长和衰老。管理特点是：①施肥以氮肥为主，磷钾肥适当；②在生长期保证水分充足的供应，秋冬季节应适当控水，保证安全越冬；③深翻改土，促进根系生长，增强根系吸收能力，以提供给地上部旺盛营养生长所需的水分和各种矿质营养；④重视地上部的整形修剪，合理采用短截技术，以促进多分枝和培养中、长枝，摘除花、果，减少营养消耗；⑤有些水土保持经济植物在刈割树皮，取胶、漆后，应注意伤口保护，促进伤口愈合，并适当进行枝条更新。

第二节　水土保持经济植物的土壤管理

水土保持经济植物虽然对土壤适应能力较强，在水土流失地区也能生长，能起到保持水土的作用，但是如果要生长良好，有一定经济产量，就必须为其创造良好的土壤生长环境。由于水土流失地区的土壤贫瘠、肥力差，因此更应加强土壤管理，改良土壤理化性状，合理增施肥水，提高土壤肥力，只有这样才能保证经济植物的正常生长及高产、稳产和优质。

一、土壤改良

水土流失地区土壤结构差、养分含量低，影响经济植物根系生长，新梢生长量小、叶片稀

小、产量低，所以在水土流失地区除了采取防止水土流失的技术措施外，还应对土壤进行适当的生物改良与管理，以利于植物生长发育，常用的方法如下。

1. *清耕法*　经常耕锄，使土壤保持疏松、无杂草状态。一般在秋冬深耕，春夏多次浅耕，可减少杂草与经济植物争水争肥，减少地面水分蒸发，改善土壤通气，但长期清耕，会加剧水土流失，使土壤肥力下降，必须大量施用有机肥加以补偿。

2. *生草法*　在水土流失地区的园地内任其自然生草或人工种草，使其覆盖整个地表，一般树盘无草，其余全部生草，在适当时期刈割，或任其枯萎，或用除草剂杀死，就地作为覆盖，或作为有机肥料进行翻埋。生草法对增加土壤有机质，促进团粒结构，防止表土冲刷，调温保湿防寒有良好效果。我国南方雨水较多，气温较高，杂草生长快，水土流失地区，生草法是最有效的措施之一，但必须选择适宜的草种，常见的有百喜草、糖蜜草、圆叶决明、印度豇豆、马唐、艾蒿、藿香蓟、多花黑麦草等，同时注意刈割时期，避免与经济植物争水、争肥。为了减轻生草不利的一面，也有采用带状生草或间歇生草，这样既可防止土壤冲刷，增加土壤有机质，又能定期耕作，避免与经济植物争水争肥。

3. *覆草法*　在冠下用秸秆、杂草、垃圾土等进行覆盖，可以防止水土流失，抑制杂草，减少蒸发，调节土温，防止返碱和增加土壤有机质和有效养分，但长期覆草常招致病虫及鼠害，且覆草不宜太厚。

4. *清耕覆盖作物法*　在经济植物旺盛生长期保持清耕，雨季种植覆盖作物，待作物成长后，适时刈割覆盖或翻埋，兼容了清耕法与覆草法的优点，克服了两者的缺点。

5. *间作、套种*　对幼年阶段的木本经济植物，植株矮小，地面空间较大，用以间作或套种，充分利用阳光和土地，以短养长，而且可以覆盖地面，抑制杂草生长，减少水土冲刷，提供树盘覆盖材料。间作、套种的植物必须较矮小，因地制宜，合理安排，常用间作的植物一般也要求耐旱、耐瘠薄，如豆科作物和草类、蔬菜类、西瓜等作物，以及药用作物黄菊、甘草、党参、红花、益智、砂仁、姜黄、生姜等。间作物要与木本经济植物保持一定距离，同时要注意轮作和管理，间作物收获后，把秸秆、残留物等尽可能地就地翻埋，对改良土壤、开辟肥源，保持水土提高经济效益具有重要意义。

二、施肥

（一）经济植物需要的营养元素

经济植物正常生长发育需要多种营养元素，如果缺乏这些元素或吸收过量，就会出现“缺素症”或毒害，影响经济植物正常生长发育。尽管目前已从植物中发现了70多种元素，但通过科学检测和不断实践，植物吸收的必需营养元素只有16种。依据它们在植物中的含量不同，划分为常量元素（C、H、O）、大量元素（N、P、K）、中量元素（Ca、Mg、S）、微量元素（Fe、B、Cu、Mn、Mo、Cl、Zn），这些都是植物正常生长发育必不可少的营养元素。此外，在植物吸收的营养元素中还有一类，叫作“有益元素”（Si、Co、Se、Na、Ni），这些元素有它们更好，没有它们也可。在16种必需营养元素中，除碳、氢、氧3种主要从空气和水分中获取外，其余营养元素主要通过土壤及施肥提供。各种元素对植物生长发育的影响见表8-1。

表8-1　各元素对经济植物生长发育的影响

元素	生理作用	不足或过量症状
氮	促进营养生长，防止衰老，提高光合效能，提高经济产量和品质	缺氮，果小，叶小，色淡、树衰、落花落果严重；氮过多，树徒长、花芽分化差。抑制磷、钾、钙的吸收，降低抗性

续表

元素	生理作用	不足或过量症状
磷	有促进碳水化合物的运输和呼吸作用，促进花芽分化、果实发育、种子成熟及根的生长，提高产量和品质，增强抗寒、抗旱能力	缺磷延迟开花与展叶，新梢、叶片、新根生长弱，枝叶灰绿色，叶缘、叶柄、叶脉紫色，花芽分化不良，坐果差。磷过量，果实内含物低，并引起锌、铁、铜的缺乏
钾	促进同化作用，枝条加粗生长和组织成熟，促进果实肥大和成熟，提高品质，提高抗寒、旱、高温及抗病虫能力	缺钾光合作用减弱、枝条细、叶色青绿、叶缘黄，重时发生褐色枯斑、果小易裂果。过多易患缺镁症，降低氮、钙的吸收
钙	是细胞壁和胞间层的组成，调节体内酸碱度和生理活性，增强对氮、磷的吸收，减轻钾、钠、氢、锰、铝、铁等离子的毒害	缺钙，新根粗短、弯曲、根尖枯死、叶小、枝枯死，花萎缩，一些植物易出现生理病害。土壤板结，易出现缺锰、锌、硼、铁症状
镁	叶绿素重要组成，羧化酶和辅酶A的活化剂，与磷一同起调节代谢作用	缺镁，叶片基部叶肉出现黄绿色斑、早衰、果小、产量降低、成熟延迟
硫	是多种氨基酸和酶的组成成分，参加碳水化合物、脂肪、蛋白质的代谢过程	缺硫叶片均匀变黄、幼叶较严重，叶边坏死、早落，节间短、茎尖有时枯死
铁	为细胞色素中卟啉的重要成分，参与光合与呼吸的氧化还原过程及叶绿素的形成	缺铁幼叶叶肉失绿黄化，严重时伴有坏死，早落叶及顶枯现象
铜	是多种氧化酶的成分	缺铜时初期叶呈暗绿色，后期会发生斑点状缺绿的“斑疹症”，叶坏死或叶尖死亡，叶缘焦枯，落叶；树皮变粗糙
锌	是多种酶的组成成分，影响经济植物的光合作用、呼吸作用及生长素的合成	缺锌枝条纤细，节间短，叶小，密集丛生，质厚而脆、果小畸形，树衰，花芽分化不良
锰	参与光合作用的氧化还原过程及脱羧水解反应，有助于种子萌发和幼苗生、花粉管伸长、受精结实和提高果实含糖量	缺锰时新梢基部老叶失绿，并出现杂色斑点，但叶脉仍为绿色
钼	影响固氮作用，促进铁的吸收与运转	缺钼时老叶叶脉间出现缺绿、花叶、叶缘卷曲，干萎，最后坏死
氯	影响光合作用的放氧过程	缺氯，叶尖出现古铜色干萎
硼	有助于叶绿素的形成、花粉形成、花粉萌发、花粉管延伸和子房发育，利于糖的运输和促进蔗糖合成，促进根发育，增强抗病力	缺硼，根、茎叶生长点枯萎，叶片黄化，叶脉弯曲开裂，叶畸形，叶柄叶脉质脆易折，早落叶，花芽分化不良，落花落果严重，果畸形，裂果，并加重枝干破裂流胶

各元素在植物体内的相互关系是错综复杂的，这种关系还随着树种元素间的相对浓度，以及环境条件的变化而变化，只有保持相对动态平衡，才有利于生长发育。有些元素之间是当一种元素增加，而另一种元素也随之增加的相助作用，如氮与钙、镁元素之间的关系；有些元素之间是如果一种元素增加，另一种元素则减少的拮抗作用，如氮与钾、硼、铜、锌、磷等的关系，所以过量施用氮肥而不相应施用上述各元素，则植物体内的钾、硼、铜、锌、磷等的含量就相应减少。此外，钾与钙、镁之间存在相互拮抗作用，磷与铁、铜之间也存在拮抗作用。其中各营养元素的含量及有效性，影响根系对营养的吸收，所以在施肥前只有了解各种植物的需肥特点、土壤中各有效元素情况及相互关系，才能制订出合理的施肥制度。

（二）施肥时期

适时施肥可以提高肥效，减少施肥次数，达到经济用肥的目的，确定施肥时期，要根据不同的经济植物的种类、品种、树势、坐果情况、各物候期需肥特点，以及土壤中有效养分、水分变化规律和肥料种类来确定。经济植物内的矿质营养首先满足生命活动最旺盛的器官，随着物候期的变化，其营养分配中心也随之移动，各个物候期的营养中心所需的养分种类也随之改变，开花期花中最多，坐果期果实中最多，花芽分化期又以花芽中含量最多。此外，枝梢生长期需 N 较多，而果实发育期需 K 较多。

施肥可分为基肥和追肥。基肥施用要早，追肥要巧。水土流失地区土壤肥力差，施用基肥尤为重要，基肥在秋冬季收获后至春芽萌发前，结合土壤深耕时施用，能在较长时期供给经济植物养分的基本肥料，并具有改良土壤的效果。所以基肥以迟效性有机肥料为主，如堆肥、厩肥、土杂肥、腐殖质肥、各种绿肥等，使其逐渐分解，供植物长期吸收利用，养分较全面。有时可配合施用部分速效化肥，如磷肥、钾肥与有机肥料配合作为基肥，可提高磷钾的肥效，有利于植物的生长。早施基肥可恢复树势，促进花芽分化，增强越冬抗寒能力。南方酸性土壤，可根据需要适当施用石灰以中和酸性。

追肥是在施基肥的基础上，根据经济植物各个物候期需肥的特点及时追肥，并注意调节生长与开花结果的矛盾。以生殖器官为经营目的的水土保持经济植物，追肥可分为花前肥、花后肥、壮果肥、收获后施肥等，开花前施肥主要满足春梢生长和开花养分消耗的需要，减少落花落果，以 N 为主，结合 P、K 肥。花后追肥，此时幼果开始生长，又是新梢旺盛期，需肥较多，如花前肥数量充足，此次肥可少施或不施。壮果肥在生理落果后施用，主要满足果实膨大和秋梢生长的需要，应 N、P、K 配合施用。收获后施肥，主要是及时补充植物体的消耗，以恢复树势，一般以有机肥为主，适当配合速效肥。以营养器官为经营目的的水土保持经济植物，追肥时间主要依据枝梢生长和根系生长及其吸肥的特点来确定。萌发前，以氮肥为主，促进新梢的萌发；萌发后，为促进枝梢健壮生长，可适当配合磷钾肥，促使枝梢健壮充实。而草本经济植物则可根据其生长发育阶段进行追肥，在营养生长发育阶段，应以 N 肥为主，配合适当的 P、K 肥，促进枝叶生长和光合作用；在生殖生长阶段则应减少 N 肥比例，增加 P、K 肥，以促进果实和种子生长，促进成熟。追肥的具体时间应根据不同植物种类、品种、年龄、树势、气候、土壤等而定。追肥的次数应以少量多次，南方高温多雨，追肥次数较多，生长势强健的追肥次数可少。

（三）施肥量

经济植物一生中需肥情况，因植物体的增长、收获量的增加及环境条件的变化等而不同，同时还与植物体的种类、品种、年龄及土壤肥力、肥料种类性质等方面有关，所以确定施肥量时，首先应了解植物的需肥特点、土壤供肥情况。晚熟品种和丰产型的常较早熟种需肥量大。一般木本植物的幼树、长势旺的树可适当少施，大树、生产量大的适当多施。总之，施肥量必须适当，才有利于经济植物的生长，过多或不足均不利，而且各营养元素必须均衡，各肥料比例适当。同时，要与土壤理化性质相适应，水土流失地区，土壤瘠薄，施肥量宜大，成土母质不同，施肥时也有所侧重；以及土壤 pH、地形地势、土壤温湿度、气候条件、管理制度也都影响着施肥量。确定施肥量主要有以下途径：①参考当地经济植物丰产施肥量；②田间施肥实验；③叶分析；④土壤分析。

施肥量＝（植物吸收量－土壤供肥量）/肥料利用率

其中，植物吸收量由一年中新梢、叶片、树干及花果等总生产量中含有的营养成分中算出；土壤供肥量从土壤有效营养成分中算出；肥料利用率是指植物吸收来自所施肥料中的养分数量占所施肥料中养分总量的比例，其数值与植物种类、品种、土壤理化性状、气候状况、肥料种类、施肥量及施肥方法等因素有关，可能通过实验确定。

（四）施肥方法

一般施肥方法可分为土壤施肥和根外追肥。

土壤施肥必须根据根系分布特点，将肥料施在根系分布层内，便于根系吸收，又因根系有趋肥性，其生长方向常以施肥部位为转移，所以一般常将肥料施在距根系集中分布层稍深、稍远处，诱导根向深广发展，扩大吸收面积。施肥具体深度和广度与树种、品种、砧木、树龄、土壤和肥料种类等有关，如柿、栗、核桃等根系强大，分布深广，施肥宜深，范围也要大些，而一些矮生或草本类经济植物根系分布较浅、窄，施肥的深广度也要相适应。幼年根系浅、范围小，宜浅施、范围小些；随着树龄增大，根系扩展，施肥也要逐年加深扩大。砂、坡地及高温多雨天气宜深些。N肥移动性强，宜浅施；P、K肥移动性稍差，宜深施；P易被土壤固定，宜与有机肥混合腐熟后使用。生产上常用的土壤施肥方法有环状施肥、放射沟施肥、条沟施肥、穴施、全面撒施，灌溉式施肥。施肥方法多种多样，且方法不同效果也不一样，应根据具体情况酌情采用。

利用植物叶片、果实能够直接吸收养分的功能，可以在叶片喷肥，即根外追肥，其优点是养分输送距离短、见效快，喷后15min～2h即可被吸收利用，不受植物体养分分配中心的影响，肥料利用率高。但由于用量少、作用时间短，又易受雨水冲刷，所以只作一种急需时辅助的施肥方法，不能代替土壤施肥。根外追肥浓度宜低，应在上午10时以前或下午4时以后，而以下午4时后为好，以防高温干燥，施肥浓缩而引起肥害，有些肥料种类也不宜进行根外追肥，如石灰。施肥时应叶面、叶背都要喷，另外根外追肥还可与喷施农药和植物生长调节剂等相结合，发挥综合效能，节省劳力和成本。

三、水分管理

水土保持的经济植物虽然都具有一定抗旱耐旱能力，但是要丰产、优质，必须要有足够水分供植物生长需要，缺水或水分过多，对植物正常生长都不利。缺水，经济植物的根吸收不到水分和矿质元素，引起生理缺水，造成树体内的一系列的生理活动不能正常进行，同时还会因肥料浓度过浓而引起肥害。水分过多，土壤中供氧不足，则影响根部的呼吸功能，严重时引起烂根、落叶、落花落果，甚至整株死亡。在暴雨天气或雨季，水土流失地区也可能发生积水的现象。水分管理包括灌溉与排水，不仅要根据不同经济植物各生长发育期对水分的要求，还应根据一年中降水量及分布情况、土壤质地与结构、土壤厚度、地下水位等保水、供水性能进行综合考虑。植物不同生育期对水分的需求不同，枝梢旺盛生长期和果实发育期对水分需求较多，应给予灌水；在水土流失地区可采用滴灌，树盘灌溉、穴灌较为适宜，可避免水土进一步的流失。灌水后结合覆盖，可起到土壤保墒作用。如果遇到暴雨或雨季，则应排水，水土流失地区排水以迂回排水为好，并每隔一定距离挖一沉沙坑，减少泥沙流失。水土流失严重地区，应对土壤进行改良以改善土壤结构，并通过覆盖等措施，增强土壤蓄水保水能力，确保经济植物的生长发育。

第三节 木本经济植物体的管理技术

一、整形修剪

木本经济植物一般是多年生植物，自然生长的大多树冠高大，冠内枝条密生，紊乱而郁蔽，光照、通风不良，易受病虫危害，生长和结果难以平衡，大小年结果现象严重，产品质量低下，整形修剪可控制树冠大小，使树体结构合理，枝条稀密适度，便于管理，能较好地调节生长与结果的矛盾，改善通风透光条件。

整形是通过修剪，把树体建造成某种树形。修剪是指对树体所采取的一切外科手术，包括剪枝、摘心、除萌、曲枝、扭枝、环刈、缚扎、环剥、去叶、曲根、断根、疏花、疏果等；采取的手段除了手工、工具外，也采取机械、化学药剂等先进手段。

草本经济植物较矮小，没有木本经济植物那么高大，但是如果要取得较高的经济产量，也需要一定的修剪，改善通风透光，调节营养生长与生殖生长的矛盾。

整形修剪两者密切相关，互为依存，整形依靠修剪才能达到目的，而修剪只有在合理整形的基础上，才能充分发挥作用。整形修剪，是以生态和其他相应农业技术措施为条件，以经济植物生长发育规律、树种和品种的生物学特性及对各修剪反应为依据的一项技术措施。因此，整形修剪要因时、因地、因树种、品种和树龄不同而异，必须以良好的肥水条件为基础，以适时防治病虫作保证，整形修剪才能充分发挥作用。

（一）整形

整形主要在幼年树上进行，目的是培养合理的树冠形态和结构。

1. 树形分类　我国木本经济植物种类品种繁多，生长习性和环境条件也各不一样，产区广大群众在长期生产实践中，根据木本经济植物的生长发育规律及生长环境的特点，形成了数十种不同的丰产树形。如果按照自然生长的程度归纳起来可分为自然形和人工形两大类（图 8-1）。

1）自然形

（1）有中心干形也称为有领导干形。适于主干性强、有中心干的树种和品种，如核桃、板栗、柿、枣、梨、板栗、银杏等。其特征为中心保持一个中心干，主枝排列在中心干上，向四周放射伸展。依据树冠是否分层，又可分为分层形、无层形两小类。

（2）无中心干形也称为无领导干形。适用于对光照要求高、主干性弱的树种、品种，如桃、李、梅、杏、柑橘等。主枝自主干上部发生，没有中心干。依据其树冠中心开心与否，又可分为开心形和闭心形两小类。

（3）无干形主要适用于灌木类树种，如石榴、无花果等。树体着地分枝，没有主干，如丛状形。

2）人工形

（1）扁形常用于矮化密植果园和蔓生树种。光合利用率大，操作方便。依据有无篱架，又可分为树篱形、篱架形两小类。

（2）平面形适用于蔓性经济树木或寒地栽培。依其是否设棚架又分为棚架形、匍匐形和混合型三小类。

- 树形
  - 自然形
    - 有中心干形
      - 分层形: 层形、疏散分层形、十字形、多中心干形
      - 无层形: 主干形、变则主千形、纺锤形、圆柱形
    - 无中心干形
      - 开心形: 杯状形、自然杯状形、自然开心形、主枝开心圆头形.
      - 闭心形: 自然圆头形
    - 无干形: 丛状形
  - 人工形
    - 扁形
      - 树篱形: 自然树篱形、扁纺锤形、自然扇形
      - 篱架形:单干形、双臂形、双层栅篱形、棕榈叶形、“Y ”形、斜脉形
    - 平面形
      - 棚架形:水平棚、倾斜棚
      - 匐匍形: 扇形匐匍形、圆盘匐匍形
      - 混合型:篱棚形

图 8-1　木本经济植物树形分类图示

2. 主要树形及其整形要点

1）主干疏散分层开心形　　有中心干，适于主干性强的树种和品种。它的特点是树冠呈

半圆形，骨架结构牢固结果面大，负载量高，主枝分层着生，通风透光良好。例如，仁用杏，干高 50～60cm，其上着生 8～9 个主枝，第一层 4～5 个；第二层主枝 2～3 个，层内距 30cm 左右。一、二层间距 100cm 左右，第三层主枝 2 个，二、三层间距 60～70cm。上部的中心领导干开心。主枝上每隔 50～60cm 选 1 个侧枝，侧枝上再生各类枝组。成形较晚，主枝较多，进入结果期较晚。主枝上下分布均匀，内膛不易空虚，结果部位多，产量高。

2）自由纺锤形　有中心干，如栽植密度为 4m×2.5m 的核桃，干高 0.6～1m，全树骨干枝 10～15 个，上下等距离分布，向四周自由伸展。无明显层次，高 3～3.5m，冠径 1.8～2.0m。

3）细长纺锤形　有中心干，如栽植密度为 3.5m×2.5m 的核桃，干高 0.6～1m，侧生结果枝组 15～20 个，四周自由分布，呈细纺锤形。冠高 3.5m 左右，冠径 1.2～1.5m。

4）多主枝自然开心形　有中心干，如枣树，体积较大，有低矮主干，无中心干，有 3～4 个主枝。立体结果能力强，采收不便。

5）自然圆头形　无中心干。一般是在自然生长情况下，稍加调整而成。例如，仁用杏，干高 70～90cm，主干上错落着生 5～6 个主枝。其中一主枝向上延伸（内部），其余主枝向外围伸展。主枝上，每隔 40～60cm 留 1 个侧枝，侧枝上再分生各类枝组。侧枝的方向和部位要求不严，背上、背侧、背下均可配置，只要互不干扰，不影响主枝生长即可。修剪量较小，树冠形成快，3～4 年可成形。主枝分布均匀，结果枝多，结果较早，较丰产，树冠内膛后期易空虚。

6）杯状形　无中心干。主干留一定高度剪去上部，使分生 3 个主枝，向四周斜生，均衡发展。自后再使 3 个主枝各分生 2 个势力相等的主枝，以后逐年继续分生，直至左右邻近的树互相接近为止，而树冠中心始终保持空虚，成为杯状。

7）丛状形　无主干，如枣树，呈丛生状态，主枝 3～5 个，树冠较矮小。

3. 树体结构与整形　木本经济植物体可分为地上和地下两部分，整形修剪主要针对地上部分，近年来也提出了根系修剪的问题。地上部包括主干和树冠两部分。树冠由中心干、主枝、侧枝（副主枝）和枝组构成，其中的中心干、主枝、侧枝构成了树冠的骨架，称为骨干枝（图 8-2）。树体及各组成部分的大小、形状、结构、间隔等，都影响着树体和群体的光能利用和生产效率，因此分析树体结构，对指导整形有重要意义。

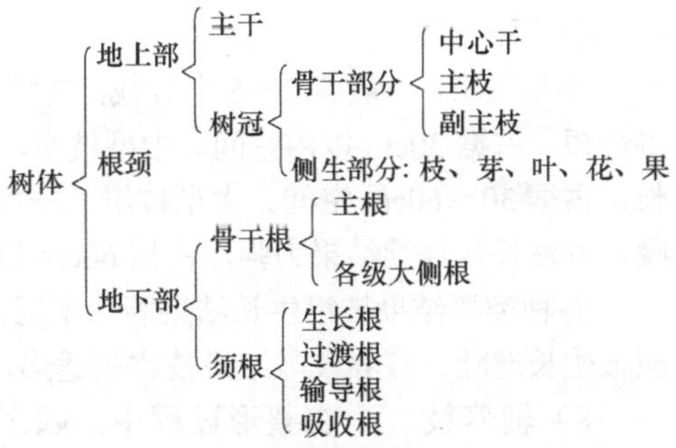

图 8-2　木本经济植物体结构图示

1）树体大小　树体高大，可充分利用空间，立体结果，寿命长，但形成树冠慢，结果迟，早期行间空隙大，光能利用差；树冠与吸收根间距大，枝干多，有效容积反而减少，还会影响果实品质，降低劳动效率。

2）树冠形态　树冠形态有自然形（分层形、无层形、开心形、闭心形、丛状形）和人工形。人工形又包括扁形（篱架形、树篱形）、平面形（棚架形、匍匐形、混合形）。一般以扁形树冠有效面积大，吸收光能效率最高，操作方便，产量高，品质好，还有利于矮化密植。自然形多用于大冠，无效空间较大，产量高，但品质较差。平面形光照好，但产量低。

树冠形态要综合考虑各种具体条件加以确定，一般因树种品种、环境条件等不同，采用的冠形也会不同。

3）树高　适当降低树高，便于吸收、修剪、病虫害防治等田间操作，同时要考虑树种特性、光能利用和抗灾能力。

4）干高　具有主干的经济植物，从地面到第一层主枝之间的树干部分，称为主干，其高度称为干高。干高因树种品种、气候、栽植密度及整形方式、主枝角度、立地条件而异。干高小可以缩短树冠与根系间物质交流的距离，减少养分消耗，使树冠矮化，提高结果；但干高过小会妨碍树下管理。一般干性强，树性直立，枝条硬，干可以矮些；树形开张，枝条软垂的，干高宜高些。稀植大冠宜矮，矮化密植宜高，疏散分层形宜矮，开心形、纺锤形宜高。主枝分枝角度大，宜高；分枝角度小，宜矮。大陆性气候，高纬度，宜矮；海洋性气候，低纬度，可高。山地、丘陵地、贫瘠土壤、高海拔宜矮；平地、低洼地、肥沃土壤、低海拔宜高。

5）树冠分层　树冠分层是由芽的异质性形成的植物生长特性之一，有利于通风透光，立体结果。通过人为修剪等技术手段，可调节层间距，使树冠上下、内外枝条分布均匀，实现立体结果。

6）骨干枝　骨干枝与主干一样，是运输养分扩大树冠的器官。其中，主枝一般3～4枝为宜，以后适当减少到2～3枝。主枝太多，树冠内枝条繁杂郁闭；主枝太少又显空虚。原则上大树形发枝力弱，主枝相对应多些，反之宜少。主枝应分布均匀，上下错开。主枝基角（与中心干的夹角）一般以30°～60°为宜，腰角以70°～80°为宜。角度过小，枝条易徒长，树冠内部郁闭，不利结果；角度过大，枝条生长减弱，树冠开张，光照较好，花芽易形成，早结果，果实品质也佳，但易早衰。主枝与侧枝间的从属关系、主次要分明。侧枝较主枝为弱，二级侧枝较一级侧枝为弱，表示从属关系明显，树冠发育正常，结构牢固，有利于早结丰产，寿命延长。否则形成头重脚轻，上强下弱的畸形树冠，结果生长不良。骨干枝延伸方向，可以通过选择剪口芽的方向来调节；延伸角度以梢角30°为宜。

7）枝组　枝组是着生在骨干枝上的基本结果单位。由两个以上的结果枝和营养枝组成，是树体生产的基本单位。亦称单位枝、枝群、结果枝组。一般按照分枝数和枝轴长短分为大，中，小三种类型。

小型枝组，一般有2～5个分枝，枝轴长15cm左右，分枝少，便于管理，便于培养结果早，寿命短，占据30cm以内空间。中型枝组，一般6～15个分枝，枝轴长15～30cm，分枝多寿命长，占据30～60cm空间。大型枝组，一般15个以上分枝，枝轴长30cm以上，成型慢，结果晚，寿命长，连续结果力强，占据60cm以上空间。

各种类型结果枝组生长结果能力不同，在树体丰产中所起的作用也有差异。良好的枝组，应该生长健壮、营养枝与结果枝比例适当，达到生长与结果的平衡。

8）辅养枝　在整形过程中，除了留有骨干枝外，还要尽量保留其他带叶枝条以增加同化面积，保证有充分营养，这些枝一般称为辅养枝。树冠长大后，预留的辅养枝应及时疏除；部分位置好的可以转化为结果枝组，结果后再视生长情况决定去留。

拓展阅读

（二）修剪

1. 修剪时期　不同时期的修剪有不同的反应效果，而且因树种品种不同，修剪时期也不同。

1）冬季修剪　由于树体处于相对休眠状态，营养主要贮存在树体干、根、主枝内，冬剪后，春季萌芽贮存的营养集中供应留下的芽，所以新梢生长旺长。

2）春季修剪　因为是萌芽后，贮存养分已有相当消耗，加之已萌动的芽剪除，需重新萌芽，生长推迟，长势明显削弱。同时，因剪除先端，剪口附近芽的极性不明显，从而提高了萌芽率，增加了长枝和短枝的数量。

3）夏季修剪　由于梢、叶生长旺盛，树体贮存养分较少或处于低潮，而新长出的叶，形成的叶面积又因修剪而减少，因此同样修剪，对树体生长影响较大。所以，一般修剪尽量轻，多采用摘心。由于夏季是果实开始生长和花芽分化形成的时期，修剪适当，可以及时调节生长结果矛盾，促进花芽分化和果实生长，并利于2～3次枝梢生长，控制树冠，培养枝组。

4）秋季修剪　因枝梢已基本停止生长，树体进入营养物质转移和贮存阶段，许多器官已发育成熟，芽体分化较好，修剪的影响较夏季修剪为弱，但较冬季修剪为强，此时进行适当修剪，可紧凑枝体，改善光照，充实枝芽，增强耐寒力。而且大枝剪除后，翌春剪口的修剪反应比冬剪弱，剪口较缓和，秋季修剪特别有利于剪除大枝。

总之，不同时期修剪的效果有所不同，各个时期的修剪不是孤立的，而是有机联系着的，只要根据不同树种、品种的树体状况，在年周期内及时采取相应的修剪措施，就可达到预期效果。

2. 修剪方法及效应

1）短截　对树梢剪去一部分，保留一部分的剪法称为短截。短截去掉顶芽，能促使侧芽萌发分枝，使树冠紧密，叶面积增加。短截的这种局部刺激作用强弱，与剪口芽的位置和芽的质量有关。剪口芽若是上芽，新梢生长较强旺；若是下芽，则新梢生长较弱；剪口芽是壮芽，也易发生强枝；若是弱芽，即使位置优越，也未必能发生强枝。此外，剪口芽的位置还会决定将来枝条延伸的方向，故短截时对剪口芽的选择很重要。同时短截的轻重则影响分枝的数量和质量，截去的少，留下的芽多，则分枝多而较短；截去的多，留下的芽少，分枝少而较长。所以，一般旺树、旺枝宜轻，弱树、弱枝宜重，这在控制树势时应特别注意。

2）缩剪　缩剪也称为回缩，即在多年生枝上短截。缩剪，可减少地上部与地下部的距离，使养分、水分供应较集中，能促使内部潜伏芽萌发，更新衰老枝，在树冠相接的过密果园，缩剪也可改善树冠内堂的通风透光条件，增加结果面积。

3）疏剪　疏剪也称疏删，即将枝梢从基部疏除。疏剪减少树冠内的枝梢，改善树冠内通风透光状况，增加结果面积，减少病虫害，疏剪对伤口以上的枝条，有明显的削弱作用；而对伤口以下的枝条，则有增强作用。根据不同果树的结果习性，通过疏剪去掉不结果或妨碍生长的冗枝、弱枝，保留生长健壮结果的枝条。通过去留不同强弱的枝条来调节树势等。

4）摘心　摘除新梢先端的幼嫩部分，称为摘心。多在生长期进行。不同时期摘心有不同作用，新梢旺盛生长期摘心，可促进二次分枝生长良好，加速树冠的形成；新梢缓慢生长期摘心，可使芽体提早形成，有利于花芽分化；生理落果前摘心，可节约养分，改变内源激素的平衡，提高坐果率和增大果实，提早成熟，提高品质。

5）除萌和疏梢　抹除树干萌发的嫩芽，称为除萌或抹芽；疏除过密的新梢为疏梢。其作用是选优去劣，除密留稀，可以节约养分，改善通风透光，提高留用枝的质量。在生长和结果发生矛盾时，抹芽、疏梢还可防止大量落果。

6）伤枝　伤枝是使输导组织受损伤。其方法多种多样，有环剥、割伤、绞缢、倒贴皮、扭梢、折梢、拿枝等。环剥是在枝条适当位置进行环状剥皮。割伤则只用刀割伤韧皮部，有环割与纵割之分；还有在芽上或芽下割伤，又称为目伤。绞缢是用铁丝绞匝。倒贴皮是将环剥下的树皮倒转贴于环剥处。扭梢、折梢则是将枝梢扭伤、折伤。拿枝是用手对旺梢自基部到顶部，捋一捋，响而不折，一般伤及木质部和皮层。由于伤枝是抑制性措施，只适用于生长过旺的植株和枝条。它可以阻滞养分和水分的运转，抑制枝梢的徒长，促进发芽分化，如在花芽分化以后进行，则可提高坐果率和促进果实生长。由于伤枝的轻重程度和时间的迟早，对其效果影响很大，必须根据经济植物的生长特点和具体条件慎重考虑，否则，可能导致不良后果。

7）曲枝、拉枝、撑枝　　其作用是改变枝条的生长方向和角度，从而改变枝条内部养分和激素的分配。例如，加大分枝角度，可削弱顶端优势，促使侧芽萌发，形成结果枝。幼年树生长过旺，用此法可抑制生长，提早结果。

8）长放　　长放也称为甩放，就是对营养枝不剪，以便缓和新梢长势，并促发短枝成花结果。

二、保花保果与疏花疏果

对以花、果、种子为经营目的的植物，还需要采取保花保果或疏花疏果等管理技术措施。

（一）保花保果

1. *落花落果的原因*　　造成植物落花落果的内在因素，包括花器发育不健全、雌雄性器官比例差异大、授粉授精不良、树体营养和内源激素供应不足或分配失调等，外界环境条件不良也会造成落花落果，如低温霜冻、高温干旱、光照不足、多雨积水、大风及病虫危害等，所以要针对不同原因，采取相应措施，才能提高坐果率。

2. *保花保果的措施*　　针对落花落果的原因，常用的保花保果措施如下。

（1）加强树体管理，保证树体的正常生长发育，增加贮存养分的积累，培养健壮的花器，调节雌、雄花比例和生长与结果的平衡，是保花保果的基础。

（2）保证授粉授精的条件，如高接花枝、挂花罐、花期放蜂、人工辅助授粉。

（3）应用生长调节剂和微量元素。落果直接原因是果蒂或果柄处产生离层，应用生长调节剂和微量元素对防止离层产生有一定效果，一般在出现落果前或采收前喷洒。所用生长调节剂有2,4-D、920、NAA、三十烷醇、防落素、B_9等，微量元素有$ZnSO_4$、$(NH_4)_2MoO_4$等，其使用时间和浓度因植物种类和具体条件而不同。

（4）防治病虫害也是保花保果的重要措施。

（5）其他措施。通过摘心、环割和疏花等措施，可引导树体内营养分配转向开花坐果。

（二）疏花疏果

在大年里，花和幼果的数量总是大大超过最终成熟时的果量，甚至有些花多但并不丰产。花果数量过多，不仅影响当年的产量和品质，甚至影响翌年的产量，也往往是大小年形成的原因。因此，除在修剪时注意调整结果枝与营养枝的适当比例，在花果发育的早期适当疏去部分多余的花果以节约养分，不但可以提高坐果率，提高产量和品质，还可以均衡产量，维持健壮的树势。

1. *疏花疏果的时期*　　一般可在冬季疏去过多花芽、花枝，春季疏花蕾和花朵，谢花后可疏去过密、过弱的幼果，最后定果。

2. *留果量的确定*　　一般根据树体的负载能力来确定。一般强树、强枝多留果，弱树、弱枝少留果；短枝多留，中长枝少留；树冠上部、外围少留，中下部多留；同时还要根据树龄、结果性能、土肥水管理，以及病虫害、霜冻、风雪等自然灾害综合权衡，留有一定的安全系数。

拓展阅读

3. *疏花疏果的方法*　　目前多为人工操作，效果较为可靠，但需劳力较多，技术要求也高，时间紧，易延误农时，故国内外现在有用化学药剂进行疏花、疏果的，常用疏果剂的使用见表8-2。

表 8-2　疏果剂使用时期与浓度

种类	浓度	时期
NAA	200～300mg/L	盛花后 20～30d
J-455（又名吲熟酯或Figarin）	150～200mg/L	盛花后 30～60d
TH656	50～200mg/L	盛花后 30～60d
西维因	1500～2000mg/L	盛花后 2d
五氯酚钠	0.1%～0.15%	开花前
乙烯利	400～500mg/L	开花前后

三、树体保护

1. *撑枝与吊枝*　树上结果较多，常使枝条下垂，易压断大枝；大风多发地区易摇晃折断枝条，可用撑枝、吊枝等方法给予保护。撑枝，一般用木棍、竹竿立于地面支撑。吊枝，是在树冠中心立一支柱或利用中心干，套一铁圈或绳圈，固定在适当高度位置，圈上栓若干绳子，下端分别绑扎于各大枝的着力点，使各绳索呈伞状分布。

2. *伤口保护及治疗*　经济植物主干或主枝因病虫、风折、日灼及不合理修剪造成的伤口，或一些以树皮为经营目的，如厚朴在树液流动期进行的剥离树皮后造成的伤口，还有一些割取树液树脂的经济植物，如漆树割取树液时，留下伤口，均应加以保护和治疗，以防伤口腐烂、蔓延。其方法是先用利刀将伤口削平，如已腐烂，应将腐烂部分刮除干净，使皮层边缘呈弧形，然后用 1.036kg/L（5°Bé）石硫合剂或 2%～5%硫酸铜液或 0.1%升汞液消毒，再用柏油、桐油或接蜡涂上保护，也可用鲜牛粪一份，黏土 2～3 份，少量头发混合制成牛粪泥，加少量石硫合剂包扎伤口，如再加入 0.01%～0.1% NAA 等可加快愈合伤口。

3. *修补树洞*　将洞中腐朽物全部刮除干净，见到活组织为止，尽量使切口平整，用药物消毒伤口，再用砂石水泥拌和填补树洞，或者伤口刮净消毒后，剪取比伤口更长的枝条，两端削成楔形，用腹接法将接穗两端插入切口内，对准形成层用小钉固定，塑料薄膜包扎。

4. *刮树皮与剥树皮*　有些经济植物老枝干上的木栓组织裂缝多，为病虫越冬场所，刮（剥）去树外皮，可除去病虫越冬巢穴，有利加粗生长，增强树势，刮后最好树干刷白或喷涂石硫合剂。

5. *涂白（刷白）*　树干涂白剂的种类很多，常用的有石灰硫黄合剂（热水 8kg＋生石灰 5kg＋食盐 0.3kg＋植物油 0.3kg＋硫黄粉 0.5kg＋豆面粉 0.2kg）；石硫合剂复合液（清水 10kg＋生石灰 5kg＋黄泥 1kg＋11°Bé 石硫合剂 1kg＋食盐 0.5kg＋植物油 0.5kg）；防冻涂白剂（清水 5kg＋生石灰 2kg＋水泥 2kg＋黄泥 1kg）等，将涂白剂充分混合搅拌配成灰浆，涂抹于主干上可减轻病虫害、野生动物危害、日灼或冻害等。

拓展阅读

第四节　自然灾害及防治技术

水土保持经济植物经常遇到的自然灾害有冻害、霜害、冷害、寒害、干旱、冻旱、日灼、环境污染、鸟兽及病虫危害等。此外，局部地区还会有风害、雪害、涝害、雹灾、盐碱等危害。对于各种灾害应以预防为主，从建园开始就注意适地适栽，建立防护林，选用抗逆性强的品种。同时，加强综合管理措施，使树体健壮，增强抗灾能力。下面介绍几种主要的自然灾害及其防治技术。

一、冻害、霜害、冷害与寒害

1. 冻害　冻害是指在越冬期间遇到0℃以下低温或剧烈变温或较长期处在0℃以下低温中，造成的对经济植物冰冻受害的现象。冻害常以植物栽培分布北缘较重，一般热带、亚热带、温带冬季都可能发生；根颈，树干，皮层，一年生枝、芽、叶均可发生受冻，但不同器官受冻的程度不同。一般花芽比叶芽易受冻，根颈最易受低温和变温的伤害，根颈受冻后，常引起树势衰弱或整株死亡。当树干受冻后树干纵裂，严重时引起整株死亡。枝条冻害多由于品种抗寒力弱或枝条不充实。成熟的枝条以形成层最抗寒，皮层次之，木质部和髓部最弱。所以轻微受冻时只表现髓部和木质部变色，尚可恢复生长，严重时伤及皮层和形成层，则枝条失去恢复能力。防御冻害的主要措施是选择抗寒树种和品种，加强秋冬季的肥水管理，树盘覆盖，主干刷白、包草，迎风面树立风障等。

2. 霜害　霜害是指植物在生长期夜晚气温短期降到0℃以下，土壤和植株表面急剧降温，水汽凝结为霜，对植物造成的伤害。其与冻害不同的是多发生在晚秋和早春。晚秋一般经济植物尚未进入休眠，而早春有些植物萌芽早，故均易遭受霜害危害。霜冻对温带经济植物无致命损伤，但对于热带、亚热带植物则损伤较大，如咖啡、菠萝、黄檀等，轻则枝叶受害枯死，重则危及主干甚至整株死亡。一般防霜措施效果不大，但不同小气候条件之间有很大差异。在寒流通过的过道、山口、低洼地（所谓霜穴）最为严重，要尽量避免在这些位置栽培不耐寒的经济植物。一般在斜坡可减轻和避免霜害。

3. 冷害　冷害是指温暖季节植物遭受0℃以上较长时期（一般3d以上）的低温伤害。冷害主要发生在植物孕穗期、抽穗期、开花期和灌浆期，常造成植物生长发育的机能障碍，导致减产。冷害全国各地均可发生，但主要是在东北地区和南方初秋季节，对喜温作物水稻、玉米、豆类危害较大。

对霜害和冷害的防御措施有：控制肥水，使枝条提早成熟和延迟萌芽、开花。霜害前灌水和喷水、熏烟或覆盖等措施也可减轻危害。

4. 寒害　寒害是指在较温暖气候条件的低温季节，0～10℃的低温条件，对热带、亚热带地区喜温植物（如橡胶、龙眼、荔枝等）造成的伤害。寒害常发生在生长缓慢或停止生长期，主要是生理机能受到干扰，代谢机能受阻，而逐渐出现受害，严重影响经济植物的产量、品质。

二、干旱、冻旱

1. 干旱　干旱是指长期空气干燥，土壤缺水，导致经济植物体内水分亏缺，而影响植物正常生理代谢和生长发育的一种农业气象灾害。植物长期缺水，体内水分失去平衡，最终导致萎蔫或死亡。干旱缺水使植物体内能量代谢紊乱、原生质结构破坏、营养物质吸收和运输受阻、光合作用下降、生长衰弱、老叶过早枯黄脱落，同时引起生殖器官萎缩和脱落，特别是在干旱时又施速效氮肥的情况下，更易发生这种情况。因此，干旱年份除要及时灌溉外，还要注意控制叶片与果实的合适比例。水分不足，还会影响产品品质，削弱植株抗病虫害的能力。不同植物抗旱能力不同，凡根系分布广、根量大、叶片多毛茸或角质和蜡质厚、叶片小、叶片肉质的植物种，抗旱能力较强。

为了抗御干旱造成的危害，可选择抗旱品种和砧木，地面覆草或覆膜可保持水分，深耕并施有机肥可改良土壤结构，合理施肥提高植物抗旱性，合理种植绿肥作物可改善园内的小气候和保持水土，适当喷施抗蒸腾剂等。另外，要注意排灌等综合抗旱措施。

2. 冻旱　冻旱是指冬春期间由于土壤水分冻结或地温过低，根系吸收水分受到限制，而地上部分枝条的蒸散强烈，造成植株严重缺水的现象。冻旱是低温与生理干旱综合作用的结果，可使枝干缺水皱皮和干枯。北方幼龄树受害尤为严重，受害程度随着树龄的增大而减轻。冻旱，是当前北方干寒地区经济树木生产中存在的重要问题。

预防冻旱的措施有：选栽抗旱、抗寒的树种、品种，营造防护林，改造园地小气候，树盘冬季覆草、埋土，早春及早去除覆草以利根系及早恢复吸水，合理肥水管理使枝梢老熟，增强其越冬能力。

三、日灼

日灼是阳光直射引起的局部伤害。在强烈的阳光下，叶片的温度比气温提高5～10℃，树皮的温度可能升高10～15℃，或更高些。最常见的日灼发生在裸露的果实表面和枝干的皮层上，严重者引起局部组织死亡。在水土流失地区，由于土壤缺水，在高温和强日照的作用下，水土保持经济植物极易发生日灼危害。

防治日灼的措施有：树干涂白、缚草、涂泥及培土等；适当地修剪，避免枝干裸露，贴纸法或扎叶法（菠萝）可防果实日灼；加强综合管理，生长期间高温季节特别要防止干旱。

四、环境污染危害

在生物环境中，一切能导致环境异常而影响生物活动的因素，都属于环境污染范畴。伴随现代工业迅速发展，生物生活的环境同时受到越来越严重的污染威胁，也给人类自身带来很多不良影响。环境污染包括大气污染、水质污染、土壤污染和农药污染4个方面。大气污染主要有二氧化硫、氟化氢、氯气、臭氧、二氧化氮、一氧化碳、铅尘、粉尘、烟毒和碳氢化合物等，它们对植物危害最为严重。一般污染物浓度大时易发生急性伤害，可导致经济植物枝、叶、花、果表面出现各种颜色和大小的害斑，影响正常生长发育；浓度低时污染物被植物吸收，表面不显被害症状，但在植物体内不断积累有毒物质造成生理代谢异常和紊乱，影响经济植物产量和品质。水质污染、土壤污染则来自空气污染的散落物、工厂的废水、生活污水、垃圾、污泥和化肥的施用，如含酸类化合物、氰化物、砷、汞、镉、铬等，这些污染物不易被土壤分解，而被吸收到植物体内累积，引起植物中毒死亡或进入人体造成危害。此外，在经济植物栽培生产过程中，还存在着不合理使用农药所造成的农药污染，对果实品质影响极大。

防止或减轻污染危害的措施有：加强环境保护，减少污染物；选择合适的经济植物种类，进行合理的轮作和间、混、套种，减轻病虫害的发生，减少农药用量；实行水旱轮作，以减轻或消除农药在土壤中的残留；减少用污水灌溉，或利用氧化还原处理和长距离的排灌渠道的净化作用，使污染物凝聚、沉降，使水质达到灌溉水质的标准。

五、有害生物的危害

有害生物种类多、数量大，对经济植物生存、产量和产品品质影响极大。长期以来，植物生产领域对有害生物的危害的防治主要集中在杂草、病、虫等方面。然而，近年来在退耕还林（草）区鼢鼠、鼠兔和草兔等有害啮齿类动物对栽培植物的危害日益加剧，特别是对新建的经济林园的危害更大。

据调查，每年仅鼢鼠为害面积达数十万公顷，轻者被害率在20%～30%，重者达50%，甚至全园被毁。目前，全世界有鼢鼠8种，其中5种为我国特有种。

达乌尔鼠兔，是一种生活习性介于鼠和草兔之间的兔形目啮齿动物。常于4～10月在地面上摄食植物的根、茎、叶，幼树基部距离地面 5～15cm 皮层常被啃食，造成幼树死亡。我国有鼠兔 6 种。

草兔的危害比鼠兔更为严重，据西北农林科技大学在陕西省吴起县退耕还林区调查，草兔对仁用杏、沙棘、山桃、苹果等经济林木幼树的危害率均在 90%以上，远高于对杨树、柳树、榆树等造林树种的危害。目前，我国有草兔 8 种。

（一）鼢鼠危害防治

1．*生态措施防治*　充足的食物和相对稳定的生活环境是鼢鼠种群生存的必要条件，其中直根类杂草尤为重要，常成为鼢鼠分布的限制性因素。因此，通过限制鼢鼠食物来源、破坏鼢鼠洞道结构和生活环境，既可迫使老、弱、病、残鼢鼠因食物不足，饥饿而死，也能逼迫健康鼢鼠为寻找新的食源向其他生境迁移，增加死亡率。主要的措施如下。

1）清耕除草　使用机械或化学措施清除园地杂草，使鼢鼠食物缺乏，自然减员，以减少为害。

2）合理密植　合理密植，促进林分提早郁闭，减少直根类杂草滋生也是控制鼢鼠为害的行之有效生态措施之一。

3）翻耕抚育　在幼林地，行间可用犁进行翻耕，以直接改变鼢鼠活动的小环境，破坏鼢鼠的食物基础和原来的寻食洞道结构，迫使鼢鼠迁移，该对策可使鼢鼠密度下降 73.1%。

4）农林复合　依据农林复合系统各生物组分间的克生关系，也可以减少鼢鼠对树木等经济植物的危害。紫苏（*Perilla frutescens*）不仅是一种很好的油料作物，而且林间套种紫苏对鼢鼠有一定的驱避作用。据西北农林科技大学鼠害课题组连续 2 年的套种试验，林间套种紫苏可使甘肃鼢鼠密度下降 87.01%，树木被害率下降 95.23%。

2．*物理机械防治*　当园地面积较小或鼠口密度较小时，可采用弓箭法和防鼠沟等物理机械方法防治。

1）灌水法　灌水法主要适用于离水源较近和土壤致密等条件下的立地灭鼠。在靠近水源的地方，挖开鼠洞用水灌，使鼠不能忍受溺水窒息的痛苦，而被迫逃出洞外，以利捕杀。

在灌区，可结合农田或林地灌溉引水灭鼠。陕西省林业科学研究所渭河试验站的百亩苹果园，甘肃鼢鼠危害十分严重，1994 年 5 月，结合果园浇水，一次就捕获了 86 只鼢鼠，有效地抑制了该果园甘肃鼢鼠的危害。

2）烟熏法　烟熏法即挖开洞道，在洞口点火，将烟吹进洞内，鼢鼠被烟熏后即死在洞中或熏出洞外而被捕杀。这是最原始的烟雾剂。烟熏时，在燃料中加入一些干辣椒或硫黄粉，效果会更好。

3）丁字形弓箭法　丁字形弓箭法是一种传统的灭鼠方法，它具有速度快、准确率高、操作简便等优点，常为群众所采用。安装弓箭时，箭头离洞口一般 6～8cm，箭头插下时带下的表土应掏净，再用探棍确认箭头是否插在洞中央。如果箭头正好在洞中央，此时用土将弓背固定好，然后将钢钎提起，用撬杠固定，然后将用手掌捏成的土块连同塞洞线一起封洞，土块要中间厚，四周薄，要求湿度适中，不能用泥，以免封得过死，土块贴洞口的一面要求人手未接触过。如果鼢鼠触动封洞的土块，塞洞线即脱落，引发撬杠松开，钢钎借助橡皮条弹力射下，正好射中鼠体（杨学军等，1995）。

3．*无公害化学灭鼠剂防治*　近年来陆续生产出抗凝血灭鼠剂，如杀鼠灵、杀鼠醚、杀鼠酮、氯敌鼠、敌鼠钠盐、溴敌隆、大隆等慢性毒杀剂。其特点是作用缓慢、症状轻、不会引起鼠类拒食，灭鼠效果明显优于急性灭鼠剂。

1）毒饵防治　西北农林科技大学林科院研制出了无公害克鼠星系列灭鼠剂和多效抗旱

驱鼠剂，无二次中毒现象。最佳防治时期为早春，其次是9月下旬至10月上、中旬。投饵方法有插洞法、切洞法、切洞封洞法三种。最佳投饵密度取决于林地鼠口密度和投饵方法，当林地鼠口密度在4～16只/hm^2时，插洞法投饵密度在60～200洞/hm^2、切洞法为16～120洞/hm^2、切洞封洞法为4～64洞/hm^2，每洞投饵量为5～10g。

2）药剂蘸根　造林时用多效抗旱驱鼠剂2号100～200倍液对苗木进行蘸根处理，对害鼠的防治效果达90%以上，造林三年后，其幼林保存率达85%～90%，而对照幼林保存率仅10%～35%；对容器苗，在起苗前1～3d用多效抗旱驱鼠剂2号500～800倍水溶液浇灌，对害鼠有着极强的驱避作用，同时还有可能杀死一定数量的害鼠，降低鼠口密度，提高幼林保存率。

（二）鼠兔危害防治

1. 化学灭鼠剂防治　利用化学药剂灭鼠，具有经济、迅速、高效的特点，一般很少受时间、地点和环境条件的限制，特别适用于母树林、种子园、苗圃或大面积鼠兔危害的防治。鼠兔化学防治常采用洞口投饵、区域投饵和定点投饵技术投放灭鼠剂，投饵时间以鼠兔繁殖和危害期前为最好。

2. 物理机械防治　主要是用鼠铗、鼠笼、电猫等器具进行防治。人工机械防治需要大量的人力、物力，进度较慢，一般用于小范围或特殊环境鼠兔防治或作为大面积化学药剂防治后的补救措施。

3. 利用天敌防治　在幼林地栽植活孤立木可招引猛禽类天敌栖息、停留，对控制周围害鼠数量有明显的作用。一般每公顷有3～5株4m高以上活孤立木的幼林地，害鼠的种群密度比无活孤立木的幼林地低50%～60%。但利用天敌防治有滞后现象。

（三）草兔危害防治

1. 灭鼠剂蘸根与叶面喷施　应用克鼠星系列无公害灭鼠剂蘸根、叶面喷施，可有效防治草兔对新植幼树的危害；

2. 物理机械捕杀　采用下套等物理机械捕杀方法进行防治。

3. 机械阻隔防治　在草兔危害严重的园地，可在新植幼树周围用树枝插篱障，能有效预防草兔对新植幼树的危害；

4. 涂干防治　利用草兔有厌污的习性，可用牛油或废柴油对幼树涂干，能有效预防草兔的危害。

拓展阅读　拓展阅读

（蔡丽平、王明春、杜　峰）

复习思考题

1. 名词解释：生草法、清耕覆盖作物法、清耕法、整形、修剪、层性、延长枝回缩、疏剪、长放（甩放）、抽条、寒害、冷害、冻害、冻旱。

2. 论述以生殖器官为经营目的的经济植物的田间管理特点。

3. 论述以营养器官为经营目的的经济植物的田间管理特点。

4. 简述经济植物园地土壤管理的主要方法。

5. 确定经济植物施肥量的主要方法有哪些？简述之。

6. 基肥的施用方法有哪几种？

7. 简述整形修剪的原则、依据和作用。

8．论述整形修剪的生物生理学依据。
9．简述短截的概念、类型及其作用。
10．简述开张角度的作用及其主要方法。
11．简述环剥等造伤手术应注意哪些问题。
12．分析落花落果的原因及保花保果的主要措施。
13．如何进行疏花、疏果及确定留果量？
14．树体保护的主要方法有哪些？
15．怎样预防霜冻害？

下篇　各　　论

第九章　油料类经济植物栽培

【本章提要】油料类经济植物，依照其主要用途又可分为食用油料和工业用油料两类。本章重点介绍油茶、油桐、蓖麻等6个油料类水土保持经济植物的栽培意义、主要种类与品种、生物与生态学特性、繁殖与栽培技术、抚育管理与更新复壮技术。其中，属于食用油料类的有油茶、元宝枫和紫苏；属于工业用油料类的有油桐、乌柏和蓖麻。

第一节　油 茶 栽 培

一、栽培意义

油茶别名茶子树，与油棕、油橄榄和椰子并称为世界四大木本油料植物，是我国南方重要的木本食用油料树种（庄瑞林，2008）。截止到2018年，我国油茶种植面积达到426.7万hm^2，年茶油产量为65.75万t，油茶产业总值突破1000亿元（陆富军，2019）。油茶茶籽粕中含有茶皂素、茶籽多糖、茶籽蛋白等，其种子含油率达25.22%～33.50%，茶油由多种脂肪酸构成，具有丰富的营养成分和良好的保健功能，是优质保健食用油和高级天然化妆品原料（袁德义等，2011；陈静等，2018）。茶油中易被人体吸收的不饱和脂肪酸（油酸和亚油酸）含量高达90%以上，比橄榄油、菜籽油、花生油的含量都高；胆固醇含量仅为猪油的1/30，并且不含芥酸，可避免因芥酸在心脏等部位的沉淀造成对肝的致毒作用。另外，茶油中还含有丰富的对人体有益生物活性物质，如山茶苷、甾醇、茶多酚、角鲨烯及酚类化合物等。茶油的工业用途很广，为制造肥皂、人造奶油、凡士林及医药的重要原料。果壳可制碱、栲胶、活性炭等，茶饼为优质有机肥，并可制作饲料。油茶木质坚实、耐腐，纹理细密、美观，是制作农具、家具的好材料。

油茶栽植3～5年即开花结果，6～8年即有一定产量，15～16年后进入盛果期，结果可维持70～80年，甚至百年以上。油茶适应性强，耐旱、耐瘠，在丘陵、山地均能生长。油茶花期长，是冬季蜜源植物。油茶树常绿，叶厚革质，树干光滑能防火，是防火林带的优良树种；同时油茶树能绿化荒山，保持水土，调节气候，有良好的生态效益。

二、主要种类与品种

油茶（*Camellia oleifera* Abel.）属于山茶科（Theaceae）山茶属，为常绿灌木或小乔木，高4～6m。树皮光滑，灰褐色。单叶互生，革质，叶柄短，叶为卵状椭圆形，先端尖，边缘有锯齿，侧脉不明显。花顶生，两性白色，10月中下旬开花，次年10月间果成熟。蒴果椭圆形、圆形或心形。果皮有细毛。种子黄褐色或乌褐色，具光泽，三角状卵形。油茶有10多种，如普通油茶、小果油茶等（陈宜木，2012）。

（一）普通油茶

普通油茶又名油茶、中果油茶，它是我国目前的主要栽培物种，为树高2～4m，基径8～20cm的常绿小乔木或乔木，树龄可达到100～200年，在气候适宜、水肥、光照充足的地方，树高最高可达8m，地径最大可达40cm。幼龄树皮较光滑，为棕褐色。老龄则变为灰色或灰褐色。小枝顶芽一般紫红色为花芽，黄绿色为叶芽。蒴果形状不一，有圆形、桃形等。幼果被青色毛，成熟时一般无毛。每果有 70%以上胚珠发育成种子，种子有黑色或茶褐色，种仁白色或淡黄色，胚与种子同色，微突。

栽培面积最大、分布最广，有寒露籽、霜降籽和立冬籽三个品种类群（陈宜木，2012）。

1. 寒露籽　树冠小，多直立，分枝角小于 30°，叶小，果小皮薄，每果含种子 1～3 粒。寒露前后果熟，开花。出油率在 30%左右，抗病力强，产量稳定，但采摘费工。

2. 霜降籽　树冠较大，开张，分枝角为 40°～60°，叶大稍厚，果大，每果含种子 4～7 粒，有时更多。霜降前后果熟、开花，出油率在 25%左右，抗病力中等，产量较高。

3. 立冬籽　树冠大，开张，分枝角大于 40°，叶大且稀，果大，每果含种子 7～10 粒。立冬前后果熟、开花，出油率在 22%左右，抗病力中等。

（二）小果油茶

小果油茶又名龙眼茶、江西子、鸡心子等。全株枝多叶密，叶较小，长 2.5～5.5cm，椭圆形居多，嫩枝有细毛，节间短。顶芽长 0.5～0.7cm，腋芽叶片为绿色或浅绿色，花白色，一般于 10 月下旬至 11 月中旬开，花冠开展，花瓣 5～8 枚，倒披针形。柱头稍膨大，子房 3～5 室，披褐色短毛。蒴果于 10 月上旬成熟，通常为近橄榄形、球形、桃形，果皮极薄，每果有 1～3 粒种子。与普通油茶的明显区别在于叶小、芽小、果小，鲜果出籽率为 60%～70%，干果出籽率为 40%～50%，比普通油茶高。种植后 5～6 年开始结实，12 年生左右进入盛果期，盛果期长达 40 年以上，寒露左右果熟（陈宜木，2012）。主要分布在福建闽侯、南平等地。

三、生物学与生态学特性

（一）生长发育规律

油茶是轴状深根性树种，主根发达，深 1.5m 以上。吸收根多数集中在地表下 5～30cm。根系 2 月开始活动，一年中有两次生长高峰，即 3～4 月中旬和 6～7 月，持续时间较长，12 月至翌年 2 月生长较慢。生长与土温、含水量关系密切。春季土温达 17℃，含水量为 30%时，出现第一次生长高峰；秋季土温 27℃，含水量在 17%左右时，出现第二次生长高峰。

油茶枝条可分春梢、夏梢和秋梢。春梢为主要枝梢，生长期为 3 月中旬至 5 月上旬，占枝梢总数的 90%左右。夏梢 5 月中旬抽生，生长期为 30d 左右，占枝梢总数的 5%。秋梢在 9 月上旬到 11 月下旬抽生。15 年以下幼树，可抽生春梢、夏梢和秋梢；成年树主要是春梢生长。林地较肥沃时，部分树干基部萌发夏梢，但多成徒长枝，不结实且扰乱树形，影响产量。成年树主要为春梢结果，春梢越多，结实也越多。

油茶花芽分化从 4 月开始，7 月终止。一般寒露籽比霜降籽花芽分化早，老树比幼树分化早，营养条件好比营养条件差的早，小年比大年早。油茶为虫媒花，传粉的昆虫主要有地蜂、中华蜜蜂等，花期放蜂可提高产量。油茶为异花授粉植物，自花授粉不孕或受孕率很低，应配置授粉树。授粉后，子房开始膨大，冬季气温低，幼果停止生长，但萎缩花仍包裹着幼果，翌年 3 月气温回升，幼果继续生长，外被的宿存花脱落。4～8 月果实增大，7～8 月最为迅速。8 月上旬至 10 月上旬为油脂转化阶段，此时种仁中含油量增加，含水量、还原糖和淀粉含量下降。10 月中下旬果实成熟，种壳变黑褐色，果皮呈红色或黄色，达完全成熟。油茶落蕾从 7 月延续至翌年 1 月，严重者达 44%以上；落花一般从 10 月至翌年 1 月，落花率达 40%～70%，其原因是树体营养不足、病虫危害和雨水不调等。

（二）分布与适生环境

油茶主产我国南方各地，分布在江西、湖南、广西、广东、浙江、福建、安徽等 15 个省（自治区、直辖市），江苏、台湾、四川及陕西南部、河南南部也有少量栽培。垂直分布多在海拔 800m 以下的丘陵山地，但在滇中高原海拔 1700～2000m 地区也能正常开花结果。

油茶物种多，生态习性差异大。栽培面积大的普通油茶，喜温暖湿润的气候，要求年均温为 14～21℃，最低月均温度不低于 3℃，最热月均温不高于 31℃，相对湿度为 74%～85%，年降雨量为 1038～2200mm，绝对最低温不低于－10℃。

油茶栽植以南坡、东南坡，坡度 30° 以下的丘陵山地最适宜。土层厚度一般在 40cm 以上，以酸性红壤、黄壤为主，pH 5.5～6.5，酸性砂质土也可生长。

幼林较耐阴，随年龄增大，对光要求逐渐加强，成年树光照时数为 1800～2200h。

四、繁殖与栽培技术

（一）油茶林丰产条件

油茶丰产林应具备以下几个条件。

1. 选用良种壮苗　目前油茶栽培品种主要选择优良家系、优良无性系的实生子代，判断其属于优质品系的标准是每年每亩产茶油在 30kg 以上。种植户应选择通过国家或省（自治区、直辖市）品种审（认）定且适宜当地种植的油茶良种，且要求来源符合有关规定，档案齐全或选择经省（自治区、直辖市）林业主管部门同意用于试种示范的油茶品种，且试种示范方案也必须经省（自治区、直辖市）林业主管部门同意（韦诗梦，2020）。

苗木选用两年生的良种嫁接容器大杯苗，苗高≥50cm、地径（嫁接口以上）≥0.5cm，分枝 3 个以上，苗木生长健壮、无检疫对象。

2. 因地制宜选择栽培林地　油茶生长对整体生态环境要求较高，以海拔在 500m 以下的低矮丘陵且能得到充分光照的阳坡地带为宜，丘陵坡度要在 25°以下。土壤应疏松肥沃，能够提供根系伸展的空间，能够满足油茶根系伸根。土壤有一定湿度，种植地排水性要好（韦诗梦，2020）。

3. 适时整地改良土壤　在当年秋冬时节进行种植地的整理工作，整理内容包含将杂草、杂树、灌木丛连根拔除。根据不同坡度的地形进行不同形式的翻耕，坡度在 5°以下的要全垦，在 5°～15°的要以带状形式翻垦，坡度在 15°～25°的应该挖坑种植，种植穴的长宽应该在 50cm 左右，深度应该在 40cm 左右。整地工序完成之后再开展土壤施肥工作，先施基肥，然后回填表土，在每个种植穴中施加 10kg 的有机肥或 0.5kg 的油茶生长专用肥（韦诗梦，2020）。

4. 品种配置合理密度适宜　在种植过程中，要想实现高着果率，就应该做好品种的配置工作，要选两个以上无性系配置造林，主次品种花期和果实成熟期要一致，按照 8∶2 或者 7∶3 的比例来搭配主次品种。造林密度根据《油茶栽培技术规程》（DB45/T 472—2018）和地区实际，采用 2.2m×3.0m、2.5m×3.0m、2.5m×4.0m、2.5m×5.0m、3m×4m、2m×5m 的株行距，每亩种植量控制在 53～100 株，具体密度视实际情况而定（韦诗梦，2020）。

5. 及时防治病虫害　油茶成林落花落果率多达 80%。改善林地环境卫生，减少病虫害，可减少落花落果率。应做到采果后及时清园，清除林内病死枝和枯黄枝干，消除病虫害越冬场所和病原体。

拓展阅读

（二）繁殖与栽培技术

1. 选用良种，培育壮苗　为了保持优良品种特性，应以嫁接、扦插等无性繁殖方法进行苗木培育。

1）嫁接苗培育

（1）本砧嫁接：用普通油茶种子培育油茶实生苗作为砧木，而后进行嫁接。播种条播，条距 20～24cm，深 5～6cm，按 3cm 左右点播，覆土 3cm，每公顷播种量为 3000～3750kg。

（2）芽苗砧嫁接：首先是砧木的选择及清洗工作。由于砧木在沙床上生长，拔出以后，根部带有大量的沙子，为了方便嫁接，应用清水将沙子洗干净，然后将根部用湿布盖好，再组织嫁接人员嫁接。其次是砧木短截，即在嫁接之前，应将砧木 2/3 长度截掉，以提高成活率。在短截部位，用刀片劈至髓部，开劈长度应控制在 1cm 左右。再次是套砧，即用铝薄片将砧木套住，铝薄片一般长度为 3cm，宽度为 1cm。接着削接穗，用刀片先在接穗上削深 5mm，长 1cm 的缝隙，然后在距离缝隙 3cm 左右的地方，将刀片角度调成 45°角，削至缝隙处，削一片厚度约为 2mm 的薄片，并带有叶芽，之后将该薄片放在清水里，以作嫁接用。一般情况下，一个接穗能削 50 个这样的薄片。薄片削好之后，将其插入砧木的切口部位，用塑料薄膜将接口部位扎紧。需要注意的是，在砧木和接穗接合的时候，应使二者的韧皮部为对齐，方能保证成活率

2）扦插苗培育　　春季或夏季剪取优良品种穗条长 5～7cm，两头节外平剪，留叶 1～2 片，将穗条 50～100 根捆成一束，基部浸泡生长激素如吲哚丁酸 50mg/kg 或萘乙酸 100mg/kg 溶液 12～24h，然后取出用清水冲洗基部，再行扦插。插壤宜用黄心土，插后加强遮阴、保湿管理，1.5～2 个月即可生根。1～2 年苗高达 30cm，地径粗 0.35～0.4cm，即可出圃上山造林。

2. 细致栽植　　为了实现高产、稳产，宜选择土壤深厚、疏松、排水良好、向阳的丘陵地、海拔 800m 以下的山腰缓坡地。栽植前应视林地植被、地形状况进行带状或块状整地。结合整地施基肥，以有机肥为主或复合肥 2250kg/hm^2。栽植在立春至惊蛰为好。

油茶栽植适宜时间在冬季 11 月到翌年 3 月，这期间栽种效果最佳；栽种天气应选择阴天、晴天或者傍晚时分进行，下雨天或大雾天不宜栽种。种植时要保证油茶植株间的间距足够，一般株行距控制在 2m×3m。油茶开始挂果后，种植密度应随之减少，在盛果期，油茶植株密度应保持在每公顷 1050～1200 株。对于已有的油茶林，应按照相同的植株密度予以调整，种植密度低于标准的要进行补植，高于标准的要进行间伐，去除老次残林（曹红霞，2016）。

3. 幼林套种　　油茶幼林套种被认为是一种合理的林地经营模式，不仅可获得林地的早期收益，还可提高土壤肥力，促进油茶生长结实，已成为油茶丰产林集约经营的关键技术。油茶幼林套种豆科作物有利于土壤养分含量的增加，可有效降低不同深度土层的土壤容重，提高土壤总孔隙度、排水能力和最大持水量，同时不同深度土层有机质、全氮、全钾、全磷、速效氮、速效钾、速效磷的含量均有不同程度的提高，其中速效氮含量提高 12.18%～32.96%，速效钾含量提高 6.58%～56.58%，速效磷含量提高 1.95%～78.12%，套种茶树时可使油茶品质变好。不同地区，气候、土壤条件、油茶生长状况不同实际生产中应根据各地实际情况因地制宜进行选择套种作物（黄炳超，2019）。

拓展阅读

五、抚育管理与更新复壮技术

（一）幼林抚育管理

造林当年除草松土两次，以后每年一次。当年抚育以小块状抚育为好，即以栽植点为中心，抚育半径为 30～50cm，其余杂草可保留，以利于保水防晒，提高苗木成活率。松土深度以 3～5cm 为宜。造林当年宜浅，以后渐深，幼树蔸边宜浅，向外适当加深。幼林每年施肥 2 次，冬施腐熟有机肥或火烧土，春施速效肥，如尿素、碳铵等，施肥量参照表 9-1，幼林施肥方法宜用环状沟施，即在树冠外沿深 20～30cm 开环形沟施入。

幼树定型是培育油茶丰产林的重要技术。主要措施是修枝整形。除修剪枯枝、病虫枝和除萌以外，修剪季节以晚秋果实采收后至春梢萌发前为好。

表 9-1　油茶幼林期逐年施肥种类与施肥量　　单位：kg/亩

肥种	年份				
	第一年	第二年	第三年	第四年	第五年至成年
硫酸铵	3～6	4～7	6～8	9～12	14～18
过磷酸钙	1.5～3	2～4	3～6	5～9	8～14
硝酸钾	0.25～0.3	0.33～0.5	0.46～0.7	0.7～1.05	1.05～1.57

油茶的整形有自然圆头形和自然开心形两种。

1. *自然圆头形*　在 30～40cm 高的主干上，选留 3～4 枝向四面均匀开张的主枝，每主枝上再留均匀交错的 3～4 侧枝，使其逐渐扩大形成树冠。剪去主干 30cm 以下的下脚枝、衰弱枝、交错枝、病虫枝及短截生长过旺的生长枝。

2. *自然开心形*　油茶造林 1～2 年后，树干 30cm 以下的侧枝及时全部疏去，30cm 以上的侧枝适当疏剪，以免侧枝密集。主干长到 50cm 即可定形，将主干 40cm 处截断，选留旺盛侧枝 3～4 个培养成主枝，第一主枝离地面 30cm 左右，第二、三主枝错开分布在第 1 主枝的上面，角度为 30°左右。当主枝长到 30cm 左右时截断，并在每枝条的两侧交错选留副主枝 2～3 个。第一副主枝离主干 20cm 左右，第二、三副主枝互生在第一副主枝上面。经整形，树体具主枝 3～4 个，副主枝 6～9 个，以后在主枝和副主枝上着生大量侧枝，逐渐形成树体矮、树冠开张的自然开心形树形。

油茶幼林宜间种豆科植物。夏季绿肥宜选用印度豇豆、猪屎豆。

（二）成林抚育管理

主要包括冬春深挖复垦、夏季浅锄、施肥、定型修剪、保花保果、病虫害防治、适时采收等措施。

1. *冬春深挖垦复、夏季浅锄*　地势平坦，坡度 15°以下山地可采用全垦；坡度 15°～30°宜带垦。坡度大于 30°宜穴垦。垦复时必须做到少伤根系，幼年垦复宜浅，成年后深些；冠外宜深，冠内宜浅。垦复深度一般为 15～20cm。夏季浅锄一般深度在 10cm 左右，并将幼嫩杂草翻入土中或覆盖地表，既可增肥又可减少水分蒸发。

2. *施肥*　以有机肥为主，辅以化肥。有机肥包括人畜粪尿、绿肥、厩肥、饼肥、堆肥、杂草及各种作物秸秆等。有机肥肥效久，且能改良土壤结构，但要早施、深施、施后覆土盖严。配合使用化肥，对油茶生长起到协调作用，有利于营养和生殖生长。

春季施肥，氮肥比例要大些，多施猪粪、火土灰等土杂肥。夏季油茶花芽分化旺盛，果实迅速增长，应多施磷、钾肥。秋季为防干旱，减少落果，应施硫酸铵、过磷酸钙等化肥。冬季为加强油茶防寒能力，并为抽梢发叶打好基础，应施完全肥料，如骨粉、茶饼、厩肥、人粪尿、过磷酸钙、火土灰等。

施肥的方法主要有撒施、环状沟施和根外追肥 3 种。撒施是将肥料均匀地撒在树冠以内的林地上，再结合中耕把肥料翻入土中。环状沟施是在树冠外沿挖宽 20～30cm，深 25～30cm 的环状施肥沟，把肥料均匀撒在沟内，并用肥土盖好填平。根外追肥，即把肥料按一定数量溶解在水里，用喷雾器直接喷在枝叶上，使油茶枝叶吸收。成林一般在 6～8 月喷施，根外追肥的浓度一般为 1%～2%。根外追肥用量少，效果好，尤其是干旱季节，根外追肥既施了肥料，又及时提供了一部分水分，可促进长果增油。

3. *定型修剪*　通过修剪，使养分集中，通风透光，病虫害少，减少落花落果。一般在茶果采收后到春梢萌发前修剪最适宜，可减少病菌感染，并且不致引起落果。一般剪去枯枝、衰老枝、下脚枝、病虫枝、寄生枝、细弱的内膛枝及位置不当的徒长枝。修剪宜轻。

4. 保花保果　油茶落蕾、落花和落果现象普遍，其总和占结蕾数的 80%～90%，是低产的原因之一。落花落果的原因有授粉不良、营养不足、感染病虫等。保花保果最根本的措施是选育良种、选择适宜林地、加强集约管理。辅助性的措施如下。

1）保护、引放授粉昆虫　包括地蜂、黄蜂、野蜜蜂、蚂蚁、蝶类等 40 多种。

2）增施磷、钾肥，减少落果　7～8 月干旱时增喷氮、磷等溶液对提高坐果率和减少落果，提高果实品质有显著作用。

3）施用硼肥　适当增施硼肥可提高保果率 20%～25%，产量提高 11.3%～25.6%。具体为，在初花期用 1%的浓度喷冠，幼果期用 1.5%的浓度喷冠，效果好，保果率高。

5. 病虫害防治　防治病虫害要坚持“预防为主，综合防治”的方针和“治早、治小、治彻底”的原则，在实行中要采取以营林措施为主，药械防治为辅，推广生物防治和土农药相结合的方法，提高油茶经营水平。

经营措施如改善林地卫生条件，适时垦复，清除病源；实行间作，多施磷、钾肥；修剪病虫枝，改善林地环境，增加抗病虫能力。

生物防治措施，如保护天敌，在林间放养天敌，实行“以虫治虫（病），以鸟治虫，以菌治虫”，如黑缘红瓢成虫、旋小蜂、小茧蜂、姬蜂、黑卵蜂、赤眼蜂等。此外，应保护林中鸟类。

化学防治也要以预防为主。采用保护性的 1%～2%的波尔多液经常喷洒，可防多种病害，如对炭疽病、软腐病、黑粉病等都有一定效果。另外用敌百虫 1000 倍液喷洒，能灭杀多种害虫的幼虫。

6. 适时采收　油茶采收应在果实充分成熟时进行，过早则含油率低，过迟则蒴果开裂，种子散落地下，难以收拾。普通油茶的三个基本群体品种，其成熟期为，寒露籽在“寒露”前后，霜降籽在“霜降”前后，立冬籽在“立冬”前后。

果实成熟时的外表特征是：果皮发亮，毛茸消失或仅果基部分残存少许，种子黑色或黄褐色有光泽。适时采收，茶籽出油率可达 21%，且油质好。

拓展阅读

大面积的油茶山，常因立地条件和树龄不同而成熟有先后，一般是高山先熟，低山后熟；阳坡先熟，阴坡后熟；荒山先熟，熟山后熟；肥水条件差的先熟，肥水条件好的后熟；老树先熟，幼树后熟。可据此安排采收之先后次序及时采收。

（三）油茶低产林改造技术

1. 抚育改造技术　抚育改造技术适用于立地条件好，30～40 年树龄，整体生长良好，齐整合理，每 667m^2 产油在 5～10kg 的优质油茶树林。具体技术要点包括以下 4 点：①做好种植地杂草、杂树清理工作，保证种植地平整，以利于翻耕中垦和果实采收，挖除老幼病残油茶树，减少其带来的病虫害影响。②做好密度调整工作，按照“密林疏伐，稀林补植”的原则，对种植密度大的种植地做好伐除工作，以保证林间透光度合理，对相对稀疏的种植地，进行合理补植，以确保经济价值最大化，一般情况下每亩林地油茶株数在 70～110 株为宜。③做好整枝修剪工作，要使修剪后的树体结构为“小枝多，大枝少”的状态。④做好深挖垦复和合理施肥工作（潘丽鹏，2019）。

2. 换冠改造技术　适用于立地条件好、树龄在 15～30 年，但是每亩产油量不足 5kg，低劣株占比达 50%以上的油茶种植地。换冠改造技术分为撕皮嵌接法和改良拉皮切接法两种。关键技术在于要选择 3 条粗度在 2～4cm 的弓形主枝作为砧木，选择无病无害、生长良好的半木质或木质枝条作接穗，进行嫁接工作。工作技术流程为绑扎接穗，罩上保湿袋，再罩上遮阴物质，然后做好管理工作，根据嫁接后的生长情况，及时解袋和解绑，并做好修剪整形工作，确保树形合理（潘丽鹏，2019）。

3. *老残林改造*　进入衰老阶段的油茶林，生理机能衰退，产量下降，应及时进行人工更新。

1）林冠下造林更新　利用油茶苗期耐阴的特点，于衰老油茶林的林冠下造林更新。3～4年后，幼林成长，即可砍去老残林。

2）截干萌芽更新　油茶萌芽力强，进行强度的修剪或截干，其隐芽可萌发抽梢，重新形成新的树冠。萌芽更新可视油茶林衰老程度不同，采取截枝萌芽或截干萌芽更新。此法树冠形成快，一般三年即可恢复投产。

拓展阅读

（吴鹏飞、董建文）

第二节　油 桐 栽 培

一、栽培意义

油桐，又称为三年桐、桐子树、光桐、罂子桐、荏桐等。油桐为我国重要的工业油料树种，其鲜果出籽率在30%以上，全干种仁含油率为52%～64%。用油桐种子提取的油称为桐油，油的理化常数是：相对密度（25℃）0.931～0.937，折光率（25℃）1.516～1.520，皂化值 189～195，碘值 160～175。桐油是一种优良的干性油，相对密度小、干燥快、有光泽、不传电，不怕冷、热，耐酸碱，具有防湿、防腐、防锈等特点，是我国大宗传统出口创汇商品。据不完全统计，有1000种以上的工业产品与桐油有关。

油桐果壳（外壳）富含钾素，可提取桐碱（碳酸钾），是制造钾玻璃的原料；也可经过烧灰、浸泡与磷酸中和，制成磷酸二氢钾肥料；据试验，每100kg桐壳，可制磷酸二氢钾2.5kg，效益可观；桐壳还可制活性炭等。

油桐叶可饲养白蜡虫；树皮含鞣质约18.3%，可以用来提取拷胶；木材不易生虫，可制家具；树枝及边材废料燃烧的烟灰也可制墨；桐枯（桐粕、饼、麸）又是一种优良的有机肥料，含有机物质75%～85%、氮素3.8%、磷酸1.3%、氧化钾1.3%，每100kg桐枯相当于19kg硫酸铵、8kg过磷酸钙和2.7kg氯化钾的总和，能改良土壤，改造冷浸田，杀灭害虫（中国树木志编委会，1981）。

二、主要种类与品种

油桐［*Vernicia fordii*（Hemsl.）Airy Shaw］属大戟科（Euphorbiaceae）油桐属落叶小乔木，原产我国，又称为“中国油桐”。1916 年油桐经葡萄牙商人传播到欧洲，现在美国、巴拉圭、巴西、肯尼亚、印度、日本等十多个国家或地区都栽种。目前全世界油桐属植物共有3种，我国大量栽培的除油桐外，还有皱桐（*V. montana*），其中油桐占95%。在我国，根据栽培数量和集中分布区及其自然条件的差异，可以将油桐分布区域划分为3个层次，即分布范围、主要栽培区和中心栽培区。

（一）分布范围

我国油桐分布范围的界线是：北纬22°15′～北纬34°30′；东经90°40′～东经121°30′；西至青藏高原横断山脉山系大雪山以东；东邻华东沿海低山与丘陵的东缘，北接秦岭淮阳中山与低山以南，南至华南沿海丘陵与滇西南山区以北的广大地区。包括西北地区的甘肃、陕西，西南地区的云南、贵州、四川、重庆，中南地区的湖南、湖北、广东、广西，华东地区的安徽、江苏、江西、福建、台湾共 15 个省（直辖市、自治区），近 700 个县（市）。

（二）主要栽培区

油桐主要栽培区在北纬 23°45′～北纬 33°10′，东经 101°50′～东经 119°58′。包括贵州、湖南、湖北、江西的全部；江苏、安徽、河南、陕西的南部；广东、广西、福建的北部；浙江的西部；四川和云南的东部，约 400 个县（市）。

（三）中心栽培区

油桐是中亚热带的代表树种，其中心栽培区处于我国中亚热带的中段，其界线是：北纬 26°45′～北纬 31° 35′，东经 107°10′～东经 111°30′。川东南、鄂西南、湘西北和黔东北 4 省交界毗邻的地区，是我国油桐著名产区。

随着引种、良种选育工作的逐步开展，油桐北移工作也取得了可喜的进展。20 世纪 50 年代初到 70 年代初，陕西秦岭北坡浅山地区及关中地区广泛开展油桐引种试验，据陕西省林业科学研究所在南五台试验和关中地区各县调查，只要林地选择得当（海拔 800m 以下的避风、向阳、土壤较肥厚的山坡、沟坡），选用耐寒品种，实行科学栽培和管理（直播造林，控长防寒，加强抚育管护），一般生长结果良好，无论种子的千粒重、出仁率或含油率均不比陕南旬阳县庙坪地区的逊色。桐油的折光率（1.5165～1.5200）也符合国家出口标准。

（四）优良品种

油桐栽培历史长达 1200 余年，在长期的发育过程中，受着人工选择和自然选择的共同作用，形成了数以百计的品种或类型。其中主要栽培品种达 210 多个，但多为地方优良农家品种。国内主栽油桐品种名录详见表 9-2。

表 9-2　我国主要油桐栽培品种名录表

省（自治区）	主栽优良品种名	省（自治区）	主栽优良品种名	省（自治区）	主栽优良品种名
浙江	浙江座桐	福建	福建一盏灯	江西	江西周岁桐
	浙江五爪桐		福建省花丛生球桐		江西鸡婆桐
	浙江少花单生满天星		福建对年桐		江西百岁桐
	浙江少花丛生球桐		福建串桐		江西鸡嘴桐
	浙江多花丛生球桐		福律软枝千年桐		江西千年桐
四川	四川小米桐	陕西	陕西小米桐	云南	云南高脚米桐
	四川大米桐		陕西大米桐		云南矮脚米桐
	四川立枝桐		陕西周岁桐		云南球桐
贵州	贵州对年桐	湖北	湖北九子桐	湖南	湖南小米桐
	贵州小米桐		湖北五子桐		湖南大米桐
	贵州大米桐		湖北五爪龙		筋南五爪龙
	贵州窄冠桐		湖北小米桐		湖南葡萄桐
	贵州矮脚桐		湖北大米桐		湖南柏枝桐
	贵州垂枝桐		湖北郧阳桐		湖南对年桐

续表

省（自治区）	主栽优良品种名	省（自治区）	主栽优良品种名	省（自治区）	主栽优良品种名
广西	广西龙胜大蟠桐	河南	河南股爪青	安徽	安徽国岁桐
	广西丹百年桐		河南五爪龙		安徽独果球
	广西隆林米桐		河南叶里藏		安徽大扁球
	广西三江五爪桐		河南大红袍		安徽小扁球
	广西隆林矮脚桐		河南矮脚黄		安徽五大吊
	广西都安矮脚桐	广东	广东小米桐		安徽丛果桐
	广西恭城对年桐		广东大米桐	江苏	江苏大米桐
	广西千年桐桂皱1、2、6、27号		广东对年桐		江苏小米桐
			广东千年桐		江苏球桐

三、生物学与生态学特性

（一）生长发育特性

油桐生长发育快，一年生苗高可达60～120cm，其年生育周期可明显分为两个时期，即生长期和休眠期。生长期自3月芽萌动开始至11月底落叶止，各物候出现的时间和长短，随品种、树龄和环境条件不同而异；休眠期自冬季落叶到翌年春季萌动止。油桐生长上最大的特点是枝、叶、花的原基集中生在一个顶部的混合芽中，春天顶芽开放后，抽枝、发叶、开花的过程相继进行，侧芽是潜伏芽，受顶部分泌激素所抑制，长期处于休眠状态，不萌发。油桐在具个体发育的过程中，表现出明显的阶段性。为了更好地经营油桐，处理好各个发育阶段的关系，通常将其分为三个阶段。

1. *幼年阶段*　从种子萌芽开始到第一次开花结实为止。油桐的幼年期比较短，一般为3～4年。此期营养生长十分旺盛，每年可从先年生的枝条顶端抽生新枝1～2轮，根系生长尤旺，主根长达100～150cm，根幅达300～400cm、迅速占据地上、地下空间，以便获得更多阳光、水分和养料。但幼年阶段对自然灾害和杂草的抵御能力低，要注意及时中耕除草，以克服杂草对水肥的竞争，最好能间种农作物，以耕代抚。

2. *壮年阶段*　油桐生长发育快，一般3年开始结果，生长期短的地区为4～5年。陕西安康地区的油桐引种到关中后，结果期约推迟1年；而对年桐嫁接苗第2年即开始结果。壮年阶段是生殖生长最旺盛的时期，也是栽培中最有经济意义的时期，一般为4～25龄，立地条件好、经营水平高的可延长至30龄。此期具有强烈的同化作用和较高的代谢水平。由于油桐为雌雄同株植物，雌花数量极少，雄花数量较多。一般营养条件好，则可极大地提高雌花百分率；随着林地荒芜，林木衰老，雄花百分率增加，壮年期缩短。因此，壮年期加强油桐林抚育，改善环境条件，提高营养水平，对增产有极好的效果。各地桐农都有“熟桐丰收，荒桐无收”的经验。

3. *衰老更新阶段*　一般油桐25年后即进入衰老更新阶段。主要表现特征为树冠和结果部位外移，生长逐渐衰弱，结果量低，病虫害严重，常自树干基部或主枝上萌发出若干徒长枝。这种枝条生长势强，2～3年后可开花结果，因此可利用这类枝条进行老树更新，使收益不致间断。

油桐花单性，雌雄同株。除少数品种外，一般是由多花组成的复聚伞花序。始花气温大于

14.5℃，开花迟早、花期长短主要受气温制约。除对年桐外，一般3～4年开始结果，5年后结果较旺，6～25年为盛果期，25～30年后结果能力下降。

（二）生态学特性

油桐是暖温带、亚热带树种，喜温暖湿润环境，不耐严寒。我国栽培地区的年平均气温为15～22℃，年降水量为750～2200mm，而以年平均气温16～18℃、年降水量900～1200mm为最适宜。但油桐畏寒风，特别是花期，要求日平均温度较高，若遇低温冷风，则授粉不良，会造成"十窝桐子九窝空"，影响结实。

油桐为阳性树种，喜光、怕涝。宜在向阳、避风、缓坡地种植。在阴坡生长的油桐，即使在海拔800m以下，其生长结实和含油率均不及阳坡好，正如俗话所说："开了朝北地，有本也无利"。油桐不耐水渍，在低洼地常积水处，根部易受浸害，山谷地开花时尤易受霜冻，不宜油桐生长。

油桐是浅根性树种，对土壤条件要求较高，不耐荒芜。母质是紫色沙页岩、石灰岩和砂岩的地区，土层深厚、肥沃、疏松，土壤呈微酸性及中性的砂壤土有利于油桐生长。土壤黏重，含石灰质过多常发生叶退绿病。油桐对大气中的二氧化硫污染反应极为敏感，在硫黄厂、脱硫厂数十里（1里＝0.5km）内，不宜栽植油桐林。

四、繁殖与栽培技术

（一）苗木培育

1. 播种育苗　一般春秋两季均可播种。春播在2～3月进行，播前用水选法选种，再用湿沙层积或温水浸种催芽。播种时，在苗床上按20～30cm的行距顺床开沟条播，播种量约为600kg/hm^2，播后覆土3～4cm，随即覆草，30～50d后即发芽出土，这时再揭去覆草。出苗后的管理与其他树种相同。

2. 扦插育苗　春季3～4月，从优良品种的植株上，选取健壮的1～2年生顶端枝条，裁成30cm长的插穗，插入肥沃而湿润的苗床上，随剪随插，成活率较高。

3. 嫁接育苗　嫁接用的接穗，应选自优良品种类型中的优良单株，选取健壮的1～2年生顶端枝条，裁成25～30cm长的接穗。砧木多用油桐或千年桐（皱桐）实生苗，于春季树木发芽前2～3周用枝接法（舌接、切接等）嫁接，苗木管理与一般树种嫁接苗管理相同。

（二）栽培技术

1. 整地方式　油桐的栽培性很强，一定要先整地后造林。油桐栽培区域主要在山区，整地方式可依坡度大小及劳力情况决定。

（1）全面整地：适用于桐粮间作为主的平坦缓坡地，一般整地深度为20～25cm。

（2）带状整地：适用于坡度较大、坡面完整的陡坡地，一般沿等高线修成水平阶，阶面宽1～1.5m，深翻25～30cm。

（3）块状整地：适用于坡度较大、地形破碎的地区，一般主要采用大穴整地，长、宽各100cm，深60～70cm。

2. 栽植密度　油桐生长迅速，栽植后当年根系水平扩展可达2～3m，成年树冠幅在4m以上。因此，油桐要求有较大的营养面积。造林密度应根据土质条件、坡度状况、品种特性和经营方式综合考虑，密度不宜过大。农谚说："欲得桐子结，桐树莫搭叶"。一般坡地造林密度为375～600株/hm^2；实行纯林经营（早期套种，后期纯林）时，为了前期丰产，初植密度可采用450～600株/hm^2，进入盛果期后改经营密度保持在210～270株/hm^2；油桐与杉木或油茶短期混交林，可植杉1500～1800株/hm^2，栽桐750～900株/hm^2，呈梅花形配置；坡面梯田地坎造林，一般株距2～3m，坎间距4～6m，造林密度为600～1200株/hm^2，成年后适当间伐，保持经营密度为450～600株/hm^2，对农作物影响不大，可固坎、防风、促进粮食增产。

3. 栽植方法　油桐造林有两种方法。

（1）直播造林。直播历来是我国油桐产区的主要造林方法，一般冬、春两季均可进行。每穴播种2～3粒，覆土5～6cm．春季种子发芽出土，秋季间苗定株，选留一株健壮苗。还可将桐果剥为两半，连籽带壳播入穴中，桐壳腐烂后培肥土壤，有利于种子发芽和幼苗生长。

（2）植苗造林。随着油桐生产良种化、优树化的发展，利用优树嫁接苗植苗造林，是油桐栽培技术的一项重大改革，对大幅度提高单产具有重要意义。植苗造林一般春、秋两季均可，在经过预整地的造林地上，按一定的株行距挖栽植穴，每穴施饼肥0.25～0.5kg或施入一定量的其他基肥并与土混合均匀，按“三埋两踩一提苗”的植苗技术流程栽植苗木。

五、抚育管理与更新复壮技术

（一）培育丰产树体结构

优良的树体结构是丰产的必备条件之一。树体结构的形成不仅与树种遗传特性有关，更重要且起决定作用的是经营者有意识的调控。对油桐来说，由于抽枝、发叶、开花结果只能在先年生枝的顶端进行，在目前的栽培管理技术条件下，采用修剪整形的方法培育优良丰产树形还有一定困难，因此只能依靠早期的土壤水、肥管理，调节树体营养水平来完成。中南林学院（现为中南林业科技大学）研究认为，油桐的优良树形应该是：有中心主干分三层，呈台灯形。这种优良树体结构的形成与造林后前3年的管理密不可分。其具体做法是：①植苗造林的当年，切实加强肥水管理，为分枝创造条件，施用氮、磷、钾的比例为5∶7∶2，可形成第一轮中央领导干和一级侧枝。②第二年采取控长措施，不施肥或仅在6～7月施磷、钾肥，促进花芽分化，既可增加第3年结果量，又能控制第一层与二层侧枝间的距离，以后可加强肥水管理，促进结果。

（二）合理间作，以耕代抚

油桐与粮油经济作物、药材、绿肥等间作是桐油产区的传统习惯，通过间作套种，可增加植被盖度，减少土壤水分蒸发，防止水土流失。同时，通过对间作作物施肥及中耕除草等管理工作，可增加桐林的养分和水分，起到以耕代抚的作用。据试验，合理间作套种可延长油桐结果期50%，提高出油率10%，增加桐油产量100%。

（三）合理施肥提高单产

施肥对促进油桐生长发育，提高单产有着显著的作用。肥料的种类和施用数量，应根据树龄、树势和土质情况而定。一般幼苗期以氮、钾肥为主，以促进茎叶生长，增加抵抗力。结果后，宜施堆肥、厩肥及有机肥料。施肥时间，一般冬、春季各一次。方法是沿树冠投影外缘下挖半圆形浅沟（幼树）或放射状浅沟（结果树）。沟深15～25cm、宽30cm，把腐熟的肥料施入沟内，然后盖土。据江苏省林业科学研究所试验，油桐施用氮、磷、钾肥的比例是4～5年生为4∶8∶4，7～8年生为5∶8∶6。

油桐对肥料比较敏感。缺氮时，叶色变淡；缺磷时，叶有紫斑而卷曲；缺钾时，叶褪色而卷曲枯萎；缺锰、镁、铁、锌时，叶片也有褪绿卷曲现象。因此应按其生长表现，适当调节和增施所缺肥料，以保证正常生长和结果。

（四）成林垦复

垦复不仅能促进油桐生长发育，还能提高单位面积产量。根据陕西省商洛市的经验，垦复一般在春季进行，有的也在冬季进行。春季垦复，便于农桐间作，易于安排劳力，对促进当年新梢生长和减少落花落果有效；秋季垦复，通过挖除灌木、杂草，便于拣拾桐籽，疏松土壤，蓄水保墒。垦复的方式有 3 种。

1. 全垦　一般适用于桐粮间作为主的平坦缓坡地。

2. 带垦　适用于采用带状整地造林的陡坡地，垦复宽度应大于整地宽度，一般为 1.5～5.0m。由于扩展了带宽，加厚了土层，减少了地表径流，提高了土壤肥力，因而增产幅度较大。

3. 穴垦　适用于坡度较陡、地形破碎、劳力缺乏、采用穴状整地的成林地。垦复深度一般为 18～25cm，同时应根据垦复季节、地势适当调节，即“冬季宜深，夏季宜浅；平坦地宜深，陡坡宜浅”。

油桐林垦复制度有“三年一挖，一年一锄”“隔年一挖，间年荒”“三年一挖，荒两年”等。在目前我国油桐林经营管理粗放，单产水平极低（我国常年平均亩产桐油 5kg，而广西林业科学研究所亩产 99.9kg、美国 100kg）的情况下，应切实推行“三年一挖，一年一锄”的垦复制度，因为它符合“头年垦复，当年受益，二年增产，三年丰收”的垦复增产规律。

（五）衰老桐林复壮更新

油桐休眠芽寿命较长，萌芽力强。我国湘西劳动人民在长期的桐林经营实践中，利用油桐休眠芽萌发抽生新枝这一特性，总结出了截枝、截干复壮更新的经验，对迅速恢复树势，提高产量具有十分重要的作用。一般对林龄在 15～20 年及以上，荒芜 7 年以上，枯枝占全树枝条 25%以上的桐林或 25 年以上的衰老桐林，都应进行复壮更新。截枝、截干多在冬季进行，也可推迟到立春前后。截枝的具体方法是：将主干上 2～3 次分枝以上的枝条全部截除，剪除应在分枝以上 7～10cm 处，要保持切口平滑、无劈裂。截枝后，每一桩枝上可抽生出许多萌芽新枝。要及时抹芽，只保留切口下第一个抽生枝，以利该枝健壮生长，保证下一年结果。截干的方法是：在距地面 15cm 处截去主干，进行萌芽更新。对截枝、截干更新的油桐树要加强抚育管理，当年即可抽出新梢，2～3 年即可结果，3～5 年为盛果期，以后逐年减产。至 6～8 年可以进行第二次截枝更新。在第二次更新后的 3～4 年，可在林内栽植苗木，进行伐前人工更新造林。

拓展阅读

（王进鑫）

第三节　蓖麻栽培

一、栽培意义

蓖麻是一种传统的特殊工业原料作物，是世界十大油料作物之一。蓖麻油是一种高级润滑油，用途广，经济价值高。精制蓖麻油，可用于飞机、轮船、汽车和高速机械车床。粗制蓖麻油可用于保护车辆和农具，还可制作炸药，作为印染工业上的助染剂、皮革保护油、农药的乳化剂。医药上作泻剂的软膏，工业上还是制作香皂、香发油、人造皮革、人造树脂、假象牙、油漆、油墨、印泥、尼龙、杀虫剂、灭蝇纸等产品的原料。蓖麻籽榨油后剩下的油粕，可用作照相软片的原料。饼渣中含氮 7.5%、磷酸 2.35%、碳酸钾 6.96%，是良好的肥料。饼粕经高温 115℃处理，使其中的蓖麻籽毒素破坏后，可作家畜的精饲料。蓖麻的茎皮富含纤维，是造纸和人造棉的原料。蓖麻的叶子不仅可用来饲养蓖麻蚕，成熟的蓖麻叶也可制成杀虫剂。将老蓖麻叶碾成粉末，按 0.5%的比例拌入土杂肥或随耕随散，对防治地下害虫蛴螬、蝼蛄和地老虎有较好的效果。把鲜蓖麻叶捣烂挤汁，兑上 10 倍水用来喷洒粪坑，杀蛆率达 50%～70%，兑水 20

倍对蚊子的幼虫也有很高的杀伤力。所以蓖麻全身是宝，用途很广泛。

蓖麻在我国分布广，栽培历史悠久，产量仅次于巴西和印度，居世界第三位。蓖麻具有耐干旱、耐盐碱、抗病虫害等多种特点，耕作较为粗放，因此联合国已经将其列入三大抗旱作物在世界干旱区推广。近些年来，随着国际市场飞机、机床、印染、塑料、橡胶、油漆、印章、尼龙等行业对蓖麻需求量的增加，蓖麻油市场缺口大，年供给量不及需求量的 1/3，因此在我国广大中西部气候干燥，土地较为瘠薄，粮食作物种植成本较高的地区，发展蓖麻产业是出口创汇，培育外向型农业和进行农业结构调整的好项目之一。

二、主要种类与品种

蓖麻（*Ricinus communis* L.）属于大戟科（Euphorbiaceae）蓖麻属植物，生产中栽培品种来源大体有三种类型：一是杂交种，如‘无刺 1 号’‘无刺 2 号’，从法国引进的杂交种‘CSR-181’‘CSR-268’‘CSR190’等，由于种子量有限，种价昂贵，成本较高，应用较少。二是生产上主要应用的常规种，如‘哲篦 1 号’‘哲篦 2 号’‘哲篦 3 号’‘油篦 1 号’‘油篦 2 号’‘油篦 3 号’‘油篦 4 号’等。三是农家种，如‘红杆塔穗蓖麻’‘淄蓖麻 1 号’‘淄蓖麻 2 号’‘淄蓖麻 3 号’‘晋蓖麻’等。

三、生物学与生态学特性

（一）生物学特征

1. 根　蓖麻根系为圆锥形，有粗壮的直根和 3～7 条大的侧根，直根和侧根生长出许多支根和产生若干带有根毛的小根，构成了网状根系。由于蓖麻根系发达，具有耐旱、耐瘠薄的能力。

2. 茎　蓖麻茎粗壮，中空有节，茎部和顶端幼嫩部分有髓。茎有分枝，有青、紫、红玫瑰等色之分，茎上颜色有一色或是断断续续的条纹。茎通常有节间，越早熟品种节间越少。茎节光滑，全株无毛。茎有分枝，从主茎的叶腋中，形成第一次分枝，第一次分枝上可长出第二次分枝。在气候适宜、养分充足的条件下，还可发生第三次分枝。分枝强弱和数目多少，与营养、气候、土壤等条件有关。例如，土壤干旱、瘠薄几乎分枝很少，在湿润、土壤肥沃疏松的条件下分枝就多。有的蓖麻叶片上附有蜡层，茎秆附有一层蜡脂，能阻止植株体内水分向外蒸发，这样的蓖麻抗旱能力较强。

3. 叶　蓖麻的叶子有两种，一种是种子发芽带壳出土的两片，称为子叶；另一种是随后由腋芽生长的叶子，称为真叶。子叶生长得好坏，直接影响将来植株的发育，对后来的产量有一定的影响。蓖麻叶子的排列除一、二对对生外，其他均为互生。叶有柄，其长度不等，表面光滑，与茎秆色泽相同。叶片呈盾形，有 7～11 个裂片，叶片边缘呈锯齿状。不同品种、类型蓖麻的叶片大小有差异。以植株中部来说，有叶片小的、叶片中等的和叶片大的。绿色蓖麻的叶片颜色与叶脉相同，也为绿色，而带有花青素类型的蓖麻，其叶色和叶脉色泽有差别。叶片与叶柄交界处有蜜腺，蜜腺呈小盘状，这是蓖麻植株形态的重要特征。

4. 花　蓖麻的花为雌雄同株异花，花小而聚集成总状花序，总状花序着生在主茎和侧枝的先端。无论雌花还是雄花均聚集在总状花序上，沿轴着生，成为螺旋状排列的聚伞形花序。每一总状花序上花朵数在 30～500 个。蓖麻虽为雌雄同株异花，但在总状花序上雄花层和雌花层的交界处，常可发生两性花，自然界中偶尔也发现有雌雄异株的蓖麻。

5. 果实　蓖麻的果实称为蒴果，通常为 3 室，每室中有一颗种子，每室裂开为两瓣。蒴果球形或长形，而上端稍稍收缩。蒴果大小由蓖麻的类型及蒴果着生在花序上的位置来决定。主茎总状花序的上部和侧总状花序的蒴果要小些。蒴果的大小可分为，极小的 1cm 以下，小的

1～1.5cm，中等的1.5～2cm，中偏大的2.5～3cm，大的3～3.5cm。未成熟的蒴果外壳，又有光滑、皱缩、有刺或无刺等类型。蓖麻果穗有不同的形状，按形状可分为窄形、塔形、钝圆形和椭圆形等。

6. 种子　蓖麻的种子由种皮、种阜、胚和胚乳等部分组成。种阜在种子一端。种皮坚硬，表面光滑，上面的斑纹、颜色、大小、形状颇为复杂。按其种子表面的颜色、花纹来分，有灰色、浅栗色、暗栗色，浅红色、暗红色等。种壳表面的花纹排列稀密不一。胚乳白色，含油丰富，可达58%～75%。胚乳中央有胚，胚有两片很薄的子叶，子叶上生有明显的叶脉，在靠近种阜的一端有胚根、胚轴和胚芽。

（二）生态学特性

1. 温度　蓖麻是喜温作物，生长期长。蓖麻种子在低于10℃的温度下是不能发芽的。当温度升高到10℃以上时，种子开始发芽。种子发芽的速度随着温度的升高而加速。例如，当温度为15℃时，7～8d就有98%的种子发芽；当温度为20℃时，3～4d就有68%的种子发芽；温度为30℃时，经2～3d就有89%的种子发芽，如果温度再高则发芽受阻。在田间条件下，当温度在12～13℃时，入土的蓖麻种子开始发芽。若昼夜平均气温稳定在16～20℃时，通常经过13～15d出幼苗。蓖麻对冻害反应较敏感，幼苗在春寒0.8～1℃时会冻死，成长的植株在−3～−2℃时会因冻害而凋萎枯死。蓖麻在生育过程中需要大量的热。从出苗到开花成熟需要昼夜平均积温2000～3500℃。在蓖麻生长发育过程中，6～8月温度较为重要，需要日平均温度在20℃，否则蓖麻的生长发育延缓，种子产量和含油量都会降低；此期温度较高，能够促进早熟。

2. 水分　种子发芽和籽粒灌浆阶段需水量较多，月平均不少于40mm，否则就要进行灌溉。例如，在播种时发生春旱，最好采用催芽坐水播种。

3. 光照　蓖麻在光照上可分为短日照、中间类型和长日照三种类型，它们在植株生长发育的过程中，各有特点：短日照品种的植株在总状花序出现以前生长最快；而长日照和中间类型品种的植株在总状花序出现以后生长最快。蓖麻主茎上的果穗种子成熟最早，种子质量较好，选种时要留主穗上的种子。

四、繁殖与栽培技术

（一）常规生产技术

蓖麻是一种耐瘠薄、耐旱、适应性强、耕作粗放的作物，但要获得高产，也必须科学种植、科学管理。

1. 选地和整地　种植蓖麻应当选择土层深厚、质地疏松、酸碱度适中和有机质含量丰富的土壤。可以种在砂壤土地、黑钙土地和黄黏土较轻的平地和二坡地，不要种植在低洼地和黏重黄土地上。蓖麻根系发达，选好地后要进行深翻整地，作成80cm宽的大垄，作垄后进行保墒，遇到干旱时，进行催芽坐水播种。

2. 施肥　蓖麻生育期很长，植株高大，需要足够的养分，才能保证蓖麻有较好的产量。生产50kg蓖麻种子需要氮3.5kg、磷2.8kg、钾3kg，应当多施厩肥、人粪尿、饼肥、磷肥和草木灰等。每亩应施基肥200kg、磷肥15kg、种肥8kg。当蓖麻生长进入生殖生长阶段，对营养物质吸收最多，生长速度加快，这个时期吸收营养物质占全部营养物质的3/4。如发现肥料不足，应当进行追肥。

3. 种植密度　蓖麻植株高大，需要适宜的密度，过稀影响产量，过密影响生长。一般密度为：行距80cm、株距60cm，每亩保苗1100～1300株，但不要超过1500株。保证合理的密度需要做到：①选好种。选择新鲜、籽粒饱满、大小色泽一致、发芽率高的蓖麻籽作为种用。

②播种量一般每亩用种1kg。③播种期为4月下旬至5月上旬。这时地温已稳定在10℃以上。④为了保全苗，要进行浸种、催芽后播种。用25～35℃温水，浸种20～24h或用45℃温水浸种3～4h，捞出摊开，置于20～25℃室内堆放1～2昼夜，上盖一层草帘子，待部分种子破口露白，大部分种子吸水萌发，即可播种。

4. *种子处理*　药剂处理：用40%甲醛溶液1份加水300份混匀，洒于缸内种子上，而后加盖闷种3h，少量的种子可用2%甲醛溶液浸种0.5h。种子通过药处理后，能消灭蓖麻种子上所带的病菌，减少发病率，还能起到对土壤部分消毒作用，减轻地下害虫对种子的危害和因土壤带菌而引起某些菌类病害。

5. *晒种*　晒种要选择晴天，将蓖麻籽摊放在垫有草席的晒场上，气温较高可晒2～3d，如果气温低可多晒1～2d，使种子各部分受热均匀，晒种可增强种子的活力。

6. *播种*　地温稳定在10℃以上就可以播种蓖麻，一般覆土4～8cm为宜。

（二）蓖麻地膜覆盖和地膜再利用高产种植技术

1. *蓖麻地膜覆盖种植技术*　地膜幅宽60～80cm。播种前15d施足基肥，整好土地覆膜，以提高地温，压好地保墒，然后在膜上交错对空打孔点播，孔穴口用细沙压实。每幅膜上种植1行，行距90～100cm，株距80cm，密度为1000株/666.7m^{2}左右。在现蕾前按株穴打孔，追施尿素20kg/666.7m^2，膜内出现杂草时可揭膜除草再压实。由于膜上空位多，也可在膜上间作芽豆等蔬菜，增产增效。地膜蓖麻由于生长旺盛，枝叶繁茂，田间荫蔽度大，后期间作作物易受抑制，因此不宜间作。通过生产实践，证明地膜蓖麻比裸地蓖麻增产1倍以上，虽然每666.7m^{2}投资增加30～50元，但增收150～200元，投资回报率高，产投比大，适宜大面积推广应用，特别是在低温冷凉、无霜期短的地区，增产增收效益更为明显。

2. *地膜再利用种植技术*　这是根据当前地膜玉米种植面积大，每年秋季未分解地膜多，农田白色污染严重，玉米根系人，耕翻地费力，土壤不能压实，跑墒严重等问题而采取的 种技术。经试验，将上年种植地膜玉米的地块实行免耕法，第2年春季打孔点播蓖麻，穴施基肥。由于地墒好，地温回升快，可适当早播，且出苗快，分枝多，发育旺，一般比裸地增产增收60%以上。这种地膜玉米后种蓖麻，地膜蓖麻后种玉米的地膜再利用技术，已得到普遍应用。这项技术可节约投入成本，减少耕翻土地劳动强度，克服白色污染，玉米根系还可自然腐熟，还田培肥，一举多得，值得试验研究和大面积推广应用。

3. *压砂种植技术*　类似于压砂种植西瓜。在种植前每666.7m^{2}准备1m^{3}左右细砂砾，打孔穴播种，穴孔下部用土覆盖，上部用细砂覆盖，可防止跑墒，土壤板结，提早出苗7d左右，苗全、齐、匀、壮，增产20%～30%，已为农民所接受。

五、抚育管理与更新复壮技术

（一）田间管理

蓖麻的田间管理十分重要。为了种好蓖麻，在田间管理上应抓住以下几项技术措施。

（1）查苗补苗，确保全苗。

（2）及时定苗，中耕除草。当幼苗长出两片真叶时，就应当进行疏苗，解除幼苗过挤，以免影响生长。待幼苗长出3～4片真叶时，就要间一次苗，每穴宜留2株。待幼苗长出5～6片真叶时，就要定苗，每穴留一株。

（3）合理灌水。蓖麻虽耐旱，但幼苗期及结实期需水较多，如遇干旱，就要灌水。蓖麻也不耐涝，如果积水过多，就要及时排水。蓖麻要求的最适宜土壤含水量为15%～20%。

（4）整枝打顶。整枝打顶是蓖麻田间管理的一项关键且特殊的技术措施。打顶的作用主要是调节营养生长和生殖生长，改善株型和授粉环境，促进多结果，早成熟，防徒长。减少营养消耗，提高产量。整枝的方法有 3 种：①去主留侧整枝法。在主茎顶端开始形成微小花序时把顶端掐掉，选留 3～4 个上部分枝的强芽成穗，主茎中上部和分枝上的其余腋芽全部掐掉。②主侧并留整枝法。在主穗出现后把主茎叶节的强芽掐掉，除留主穗外，再留 2～3 个上部强芽成穗，主茎下部及分枝上的其余腋芽全部掐掉。高肥水、生长旺的田块适宜此整枝法。③打掐无效腋芽法。主要针对旱薄地生长势弱的田块。在枯萎前 15d 把尚未出叶的不能正常成熟的幼小芽尖即无效分枝全部掐掉。

除按上述整枝外，蓖麻整枝打顶还要因地制宜考虑以下原则：一是整枝要根据品种、地力、密度、无霜期及耕作管理水平综合考虑，提前确定分枝数。二是整枝时间要严格及时，尤其是第 1 次摘顶和最后 1 次摘除分枝的时间要恰当，偏早偏晚都影响产量。整枝时间以晴天中午最好，用剪刀剪除。三是由于植株个体生长差异较大，因此在整枝期要多次到田间逐株检查，做到整枝干净彻底，不留潜伏芽。

（二）病虫害防治

蓖麻在高温、高湿的条件下，7～8 月易发生病害。可用硫酸铜 0.5kg、石灰 0.5kg、水 80kg 混合后喷洒。蓖麻在生育期还会发生枯萎病、叶枯病、细菌性斑点病等，发现后都要及时防治。在蓖麻生育期经常发生的虫害有小地老虎、草地螟、棉铃虫、刺蛾、夜蛾等虫害，如有发现，要及时喷药或捕杀。

（三）分期采收

蓖麻及时收获才能实现高产丰收的目的。收获过早会降低千粒重，使壳仁比例增高；收获太晚，种子过分干燥，籽粒容易脱落。如果遇到阴雨天气还会造成种子在果穗上发芽和霉烂现象。蓖麻籽成熟不一致，即使是同一个果穗，成熟也有早有晚，要分期采收。蓖麻果成熟标准是：果穗上蒴果大部呈现褐色或黄褐色，蒴果凹陷（有裂纹时），即可收获。

（四）多种形式复合种植技术

由于蓖麻植株相对较为高大，一般种植密度小、空间大，幼苗生长慢，生育期长。因此，适宜同多种作物复合种植。生产实践中已成功的复合种植技术有以下几个。

1. *共生期短的复合种植方式*　蓖麻＋豆类（扁豆、豌豆、葫芦豆等）、蓖麻＋胡麻、蓖麻＋春小麦。一般在早春先播种间作作物，行比为 1∶4，蓖麻行距 1m，待间作作物出苗时点种蓖麻。上述作物与蓖麻共生期 60～70d，蓖麻单生期 70～80d，既能获得一定的间作收益，又不影响蓖麻后期生长和产量。一般上述间作作物单产可达 50～100kg/666.7m^2，且蓖麻几乎不减产。

拓展阅读

2. *共生期长的复合种植方式*　蓖麻＋马铃薯，两者同期播种，同期收获。利用蓖麻空间大的优势和马铃薯地下生长耐阴特点套作，蓖麻与马铃薯行比 1∶1，蓖麻行距 1m。此方式蓖麻产量比单作稍低，但马铃薯增收，补偿收益明显。

（李会科）

元宝枫栽培、乌桕栽培、紫苏栽培具体见选读内容 9-1～选读内容 9-3。

选读内容 9-1　选读内容 9-2　选读内容 9-3

第十章　香料调料类经济植物栽培

【本章提要】本章重点介绍八角、花椒、肉桂、山苍子、桂花 5 种香料、调料类水土保持经济植物的栽培意义、主要种类与品种、生物学与生态学特性、繁殖与栽培技术、抚育管理与更新复壮技术。

第一节　八 角 栽 培

一、栽培意义

八角俗称八角茴香、大茴香、大料。以果实入药，是我国珍贵的经济、药用树种之一，也是我国重要的香料和出口南药之一。主产广西，有 300 多年的人工栽培历史，现在云南、广东、福建等省有引种栽培。八角果皮、种子、枝叶都能蒸馏提取芳香油，称为八角油或茴香油。鲜果皮含油量为 5%～6%，鲜种子含油量为 1.7%～2.7%，鲜叶含油量为 0.75%～0.90%。八角油主要用于提取大茴香，工业上作为合成大茴香醛、大茴香醇的主要原料。大茴香醛、大茴香醇被广泛应用于食品、啤酒、制药、香料、化妆及日用工业中。

在中医方面，八角味辛甘、性温。有祛寒湿、理气止痛、和胃调中的功能。主治疝气痛、腰部冷痛、胃部胀闷及受寒引起的呕吐等症。同时，八角果也是我国及东南亚、日本人民喜爱的调味香料，年消费量很大，在国际市场享有较高声誉。

拓展阅读

二、主要种类与品种

（一）种类

八角（*Illicium verum* Hook. f.）属木兰科（Magnoliaceae）八角亚科八角属。八角属共有 5 种。

1. 八角（*I. verum* Hook. f. ）　果蓇葖 8，顶端钝或钝尖，稍反曲。分布于广西、福建、云南等省（自治区）。

2. 台湾八角（*I. arborescens* Hayata）　果蓇葖 12～16，木质。分布台湾。

3. 红茴香（*I. henryi* Diels）　果蓇葖 8，红色，分布豫、陕和西南各地。

4. 厚皮香八角（*I. ternstroemioides* A. C. Smith）　果蓇葖 10～14，木质。分布于粤、闽。

5. 莽草（*I. lanceolatum* A. C. Smith）　果蓇葖 10～13，木质，顶端有长而弯曲的尖头。分布于长江中、下游以南各地。

5 种形态近似，均可提取芳香油。但其中厚皮香八角和莽草果实有剧毒，不能药用及食用。必须认真加以识别，以免出现中毒死亡事故。

（二）品种

八角原产地广西品种繁多，据广西林科所等单位的研究成果，划分为 4 个品种群共 17 个品种。

1. 红花八角品种群　包括‘普通红花八角’‘柔枝红花八角’‘红萼八角’‘大果红花八角’‘多角红花八角’‘鹰嘴红花八角’‘小果红花八角’‘厚叶红花八角’‘短枝红花八角’共 9 个品种。

2. 淡红花八角品种群　包括普通‘淡红花八角’‘多角淡红花八角’‘柔枝淡红花八角’

‘厚叶淡红花八角’共4个品种。

3. *白花八角品种群*　包括普通‘白花八角’‘柔枝白花八角’‘多果白花八角’共3个品种。

4. *黄花八角品种群*　包括‘黄花八角’1个品种。

（三）形态特征

八角为常绿乔木，树高10～15m，主干挺直，树皮灰白色，稍粗糙，老树皮灰褐色，有不规则浅裂。叶互生或3～6枚簇生，革质，长5.5～10.5cm，宽1.6～4.5cm，椭圆状披针形或椭圆状倒卵形，全缘，叶面深绿色，光亮无毛，叶背淡绿色，有疏柔毛。两性花，单生于叶腋，花梗长约1.5cm，花被8～12片，粉红色或深红色，排列为2～3轮；雄蕊15～19个；雌蕊8心皮，离生，轮状排列。蓇葖果为八角形，鲜时绿色，干后棕红色，果径约3.5cm，熟时开裂；种子椭圆形，有光泽，棕色。

三、生物学与生态学特性

（一）生长特性

八角一般树龄可达70～80年，生长8～10年可以开花结实，15年进入盛果期，50年后衰退。立地条件好、管理集约的八角林，5年就能开花，10～12年就进入盛果期，60～70年才衰退。树龄长达百年之久。

八角每年可抽梢2～3次，春梢叶芽2月中旬萌动，3月上旬展叶；夏梢4月下旬抽出；秋梢8月上旬萌发；一般长果侧枝只在3月上旬抽梢一次。

八角的花期较长，一般每年7～11月陆续开花结实。果期到翌年3～4月及10月两批成熟。一般3～4月成熟的春果，俗称“角花”或“小造果”，是先年8月中旬以前开花所结的果实。通常瘦小，种子发育不良，不能作种用。10月成熟的秋果，俗称“大造果”或“大红果”，是先年8月中旬以后盛花期所结的果实。通常饱满肥大，数量多，质量好，种子发芽率高，占总产量的80%～90%。

（二）对环境条件的要求

1. *温度*　八角是热带、南亚热带的药用树种。在广西主要分布于北纬25°30′以南的丘陵山地。年平均温度为19～23℃，最冷月平均气温不低于10℃，绝对最低温度在−6℃以上。一般气温在−3℃时，幼树、幼苗秋梢易受冻害，严重时会冻死。气温在−6℃时，大树枝条出现冻害枯死，部分植株会冻死。因此，八角新引种区，绝对低温不应低于−6℃。

2. *水分*　八角性喜温暖湿润的气候条件，产区一般年降雨量在1300mm以上，相对湿度在78%以上。虽然雨量分配不够均匀，但因产区山地地形复杂，植被茂密，阴天，云雾较多，日照较短，土壤水分和空气湿度较大，均能满足八角生长发育的要求。

3. *光照*　八角幼树为耐阴性树种，需要有遮阴才能生长良好，透光度大会引起叶子枯黄而死。但成年树，则需要充足的阳光，尤其是花芽分化及果枝的发育期，光照充足，才能正常开花结实。

4. *土壤*　八角要求土层深厚、疏松、排水良好、腐殖质含量丰富的偏酸性壤土或砂壤土。土壤浅薄、瘠瘠的山坡则生长不良，开花结实少，产量低。

四、繁殖与栽培技术

（一）繁殖方法

八角的繁殖以种子育苗、造林为主。

1. *采种*　首先应选择品质优良、树冠茂盛，结果量多、无病虫害的壮年母树作为采种树。八角果实的成熟期较长，大量果熟期在10月下旬。当果实皮的颜色由绿色变为黄褐色，未开裂之前采收。此时，种皮有一定光泽，饱满充实，发芽力最强，且水分少，容易贮藏。采种时注意保护母树，不能用竹竿敲打或摇动，应采用手摘为好。采回的八角果实应随采随播，以免丧失发芽力。如需长途引种运输的，应把种子按1∶（3～4）的黄泥加少量清水，搅拌均匀，每颗种子均裹一层黄泥，放阴凉处贮藏至播种时取出播种。

2. 育苗　苗圃地选择土质肥沃、排水良好、环境阴凉、水源充足，而无日晒的地方。全面翻耕，清除杂草石块，碎土平整作畦，三犁三耙，施足基肥，畦高20cm，宽1m，沟宽30cm，四周开排水沟，防止积水。

播种时间：南亚热带无霜地区以11～12月播种。中亚热带有微霜的地区，以1～2月播种较好，但不得延至3月后播种，以免不发芽。

播种方式：采用条播，行距15～20cm，播种沟深4cm左右，以3～4cm株距点播种子一粒。用火烧土拌细土覆盖约3cm，并覆盖茅草或松针保湿。

苗期管理：种子发芽出土前应经常淋水，保持苗畦湿润，促进发芽，发芽出土后要及时撤走覆盖物，并立即搭棚遮阴，至11月方可拆棚。经常进行中耕锄草，保持苗畦土壤疏松，无杂草。当苗高3～4cm时，就可结合中耕除草进行追肥，早期以施氮肥为主，促进苗木生长；后期则施磷、钾肥为主，促进苗木生长健壮。第2～3年则主要是中耕锄草，追肥和间苗。一年生苗高达30～45cm，2年生苗高45～60cm，3年生苗高1.3m以上。定植造林常用大苗，成活率更高。

（二）整地造林技术

1. 选地整地　造林地应选择土层深厚、疏松肥沃，湿润的微酸性砂壤土至轻黏土。以半阳坡、丘陵或中山的中、下坡为好。日照强烈的西坡、西南坡及土层瘠薄、干旱的立地不宜选用。

整地应根据坡度及水土流失情况而定，一般15°以下缓坡可全面垦复挖穴，15°～25°的坡地宜带垦，25°以上按块状或直接挖大穴垦翻。整地挖穴可在造林前半年进行。穴的规格为50cm×50cm×40cm。果用林的株行距为5m×5m或4m×5m，保持26～34株/亩；叶用林的株行距为1.33m×1.33m，保持375株/亩的密度较为合适。

2. 植苗造林　造林季节一般在2月新芽萌动前进行。果用林以2年生苗较好，叶用林选用3年生苗为宜。起苗前，先剪去大部分侧枝和3/4叶片，边起苗边造林。造林面积大、任务重的，为提高成活率，可以在定植前1～2周，果用林在距离苗木根际10cm，叶用林在距离苗木根际1.0～1.3m处截干，黄泥浆蘸根，选择雨天定植造林。

拓展阅读

五、抚育管理与更新复壮技术

八角定植后，在幼林地里间作套种农作物是提高八角成活率和促进幼苗生长的好办法。套种玉米、薏苡，或其他高秆草本、灌木类经济植物，可以起到以耕代抚、以短养长的作用，既能增加经济效益，又能改善土壤肥力。间作3年后，每隔3～5年全面翻一次，至10年生进入盛果期。每年割草或浅锄两次，第一次在青果未脱落前进行，第二次在9月秋果采收前进行，以便收果。

叶用林则定植后2年内间作，以后每年生长旺盛期前进行一次中耕锄草、培土、施肥，可以保持30～40年的生产期。否则，八角林分很快就会进入衰退期，经济寿命缩短。

一般八角林盛产期只有几十年。衰老后，通常采用重新造林更新。

（林锦仪）

第二节　花 椒 栽 培

一、栽培意义

花椒又名凤椒、秦椒、椒树。花椒果皮含挥发性芳香油 4%～9%，是调味和制作香精的原料；花椒入药能除风邪、去寒痹、明眼目、镇痛、健胃、助消化及驱杀蛔虫。花椒种子含油量为 25%～30%，花椒籽油经过处理除食用外，也可提取芳香油、制皂、做润滑剂，所残余的油饼可作肥料或饲料；叶子可代果皮作调料或配制农药驱杀多种害虫。木材坚实耐用，可做手杖、伞柄等耐磨器具；根系发达，固土力强，较耐干旱，耐瘠薄，是很好的水土保持树种。花椒生长快、结果早、效益好。陕西渭北黄土高原已栽植 1 亿多株，是当地振兴经济的支柱产业。

二、主要种类与品种

花椒（*Zanthoxylum bungeanum* Maxim.）属芸香科（Rutaceae）花椒属落叶小乔木或灌木，原产我国，野生分布于秦岭、泰山两山脉，海拔 1000m 以下的地区。全球花椒属植物的品种、类型达 250 余种，花椒栽培已遍布亚洲、非洲、大洋洲、北美洲的热带和亚热带地区，温带地区较少（李晓莉，2020）。在我国，花椒属植物共有 45 种 13 变种（于胜男，2012），除东北、内蒙古少数地区外，均有栽培，其中以陕西、河北、四川、河南、山东等地较多。花椒通常指花椒（*Z. bungeanum*）及花椒原变种、野花椒（*Z. simulans*）、川陕花椒（*Z. piasezkii*）、竹叶花椒（*Z. armatum*）、青花椒（*Z. schinifolium*）5 种（李建红等，2009）。主要栽培品种如下。

1. ‘大红袍’（‘狮子头’）　树体较高大，刺大而稀，果大，香气浓，果皮鲜红色，晒后色不变。伏末成熟，4～5kg 鲜果可收 1kg 干皮。喜肥沃土壤，抗寒、抗瘠薄能力差，开花早，易受晚霜危害。

2. ‘小红袍’（‘米椒’）　树体较矮小，刺小而稀，果小，但结实多，出皮率高，3kg 鲜果可得 1kg 干皮，香味浓，种子小，果皮淡红色，品质较大红袍差。稍耐瘠薄，抗寒性较强，寿命较长。

3. ‘豆椒’（‘白椒’‘秋椒’‘七月椒’）　皮刺基部及顶端均扁平，果柄较长，果皮薄，成熟时淡红色，晒干后暗红色，出皮率为 5∶1，品质次于‘大红袍’，产量较高，耐寒性强，2 年生树可挂果，5 年后进入盛果期，寿命为 30～40 年。

近年来，我国也陆续引进了日本无刺花椒（*Zanthoxylum japonica*），株高 3m 左右，雌雄异株，无刺或少刺，能节约大量管理用工。主要新品种有‘葡萄山椒’‘朝仓花椒’‘琉锦花椒’‘花山椒’等。

三、生物学与生态学特性

花椒为喜光、喜温树种，在生长发育期间需要较高的温度。幼苗抗寒力低，在－18℃时，枝条出现冻害，成年大树可抗－25℃的低温。较耐干旱，在年降水量 600mm 左右的地方，可正常生长结果。最不耐涝，短期积水或洪水冲淤都能使其死亡。最忌风暴，因此山顶、风口、高山阴寒立地不宜栽植。对土壤适应性较强，宜深厚、肥沃、湿润的砂质壤土，对土壤酸碱度要求不严，在中性或微酸性土壤中生长良好，在山地钙质土上生长更好。耐强度修剪，隐芽寿命较长，利于老枝更新。根系发达，保持水土能力强。

花椒的物候期因品种、分布区域、海拔及气候条件不同而有差异。以陕西韩城的大红袍为例：一般3月下旬至4月上旬萌芽，4月下旬至5月上旬现蕾开花，5月中下旬谢花坐果，6月至7月中上旬果实膨大，7月中旬后果实着色，至8月中旬即“立秋”后果实成熟，11月落叶，进入休眠期。新梢生长在一年内有两个高峰，4月中旬至6月上旬为速生阶段，6～7月上旬坐果后生长较缓，7月下旬至8月上旬出现第二次生长高峰，8月下旬生长缓慢，9月中旬停止生长。花椒生长快，结果早。1年生苗可达1m左右。栽后2～3年结果，4～5年大量结果，并延续15～20年，生长寿命为30～40年。

四、繁殖与栽培技术

（一）苗木繁殖

花椒的繁殖可采用播种、嫁接、扦插、分株4种方法。

1. 播种育苗　是目前花椒生产中主要的苗木繁殖方法。

1）采种　选生长健壮、结实多、品质好、无病虫害的成年大树作采种母树，当8月中旬到10月上旬果实外皮呈紫红色、种皮变为蓝黑色时即可采收，果实采回后放在背阴通风、干燥的室内或棚下阴干，当果皮开裂、种子从中脱出后，除去杂物便得净种。然后将外皮晒干即花椒。用于育苗的种子切忌曝晒，以免降低发芽率。

花椒种壳坚硬，油质多，不易透水，发芽较困难。播种前首先要进行脱脂处理和贮藏。秋播的种子，将种子放在碱水中浸泡（1kg种子用碱面25g，加水量以淹没种子为度），除去空秕粒，浸泡2d，搓洗种皮油脂，捞出后用清水冲净即可播种。春播的种子可采用以下几种方法贮藏和处理：①层积沙藏；②牛粪拌种，即用新鲜牛粪6份与种子1份混匀，埋入深30cm的坑内，盖土10cm，踏实后覆草，次年春季播种前取出，打碎后连同牛粪一齐播种，或用水泡开再播种；③小窖贮藏，在土壤湿润、排水良好的地方挖小窖，口径1m，底径35cm，深70cm，把种子摊成10～15cm的薄层后，覆土10cm，灌水50kg，水下渗后再覆3cm厚的湿土，窖顶部覆盖杂草，次春种子膨胀、裂口，即可取出播种。

2）播种　播种前首先要细致整地，每亩施2500kg农家肥作基肥，在雨季前进行深翻整地，耙耱整平作床。

播种分春播和秋播，春旱地区，在秋季土壤封冻前播种为好，出苗整齐，比春播早出土10～15d。春播时间一般在“春分”前后。每亩播种量25kg。

3）苗期管理　苗高4～5cm时间苗，6～7月施追肥。要及时进行中耕除草。

2. 嫁接育苗　一般采用芽接和枝接。

3. 扦插繁殖　在5龄以下已经结果的花椒树上，选择1年生枝条做插穗。插穗可用500mg/kg吲哚乙酸浸泡30min或500mg/kg萘乙酸浸泡2h，也可采用温床催根的方法。经处理的插穗，生根成苗率高。

4. 分株繁殖　春季花椒发芽前，将1～2年生分蘖苗的基部进行环剥，埋于土内，使环剥口产生愈合组织分生新根，经一个生长季节后，将分蘖苗与母株分离，用以造林。

（二）栽植技术

栽植地宜选择阳坡或半阳坡的下部，土壤以深厚、疏松、排水良好的砂壤土最好。也可在田边、地埂、村旁、宅旁、路旁及果园四周栽植，但忌在山顶、风口和低洼积水的地方栽植。春、秋栽植均可。在较为干旱的地方，可采取截干栽植。

五、抚育管理与更新复壮技术

（一）土壤管理

1. 深翻熟化，改良土壤　根据各地生产季节，利用休闲时期，对花椒园地进行深翻，以改善土壤理化性质，提高土壤供水、供肥能力，促进花椒树的生长、结果。一般多在秋冬进行。

深翻土壤的方法因花椒树栽植方式不同而不同。①扩穴深翻：幼树采用此法，自定植穴边缘开始，每年或隔年向外扩展50～150cm，深60～100cm的环状沟，掏出劣土，填入好土和有机质。②隔行或隔株深翻：劳力少时可深翻一行留一行，或隔两株深翻一株间的土壤，第二年再翻剩余的行间。③全园深翻：除树盘下的土壤外，全面深翻。多用于幼龄椒园，结合机耕进行。④带状深翻：用于宽行密植的花椒园，即在行间自树冠外缘向外逐年进行带状开沟深翻。

2. 松土除草　园地杂草需即时铲除。黄土高原南部的花椒园，一般每年锄草3～4次，以雨后锄草最好，减少水分蒸发，增强抗旱能力。渭北花椒区农民在实践中创造出“覆盖法除草”，即将保墒与灭杂草巧妙地结合起来。具体做法是用稻草、谷草、麦秸、绿肥、山地野草等作覆盖物，厚度约5cm，范围大于树冠，盛果期树可全园覆盖，并隔一定距离压土条，以免风刮。果实采收后，结合秋耕将覆盖物翻入土中。在无灌溉条件下，既能有效减少地面蒸发，防旱保墒，又能抑制杂草生长，培肥土壤。

3. 合理施肥　花椒施肥通常结合改土一并进行。基肥在深秋或春季施入，追肥需分期实施，以提高肥料利用率。据韩城市花椒研究所资料，基肥应注意农家肥（土肥）的施用，并增加草木灰，以补充土壤钾素营养；追施一般分两期进行，多用化肥，有条件的地区，也可适量施入农家肥。

（二）整形修剪

合理整形修剪，不但可使树体骨架牢固，增强抗风力，提高负载量，而且枝条分布合理，层次分明，通风透光，提高光能利用率；同时，可调节营养物质的制造、积累和分配，调节生长及结果的平衡关系，减少害虫，提高花椒产量和品质，达到高产、稳产、优质的目的。

1. 常见树形　目前生产上常见的树形有自然开心形、丛状形和圆头形。

1）自然开心形　定植后保留主干30cm左右，当年或第二年选留主枝4～5个，剪去其余枝条，所留主枝应打头，即剪去1/3，主枝角度为50°～60°，每主枝培养2～3个侧枝，结果枝组均匀分布在主枝及侧枝上，同时要及时疏除密生枝、细弱枝、病虫枝、竞争枝、徒长枝。经4～5年即可成形，成形后落头开心，即成自然开心形。这种树形光照好，高产。

2）丛状形　截干定植后，从根茎处萌生5～6个主枝，或一穴栽植2～3株全部成活，自然生长3～4年后成形，这种树形成形快，结果早，进入盛果期后会因主枝过多，使冠内拥挤，光照条件差。产量下降快，树势易早衰，改造时应疏除部分大枝、过密枝，注意培养3～5个主枝，使树体呈丛状开心形。

3）圆头形　放任管理中常见的树形，主干明显，树冠内枝条稠密，互相遮阴，产量低，难采收。这种树形改造时应取掉部分大枝，清膛开心，使成双层开心形，上层应少留枝，利于下层光照。

应在不同的年龄时期采取不同的修剪方法：①幼树期要掌握整形与结果并重的原则，定干，培养开心形树形，主侧枝打头，促其多发枝，扩大树冠，对其他枝采取疏除密集枝、竞争枝、徒长枝、病虫枝，长放健壮枝。②结果期树应根据树冠的透光程度，适当疏除重叠的大枝，逐步完成整形工作，树冠内枝以疏为主，以便通风透光。③老年树以疏除大枝、弱枝为主，进行重短截，促进更新复壮。按照“去老养小，疏弱留壮”的原则，恢复树势。

2. 整形修剪　一般修剪分为秋冬修剪和夏季修剪。秋冬季修剪通常采用短截、疏剪、缩剪、甩放、撑、拉、别、盘、垂等方法；夏季修剪一般采用开张角度、抹芽、除萌、摘心、扭梢、拉枝、刻伤、环剥等方法。不同树龄的整形修剪采用不同的修剪方法。

1）幼树整形修剪　对多主枝丛状形第一年剪去纤细的重叠枝，一般不短截；经果后要用短截与回缩剪或疏剪相结合的方法，使其通风透光，结实部位上移。对自然开心形，控制主干平衡，发出3个以上枝条，于6月上中旬，即可确定3个主枝，进行摘心、培养侧枝，其余新梢全部摘心，并采用拉、垂等方法，控制生长，作为辅养枝。

2）初果期树的修剪　一般3～6年的树均为结果初期。修剪主要是以疏剪为主，让其迅速扩大树冠，同时多留小枝；对弱枝轻截，促发壮枝。目的在于适量结果的同时，继续扩大树冠，培养好骨干枝，保持树势的平衡，完成整形，促进结椒，合理利用空间，为盛果期稳产、高产打基础。

3）盛果期树的修剪　一般7年以上的树应以短截为主。通过短截不断更新结果枝组。对郁闭度大、通风透光不良的枝，可疏除部分大枝组。其目的在于维持健壮而稳定的树势，继续培养和调整各类结果枝组，维持连续结果能力，实现树壮、高产、稳产。

4）衰老树的修剪　25年以上的树，以重剪为主，以达到及时而适度地进行结果枝组和骨干枝的更新复壮，培养新的枝组，延长树体寿命和结果年限。

拓展阅读

（王明春）

肉桂栽培、山苍子栽培、桂花栽培具体见选读内容10-1～选读内容10-3。

选读内容10-1　选读内容10-2　选读内容10-3

第十一章　饮料类经济植物栽培

【本章提要】本章重点介绍茶树、沙棘、咖啡 3 种饮料类水土保持经济植物的栽培意义、主要种类与品种、生物学与生态学特性、繁殖与栽培技术、抚育管理与更新复壮技术。

第一节　茶 树 栽 培

一、栽培意义

茶是世界上三大无酒精饮料（茶、咖啡和可可）之一。中国是世界上最早发现茶、认识茶、饮用茶的国家，是世界上茶和茶文化的发祥地，茶的生产量和出口量在世界上始终名列前茅。在我国广大汉族地区，素有“早晨开门七件事，柴米油盐酱醋茶”之说，在少数民族地区，人们的生活习惯往往是“宁可三日无粮，不能一日无茶”。据不完全统计，全国广大农村每年人均茶消耗量约为 0.5kg，而城市人均消耗茶约为 1.5kg。茶叶富含茶多酚、咖啡碱、茶色素、脂多糖、芳香物质、氨基酸、维生素、叶绿素、酯类化合物、黄酮类、嘌呤碱、微量元素等多种化学物质。这些化学物质大多具有保健和治病作用。茶叶属于低热量饮料，其所含的多种氨基酸，具有提神作用。茶籽榨油，是良好的润滑油，经提炼后可供食用；根可入药，对肝炎、扁桃体炎、心脏病等有疗效；从茶叶中提取的天然抗氧化剂对糖果饮料、油类等有抗氧化作用。近年来，对茶叶中的茶色素、茶多酚的提取研究已成为美国、日本、韩国、印尼、新加坡、马来西亚等国的国际竞争性研究课题。茶树栽培具有十分重要的意义。

二、主要种类与品种

茶树［*Camellia sinensis*（L.）O. Kuntze］属山茶科（Theaceae）山茶属常绿灌木或小乔木。栽培茶树多为灌木型，高 1～3m。幼树有细柔毛，叶卵状椭圆形、卵形披针形或椭圆形，叶脉明显，叶缘有细锯齿，花期在 10 月，花白色，1～4 朵着生于叶腋，萼片 5 枚，圆形，花瓣 5～7 枚。果为蒴果，圆球形，基部有宿存花萼，果皮较薄。种子近球形，棕褐色。

我国茶树资源丰富，品种繁多，有早生、中生、晚生等品种。茶叶良种应该具有优质、高产、抗逆性强、适应性广等特点，全国茶树品种审定委员会于 1984 年、1987 年和 1994 年 3 次共认定了 76 个国家级茶树良种，如‘龙井 43’‘铁观音’‘迎霜’‘福鼎大白茶’‘碧云’‘菊花春’‘毛蟹’等，在栽培中应选择适宜的良种。下面对部分优良品种做简要介绍。

1. ‘龙井 43’　灌木型、中叶类，特早生种。为中国农业科学院茶叶研究所从‘龙井’品种中选育而成。全国已有 14 个省试种，在浙江、江苏、安徽等省推广面积较大。植株大小中等，自然生长一般高 2～3m。树姿半开张，分枝密。叶绿色，有光泽，椭圆形，叶质中等，叶尖渐尖，密度大，在 3 月中旬萌发，3 月下旬达一芽一叶期，杭州地区“清明”前 3～4d 开采。芽叶纤细，茸毛少。抗寒性强，适应性广。适宜在江南和江北绿茶区推广。

2. ‘铁观音’　原产福建省安溪县西坪镇松岩村。为灌木型、中叶类、迟芽种。树姿开张、分枝稀疏，叶形椭圆，叶尖渐尖，叶色深绿，富光泽。春芽萌发期一般在4月初，一芽三叶期在4月中下旬。该品种所制乌龙茶品质优异，条索卷曲圆实，滋味醇厚，香气清幽，是乌龙茶中的极品，适宜在江南乌龙茶区推广。

3. ‘福建水仙’　又名‘武夷水仙’，小乔木型、大叶类、迟芽种。原产福建省建阳县（现为建阳区）小湖乡大湖村，栽培历史有100余年。福建省普遍栽培，广东的饶平，台湾的新竹、台北，以及浙江龙泉等地也有引种。分枝部位高，分枝稀疏，树姿半开张。叶色深绿，富光泽，叶形椭圆或长椭圆，叶片厚。发芽晚，春茶4月上旬萌发，4月下旬达一芽三叶盛期，开采晚。发芽密度稀，芽叶肥壮，茸毛较多，一芽三叶百芽重112g。较能抗寒和耐旱。适于制乌龙茶，是闽北的乌龙茶当家品种。制红茶，香气也高；加工白茶，茸毛显露。适宜在江南乌龙茶、红茶和白茶区推广。

4. ‘福鼎大白茶’　又名‘福鼎白毫’。小乔木型、中叶类、早生种，已有100余年的栽培历史。在浙江、湘南、湖北、江西、江苏、安徽、广西、四川、贵州、河南等地有大面积栽培。植株较高大．可达2m左右，树姿半开张，分枝部位较高。叶色绿，叶形椭圆，叶质较软，侧脉平均9对。在杭州，春芽3月中旬萌发，一芽三叶盛期在4月上旬。芽叶肥壮，茸毛特多，一芽三叶百芽重63g，生长期长，育芽力强。抗逆性强，单产高。适于制绿茶、白茶和毛峰类名茶。分枝性能强，适宜在长江以南绿茶区及白茶区推广种植。

三、生物学与生态学特性

（一）分布及适生环境

茶树在我国分布南自海南岛，北至山东蓬莱，西自西藏林芝，东至台湾。遍及浙江、湖南、台湾、安徽、四川、云南、福建、湖北、广东、江西、广西、贵州等18个省（自治区）。其中，浙江、湖南、台湾、安徽、四川、福建等地为重点产茶区。

茶树垂直分布，亚热带地区茶园多在海拔300～600m，高山茶园也有，但数量小。在热带地区，由于光照过强，温度高，茶园多在海拔1000m以上。

茶树是亚热带树种，喜温暖湿润气候。适宜栽培地区的年平均气温为15～25℃，耐寒性较强，一般可耐－18～－6℃低温。在有雪盖的条件下，短时间可耐－30℃低温，尚能安全越冬。绝对最高温度可耐45℃，但在35℃左右，生长即受抑制，叶片出现灼伤。年有效积温3500℃以上均可栽茶，有效积温越高，生长期越长，产量越高。要求年降雨量为1000～2000mm。茶树虽能耐阴，但要使茶叶优质丰产，须在全光下培育。茶树喜酸性红壤、红黄壤、黄壤，pH 4.0～6.5为适宜。最适宜土壤pH为5～6，近中性或碱性土生长不良，不宜栽种。要求土壤深厚，一般要求土层厚在70cm以上，保水性好的地方生长茂盛。茶树怕涝，土壤积水不利茶树生长，同时茶树怕旱，怕碱，喜高山环境，但不宜在冬季西北风强的高山，易遭冻害且生长不良。

（二）生长特性

茶树根系发达，在土层深厚的土壤中，主根可伸入地下3～4m。一般栽培的茶树，浅的仅为50～70cm，深的可达100～150cm及以上。根系在一年中活动，秋季9～10月生长最旺盛，为一年中的最高峰，12月至次年2月生长缓慢，3～4月生长又逐渐加强，以后又减缓，6～7月又增强，发育周期与地上部新梢生长相互交替进行。春季当平均气温达10℃，芽开始萌动生长，日平均气温15～20℃时，生长较旺，茶叶的质量和产量都高，20～30℃时，生长旺盛，但茶叶易粗老，当日平均气温低于10℃时，芽生长停滞，进入休眠。

茶树一年中抽梢数次，不采摘的自然生长茶树，一般每年抽梢2～4次，经过采摘的茶树，一般每年可发3～5次梢，南方茶树多的可发7～8次新梢。福建茶园新梢生长4～5月最旺盛，其次是7～9月。每次萌芽长叶，都需有一定的外界条件，一般春芽要求适宜的温度，若温度过低，则萌芽长叶期迟。

茶树叶的寿命，各品种平均为352d，最长为362d，最短为296d，一般春梢上的叶片寿命最长，夏、秋梢上的叶片寿命较短。茶树为多年生叶用树种，其寿命短的为几十年，长的达上百年。在良好的耕作条件下，一般第3～4年就可采摘，5年就有相当产量，高产年限能维持20～30年及以上。但在粗放经营条件下产量低，寿命短。茶树进入开花结实后，每年均有生殖生长的过程。由花芽分化到种子成熟，需500多天。花、果同枝也是茶树的一种特性。在我国大部分茶区的气候下，从6月中下旬开始一直到11月为花芽分化期，9～12月为开花期，集中期为10月中旬至11月上旬，果熟期为次年的10月下旬左右。

茶树更新复壮能力很强，当树体衰老，进行人工修剪，能从根颈处的潜伏芽或枝条上腋芽或不定芽萌生新梢，重新构成树冠，恢复其生产力。

四、繁殖与栽培技术

（一）茶苗培育

育苗有实生育苗、短穗扦插育苗和压条繁殖等方法。由于茶树是异花授粉作物，借助于昆虫传粉，其后代较混杂，多数茶树优良品种主要靠无性繁育来保持其亲本的优良性状，且繁殖系数高。

1．实生育苗　从优良品种的母树上，在霜降前后，当果实（壳）呈绿褐色，微现裂缝，种壳硬脆，呈棕褐色，种壳剥开后，子叶饱满，呈乳白色时采收种实，放在干燥阴凉通风处阴干脱壳，避免曝晒和雨淋，使取出的种子含水量保持在30%左右。精选后，于11～12月即可播种。如春播即须将种子在室内或露天沙藏。播种地施足基肥，每公顷施入腐熟厩肥或堆肥22～30t，过磷酸钙375～450kg。冬、春播种均可，但冬播出土早，发芽率高。播种量为900～1050kg/hm^2。穴播，行距20cm，穴距15cm，每穴播种子4～5粒。冬播深度为3～4cm，春播为2～3cm，随播种随覆土。出苗后及时松土除草、施肥、灌水、防治病虫害等，1年生苗，即可出圃。

2．短穗扦插育苗　具有繁殖系数高、发根成苗快、保持优良品种性状等特点。短穗扦插时期为3～10月，但以夏插为好，春插和秋插次之。穗长3cm左右，一般是一个腋芽和一张叶片，又称单芽短穗扦插。株行距：中、小叶片品种行距为10cm左右，大叶品种可适当放大，株距以叶片不重叠为宜。插壤以红心土为好，直插（穗条呈90°插入苗床），轻压。插后初期注意浇水遮阴，一般插后一个月即可生根，发根后要“薄肥勤施”和及时防治病虫害，一年后即可出圃。

3．压条繁殖　将枝条压入土中，生根后再与母体分离成独立的植株，全年均可进行。但因繁殖系数小，且对母树有一定的影响，故生产上少用。

（二）茶园建立

建茶园必须考虑茶树对外界环境条件的要求，选用优良的品种，便于栽培管理和采摘等。茶园应选择土层深厚（土层厚度大于70cm）、肥沃、排水良好的红壤、红黄壤或黄壤，pH 5～6，阳光充足，海拔500～600m的缓坡地带，坡度大于30°的陡坡地不宜建园。坡地建园还应开筑水平梯带，带面宽不少于165cm，可防止水土流失和便于管理。

为减少自然灾害（如寒灾、风灾），改善茶园小气候，在茶园四周、路旁、沟边、陡坡和山顶迎风处可设置防护林。防护林选用高干和矮干树种相搭配，适应性强，生长速度快，有一定经济价值的常绿树种，如杉木、樟树、八角、油桐、桉树、棕榈树等。

（三）栽种技术

种植前土壤进行深翻、平整、施肥。肥料以有机肥如厩肥、堆肥、饼肥和一定数量的磷肥为好。施肥量依土质而异，一般每公顷施堆肥22～38t或饼肥250～1500kg，骨粉或过磷酸钙225～380kg，在种植行间挖深度为20cm左右的施肥沟，施入肥料后与土充分拌和，盖土耙平再种植。种植有实生苗单行条栽、茶籽直播和无性系苗木移栽三种方式。

实生苗单行条栽，行距140～170cm，株距33cm左右，坡度较大的茶园或高山地带，行距可适当缩小到120cm左右。

茶籽直播种植，即在茶籽采收的当年10月至次年3月都可进行。一般秋播比春播好，采用穴播，穴深5～10cm，每穴播3～5粒。株行距同上。茶籽直播应适时、浅播，不宜入土太深，以免影响发芽出土。

无性系苗木移栽，宜在早春或秋季。按一定的株行距，每穴栽种2～4株，压紧后即浇水并剪去一部分叶，确保成活。茶苗选用苗高25cm以上，地径0.4cm，无病虫害的1龄苗。

（四）苗期护理

成活不久的茶苗抗逆性弱，必须加强茶苗护理工作。主要是除草、浅耕、淋施有机水肥、夏季遮阴等。如有缺株，应在种植后当年秋末或翌年早春，用同一品种、同一树龄的茶苗及时补苗。

拓展阅读

五、抚育管理与更新复壮技术

（一）土壤管理

土壤管理包括中耕除草、施肥、水土保持等。茶树“封行”后，浅耕可适当减少，茶园“封园”后，每年或隔年结合施肥深耕一次。一般宜在冬季。

茶树常多次采枝叶，生物量较大，需从土壤中吸收大量的养分，因此茶园必须施肥才能获得丰产。肥料不足，生长不良，芽叶细薄，叶色黄，树势弱，产量甚低。采叶茶树施肥，应以氮肥为主，磷、钾肥为辅。一般每产50kg鲜叶施氮肥2～2.5kg，磷肥0.5～0.7kg，钾肥0.5～0.8kg。基肥通常在冬季结合深耕施入，以有机肥如厩肥、饼肥为好。追肥在2～9月均可，在各茶季前施入，以速效性氮肥为好。

茶园多位于山地，尤其坡度较大地方，水土冲刷较严重，应注意保水固土，修建排水系统，带面间种绿肥等。茶园间作可以改良土壤，增强土壤保水能力，防止水土冲刷。间作植物要因地制宜，选用花生、黄豆、绿豆、金花菜、萝卜等，在梯坎边种植柽麻、猪屎豆等，梯壁上可种铺地木兰、紫穗槐、匍匐性牧草等。近年来，广东、云南、海南、江苏等地实行胶茶间作、果茶间作、八角树与茶间作，取得较好的经济效益。

茶园铺草能防止水土流失，抑制杂草生长，稳定土壤温度，保蓄水分，增加土壤有机质，全年均可进行。草的种类有蕨草、稻草、麦秆、甘蔗渣、枯枝落叶、各种绿肥等。

（二）修剪

为了增强树势，延长寿命，茶树应修剪。幼龄茶树，通过定型修剪，扩大树冠采摘面，提早采收。当树高达35～40cm时，于春茶前将茶树离地15～20cm处剪平，促使分枝，一年后进行第二次定型修剪，即在第一次剪口以上 10～15cm 处剪平。经两次定型修剪，树的骨架已养成，树冠面高可达 70～80cm，冠幅可达 90～100cm 时，即可正常投采。茶树经修剪后，最终应实现"矮、密、齐、平"。

当茶树衰老、萌芽力减退时，可根据树势衰老程度采用重剪或台割。重剪是在茶树高度的 1/3 或 1/2 处剪去，台割是在离地面 4～5cm 处全部割去，时间一般在春茶前进行。重剪或台割后都必须深翻，施基肥，促进萌芽复壮。经复壮后的 1～2 年，须加以留养，培育树冠，然后才逐年采摘。

（三）鲜叶采摘、管理及加工

1. *鲜叶采摘、管理*　采茶既是收获，又是管理措施。采茶应及时采，标准采。各种茶类产品对鲜叶原料要求是不相同的。一般红、绿茶的采摘标准是一芽 2 叶到一芽 3 叶，高级茶原料为一芽 1～2 叶，粗老茶为一芽 4～5 叶。所以采茶应按标准，及时采叶。若不及时采，势必芽叶变粗老，影响茶的品质和下一摘茶芽的萌发，如农谚"早采三天便是宝，迟采三天便是草""头茶不采，二茶不发"。近年来，我国大型茶场推广试用采茶机。有双人担架式、机动型、螺旋滚刀切割式、水平旋转刀切割式等。机械采摘工效提高约 10 倍。采下的鲜叶及时运到茶叶加工厂，尽快摊放在清洁阴凉的室内。运送鲜叶的容器采用透气性好、清洁的竹编筐，运送途中避免挤压，减少损伤。

2. *加工*　采下的茶叶，经过不同的初制加工方法，制成不同品质和特点的茶类。茶叶种类因加工方法的差异，有全发酵、不发酵、半发酵和后发酵四大类。黑茶为后发酵；红茶为全发酵；乌龙茶、白茶、黄茶为半发酵；绿茶为不发酵。制茶工艺多为摊青—杀青—揉捻—初烘理条—足火—筛分—复香。

绿叶加工后，经香花熏制成花茶，如茉莉花熏制的称为茉莉花茶。黑茶、老青茶和红绿茶副茶（茶叶、梗、末等）通过堆积发酵、分筛、蒸气蒸软、压榨和干燥等过程，则成为各式紧压茶。

（四）病虫害防治

我国茶树病虫害种类繁多，发生和危害情况复杂，严重影响了茶叶生产的发展和产品品质的提高。我国茶区常见有 98 种主要虫害和 37 种主要病害。虫害有尺蠖蛾科、毒蛾科、刺蛾科、蓑蛾科、卷叶蛾科、细蛾科、斑蛾科、家蚕蛾科、谷蛾科、鹿蛾科、象甲科、肖叶甲科、蝗科、螽蟖科、叶蝉科、蚜科、蛾蜡蝉科、广蜡蝉蜊、盾蚧科、蜡蚧科、粉虱科、盲蝽科、网蝽科、蓟马科、潜蝇科、细须螨科、瘿螨科、叶螨科、跗线螨科、尖翅蛾科、织叶蛾科、木蛾科、木蠹蛾科、天牛科、吉丁虫科、瘿蚊科、象甲科、白蚁科、夜蛾科、金龟甲科等；病害有外担菌属真菌、叶点菌属真菌、尾孢菌属真菌、球座菌属真菌、盘多毛孢属真菌、盘圆孢属真菌、内生盘菌属真菌、隔担菌属真菌、薄膜革菌属真菌、拟基点霉属真菌、卷担菌属真菌等真菌类病原和绿藻、苔藓、地衣、寄生性种子植物、线虫等病原。

茶树病虫害防治采用生物防治为主，非生物防治为辅的综合措施，如选用抗病虫害品种、茶田卫生管理、加强检疫、以菌治菌、农药治虫、天敌治虫、人工去病枝叶等。常用农药有乐果、马拉硫磷、亚胺硫磷、杀螟硫磷、辛硫磷、喹硫磷、伏杀磷、溴氰菊酯、杀灭菌酯等；常见杀菌剂有百菌清、甲基托布津、代森锌、代森铵、多菌灵、粉锈灵、农用抗生素、波尔多液等；生物菌剂如白僵菌等。

（董建文）

第二节　沙 棘 栽 培

一、栽培意义

沙棘又称酸刺（陕西）、醋柳（山西）、黑刺（青海）、木纳昌（西藏）。沙棘是干旱、风沙地区造林的先锋树种和多用途树种，其果实含有丰富的营养物质和生物活性物质，可以广泛应用于食品、医药、轻工、航天、农牧渔业、外贸等国民经济的许多部门。由于沙棘适应性强，栽培管理技术易掌握，已成为我国黄河中游黄土高原及西部贫困地区脱贫致富的一种重要经济植物资源。尤其是近年来随着对沙棘全方位、多用途研究和开发利用，已显示出广阔的开发利用前景，取得了相当可观的经济效益。

沙棘果汁富含维生素C和多种氨基酸，是一种恢复体力、消除疲劳、强精养神的滋补饮料，盛夏饮用，可消食、生津、解渴、防暑。以沙棘为原料可制成多种饮料、食品和酒类，如果汁、果酒、露、汽水、罐头、果酱、果丹皮等。用沙棘叶制茶，也可收到同样的效果。在医药保健方面，以沙棘为主要原料制成的单方或复方制剂对心血管系统、血液系统、消化系统、免疫系统以及呼吸系统等方面的疾病有良好治疗作用（王晓琴等，2021）。

沙棘花为蜜源，还可提炼香精。种子含油率为18.81%，油内含维生素A，可榨食用油。叶、树皮、果实含单宁，可提为鞣革原料。沙棘的叶、嫩枝含有丰富的蛋白质和脂肪，其营养价值与苜蓿相似，可用作饲料。4 年生以上沙棘林即可放牧牛羊，而且一次成林，永续利用。沙棘的枝干木质坚硬，发热量高，既可用作燃料，解决农村能源问题，也是一种十分优质的木材，可做许多农具。

二、主要种类与品种

沙棘属胡颓子科（Elaeagnaceae）沙棘属（*Hippophae*）植物，为落叶灌木或乔木，树高一般为2～6m，最高可达18m。嫩枝起初具有鳞片和星状毛、银色，后呈锈褐色，具刺；叶多为对生、互生或三叶轮生，线形或线状披针形，长3～8cm、宽0.3～0.9cm，叶片上面浅灰色，下面呈褐色，星状鳞片略带黄色或黄褐色。沙棘的花为单性花，雌雄异株，花序为短小穗状，雌花小雄花大，雌花有伸长的柱头，风媒传粉；雌花和雄花无蜜腺，不能招引蜜蜂和其他昆虫。沙棘果实为圆球形或扁圆形浆果，颜色有淡黄色、橘黄色、橘红色、深红色4种。种核一枚卵形，黑褐色，具光泽，种皮较坚硬，千粒重7～11g。

胡颓子科沙棘属植物，世界上共有4种8个亚种，广泛分布于欧亚大陆，1月10℃等温线以北地区，北纬27°～北纬68°50′，东经2°～东经115°。

我国是世界上沙棘的主要分布区，有4种5个亚种，其地理分布为北纬29°～北纬45°、东经80°～东经115°。分布的主要省（自治区）有新疆、甘肃、青海、内蒙古、陕西、山西、河北、河南、四川、云南、西藏等。

（一）肋果沙棘

肋果沙棘（*H. neurocarspa* S. W. Liu et T. N. He），产于西藏、青海、四川、甘肃等省（自治区），生长于海拔3400～4300m的河谷、阶地、河漫滩，常形成灌木林。

（二）柳叶沙棘

柳叶沙棘（*H. salicifolia* D. Don），产于我国西藏南部（吉隆、错那），生长于海拔2800～3500m的高山峡谷、山坡疏林和林缘。

（三）西藏沙棘

西藏沙棘（*H. thibetana* Schlechtend），产于甘肃、青海、四川、西藏，生长于海拔 3300～5200m 的高山草地、河漫滩地及岸边。由于适宜于干燥寒冷、风大的高原气候特点，一般植株矮小，分布于 5000m 以上的地区的植株，高仅 7～8cm。

（四）沙棘

沙棘（*H. rhamnoides* Linn），分为 9 个亚种，其中有 5 个亚种产于华北、西北和西南地区。

1. 中国沙棘亚种（subsp. *sinensis* Rousi）　产于河北、内蒙古、陕西、山西、甘肃、青海、四川南部。常生长于海拔 800～3600m 温带地区向阳的山脊、谷地、干涸河床地或山坡，多砾石或砂质土壤或黄土上。我国黄土高原极为普遍。

2. 云南沙棘亚种（subsp. *yunnanensin* Rousi）　产于四川宝兴、康定和云南西北部、西藏拉萨以东地区。常生长于海拔 2200～3700m 的干涸河谷沙地、石砾地或山坡密林中及高山草地上。

3. 中亚沙棘亚种（subsp. *turkestanica* Rousi）　产于我国新疆，生长于海拔 800～3000m 的河谷台地，开阔山坡，常见于河漫滩地。

4. 蒙古沙棘亚种（subsp. *mongolica* Rousi）　产于新疆伊犁、策勒、尼勒克等地，生长于海拔 1800～2100m 的河漫滩地。

5. 江孜沙棘（subsp. *gyancseasis* Rousi）　产于我国西藏拉萨、江孜、亚东一带，生长于海拔 3500～3800m 的河床石砾地或河漫滩地。

三、生物学与生态学特性

（一）生长结果习性

沙棘是较为速生的树种，造林 3 年后，平均树高 1.6～1.7m，地径 5cm；第 4 年平均树高为 1.82～2m，地径 6～7cm。树高速生期 2～6 年生，4～5 年就可以郁闭成林。

沙棘根系发达，须根较多，根辐 4～10m，水平根分布在 20cm 土层中，垂直根深 50～80cm，最深可达 2m。根具根瘤，是非豆科固氮树种，是沙棘根系一个重要的生物学特性，它的根瘤除了吸收空气中的氮分子外，还有把土壤中的矿质有机质、难溶性无机化合物与有机化合物转化成植物易吸收的物质来肥沃土壤。

沙棘的根蘖力极强，一般栽植 3 年后根部产生萌蘖苗，每丛有 8～12 株或更多。

沙棘 3～4 年生便开始结实，8～15 年生为结果盛期。

（二）对环境条件的要求

沙棘是喜光性树种，喜欢生长在疏松、湿润的中性和碱性土壤上，土壤多为沙土、砂壤土或壤土。

沙棘在 3～10℃的气温下生长良好，能耐 36℃的高温和－40℃的低温。它需要年平均降水量 250～760mm，空气相对湿度 50%～80%。若年降水量小于 650mm、相对湿度小于 50%，只要地下水补给正常或有灌溉条件，也能良好生长。

四、繁殖与栽培技术

（一）沙棘的繁殖分为种子繁殖和扦插繁殖两种

1. 种子繁殖　沙棘的种子繁殖是最简单、最普及的一种繁殖方式。沙棘的种子在室内保存3～4年一般不会丧失发芽力，它们没有休眠期，在相应的土壤气候条件下，无论是成熟后立刻播种还是室内干藏后没有经过长时间催芽处理的种子，均能发芽。

用种子繁殖的苗木，不能遗传双亲的生物学特性，这样就会失去优良母株的重要经济性状，并且它们的性别只能在结实期开始确定。因此，种子繁殖法主要用于培育嫁接砧木或建设防护林、薪炭林的苗木，不宜直接用于营建沙棘园和经济林基地。

沙棘的种子小，皮厚而硬，并附油脂状胶膜，妨碍吸水。育苗时要注意以下几点。

（1）播种前要用 40～60℃温水浸泡 1～2d，然后沙藏催芽至种子露出白芽即可播种。

（2）采取开沟播种，行距 20～30cm，覆土 2～3cm，每公顷播量 90kg。

（3）播种时间可以是秋播也可以是春播，春播最佳，当土层 5cm 深处温度达 8～11℃时，沙棘种子就可发芽。

（4）育苗地应选用有灌溉条件的轻质土壤，育苗前要施足底肥，灌足底水，细翻碎土。

（5）幼苗出土后应间苗两次，第一次是在第一对真叶出现时，保留株距 3cm 间苗；第二次是在第四对小叶出现时，保留株距 8cm 间苗，并及时灌水、松土、除草。一般一年生幼苗要灌水 4～5 次，并在 6～7 月，追施有效氮肥一次，每亩 7～9kg。

2. *扦插繁殖*　扦插繁殖能够培育出和母株具有相同遗传性状的自根苗木，非常适合建立经济林基地和人工沙棘园。

扦插繁殖包括嫩枝扦插和硬枝扦插。

1）嫩枝扦插繁殖技术　选带顶叶的半木质化优良品种的嫩枝，插条取自枝条的中下部，一般在 6 月中旬或 6 月下旬采集。插条长度为 20～25cm。

第一年先扦插在塑料大棚中的苗床上，苗床的深度为 70～80cm，铺上沙子、石子或砂用泥炭土。扦插前要把插条下面 5～7cm 的叶子去掉，浸蘸生长素吲哚乙酸浓度为 100～200mg/L 或吲哚丁酸浓度为 25～50mg/L 或萘乙酸浓度为 20～40mg/L，处理时间为 14～16h，有利于插条生根。

扦插深度为 5～8cm，扦插后保持苗床土壤湿润，一般采用人工喷雾装置，定时定量洒水保湿。

大棚内温度控制在 20℃左右，温度过高或过低都影响插条生根，大约一个月后插条生根。生根后要渐渐揭开大棚的塑料布，以便通风。

第二年春季把扦插苗挖出，移植大田栽植。

2）硬枝扦插繁殖技术　扦插用的木质化枝条一般在自然休眠期和被迫休眠期的秋、冬季或早春采集。秋、冬季采条，能正确无误地采集结实力强、果实大的优良品种母株插条，有效地控制雌、雄株的比例；早春采枝，可以采到过冬后的健壮枝条，直接进行扦插育苗，免去采回枝条后的储藏工序。

（1）插条的剪截。选择优良性状的植株，分别剪取雌、雄枝条，雌、雄枝条的比例一般为 10∶1。枝条应选择 2～4 年生、无病虫害、无创伤、通顺直溜、表皮具光泽、花芽较少的健壮枝条。采下的枝条立刻用小刀或修树剪剪成长 18～22cm 的插条，每 50 根捆成一束，并注意形态学下端在一个方向上。

（2）插条的处理。把捆成束的插条下端插入地下室或工业冷藏箱的疏松、微湿润的粗沙中，沙子用 0.1%高锰酸钾溶液预先冲洗后才能使用。地下室和冷藏箱的气温保持在 1～3℃，成捆的插条上面不覆盖任何东西，任其自然冷冻。待春季定植前，根据插条的干湿情况，适当喷水或将成捆的插条的 2/3 插入水中，每天早晚各换水一次，水温 8～15℃。

（3）插条的扦插。定植最佳时期是在早春，在土壤已全部解冻的时候。定植要选有灌溉条件、疏松、深度熟化而且肥沃的轻质土壤，切忌黏重土壤。插条定植在大棚内，棚顶需设置保护层，有助于插条长出的叶子减少水分蒸发。做保护层的材料有工业纱布和扎好的麦草。定植前要在苗床上开沟，将插条斜倚沟壁，上露 2～3 个芽，株行距为 15cm×40cm，覆土踏实。

（4）育苗管理。扦插育苗的管理方法和其他树木一样，包括灌溉、施肥、松土、除草。在苗木生长前期要经常保持地面湿润，可用洒水浇灌、喷灌法小水渗灌。当苗木长出 4～5 节时，插条已开始生根，此后要减少灌溉，进行必要的除草和松土，生长正常后适时去掉保护层。

（二）栽培技术

沙棘采用直播造林和植苗造林，春季、雨季、秋季都可进行。

1. 直播造林　直播造林又包括飞播造林和人工直播造林两种。

1）飞播造林　沙棘飞播造林宜于年降水量 400mm 以上，地广人稀，水土严重流失的地区。用运-五型飞机播种，播种前适当地对种子进行催芽处理，播种量 0.5kg/亩左右。

在比较平缓的地区，播后要进行耙耱或浅锄，以利于种子覆土，防止日光暴晒；在陡峻的荒坡上，在种子萌芽前放牧，让牛羊在播区内践踏，也是为了保证种子覆土萌发。从飞播造林一开始，就必须对播区严加封管，提高成苗率。

飞播造林应根据不同的经营目的，采取不同的经营管理措施。在水土严重流失的地带，可作为水土保持、涵养水源、防蚀护坡林进行经营；在燃料缺乏地区，可作为薪炭林进行平茬采伐，平茬可以是片状或带状，根据林分状况和经营目的来确定，平茬时间在冬季或早春土壤解冻之前；在地势较平缓，没有明显水土流失的地区，可把采收果实作为主要经营目的，进行经济林经营，在幼林期按雌雄株比例 8∶1 或 10∶1、株行距 2m×4m 进行疏伐。

2）人工直播造林　人工直播造林和飞播造林一样，选择雨量较多、土壤为砂壤土地区。一般在 4～5 月，趁透雨后抢墒播种；雨季直播宜在雨季前期播种，过迟幼苗不能安全越冬。

整地和播种方法因地制宜，撂荒地多采用全面深翻撒种后进行耙耱，每亩播种量为 1.5～2kg；在无杂苗的河滩沟谷阴坡，可直接进行播种，然后浅耙；在杂草过多地带，宜采用穴播或窄带整地后播；在荒坡上，失修整梯田，蓄水保墒，然后直播。

2. 植苗造林　植苗造林是根据其培养目的决定的栽植方法。植苗造林一般是春季多于秋季，由于沙棘的幼苗生长时间相当长，秋季移栽前来不及木质化，容易导致越冬轻微冻伤。

营造以水土保持林为目的的，株行距可采用 1m×1m，挖小穴栽植，以利于提早郁闭；以营造经济林为目的的，在选择造林地时，要考虑沙棘的生物学特性，选择立地条件好、土壤疏松肥沃的地块，沙棘植物在中性土壤上发育良好，对于酸碱度高的土壤要及时改良，除了中和反应的改良外，还必须掺加砂土、腐殖质和腐熟有机肥料。栽植沙棘的行距一般为 4m、株距 2～3m，挖坑直径为 80cm，深度为 50cm，雌雄株比例一般为 8∶1 或 10∶1。雄株应配置在迎风方向，以利授粉、开花、结果；栽植的行向为南北行，充分利用光照。

五、抚育管理与更新复壮技术

沙棘属集约经营型植物，沙棘对光照、土壤肥力、湿度和通气性具有较高的要求。除了在造林时须制订科学的工作方案外，还需在丰产上要求有更高的管理技术。

（一）松土除草

对造林地或新建的沙棘园地，要进行秋耕休闲，这样可以保证良好的水分、空气状况。在生长期要进行 4～6 次行间中耕松土，特别在杂草再生或灌水和下雨后，必须及时中耕。中耕深度不超过 10cm，以免损伤浅层的根系。

（二）施肥

在定植时施足底肥的基础上，施肥的标准要以地力水平和沙棘生长时期消耗量而定。春天对结实的沙棘来说，主要依靠上年积累的营养物质的供给开始迅速生长；在生长的前半期，营养物质消耗在开花、生根和长枝上，在此期间沙棘需要氮素的供应。夏季后期，枝条生长停止，营养物质供给果实生长和花芽形成用，这个时期需要磷肥和钾肥。因此夏季前期只需施氮肥，而秋季则要施钾肥和磷肥。一般情况下，沙棘植株施有机肥比无机肥好。

（三）灌水

沙棘对土壤水分是很敏感的，因此在定植后的初期和干旱时要及时灌水，特别是轻质土壤。灌溉的时间取决于土壤的湿度状况，田间最大持水量是制订灌溉制度的主要指标。在砂土中根吸收区的土壤含水量不低于田间最大持水量的60%，砂壤土不低于65%；壤土不低于70%；黏土不低于75%，当低于这个水平时就必须得灌水。在炎热的夏季，正值沙棘果实生长的旺盛时期，要特别注意土壤的湿度，在干旱缺雨年份，必须保证沙棘生长所需的水分，否则将会引起卷叶和过早落叶、落果的现象，直接影响产量。

（四）整形修剪

根据沙棘的生物学特性，沙棘是一种喜光性植物，除了在定植时确定合适的株行距之外，要想沙棘丰产、高产，还必须把好整形修剪这一关。

沙棘在生长的前 4 年，主要由中轴枝条生长形成树冠，高达 2～2.5m，这时要对树冠进行定形整枝，剪掉多余、重叠、着生位置不适宜的枝条，以及短截细长的枝条。沙棘在栽植 4～5 年后进入大量结果期，中轴枝渐渐消失，从侧芽开始生长枝条，形成所谓的假轮生体，树冠外围枝条轮换交替生长和结果。此时采用剪掉稠密枝条的办法，对树冠进行系统透光伐。每年冬天都要进行整枝修剪，剪掉全部病枝、断枝、干枯枝和过于低垂的小枝。为了防止沙棘过早衰老，对 3 年生枝要进行短剪，从而达到更新复壮的目的。

拓展阅读

（刘增文）

咖啡栽培具体见选读内容 11-1。

选读内容 11-1

第十二章　药用类经济植物栽培

【本章提要】药用类经济植物，依照其形态特征又可区分为木本药用类和草本药用类两大类。本章重点介绍厚朴、杜仲、砂仁、山楂、枸杞、银杏、益智 7 种药用类水土保持经济植物的栽培意义、主要种类与品种、生物学与生态学特性、繁殖与栽培技术、抚育管理与更新复壮技术。其中，厚朴、杜仲、山楂、银杏和枸杞属于木本药用类；益智、砂仁属于草本药用类。

第一节　厚 朴 栽 培

一、栽培意义

厚朴别名川朴、赤朴、油朴、重皮等，是我国特有的经济植物、重要的中药材，广泛分布于广西、四川、湖北、贵州、陕西、云南、甘肃、江西、福建、湖南、安徽等省（自治区）海拔 500～1500m 的丘陵、山地。其中，以四川、广西、贵州、湖北人工栽培较多。江西、福建以栽培庐山厚朴（也称凹叶厚朴）为主。

厚朴树皮、根皮、花、果均可作药。树皮含有厚朴酚、四氢厚朴酚、异厚朴酚、木兰醇、生物碱、挥发油等。味辛性温、能温中、下气、燥湿、消痰，主治胸腹胀满、血瘀气滞、呕吐泻痢、宿食不消、咳嗽气喘、退热利尿等病症。厚朴的干燥花蕾名厚朴花，性微温，味苦，具有宽中理气、开郁化湿的功效，用于治疗脘痞闷、腹胀便秘、纳谷不香。此外，果实、芽也可入药。种子含油率约 35.5%，出油率 25%，油可制作肥皂等。

二、主要种类与品种

厚朴［*Houpoëa officinalis*（Rehder & E. H. Wilson）N. H. Xia & C. Y. Wu］属木兰科（Magnoliaceae）厚朴属落叶乔木。有厚朴和凹叶厚朴两个亚种。人工栽培以厚朴为主，品质亦佳。但江西、福建等省营造厚朴与杉、松混交林时，多选择凹叶厚朴。

1. 厚朴　　高 15～20m，树干通直；树皮灰棕色，粗糙，具纵裂纹，内皮紫褐色或暗褐色，平滑，具细纵条纹。顶芽大，窄卵状圆锥形，有黄褐色毛。小枝淡黄灰色，内为白色髓部。小枝具环状托叶痕。单叶互生，集生于枝端，倒卵形至倒卵状椭圆形，长 20～45cm，宽 9～22cm，侧脉 20～30 对，下面有弯曲毛及白粉；叶柄长 3～4cm；托叶痕延至叶柄中部以上；叶全缘或略有波状，先端钝圆微尖或稍凹，基部楔形或圆形。花与叶同时开放，单生枝端。花白色，大型，有香气。果实为聚合蓇葖果，圆柱形或卵状圆柱形，长 9～12cm，直径为 5～6.5cm，成熟后木质化，果梗粗壮，有明显的雄蕊及花被痕迹。种子扁椭圆形或三角状倒卵形，长约 1cm，宽 7～8mm，鲜红色，内皮黑色，腹面具一条凹陷，种皮厚而坚硬。

2. 凹叶厚朴　　也称庐山厚朴、温朴。与厚朴的区别是：叶片先端凹陷成倒心形，裂深可达 2～3.5cm，侧脉 15～25 对，下面被直的平伏毛，花被外轮淡绿色，内轮为乳黄色，聚合果基部圆，微心形；其他特征与厚朴形态近似。

凹叶厚朴幼苗、部分根基萌条叶先端多无凹缺，呈钝圆状。厚朴酚类物质质量分数一般达不到《中国药典》规定的要求。

三、生物学与生态学特性

（一）生长特性

厚朴属早期速生型树种，除造林当年因苗木出圃移植根系损伤较多，需要一定的恢复期，当年树高生长一般不超过 30cm 以外，造林后次年即进入速生阶段，头 10 年树高年生长平均可达 90cm，树高可达 10m 以上。以后逐渐减缓，到 15～18 年时，年生长只有 15～20cm，50 年生者高度不超过 20m。胸径生长比树高生长持久，生长高峰可持续到 12 年左右，50 年生胸径达 30～35cm。厚朴生长 8 年才开始开花结果，花期为 4～5 月，果期为 10～11 月。厚朴皮的采收年龄为 15～30 年，采收季节一般为 4 月下旬至 6 月下旬。

（二）环境条件的要求

厚朴为阳性喜光树种，喜凉爽、潮湿、雾气重、相对湿度稍大而又阳光充足的环境条件。严寒、酷暑或久晴、连雨的气候均不适宜生长。一般产区的年平均气温为 15～20℃，1 月平均气温为 3～9℃，年降雨量为 800～1800mm，以 1400mm 左右为好。土壤以疏松、肥沃、腐殖质丰富、湿润、排水良好、呈微酸性至中性的砂壤土、山地夹沙土、油沙土和石灰岩形成的冲积钙质土栽培较好。凹叶厚朴在福建省北部地区轻黏质的红壤、黄壤上生长良好。

四、繁殖与栽培技术

（一）苗木培育

厚朴繁殖可用种子繁殖、分株繁殖、压条繁殖和扦插繁殖。生产上以种子繁殖为主。

1. *采种*　厚朴种子在 10 月中旬至 11 月成熟，当果鳞开裂露出红色种子时，即可连柄采回。也可在果实外皮呈黑褐色、尚未开裂时采回堆放一段时间，待果鳞开裂收集种子。选择籽粒饱满、无病虫害、色泽鲜红的留作种用。如需调运的，应连果实一并装运，不宜脱粒，以免降低发芽率。果实采回晒 1～2d，混沙或装袋置于通风干燥处贮藏。

2. *种子处理*　厚朴种子外被蜡质层，不易吸水发芽。早春播种前，从果实中取出种子，浸泡于 50℃的温水中自然冷却后捞出，再用清水浸泡 3～5d，待种皮松软后，在太阳下晒 10min 左右，种皮出现裂缝。或用沙搓擦，去掉红色假种皮，播后有利于发芽。

如果实贮藏不便，也可将果实晒 3～5d，果鳞开裂，取出种子与沙混合，用棕片包好埋入湿润的地里，翌年种子胀裂时，取出直接播种。

3. *育苗*　选择温暖向阳、疏松、肥沃的地方，在秋冬进行深翻 30cm。第二年播种前亩撒施厩肥、堆肥或火烧土灰 1000～1250kg 为基肥，然后再翻耙整平作畦。如果是冬播的，则以上操作一次性完成。

春播以“雨水”前后较好。根据四川药农经验，厚朴最好在冬季鲜种播种，出苗率可达 95% 以上。存放一个多月后播种，出苗率仅为 50%～60%。通常采用条播，即在畦上开横沟，沟深 7～10cm，播种沟内每隔 3～6cm 播种子一粒，覆土与畦面平，再盖草保湿。

4. *苗期管理*　种子出苗破土后，及时揭去盖草，注意拔草、松土。根据幼苗生长情况，追施腐熟的、兑水稀释的人畜粪尿提苗。久晴无雨的天气应适当浇水，但苗畦的湿度不宜过大，以免发生根腐病。

当年苗高可达 35cm，不分枝，有粗大的直根。翌春萌芽前进行移植，按株行距 25～30cm 栽植，培育一年。2 年生苗可达 1m，可以出圃定植造林。

（二）定植造林

厚朴定植山地应选择土层深厚疏松、排水良好的山坡中、下部，为更好地保持水土，可以不做全面清杂深翻，有条件的可开挖梯带。挖大穴造林，穴规格为 40cm×40cm×30cm，施入适量基肥。用材为主的，按株行距 2m×2m 或 2m×3m，110～167 株/亩进行定植造林。以剥皮产药为主的，按株行距 2.5m×2.5m 或 3m×3m，74～107 株/亩进行定植造林。福建省以凹叶厚朴与杉木进行株间、行间及小块混交造林，据调查研究这种混交方式对保持水土、增加林地有机质、改良土壤和促进林木生长均有明显的效果，尤以小块状混交效果更佳。

定植时间一般在春季“雨水”前后，此时土壤湿度好，造林成活率较高。冬季不太寒冷干旱的地区，秋季落叶后也可定植造林。

五、抚育管理与更新复壮技术

（一）抚育管理

1. 套种间作　厚朴定植后至幼林郁闭前，可以间种花生、西瓜、豆类等矮秆农作物。结合农作物锄草、松土、施肥每年 1～2 次，达到以耕代抚、以短养长、增加收益、促进厚朴生长的作用。

2. 锄草松土　幼树期每年中耕除草 4 次，分别于 4 月中旬、5 月下旬、7 月中旬和 11 月中旬进行，避免杂草与幼苗争水、肥、气、光，影响幼苗生长。林分郁闭后，以产皮药用为主的，每隔 1～2 年，在夏秋间杂草生长繁茂时进行一次锄草松土，松土深度在 10cm 左右，以免伤根。以用材为主的纯林或与其他树种混交的郁闭后可不再进行锄草松土。

3. 追肥　结合中耕除草进行追肥，肥料以腐熟农家肥为主，辅以适量复合肥。每亩每次施入农家肥 500kg、复合肥 45kg。施肥方法是在距苗木 6cm 处挖一环沟，将肥料施入沟内，施后覆土。杂草翻压土中作肥料，每株适当施人畜粪尿 3～4kg。冬季结合培土，适当施厩肥或堆肥。

4. 除萌截顶　厚朴萌蘖力很强，为保证主干挺直、生长快，应及时除去萌蘖。为促进厚朴树干的加粗生长，增厚树皮，在定植 10 年后，当树干长到 10m 左右时，应将主干顶梢截除，并修剪弱枝、下垂枝和过密枝，使养分集中供应主干和主枝。

5. 斜割树皮　当厚朴生长 10 年后，于春季用利刀从其枝下高 15m 处起一直到基部，围绕树干将树皮等距离地斜割 4～5 刀，并用 100mg/kg 的 ABT2 号生根粉溶液向刀口处喷雾，促进树皮增厚。

（二）更新复壮

拓展阅读

厚朴萌蘖性很强，生长快，产皮药用的厚朴林可以利用萌蘖性培育二茬林进行复壮更新。但当老树桩衰朽，萌蘖力衰退后，就应重新造林。二茬林一般每株树桩留 2 个萌蘖，其余应伐除。

（邹小兴　林锦仪）

第二节　杜仲栽培

一、栽培意义

杜仲又名丝连皮、扯丝皮、丝棉皮、丝棉树、木棉，为我国特产树种，属国家二级珍稀保护植物。它的药用功效在我国第一部药物学专著《神农本草经》中就有记述，主治腰痛，补中，益精气，坚筋骨，强志，除阴下痒湿，小便余沥，轻身耐老。

现代医学实践证明，杜仲治疗高血压症颇有成效。经分析，树皮和叶中含有丰富的维生素 E 及胡萝卜素，还有维生素 B_2 及微量的维生素 B_1，以及人体所需的铜、铁、硼、锌、硒等 13 种元素及 17 种氨基酸，多种有机酸。因此，杜仲的开发利用日益广阔，如杜仲茶、杜仲酒、杜仲咖啡、杜仲片（降压片）、杜仲牙膏、杜仲口服液等产品已销往国外和港澳地区。日本长野县丰产业公司在饲料中加入 2%～3%的杜仲叶粉末，饲养的鳝鱼比普通饲料喂养的肉质鲜嫩，清香可口。杜仲全树除木质部外，各种组织都含有硬橡胶（树叶含胶 5%以上，种子含胶 1%以上，树皮含胶 6%～10%）。成林后，每公顷采集到的枝叶可产胶 200～250kg。杜仲胶品质优良，热塑性高，防水性强，绝缘性好，黏着性强，抗腐拒蚀，不怕强酸强碱，是各种电器良好的绝缘材料，尤其是制作海底和矿山坑道电缆的佳品。杜仲胶还可制轮胎、黏合剂、儿童玩具和工艺品等。因此，杜仲胶在国际市场上的身价远远超过了天然橡胶。

杜仲木材材色洁白，材质坚韧，纹理细微均匀，无心材、边材之分，是家具、农具、船舶、车和建筑的良好材料。杜仲树形美观，果形奇特，夏季淡绿，秋季淡棕色，是优良的庭院观赏树种。杜仲根系庞大，固土力强，也是优良的防护林树种。

拓展阅读

二、主要种类与品种

杜仲（*Eucommia ulmoides* Oliv.）是杜仲科（Eucommiaceae）杜仲属乔木，本科仅有杜仲 1 属 1 种。杜仲水平分布区域大体上在黄河以南，五岭以北，其间基本上是长江流域中下游地区。从分布的省（自治区、直辖市）来看，北自甘肃、陕西、山西，南至福建、广东、广西，东抵浙江，西及四川、云南。从地理分布看，北纬 25°～北纬 35°，南北跨越约 10°；东经 104°～东经 119°，东西横跨约 15°。杜仲的中心产区，当推陕西及鄂西、湘西北、川东、川北、滇东北、黔北及黔西地区。从杜仲药材产量看，贵州居全国第一，陕西次之，湖北第三。

杜仲在长期的自然和人工选择中，产生了两种类型：粗皮杜仲和光皮杜仲。

1. 粗皮杜仲（青冈皮）　树皮幼年呈青灰色，不开裂，皮孔明显。成年后，树皮变为褐色，皮孔消失，开始发生裂纹，并逐渐由下向上发生深裂，呈长条状，不脱落，外皮粗糙，类似栎类的树皮，故称“青冈皮”。

2. 光皮杜仲（白杨皮）　树皮幼年特征与粗皮杜仲相同。成年后，树皮变为灰白色，皮孔部分消失，除树干基部以上 1m 以内树皮渐次发生浅裂，并出现比较粗糙的外皮，其余主干、侧枝树皮均不发生裂纹，树皮光滑，类似响叶杨的树皮，故称“白杨皮”。

调查表明，两者树高、直径生长，树皮、树叶产量基本一致，但可供药用和提胶的内皮重量、厚度，光皮杜仲则显著优于粗皮杜仲。此外，西北林学院（现为西北农林科技大学）从 1986 年开始，在全国杜仲主产区选择优树，并以生理生化和药用有效成分、含胶量为指标，初步选育出了含胶量高的“高胶类型”和药用有效成分含量高的“高药类型”两个优良无性系。

三、生物学与生态学特性

杜仲喜温暖、湿润气候，自然分布区年平均温度为 13～17℃，年降水量 500～1500mm。中心产区年平均温度在 15℃左右，年降水量在 1000mm 左右，1 月平均温度在 0℃以上，7 月平均温度在 29℃以下。杜仲经过引种栽培对气候产生了很强的适应力，在新区，成年植株在 −21℃时，自然越冬率可达 100%。根部的抗寒力更强，能耐 −33.7℃低温。杜仲对土壤的适应性较强，能在酸性土（红壤及黄红壤、黄壤、黄棕壤、酸性紫色土）、中性土、微碱性土（黏黑垆土、黄墡土、白墡土）及钙质土（石灰土、石灰性褐土、钙质紫色土）上成活生长，最适宜的土壤是土层深厚、疏松肥沃、湿润、排水良好、pH 在 5～7.5 的砂壤土。但在过于瘠薄、干燥、酸性过强（pH 5 以下）及黏重的土壤上生长不良。

杜仲喜光，一般散生木优于林缘木、林缘木优于林内木。杜仲为雌雄异株。一般由种子繁殖的实生人工林，雌株比例占 60%以上，雄株占 40%以下。为风媒花；一般雄株占 15%的比例，即保证雌株受粉。杜仲萌芽力极强，一个伐桩一般可萌发 10～20 根萌条，最高可达 40 株。一株 25 年生伐桩萌生的 4 年生幼树，树高 5.5m，胸径 8.5cm，超过同一立地条件下 12 年生实生树生长速度。

杜仲属深根性树种，垂直根深可达 1.35m 以下，侧根、支根分布面积可达 9m^2。根系如遇岩石，则可绕过石砾或大石块而前伸，以维持其生长发育。

四、繁殖与栽培技术

（一）苗木培育

1. 播种育苗　应选择生长发育健壮、树皮光滑、无病虫害和未剥皮利用的 20 年生以上的母树采种。当果皮呈栗褐色、棕褐色或黄褐色，种子即已成熟。种子采集后，应放在通风阴凉处阴干，忌用火烘或烈日暴晒干燥。种子千粒重在 50～130g，每千克种子 7000～20 000 粒。

1）种子处理　杜仲种子含有杜仲胶，妨碍种子吸水膨胀。另外，种子发芽前需要有一个低温休眠阶段，才能正常发育。为了提高种子发芽率必须进行种子处理。其方法有沙藏、温水浸种和赤霉素处理。

2）播种方法　杜仲播期分为冬播、春播和秋播 3 个时期。黄土高原露地播种以春播为好，每亩播种量 7～10kg，可生产杜仲苗 2 万～3 万株。

3）苗期管理　幼苗 2 片真叶前，不宜大水漫灌，须进行喷灌，以免增加覆土厚度，或使泥土沾糊叶片，妨碍发芽和幼苗出土。幼苗长到 3～5 片真叶时，按株距 6～10cm 进行间苗、补苗，拔除弱苗病株。苗高 10cm 左右开始施追肥，第一次在 4～5 月，每亩施尿素 1～1.5kg；6～7 月苗木生长旺期，施追肥 1 次，每亩施尿素 2kg 或硫酸铵 3～4kg；最后 1 次于 7 月底至 8 月初，宜施钾肥，促使苗木生长充实。

2. 营养繁殖育苗　常用的有 3 种方法。

1）嫩枝扦插育苗　6～7 月时，选用 1～2 年生幼树的当年生发育充实、木质化程度低的枝条作插穗，每个插穗留 3～4 片叶。为了促使生根，可用 50mg/kg 的吲哚丁酸或萘乙酸浸溶液泡插穗 24h，也可用 ABT 生根粉溶液（浓度为 50～100mg/kg）浸泡。扦插后要做好水分管理和温度控制，每天喷水 1 次，温度过高时可喷水 2 次。

2）“留根露头”育苗　春季起苗时，用铁锨沿苗行开挖成“V”字形沟，苗木取出，沟内土壤堆放在苗木行间，残留根系露出 0.5～1.0cm。待 1 丛萌苗长出后，每根保留 2 株幼苗，并及时培土，促使基部生根。同时在苗木外 15cm 处，用铁锨产断残根，促使侧根生长，秋季或翌年春季起苗时一分为二。

3）“插根露头”育苗　春季萌芽前，在 2～10 年生的幼林内挖取或苗木修根时获取直径 0.5cm 以上的根段，剪成 10cm 长的根段，然后在苗床上开挖一“V”字形的沟，将根段大头朝上，小头朝下埋入沟内，上端露出 1.0cm 左右，再用塑料薄膜覆盖保温保湿；待苗萌发后，每根保留 2 株幼苗，并及揭去薄膜以防灼伤幼苗，并要及时培土，促使基部生根，待秋季或翌年春季起苗时一分为二。

（二）栽植技术

杜仲是喜光树种，耐阴性差，栽植地最好选在避风向阳、土层深厚肥沃、排水良好、坡度较缓的山腰、山脚、沟坡中下部或山间台地或塬面上。此外还应充分利用“四旁”栽植杜仲。

栽植前必须细致整地，在山、沟坡应进行水平阶整地，再在阶面挖坑、栽植。在缓坡、塬面及“四旁”栽植杜仲，应根据苗龄大小确定植穴大小，1～2年生苗木，穴宽60cm，深50cm；3～4年生苗木，穴宽80cm，深50cm；5年生以上的大树，穴宽1m，深80cm。大面积造林也可进行块状或带状整地。

五、抚育管理与更新复壮技术

（一）土壤管理

杜仲喜肥水，栽植后1～2年应特别注意加强肥水管理。在幼林郁闭前，每年必须进行中耕除草1～2次，并进行追肥。

1. 松土除草　造林后3～4年，每年应进行2～3次松土除草。第一次应在4月上旬以前进行，第二次宜在5月或6月上旬进行，每年冬季，最好将林地深翻1次。

2. 追肥灌水　施肥可显著增加杜仲干物质产量。据研究，每公顷施用180kg氮肥及磷肥，能增加林木干物质16%～40%，增加纯杜仲胶量15%～30%。施肥也可根除杜仲大小年现象。每年春、夏两季结合中耕除草进行追肥，每公顷施人粪尿37 500kg或厩肥15 000～22 500kg，过磷酸钙75～112.5kg。生长旺季要保持土壤湿润，如遇干旱应适当浇水，以利于生长。

3. 林粮间作　杜仲采用“窄乔宽灌”或“梅花丛”栽植时，较宽的行间可进行林粮间作，起到以耕代抚的作用。

（二）树体管理

杜仲幼苗一般干形不直，但该树种萌芽力强。若为矮林采叶园，栽植后可截去地上部分，使其萌生枝成丛生长，呈灌木状；或保留主干高度0.5～0.8m，培育成矮林采叶园。若为乔林经营方式，则栽植后可于翌年春季平茬换干，3年后短截当年枝1/3，复壮粗长。

杜仲栽植后，要尽早摘去茎干下部侧芽，只保留顶端1～2个健壮饱满的侧芽（越冬后的顶芽多被冻死），以保持树体的旺盛生长。

（三）杜仲树皮的采剥

杜仲栽植后，管理细致的树木10年左右即可开始采剥树皮，采收杜仲树皮最佳年龄是15～25年生的生长旺盛的树木。40～50年生以后的老树可以结合收采树皮砍伐更新。树皮采剥方法如下。

1. 部分剥皮法　又称为局部剥皮法，即在树干离地面10～20cm及以上部位，交错地剥去树干外围面积1/4～1/3的树皮，使养分不致中断，待伤口愈合后，又可依前法继续向上取皮。

2. 环状剥皮再生技术　这种方法也叫作全剥杜仲树皮。其优点是：采收的树皮多，为部分剥皮所得树皮的3～4倍；剥皮后树木仍能继续生长，不破坏植物资源；隔4～5年还可再行环剥，连续环剥3～5次，并且采收的皮张大，等级高，经济效应高。此法已在陕南、四川、山东等地推广应用。技术要点和注意事项是：选择适宜树龄和采剥时期，一般要求选择12年生左右、生长旺盛、胸径达12cm以上的树进行剥皮。剥皮时间为树液已流动，形成层活动最旺盛的4～6月最好。这时气温不太高，通常在25～36℃，相对湿度为80%，昼夜温差小，体内汁液多，树皮容易剥落，树木生长旺盛，剥后新皮生长快，且不易被灼伤。剥皮应选择无大风的阴天或多云天进行，如是晴天，应在上午11时以前和下午4时以后进行。

操作方法：剥皮之前先裁好农用薄膜。薄膜的宽度应大于树围8～10cm。操作的顺序是从树干上部向下部剥。先在树干上部分枝处横割1刀，再与之垂直呈“T”字形纵割1刀，深度要掌握好，割到韧皮部，不要伤害木质部。然后用刀尖或竹片（用于皮厚的大树），从纵切口处将树皮轻轻撬起，沿横割的刀痕把树皮向两侧撕离，随撕随割断残连的韧皮部，勿伤形成层，待绕树干一周全部割断后，即向下撕到离地面约 10cm 处割下树皮，环状剥皮即完毕。剥树皮后随即用农用薄膜包住剥皮处，上口紧扎在未剥的树皮上（包扎带）。直包到基部未剥皮处，每隔 50cm 左右将薄膜绑扎一圈。

剥后的管理：剥皮后 8～10d（阴天 10～15d）新皮基本形成，以不粘手为准。新皮基本形成后即可松绑，通风，若新皮尚未完全形成，再重新将农用薄膜扎紧，一般松绑、通风 2～3 次。经 30～40d，新皮完全长好后，再将薄膜全部去掉。在 7～8 月剥皮时，应选择生长在林内或有遮阴的杜仲树，并要增加松绑、通风次数，以免灼伤树皮。8 月剥皮的树，新皮虽然当年可长成，但因过嫩，农用薄膜仍应继续留在树上，到翌年发芽前再解除。

杜仲树剥皮后，新皮形成过程中从外观上看，有以下几个阶段：刚剥皮后树干为乳白色；10～15d 呈浅绿色；松绑、通风后变为土黄色；30～40d 新皮长成，树干呈青灰色。剥皮 3～4 年之后，新树皮能长到正常厚度，可再次剥皮。环剥后 24h 严禁日光直射、雨淋和喷农药，否则会造成死亡。剥皮后天气干燥，须灌水。冬季可在树干外包裹薄膜防寒。

需要注意的是：①剥皮的手法要准（不伤害木质部）；动作要轻、快、准，将树皮整体剥下，不要零撕碎剥。剥皮时一定要戴手套，不要使剥皮工具或指甲等戳伤木质部外层的幼嫩部分，也不要用手触摸，以免使裸露的形成层活细胞感染病菌。②不能在大风天、雨天或烈日暴晒的中午剥皮。③农用薄膜最好用新的，若用旧的须无破损，并洗净、晾干，方可使用。薄膜的上下口要扎紧，以防雨水灌入或虫害侵入。发现害虫钻入，要及时捕杀。

剥下的杜仲皮，要用开水浇烫。然后展开，并叠置放于以稻草或麦草垫底、避雨、通风的平整地面上，上部用木板加石块压平，四周用草袋或麻袋盖压，进行“发汗”。经过 7d 后，在一堆中间抽出一张进行检查，当内皮呈黑褐色或紫褐色，即可取出晒干、压平。已晒干的杜仲皮，用刨刀刨去外皮，刨皮时要刨平整，不能伤及内皮，然后用刷子刷净泥灰，即可分等包装。

（四）杜仲叶的采收

杜仲叶作药用，近年来已在陕西、浙江等地试验成功，陕西已生产系列保健品。一般定植 3～4 年后的杜仲树，可以开始采摘树叶。幼树采摘树叶过早，会影响植株生长。适宜的采收时间，一般在 6 月采摘和 11 月杜仲树落叶前采摘；而幼树应在 11 月上旬采摘，这时采摘对幼树的生长影响较小。供药用的树叶，应去其叶柄，剔除枯叶，杀青处理，晒干后即可。

拓展阅读

如果采叶目的是提取杜仲胶，采摘时间应在 11 月杜仲落叶后收集为好。特别是在成片的杜仲林里，趁落叶盛期，在地面铺上塑料薄膜收集落叶。收集树叶时要去掉杂叶、泥土、石块和枯枝等，然后集中晒干，装袋待运。

（王进鑫）

砂仁栽培、山楂栽培、枸杞栽培、银杏栽培、益智栽培具体见选读内容 12-1～选读内容 12-5。

选读内容 12-1　选读内容 12-2　选读内容 12-3　选读内容 12-4　选读内容 12-5

第十三章　纤维类经济植物栽培

【本章提要】本章重点介绍杞柳、芦苇、柽柳、棕榈4种纤维类水土保持经济植物的栽培意义、主要种类与品种、生物学与生态学特性、繁殖与栽培技术、抚育管理与更新复壮技术。

第一节　杞 柳 栽 培

一、栽培意义

杞柳别名白箕柳、白杞柳、簸箕柳、筐柳等，是我国常见的水土保持和编织用经济树种之一。首先，杞柳能保持水土，防风固沙。杞柳根系非常发达，主根粗大，入土很深。发达的侧根和密集的须根，在地下形成根网，连同地上部分每年割茬形成的块状根盘，具有很强的保持水土、固结土壤和防风固沙的作用。在黄土丘陵地区、流沙地区和河流两岸，大量栽植的杞柳防护林生态效益显著，特别在黄土丘陵区作为灌木防护带对田间工程具有加固作用。此外，道路两侧、塌地和陷穴边缘均宜种植杞柳。其次，杞柳经济用途广泛。培育杞柳，生产柳条，是一种投资小、用工少、见效快、收入大、每年采条永续作业的经济林。杞柳枝条柔韧，主要用于编筐、柳箱、笸箩、簸箕、安全帽等。杞柳茎皮纤维可用于制造人造棉、造纸，嫩枝叶还是牲畜的优良饲料。

二、主要种类与品种

杞柳（*Salix integra* Thunb.）属杨柳科（Salicaceae）柳属的一种落叶灌木。枝细长，强韧，初紫色后变灰色或黄绿色。叶常呈倒披针形或线状，长3～5cm，罕达10cm，宽9～12mm，罕达15mm，常对生，上面光绿，背面苍白色，初具短柔毛后变光滑，雄株叶全缘，雌株叶缘具疏锯齿；柄短，长1～4mm；托叶小或无。花先叶开放，雄花序无梗，长约2.5cm，花密集；苞片圆形，黑褐色，两面被长柔毛；雄蕊2枚，花丝合生，基部具长柔毛；具1腺；雌花序长1.5～2cm，径4mm，花密集，花序基部具2枚披针状小叶，小叶背面常具丝状毛；苞片同雄花；子房几无柄，具疏柔毛，花柱和柱头皆2裂。蒴果无柄，被疏柔毛。

杞柳变异很大，形成许多栽培品种。

1. *‘白皮杞柳’*　又称‘大白皮’。枝条黄白色，落叶后为褐色，枝条长，柔韧，粗细均匀，髓心大，节间长，生长快，产枝量高，是优良品种。

2. *‘红皮杞柳’*　又称‘红皮柳’。枝条紫红色，叶柄红色，节间短，髓心小。枝质仅次于‘白皮杞柳’。

3. *‘青皮杞柳’*　枝条青绿色，粗壮，粗细均匀。生长快，产量高，但枝条脆，品质差。

杞柳分布于黄河及淮河流域一带，在内蒙古、辽宁、河北、河南、陕西、山西、江苏、宁夏等省（自治区）栽培很普遍。

生产上，可做编织用的柳属经济树种很多，除杞柳外还包括杞柳组的沙杞柳、塔城柳、欧杞柳等，筐柳组的筐柳、簸箕柳、细枝柳、北沙柳等，郝柳组的红皮柳等多种。

三、生物学与生态学特性

杞柳生长迅速，萌生力强，3 年生萌生条 10～20 个，6 年生的可达 50 多个。在滩地上栽植的 3 年生杞柳，条高可达 2m 左右。

杞柳对生长条件要求不严，具有喜光、耐寒、耐旱、耐盐碱和喜水湿的特性。在黏重土壤及湿润型风积沙丘地上也能生长。黄土高原各地群众多用杞柳作为梯田埂造林，说明其适应性是很强的。

四、繁殖与栽培技术

1. 造林地选择　杞柳是一种喜温、好湿、耐盐碱的灌木树种，适宜栽植在表层是细沙土、下层黏重的地方，在黏土上生长次之。其他土壤虽也能生长，但比较起来长得慢、产量低，柳条的质量也差。

2. 插条造林　杞柳的萌芽力很强，一般都采用插条的方法造林。选用当年生、健壮、无病虫害和径粗 0.8～1.5cm 的条子，剪裁成长 40～50cm 的插穗进行插条造林。春、夏（雨）、秋三季均可造林。但根据群众多年经验，雨季为最好，成活率高，生长快。造林前一年秋季深耕整地，扦插时插穗外露不宜过长，春、夏两季只露出地面 2～3cm，秋插时与地表平为宜。插后将土踏实。插条时进行墩植，每墩 4 株。墩间距和行距各为 0.5m，每 2 行或 3 行为一带，带距 5～6m。如果间作农作物，带距还可以适当加宽。

五、抚育管理与更新复壮技术

1. 松土除草　及时松土除草很重要，否则因幼苗期杂草丛生，消耗大量水分养分，影响杞柳生长。最好每年旱季和雨季松土除草 3～4 次。

2. 平茬　栽后头年任其自然生长，第二年秋后或冬季土地刚上冻时用快镰齐地割去地上部分，促使养分集中到基部，以加粗根茎和健全根系。次年，柳条就会萌发大量新枝，生长旺盛。在秋季落叶后再平茬，这样就可长出直立而健壮的好柳条。

3. 拿杈　平茬后，次年春季生长旺盛，易生枝杈，必须及时将枝杈拿去，以保证条身光滑无疤。拿杈时一手捏住条身和枝杈的基部连接处，另一手将杈掰掉，勿伤皮层和叶片。拿杈要掌握“早拿、勤拿、拿净”的原则。拿杈次数应根据杞柳生长情况来定，一般旺枝多的次数多，反之，次数可以减少，以保持条身光滑无杈为准。

4. 打柳　打柳就是割条。打柳季节是在头伏和立秋之间，一般在二伏晴天的早晨打柳最好，可以及时将去皮的白条晒干。打柳时可将小柳留下，以保护根茬不被烈日暴晒。留茬高度一般在 2～3cm。伏天打柳后，根部萌发很多新条，对养分消耗很大，若连年如此则老根萎缩，质量变坏。因此连续打柳 2～3 年后，第 4 年伏天应停止打柳，只在秋后打青柳一次。在瘠薄地上应每隔一年打一次青柳，以便恢复树势。

拓展阅读

5. 复壮更新　经过连续割条几年后，根茬逐渐增高，发条少，长势弱，所以要平茬一次。以后每隔 7～8 年平茬复壮一次。平茬的方法是在大地封冻时，用锋利的刀斧，齐地面将老茬削掉，切口要平滑，以利萌条。一般当树龄超过 20 年时，应将老掉的根茬刨掉，重新造林。

（刘增文）

第二节　芦 苇 栽 培

一、栽培意义

芦苇古名芦、苇，又叫苇子、毛苇、泡芦等。芦苇的用途很广，在造纸工业上需要量极大，而且它的副产品有多种用途，如黏合剂是冶金、铸造、耐火材料工业等不可缺少的辅助原料。饲料酵母也是一种副产品，从 1000kg 苇浆的废液中可提取饲料酵母 16～18kg，每斤饲料酵母的蛋白质含量相当于 2～2.5kg 粮食。此外，可从苇浆废液中提取食品工业用的香精。芦苇素有"第二森林"之称，它除了给我们提供大量纤维素外，在农业上还具有挡浪护堤、改良土壤、改善小气候的作用。芦苇又是编织、乐器、民房建筑的常用材料，芦苇秆可编芦席、筐、篓等各种用具，也可制造乐器——芦笛，芦苇穗可以作扫帚，芦苇花絮可以充填枕头；芦苇编织的"苇帘"可盖房或搭建临时建筑。芦苇的适应性很强，自然分布很广，几乎遍布全国和世界温带地区，常占据在江河流域沿岸和湖畔、内陆沼泽地及沿海海滩地，也有分布于水分条件较好的固定或半固定沙丘及丘间低地。

拓展阅读

二、主要种类与品种

芦苇［*Phragmites australis*（Cav.）Trin. ex Steud.］为禾本科（Poaceae）芦苇属植物。芦苇在我国分布区域辽阔，资源丰富，我国有芦苇属植物 3 种 84 变种和 6 变型，根据水热条件和生态环境的差异可以把我国芦苇产区划分为 5 个地理区域：①南方湖滨苇区；②东部滨海苇区；③北方沼泽苇区；④西北干旱苇区；⑤西南山原苇区。目前人工栽培基本都是就地取材就地繁殖，根据其生态类型，栽培来源大体有 5 种生态类型，即沙丘芦苇、沼泽芦苇、中生芦苇、盐生芦苇和水生芦苇。

三、生物学与生态学特性

（一）生物学特征

芦苇高 1.5～5m，茎直立圆柱形，中空，生长中的茎色因品种和环境不同而有差别，有淡绿色、紫色、紫绿色，老熟后有黄白色、黄褐色。叶片条状披针形，无叶柄、互生、二行排列，顶端尖锐，基部钝圆。根分初生根和永久根两种。永久根也叫不定根，地上茎入地各节，或地下茎各节上都生有不定根。干旱时，地下部的不定根多；潮湿时地表发生大量的不定根，这种纤维状的须根，有利于吸收土地中的养分和水分。地下茎具有横向生长的特性和匍匐性，分布在土层下 30～60cm 深处，入冬后地上部分枯死，地下茎贮存大量淀粉，供第二年萌芽生长。花为圆锥花序顶生，花穗中央主轴长 10～40cm，常呈紫色，微垂头，分枝斜上或微伸展，下部枝腋间具白色柔毛，小穗长 16～22mm，通常含 4～7 小花，第一小花常为雄性，颖及外稃均有 3 条脉，外稃无毛，孕性外稃的基盘长 6～12mm 长的柔毛。种子为颖果革质，披针形。

（二）生态学特征

用种子繁殖的植株，当年主茎不旺，只有 0.3m 左右长，由两侧的分蘖代替生长，分蘖可达 10 余株。因此当年植株只长根、茎、叶，而不抽穗开花。需经 2～3 年，才形成高大的植株。地下茎当年一般可横走 1m 左右，深 0.1m。第二年横茎可伸长 2～4m，深 0.2m。以后逐年加深，有的芦苇地下茎可达 15m 深处。随着地下茎的蔓生，地上部分逐渐形成苇丛，延绵连片。

芦苇整个生育期都离不开水，所需水量因生长阶段而有差异。种子和地下茎的萌芽期，对水的要求较严格，只有不旱、不涝，保持土壤湿润，才能正常发芽生长。生长期，植株的蒸腾量和地面、水面的蒸发量都随气温的升高而加大，此时，芦苇对水分的需要量要占总水量的80%以上。若干旱，就会造成生长缓慢，茎秆节间短，产量下降。主要是不定根向下伸展的数量减少，上层土壤中的养分又不能被吸收利用，而此时，旱生杂草则大量繁殖生长。但是如果水分过多，对其生长也不利。如汛期洪水，一般气温高，水温也高，呼吸加剧，如长时间淹没，轻则造成落叶、减产，重则造成死亡。成熟期一般正值雨季后期，应加强排水晒田的管理工作。

芦苇能抵抗－10℃以下的土温越冬，早春日平均温度回升到5℃左右便开始发芽生长。10～30℃，每升高10℃，土壤中微生物对有机质的分解就增强2～3倍，有利于根系的吸收。积温高，无霜期长，均有利芦苇的生长。

芦苇可生长在pH 6.5～8.5的土壤中，但以pH 7～8为宜。最适宜在江河下游或湖荡入口处，有水，土质肥沃，土厚松软，含有机质、无机盐较多的黏土或壤土上生长。这种土质保水性强，通气良好，芦株高可达4～5m，亩产量达500～1000kg，小面积高产田亩产可达2000kg以上。黏土的板土层和粉砂土，芦苇根系不能深扎，地下茎发芽率高，单位面积密度大，但茎秆细小，产量低。这是因为这种土壤逆水透气性均差，土表易积水或干旱。

芦苇是一种比较能抗盐碱的植物。我国北方苇田主要是盐碱土，含盐量低于0.05%时，芦苇完全能正常生长；含盐量高达0.2%时，仍能生存，但产量很低。过多的盐分，能使芦苇叶片粗糙，茎秆变矮，不抽穗，引起退化。这是因为含盐过高不利微生物的活动，影响土壤中有机质的分解和对水分养分的吸收。

四、繁殖与栽培技术

芦苇可用种子繁殖也可用根状茎繁殖。种子繁殖的优点是选择和纯化优良品种，种源充足，采集贮运方便，适于大面积繁殖；缺点是种子萌发和幼小实生苗对水分、温度等要求严格，管理较复杂。

（一）种子繁殖技术

1. 采种　采种时期，因各地气候不同，如辽宁地区，8月中旬抽穗，9月上旬开花，10月下旬种子成熟，随风飘扬。采集时用剪刀、镰刀，剪割苇穗，晒干贮藏，播前裁成1～2cm长的碎段。当气温下降到8～10℃时（或初霜期前2～3个月），按每亩3kg的用量进行播种。

2. 播种方法　播种方法有育苗移栽和直播两种。

1）育苗移栽　苗床（1～1.5m宽，10m长或更长一些）要湿润，亩施有机肥300kg左右，深翻5～10cm，然后将苇穗均匀地撒播在床面上，轻轻地拍入土中。当苇苗株高30cm时，按穴行距0.7～1m（每穴1～3株）进行移栽。草滩荒地或土壤板结的地方，移苗前要松土，翻耙灭草。有灌溉条件的地方，保持浅水层移栽；没有灌溉条件的，挖坑（坑深15cm）灌水移植。顺序是：灌水—移栽—渗干后覆土。若能带土移栽成活率则高。当苇苗长到50cm高时，可灌3～4cm的水层。

2）直播　5月初到初霜前2个月，苇子也可直播在水分饱和状态的田里，采用走两步播一点，用竹扫帚摊开并拍入泥里，每亩用种1～2kg。在附近有芦苇的地方可用自然风播繁殖。

（二）根状茎繁殖

在芦芽萌发前（从化冻到初霜前2个月），选取粗1cm以上的土黄色、黄褐色或乳白色，茎上有3～5个芽的地下茎，裁成长30～40cm小段，及时栽植。如要运输，装入草包，洒水置阴凉处通风、降温，时间不宜过长，否则影响成活率。

栽植时，有灌溉条件的地方，挖沟斜埋，根状茎与地面呈30°斜角插栽，上端露出地面2～

3cm。株行距各1～2m。无灌溉条件地方，可挖锅底坑（15cm深），覆土踏实，浇足水。

除此之外，还可用地上茎繁殖，也叫压青，分深水压青、浅水压青和湿润田压青。

五、抚育管理与更新复壮技术

（一）田间管理

1. *灌溉*　芦苇的灌溉十分重要，尤其是盐碱地区，必须修建配套工程。春天勤灌、勤排，排后日晒时间不宜过长，避免返盐；雨季以排水为主，排水沟要缩小沟距，加大沟深，以利于降低地下水，淋洗土壤盐分和加强通气等。

在水源充足条件下，苇田灌溉应该是春浅灌，夏深灌（逐步加深），秋落干，中间配合晒田，汛期引洪落淤，改土增肥。靠近城市的苇田，还可利用污水灌溉，增加土壤肥力，降低盐分，改良土壤，增加产量。

2. *耕翻*　多年的老苇田，由于芦根很厚（根层可达0.3m以上），出现苇田退化现象，植株细弱矮小，产量低，此时要采取耕翻复壮。耕翻可在秋末土壤结冻时或早春化冻前进行，耕翻深度为10～20cm，耕后必须耙平，否则影响收割和水的排灌。水的排灌必须在耕翻后密切配合，不然也不能达到灭草效果。耕翻的作用还在于，促进枯根落叶的分解，增加土壤肥力；减少土壤的蒸发，有利于保水通气，疏松土壤。经过耕翻的苇田，一般当年减产，第二年平产，第3～5年大幅度增产。水、肥条件好的，当年平产，第二年开始大幅度增产。

3. *施肥*　芦苇需要从土壤中吸收大量营养。为了避免与农业争肥，可采用“以苇养田”的方法。据统计，一般苇田每年每平方米落叶500～1000片，腐烂后就是很好的有机肥。苇田施放化肥更为现实，硫酸铵与过磷酸钙混合使用，每亩各施18kg与6kg。用尿素实行飞机撒施更为方便，用量每亩10kg，施肥前必须先灭草。

4. *防除杂草*　苇田杂草不仅与芦苇争水争肥，影响芦苇生长，而且也是病虫害的传播者，既影响芦苇的产量也影响芦苇的质量。灭草方法，除用耕翻、深水淹没外，还可用化学药剂。药剂用量：有效成分80%的2,4-D丁酯乳油每亩0.2kg，放药后一个月内即可把杂草杀死。

5. *病虫害防治*　病虫害是芦苇生产主要的自然灾害，为害严重时，可使产量下降30%以上，同时也大大影响芦苇质量。常见的主要病害有叶斑病（北方）、褐斑病（南方）、根腐病、芦苇锈病、芦苇黑穗病、芦苇茎黑粉病。它们的发生与杂草有密切关系，除做好灭草外，还要加强管理，以防为主。

芦苇的虫害因为害的部位不同可分为3类。

1）为害叶片的害虫　包括黏虫（劳氏黏虫、白脉黏虫、眉蚊夜蛾）、桃粉大尾蚜（芦苇粉大尾蚜）、金龟子（铜绿金龟子）、灯蛾（又叫毛虫），南方常见的有腹灯蛾和红腹灯蛾（人纹灯蛾）、榆毒蛾，还有蝗虫、尺蠖、大豆毒蛾、芦毒蛾。综合防治方法：①消灭苇田杂草或人工摘除卵块；②保护害虫天敌芦麻雀、青蛙等；③火光、灯光、黑光灯诱杀；④烟雾剂熏杀；⑤药物喷杀，用40%乐果乳剂2000倍液，大面积苇田可采用飞机喷洒。

2）为害茎秆的害虫　包括芦苇钻心虫（为害严重时有80%植株受害）、棘禾草螟、芦螟、荻蛀茎夜蛾、高粱条螟、荻粉长角象、芦苇囊虫，还有大螟、玉米螟、二化螟等。综合防治方法：①早春火烧苇田，消灭越冬虫卵，或秋烧苇田，减少幼虫越冬；②灌溉保水杀虫；③深埋虫害植株；④药剂喷杀。

3）为害根系（包括地下茎）的害虫　蛴螬（又叫土白蚕、白地蚕），是金龟子幼虫。蝼蛄，又分大蝼蛄（华北蝼蛄）和小蝼蛄（南方蝼蛄、非洲蝼蛄）。综合防治方法是在为害严重地带用毒饵诱杀或灯光诱杀、土壤处理等。

（二）收获

拓展阅读

我国芦苇生长集中，面积广阔，而生产季节性又强，因此更需要实现机械化。芦苇生产机械化的主要环节是收割、打捆、运输等。我国现在已有芦苇收割和打捆机械多种型号，可根据情况选用。

（李会科）

柽柳栽培和棕榈栽培具体见选读内容 13-1 和选读内容 13-2。

选读内容 13-1　选读内容 13-2

第十四章　竹类栽培

【本章提要】中国是世界上竹类分布最广、资源最多、利用最早的国家之一，素有“竹子王国”的美誉。全国共有竹类植物39属500种以上，栽培的经济竹有50种左右。竹子富含纤维，是优良的造纸原料，也是人造丝、人造毛、乙酸纤维和硝化纤维等的重要原料，竹材和竹枝、竹鞭、竹蔸还可做成工艺美术品，竹笋又是美味食品。竹子依照其地下茎的分生繁殖特点和形态特征，分为三大类。本章重点介绍毛竹、绿竹、苦竹三个代表性经济竹种的栽培意义、主要种类与品种、生物学与生态学特性、繁殖与栽培技术、抚育管理与更新复壮技术。其中，毛竹属于散生竹类、绿竹属于丛生竹类、苦竹属于混生竹类。

第一节　毛竹栽培

一、栽培意义

毛竹又称楠竹，原产于我国，后相继引种到日本、欧洲、美国、俄罗斯等地。毛竹是我国竹类资源中分布最广、面积最大、栽培历史悠久、笋竹产量最高、经济效益好的经济竹种。1949年以来，由于重视对毛竹丰产技术的基础理论研究，毛竹林面积迅速扩大，分布区域迅速北移，产量大幅度提高，经营好的毛竹林，年产鲜笋$15t/hm^2$和竹材$15 \sim 30t/hm^2$及以上。根据第九次全国森林资源清查（2014～2018年）结果，我国竹林面积为641.16万hm^2。其中，毛竹林467.78万hm^2，占72.96%；其他竹林173.38万hm^2，占27.04%。毛竹总株数为141.25亿株，分布在13个省，其中毛竹林面积70万hm^2以上的有福建、浙江、江西、湖南4省，面积合计370.62万hm^2，占全国毛竹林面积的79.23%。

毛竹生长快、成材早、产量高、用途广，以竹代木前景广阔。毛竹材广泛用于建筑、造纸、胶合板、家具、农具、竹筏、竹编工艺、生活用具、渔业、体育器材等。竹笋营养丰富，富含18种氨基酸和多种微量元素，是天然的保健食品，竹笋加工已成为我国重要出口创汇行业。

由于毛竹一次栽培，成林后永续经营利用，年年挖笋砍竹，永续择伐利用，竹山常在，枝茂叶繁，根系发达，竹鞭纵横交错，有很强的保水固土作用，发展毛竹资源，以竹代木，可缓解木材供不应求的压力，经济效益和生态、社会效益很高。

拓展阅读

二、主要种类与品种

毛竹（*Phyllostachys heterocycla cv. pubescens*）为禾本科（Poaceae）竹亚科（Bambusoideae）刚竹属（*Phyllostachys*）多年生乔木状竹类植物。

竹类的竹鞭（地下茎）有3种类型，即单轴散生型、合轴丛生型、复轴混生型。毛竹属单轴型，具有粗壮横走的竹鞭，鞭上有节，每节生一芽，芽交互排列，芽发育抽笋成竹秆，竹秆散生直立，称散生竹。毛竹最高可达23m，最粗胸径20cm（福建），最长节间可达50cm，竹秆圆筒形，全秆的箨环均隆起；幼秆密被细柔毛，以后逐渐脱落，箨环下有一白粉圈，老时变为黑垢。冬笋白黄色，被有棕色绒毛，3～4月出土为春笋，箨鞘厚革质，紫褐色或褐色，密被棕色毛和黑褐色斑块。竹秆上每节生二枝，三次分枝，小枝单生，小枝上生叶片2～4片。叶片披针形。毛竹一生只开一次花，花期5～8月，穗状花序，苞片复瓦状排列，每小穗两花，只有一朵花发育，颖片1枚，鳞被3枚，膜质：雄蕊3枚，子房圆锥形或三角形，柱头三裂。8～9月成熟，褐毛，顶端具有芒。常见有两种变型。

花毛竹（*Phyllostachys heterocycla* cv. Tao Kiang），节间正常，竹秆与分枝黄色间有黄绿色纵条纹。可兼作观赏竹种。

强竹（*Phyllostachys heterocycla* cv. Obliquinoda）与原变型不同在于秆通常细小，相邻的节通常交互歪斜，节间正常。

三、生物学与生态学特性

（一）生物学特性

毛竹地下茎单轴散生，具横走竹鞭。繁殖更新主要依靠无性繁殖，即竹鞭的蔓延生长和发笋成竹来实现的。一片茂密的竹林，地上立竹散生似互不相关，实际上分别隶属于若干地下茎系统，形成独立的鞭—竹系统。在鞭—竹系统内，竹连鞭，鞭生笋，笋生竹，竹又养鞭，循环增殖，枯荣休戚相关，构成物质和能量流动的地上、地下有机整体。

1. *竹鞭生长*　毛竹的繁殖靠地下茎，即竹鞭的蔓延生长。竹鞭分布深度一般在地表15～40cm，有时深达1m左右，肥沃土壤中竹鞭分布较深，而在贫瘠土壤中分布较浅。竹鞭的生长靠鞭梢（也叫鞭笋），在疏松肥沃湿润的土壤中，一年之间鞭梢的钻行生长可达到4～5m，横向起伏生长，方向变化不大。大竹长成的竹鞭，粗壮节稀、芽肥根多，有利于出大笋，长大竹。竹鞭生长有趋肥、向暖的特性，在土壤板结、石砾过多、干燥瘠薄或杂灌丛生的地方，土中阻力大，水肥条件差，鞭梢生长缓慢，起伏扭曲也大，而且经常断梢分岔，竹鞭畸形短缩，芽瘦弱根又少，抽笋长出的竹子矮小孱弱，材质低劣。

毛竹的竹鞭可分为鞭柄、鞭身、鞭梢三部分，总称为鞭段，都是由鞭梢生长形成的。鞭的生长活动时期一般为5～6个月，并和发笋长竹交替进行。在大、小年分明的毛竹林里，大年出笋多，鞭梢生长量小，小年出笋少甚至不出笋，鞭梢生长量大。一般在新竹抽枝发叶、竹林进入小年时，鞭梢开始生长，8～9月生长最旺，11月底停止生长，冬季萎缩断脱（在南部产区、气候温暖，鞭梢多不萎缩）。在来春竹林换叶进入大年时，又从断梢附近的侧芽另抽新鞭，继续生长，6～7月最旺，到8～9月又因竹林大量孕笋而逐渐停止生长。

新的竹鞭呈淡黄色，组织幼嫩，养分和水分含量很高，为鞭箨所包被，正在充实生长，除断梢情况下，不抽鞭，也不发笋。一年生以后，鞭箨渐深，由黄色转为黄铜色，鞭体组织逐渐成熟，水分含量下降，侧芽发育完全，鞭根分枝多而生长旺，形成强大的竹鞭根系，这是竹鞭的壮龄时期（3～6年生）。壮龄竹鞭的根系吸收能力强，贮存养分多，抽鞭发笋旺盛，竹林中的幼、壮竹绝大部分着生在壮龄竹鞭上。随着鞭龄的增加，养分的吸收、贮存力下降，侧芽在长期休眠之后，逐渐失去萌芽力，出笋减少、退笋增多。到了竹鞭的老龄时期，鞭根梢端断脱，侧根和须根死亡稀疏、吸收作用下降。毛竹的竹鞭寿命可达到10年以上。竹与鞭的年龄关系，可概括为幼竹鞭壮、壮竹鞭老、老竹鞭亡。6年生以上立竹所连竹鞭、年龄过大，抽鞭成竹能力极弱，不宜做母竹。竹鞭年龄一般划分为4个阶段：幼龄鞭1～2年生；壮龄鞭3～6年生；中龄鞭7～9年生；老龄鞭9年生以上。

2. *竹笋—幼竹—竹秆生长*　竹笋在地下阶段生长慢，时间长，跨越两个年份。在秋季，鞭上的部分侧芽萌芽分化为笋芽，笋芽进行细胞的分裂增殖，进一步分化形成节、节隔、笋箨、侧芽和居间分生组织，并逐渐膨大，到了初冬，笋体肥大，笋箨呈黄色，被有细绒毛，称为冬笋。冬笋到了春季温度回升时，又继续生长出土，称为春笋。冬笋是春笋的前身，有人认为冬笋不能成竹是没有根据的。

毛竹笋出土要求旬平均温度在10℃左右，温度是影响竹笋出土的主要因素。其次是水湿条件和竹鞭的深度，出笋持续时间一般为 20～30d。一般来说，初期出土的竹笋数量少，养分充裕，退笋少；盛期出土的竹笋，数量多，笋体肥大，成竹质量高；末期出土的笋，养分不足，笋体弱小，退笋率高，即能成竹，质量也差。

1）竹笋—幼竹生长（秆形生长）　竹笋生长自基部开始，先是笋箨生长，继而是居间分生组织逐节伸长，推动竹笋上移，穿过土层，长出地面。由笋长成竹，时间很短，一般只有40多天，大致可分为4个阶段，即初期、上升期、盛期和末期。在竹笋出土初期，每天生长量不超过 2cm，持续 10～15d，以后进入上升期，在基部各节大量生根后，节间生长从地下推移到地上，生长速度由缓慢而逐渐加快，一般每天可伸长 10～20cm。上升期大致经过 7d，然后转入竹笋生长最旺盛时期，生长迅速呈直线上升，到了生长高峰期，一昼夜可达 1m 左右，基部笋箨开始脱落，上部枝条伸展，高生长又由快而慢，盛期持续 10～15d。到了末期，竹秆高生长下降直到停止。末期高、粗生长都极为缓慢，主要是竹子的加固生长，此时秆箨全落，竹枝长齐，竹叶展放后，形成新竹。

2）成竹生长　新竹形成后，竹子的秆形生长结束，竹秆的高度、粗度和体积不再有明显的变化，但竹秆的组织幼嫩，含水量高，干物质少。新竹干物质重量仅相当于老化成熟后的40%，其余 60%要靠以后的成竹生长来完成。毛竹年龄阶段的划分：幼龄竹（Ⅰ度，1年生竹）；壮龄竹（Ⅱ、Ⅲ度，2～5 年生竹）；中龄竹（Ⅳ、Ⅴ度，6～9 年生）；老龄竹（Ⅵ度以上，即10年生以上）。材质生长分为：1～6年为材质增进期；7～9年生为材质稳定期，10年生以上为材质下降期，毛竹不应当留到10年后采伐。

毛竹新竹第二年春季换叶，以后每2年换叶一次，每换一次叶，竹株年龄增加一度（届），Ⅰ～Ⅲ度竹处于幼壮龄阶段，生理代谢旺盛，抽鞭发笋力强，竹秆细胞逐渐加厚，含水量逐渐减少，干物质重量逐渐增加，竹材力学性质相应增进。Ⅳ、Ⅴ度处于中龄阶段，竹株的营养物质含量和生理活动开始下降，所连的竹鞭也逐渐衰老，失去抽鞭发笋能力，材质生长到了成熟稳定时期。

3. *毛竹的开花结实*　开花结实是高等植物共同的特性，竹子也不例外。毛竹开花前出现反常现象，如出笋很少甚至不出笋，叶绿素显著减退，竹叶全部脱落或换生变形的新叶，或竹子体内糖类物类增加和氮含量减少，出现高的碳氮比例，这些都是预兆花期即将来临。毛竹的花期很长，4～10月都会发生，而以5～6月为盛花期，毛竹的花丝长，花柱短，授粉率很低，十花九不孕，种实的成熟期也很不整齐，一般授粉两个月，种子陆续成熟，随即脱落飞散。

毛竹开花总是零星发生，有的全株开花，竹叶脱落，花后死亡；有的部分开花，部分生叶，持续2～3年，直到全株开花死亡。一片毛竹林全部开花结实往往要经历5～6年及以上。毛竹开花不受竹龄的限制，新竹同样可以开花，开花结实后，有的竹株光秃无叶，竹秆枯黄死亡，所连的地下茎发黑腐烂，失去萌芽力，地上和地下完全死亡，必须重新栽植或天然更新，才能恢复竹林。

总之，竹子的生理成熟和衰老，是引起开花结实致死的根本原因，气候变化、土壤条件及人为影响则是外因，外因通过内因而起作用，外因只能推迟或促进竹子开花，而不能改变竹子开花的根本特性。在毛竹生产上，可采取一些措施来控制毛竹开花，对还没有开花的竹林，加强抚育管理，改善水肥条件，防治病虫危害，促进营养生长，使之不断抽鞭、发笋，就有可能推迟竹林的衰老成熟，抑制开花。

拓展阅读

（二）生态学特性

1. 自然分布　毛竹分布范围北起河南桐柏山南端和安徽大别山的北坡，南至广西大瑶山和广东罗浮山；西自四川盆地南缘和云南东北部，东迄浙江、福建和台湾西部低山丘陵，相当于北纬23°30′～北纬32°20′，东经104°30′～东经122°。毛竹垂直分布的幅度相当大，从海拔几十米到1400m都有毛竹分布，并随纬度、经度和地形有所变化。总的趋势是南方高北方低，西部高东部低，群山相连的地区高，而孤山地区分布较低。

2. 适生环境　限制毛竹自然分布的生态因子较多，其中主要是温度、降雨量和土壤。

1）温度　毛竹自然分布区内，年平均气温为12.6℃，最冷月的平均气温为1～12℃。分布中心区年均气温为15～19℃，1月平均气温为2～10℃，可忍受−14℃的低温。7月平均气温为25～30℃，生长季长，年生长期在310d以上。适温期长短对毛竹生长及产量影响很大，冬天要有正常的低温期，以利休眠。

2）降雨量　毛竹自然分布区内年降雨量为900～2000m，相对湿度一般不低于70%，分布中心区雨量充沛，年降雨量为1200～1800mm，年平均相对温度为80%。毛竹的分布和生长，起限制作用的主要是水分条件，其次才是温度条件，毛竹的耐寒性远远大于抗旱能力。从北到南，温度渐增，雨量渐多，湿度渐大，这些因子互相配合，综合形成的气候环境，对毛竹的分布和生长提供了优越的条件。

3）土壤　毛竹自然分布区内的土壤，主要有三类，即长江以南的低山丘陵多为红壤；海拔900m以上的山地，多属黄红壤或黄壤；分布区的北缘为黄棕壤和黄褐土。

适于毛竹生长的土壤条件是：①土层深厚，含有较多的有机质和矿质营养。②土壤的机械组成和物理性质如孔隙性、透气性、持水能力和吸收能力良好。在以砂岩、页岩、石英岩、花岗岩等母岩发育的厚层山地红壤、黄壤，毛竹生长良好。③土壤呈酸性反应，pH为4.5～7.0，乌沙土是毛竹生长最好的土壤，其次是砂壤土或黏壤土，而重黏土和石砾土上生长最差。过于干燥的沙荒石砾地、盐土、碱土或低洼积水的地方，毛竹不能生长。

4）地形　地形条件（包括海拔、坡位、坡向、坡形、坡度等）尽管是间接因素，但地形因素的变化常引起光、热、水、养分等因子的再分配，从而影响毛竹林的生长。根据立地因子与毛竹生长的数量化分析，地形条件的海拔、坡位为主导因子。

四、繁殖与栽培技术

（一）苗木培育

毛竹造林多采用移栽母竹，但在毛竹林少的地区，母竹来源十分缺乏，长途运输成本高，成活率也低。适合采用种子育苗，实生苗造林。其优点是适应性强，可塑性大，分生繁殖力强，可利用分株、压条等方法以苗繁苗，建立永久性苗圃，广辟竹苗来源，适应毛竹造林发展的需要。

1. 播种育苗　采种前先摸清毛竹开花的地点、环境、产量，及时做好种子采收工作。毛竹5～6月开花，8～10月进入成熟阶段，立即采收。一般可砍倒结实的母竹，摘下果枝晒干、除杂、干燥、脱粒、筛净。种子经干燥处理后，宜用麻袋装好，放在阴凉、通气、干燥的室内贮藏。毛竹种子在常温下不宜久藏。贮藏超过半年，平均发芽率仅4%左右，贮藏8个月后，几乎全部丧失发芽能力。因而宜随采、随播（秋播），若需较长时间贮藏，最好保持0～5℃的低温贮藏（种子库）。

1）种子处理与催芽　播种前先用清水洗净，然后用0.3%高锰酸钾浸种24h，或用3%H_2O_2浸种1～2h（或2%硫酸铜溶液浸种5min），再用30～40℃温水浸种24h，这样可提高发芽率5%左右，防止幼苗根腐病，提早发芽，使发芽整齐，生长均匀。温水浸种后如用湿砂埋藏催芽直至种胚露白后再播种，效果更好。如有可能用生长素（吲哚丁酸）100～150mg/kg浸种24h，则能提高发芽率20%～30%。催芽育苗的优点是发芽率高，出苗整齐，分蘖期早，便于管理。

2）播种育苗　圃地要求土壤疏松、湿润、较肥沃、排水良好、便于灌溉。育苗地经过深翻，施足基肥，三犁三耙，然后做好苗床（宽1m左右，高25～30cm），于播种前一天，用3%的皂矾液进行土壤消毒，以防根腐病和茎腐病。播种方法可选用条播、撒播或穴播。条播每条25～30粒，撒播每平方米播20g种子。播种后用黄心土或火烧土覆盖，以不见种子为度。播后覆盖稻草，并经常喷水，以保持苗木湿润。

种子发芽的条件，主导因子一是温度，二是水分，毛竹种子发芽的适宜温度是20～25℃，当日均温度18℃以上时，6～7d即可发芽。一般出苗2个月后开始分蘖，夏季炎热少分蘖，9～11月是分蘖的盛期，全年可分蘖5～6次，一棵苗可分生15～20株，高1m左右。每公顷可产竹苗12万～15万丛，造林时每丛可分成2～3个小丛，每公顷苗木可供造林600hm^{2}以上。

播种时间可采取随采随播，即秋播，也可冬播（12月）或早春播种（2～3月），场圃播种后20～30d可出土。苗期要加强田间管理，松木、除草、抗旱防涝，施足定根肥，移栽补苗，防治病虫害等关键措施，提高竹苗的产量和质量。

2. 无性繁殖育苗　通常包括两种方法。

1）分株育苗　利用一年生实生幼苗具有很强的分蘖特性进行连续分株育苗。方法是在“立春”前后，把一年生实生幼苗整丛挖出，用剪刀小心分离出单株，并剪去1/3枝叶，根部沾黄泥浆（泥浆中拌适量磷肥），按一定株行距移植到苗圃地，一年后单株幼苗又分蘖成一丛，至翌年春，再分殖、移栽育苗，1株幼苗经过两年移栽分蘖成25株以上。

2）留床连续育苗　在挖取2～3年生留床苗时，每平方米苗床留下1～2株，然后将圃地平整，施肥、松土、除草，当年3～4月，残留在地下的竹鞭发出大量竹苗，到翌春即可挖出小竹株造林。

3. 苗期管理　幼苗出土后分批揭除覆草。春播育苗要及时搭设荫棚，透光度控制在50%左右。除草松土应掌握除早、除小、除了。每隔10～15d进行一次，雨后松土，初期宜浅，后期可适当加深到10cm。应注意浇水防旱、开沟排涝，干旱天气定期灌溉，下雨及时开沟、排除积水，防止烂鞭烂根。毛竹育苗在整地时施足基肥，出苗后及时追肥，施用N、P为主的复合肥为好。秋后要控制施N肥。竹苗分蘖能力很强，可将过密的幼苗用竹签连根带土挖出，补植到缺苗的穴内或行内，也可用于移植育苗，扩大圃地，增加产苗量。为促进竹苗多分蘖，可将三次分蘖后的幼苗剪掉顶梢，去掉顶端优势，促进分蘖，留苗高30cm左右，然后培土施肥，促进地下潜伏芽萌动，增加分蘖，提高产量。一年生苗不耐寒，秋后应控制施N肥，多施P、K肥，促进幼苗木质化。冬季应设立风障防止寒流冻害。毛竹发生虫害可用毒饵防治地下害虫如蝼蛄、金龟子幼虫等。

（二）毛竹造林

1. 造林地选择　毛竹要求立地条件比较高，一般选择海拔1000m以下的山坡中下部、山麓山洼，最好是黄红壤、黄壤，其次是山地红壤。土层厚度在80cm以上，腐殖质层10cm以上，肥沃、疏松、湿润、排水良好的壤土或轻黏土（乌沙土、油沙土、砂壤土），呈酸性反应的土壤。避免选择低丘、土层瘠薄、干燥、多石砾的石质山或含盐量0.1%以上的盐渍土、钙质土（pH8以上）及低洼积水地。

2. 整地　造林地应先进行林地清理，然后整地。平缓山地可实行带状整地或全面整地（坡度 20°以下），坡度较陡可采用穴状整地，按品字形排列挖大穴、明穴、回表土。穴的大小应根据竹苗的大小而定，移栽母竹穴的规格：穴面长×宽为 120cm×60cm，深 50cm。实生苗造林的穴面为 60cm×60cm，深 40cm，结合回表土施足基肥，以有机肥、土杂肥为主，施有机肥有利于改善土壤的理化性质，为鞭根生长创造条件。如无法施有机肥，每穴施磷肥 250g。

3. 移栽母竹　适用于母竹来源多、运输方便、造林地较近的地区。移栽母竹带宿土，生理机能恢复快，叶片光合作用仍在进行，郁闭早、成林快。

1）选择母竹　母竹质量关系到造林的成败。母竹质量集中反映在年龄、粗度和生长等方面。1～3 年生的母竹，其竹鞭为 3～6 年生的壮龄鞭，鞭金黄鲜艳、组织充实、内含物丰富，侧芽成熟肥壮，壮芽数量多，鞭恢复再生能力强，发笋成竹量多；而 3 年生以上的母竹，鞭龄老化，鞭的色泽深，呈黄棕或深棕，鞭芽少，抽鞭发笋能力弱；而未满 1 年生幼竹，幼嫩且容易折断，造林成活率低，在秋天旱季抗旱能力差，竹叶容易枯萎。母竹直径以 4～6cm 为宜。母竹过粗容易受风吹摇晃，不易成活；过细又往往生长不良。从长势而言，应该是生长健壮、分枝低、枝叶繁茂、竹节正常、无病虫害。

2）母竹的挖掘　选好母竹后，在竹秆上做上记号，然后用山锄细心挖掘。为减少水分蒸腾，母竹应将竹秆上部斜切，留 3～5 个枝盘。切口用黄心土堵塞或用塑料薄膜包扎，以减少水分消耗。挖时先在距竹子 30～50cm 处轻轻挖掘，找到竹鞭，再沿竹鞭的走向截取来鞭 30～40cm，去鞭 40～50cm。挖掘时不要摇晃竹秆，鞭的切口要光滑，无撕裂现象，切忌伤鞭、伤根及鞭芽。竹鞭与竹秆连接处（螺丝钉）接触面小，应注意保护。母竹多带宿土，并用湿稻草或麻袋包扎放阴凉处，及时运输造林。长距离运输要注意保湿，保护笋芽，为保护螺丝钉（秆柄与竹鞭连接处），不要把母竹扛在肩上背运。

3）栽植密度与栽植技术　栽植密度影响到竹林郁闭及成林的速度。栽植过密，母竹需要量多，造林工作量很大，大面积造林有困难，栽植过稀，则林地杂草容易滋生，抚育费用高，竹林郁闭度推迟，甚至很难成林。各地因气候、地形、土壤等条件的变化，造林密度有所差异，各地多采用 450～600 株/hm^2 的密度。立地条件好可稀些，立地差的，应加大造林密度。

栽植前应在穴底先铺一层厚 10～15cm 的表土层，施入磷肥 250～500g，与底土拌匀。然后顺应竹蔸形状使根、鞭舒展，覆土分层踩实，不宜过紧或过松。栽时深浅要适宜。过深底层土温低，通气不良，不利于鞭根生长和鞭芽发育；太浅则易被风吹倒，成活后多形成浅鞭，笋又很小，一般入土深度比原土印深 3～5cm。竹鞭距离地面 25～30cm。总体要求是深挖穴、浅栽竹、高培土。为防积水，穴表面应培成丘形，高出地面 10～15cm，表土层覆盖稻草，以利土壤疏松保墒。土壤干燥时应浇足定根水，风大时立支架固定，以防风吹摇晃。

4. 实生苗造林　实生竹苗多采用丛植造林，起苗后，大丛分离成小竹丛，每丛 3～4 株，为保证成活率应切去顶梢及枝叶的 2/3，竹鞭多带宿土。造林密度多采用 600～900 丛/hm^2。

5. 造林季节　一般秋末、初春或梅雨季节均可。但生长季节移挖母竹，会造成鞭根损伤引起大量伤流，致使微生物大量繁殖，使母竹及原有竹林受感染。同时气温高也导致母竹水分丧失量大，影响造林成活率。南方各省 12 月至翌年 2 月气温较低，空气湿度较大，毛竹处于休眠状态，养分大部分贮存在鞭根中，竹液流动小，笋芽活动微弱，此时造林成活率高。但在 12 月至翌年 1 月移竹造林，应在下透雨后进行，如冬季久旱或异常低温易受冻害的地方，应推迟到 2～3 月造林。

五、抚育管理与更新复壮技术

（一）幼林抚育管理

1. 锄草松土与林地间种　造林地严禁人畜为害，一旦发现露鞭、露根，应及时培土踏实，林地积水应及时排涝，防止鞭根腐烂。新造幼林地应挖净茅草蔸、石块、树头。在造林后3～5年锄草松土，对于促进竹林郁闭起了重要作用。造林当年第1次抚育应在5～7月进行块状锄草松土，第二次宜在9～10月进行。第二年以后每年6～7月锄草扩穴一次，促进竹鞭蔓延和新竹生长。

新造竹林头3～4年郁闭度很小，林地杂草丛生，幼林抚育投资大，最好采取竹农间种，林地套种豆类、西瓜、薯类（红薯、白薯）、药材（如砂仁、仙人草、薏米等）或油类经济树种（如山苍子等），还可套种绿肥如印度豇豆等，以耕代抚，定期开沟埋青，改善土壤结构，减少抚育投工。

2. 深翻垦复、施肥、铺草　造林后3～4年幼林应进行深翻、垦复、扩穴改土。深度应适宜，因为大部分竹鞭分布于10～30cm的土壤层中，太深容易伤鞭根，太浅效果不佳，一般深翻20cm左右。靠近母竹浅翻，远离母竹适当加深。为促进竹林郁闭，要求郁闭前每年施肥一次，具体时间在发笋小年的春夏间结合锄草松土进行。施肥应开沟深施覆土，有利于诱导竹鞭往深层土壤扩展，避免施于表土，否则会使鞭根向上生长，还会造成雨水淋溶冲刷挥发等浪费，而降低施肥效果。施有机肥（农家肥）为最佳，有机肥如土杂肥、饼肥、绿肥可以改善土壤结构，提高土壤通透性能，如条件不允许，可以施氮、磷肥为主的复合肥。每株沟施0.25kg复合肥。

3. 竹林抚育间伐　新植毛竹林长出的新竹，胸径一般只有1～2cm，竹高2～4m，其后随着地下鞭根系统的发育壮大，行鞭孕笋力逐步加强，新竹也随之增高增粗。竹林郁闭前一般不间伐。郁闭度达到0.5以上，为提高竹林的胸径、均匀度和竹秆质量，可适当伐除过密、弱小、秆形不良的竹子，逐步改善竹林结构。

（二）毛竹林丰产结构调整

毛竹林的兴衰取决于竹林结构合理程度。竹林结构是影响竹林生产力的最主要因素。竹林结构遭到破坏必然导致毛竹林衰败，成为结构不良的低产竹林。毛竹丰产林的经营管理就是不断地调整竹林结构，以保证竹林生态系统最充分最有效地利用光能和水肥条件，生产有机物质，提高竹林产量。

竹林结构包括地上结构和地下结构。地上结构包括物种组成，立竹密度，竹株大小、均匀度、整齐度、叶面积指数和产量结构等；地下结构主要指竹鞭年龄结构。这些因子的不同组合形成不同的竹林结构和产量。所谓丰产结构就是竹林合理结构。但是由于经营目的不同（材用竹林、笋用竹林、笋竹两用林、纸浆竹林），其竹林结构要求不完全一致，如材用竹林和纸浆竹林的立竹密度明显大于笋用竹林和笋竹两用林。笋用竹林留养母竹的年龄，要求Ⅰ、Ⅱ、Ⅲ度竹占90%以上，而用材竹林则要求占75%。

（三）更新复壮技术

毛竹林的复壮就是科学经营管理，每年合理留养新竹，合理采伐老竹，采取必要的土壤垦复、施肥、灌溉等抚育措施，使竹林更新复壮、欣欣向荣，永续经营利用。毛竹林年年发笋长竹，必须年年（度）留养一定数量的新竹，采伐大致相同数量的老竹，使毛竹年龄结构保持幼壮竹占90%以上，使竹林具有旺盛的繁衍更新能力。留笋养竹关键技术是如何留、留多少。留笋养竹最适宜的时间应在发笋盛期，此期出土的竹笋养分充裕，成竹质量好；出笋末期多数是发育不良的弱笋、小笋，成竹率低，新竹质量差。初期出土的竹笋成竹率也较高，但过早留养新竹，会明显影响以后发笋量，因此丰产竹林一般不宜过早留养新竹，末期笋一般也不留。每年（度）留养的数量应根据竹林结构的要求，如用材竹林采伐后留养母竹 2700～3300 株/hm^2，每度（大、小年）需要留养新竹 900 株/hm^2 以上。但如果竹林平均胸径小于 10cm，则应适当增加留养新竹数量。笋用竹林留养母竹 1800～2250 株/hm^2，每度需要留养新竹 540～680 株/hm^2。

毛竹林年年（度）留养新竹，也需要年年（度）砍伐老竹（Ⅳ度以上），合理采伐是调整竹林结构，更新复壮的主要环节。新竹不留，老竹不砍，是不可能获得丰产的。

合理采伐的关键是适时、适量、适法，即砍伐时间要适宜，砍伐数量要适度，砍伐方法要正确。砍伐时间应在发笋当年的秋冬季节，最好在 11 月到翌年 3 月，此期毛竹处在落叶休眠期，生理机能缓慢，竹林含水量少，伐竹不易腐烂。应避免在毛竹生长季节或孕笋期砍伐，否则容易引起伤流，影响竹林生长。伐竹时应注意砍密留稀，砍老留壮，砍小留大，砍病留健，Ⅰ～Ⅲ度的幼壮竹不应砍伐。

拓展阅读

（陈存及、侯晓龙）

第二节　绿 竹 栽 培

一、栽培意义

绿竹是我国南方笋材两用的优良丛生竹种。其笋期长达 160d，盛产于夏秋两季（5～10 月），笋肉细嫩，清脆可口，具有丰富的营养成分。竹秆可用于制浆造纸、劈篾、建筑，中层竹材可入药，有解热之效。绿竹竹秆青翠，竹叶婆娑，形态优美，在庭院、园林绿化中被广泛运用。特别是江河两岸、水库集水区、土壤侵蚀区种植绿竹，既可增加经济收益，又对美化环境、防浪护岸、防止水土流失起着重要的作用。

二、主要种类与品种

绿竹（*Bambusa oldhamii* Munro）为禾本科竹亚科（Bambusoideae）簕竹属（*Bambusa*）。绿竹秆近直立，顶端斜展，高 6～10m，直径为 5～9cm，节间幼时被白色蜡粉，后变绿色或暗绿色，长 18～27cm。秆箨黄色，坚脆，背面幼时贴生棕色短毛，成长后变无毛而具光泽；箨舌微小，高 1mm，截平、近全缘；箨耳小、椭圆形，边缘有纤毛；叶舌稍显著，呈截平形；叶片长圆状披针形，长 17～30cm，宽 2.5～6.2cm，先端锐尖，基部稍圆形，叶面无毛，背面粗糙，次脉 9～14 对。

三、生物学与生态学特性

绿竹为合轴丛生竹种。绿竹地下无横走的竹鞭，地下茎由秆茎和秆柄构成，秆基肥大根多，每节着生一芽目，交互排成两列，最下一对芽目称“头目”，依次往上为“二目、三目……”，最上一对是“尾目”。芽目生活力自下至上由强向弱递减，所以，芽目萌发长笋成竹的顺序是自下而上。但一般只有 2～4 个芽目能发笋长竹，其余多不能萌发，或萌发后由于营养不良导致退笋。幼秆节间被白色蜡粉，后变绿色或暗绿色。秆箨黄色，箨耳小，椭圆形。箨叶直立，披针状。叶舌截平形。

绿竹喜温暖湿润的气候，适宜年均气温为 18～21℃，年降水量在 1400mm 以上，土壤 pH

4.5～7 的环境条件。能耐短期 0℃以下低温，但持续时间过长则易受冻致死，气温在−5℃时，叶片开始受冻，在−9～−7℃即死亡。但绿竹比麻竹耐寒。

绿竹的水平分布以气候带划分主要为中亚热带南部和南亚热带的北部和中部，分布在福建、广东、广西、浙江、台湾、云南、海南等省（自治区），在江西、湖南、贵州、四川等省的部分地区也有引种。绿竹的垂直分布范围一般在海拔 500m 以下，比较适宜种植在海拔 300m 以下的江河两岸、水库周边、山脚路边。

拓展阅读

四、繁殖与栽培技术

（一）苗木培育

绿竹育苗有种子育苗、埋秆育苗、埋节育苗、主枝及次主枝育苗等几种。绿竹竹秆在第 6～8 节开始分枝，每节一个主枝，在主枝的基部分生若干侧枝，呈簇状生长。选用一年生主枝、侧枝进行扦插育苗试验，粗枝扦插育苗成活率可达 84%，而细侧枝扦插育苗成活率仅 10%左右。枝条扦插育苗技术如下。

1. *育圃地选择*　育圃地应选择在地势平坦、背风向阳、排灌条件较好的地方。选择土壤肥沃、土层深厚的壤土或砂壤土，地下水位应在 1m 以下。

2. *整地作床及土壤消毒*　圃地土壤要冬耕晒白，在扦插前 20d 左右整地作床。整地前用钙镁磷肥作基肥，用生石灰 200kg/hm^2 消毒土壤；将肥料和石灰均匀撒施，翻入土壤中。整地深度为 20～25cm，然后作床，苗床宽 100～120cm，床高 15～20cm，步道宽 30cm 左右。

3. *插穗的选择及处理*　选择一年生健壮母竹中部以下粗壮枝条，枝条色泽青绿，枝基要有饱满芽 2 个以上，主枝径粗 1cm 以上。插穗长度从基部起留 30cm 长（一般 3～4 节），修剪去枝蔸基部过长的竹皮及枝条上侧枝，尾部斜 45°剪去，每枝留 3～5 片叶，每片叶剪去一半，其余叶剪除。截取主枝时先在枝条基部下处往上轻轻砍一刀，然后紧贴母竹往下切取，避免撕破枝蔸，损伤基部。当天取枝当天插，晴天扦插时，取下的穗条要插入水中保湿。

4. *扦插和管理*　扦插时间一般在 3 月下旬至 4 月中旬，最好选择阴天进行。

1）扦插方法　先在苗床上按 25cm 间隔开好小沟，沟深 12～15cm，株间距 15cm，然后将插穗按统一斜放 40°～45°，斜向与秆基弯曲方向相同，插穗入土长为穗条长的 1/2～2/3，一般入土 2 个竹节以上，地面留 1～2 个节，然后覆土踩实。踩实时注意不要损伤基部小笋芽，最后浇足定根水，浇水时应将插穗叶子上的泥土淋洗干净。

2）扦插密度　每公顷可扦插 12 万～15 万株。插后适时浇水保湿，最好用稻草铺于行间，并搭荫棚遮阴，荫棚高度一般在 80cm 以上，以利于日常拔草下肥等管理。插后约 50d 可生根，生根 20d 左右可出第一次笋，新竹秆较母竹粗 20%左右。出笋后要以人粪尿兑水 70%左右浇施，每 10d 一次，以后浓度逐次加大。经过 2～3 个月的生长和养分积累，9 月可以长第二次笋，第二次萌发新竹苗又比第一次竹径粗一倍左右。一般第一次出笋 1～2 株，第二次出笋 2～3 株。

为了培育壮苗，自始至终要加强水肥管理，适时锄草松土，一株插穗当年就可发展成为一丛绿竹苗，次年春季即可出圃造林。用扦插苗造林成活率更高，可达 95%以上。

绿竹粗枝扦插育苗容易，成本低，每株成本 0.2 元，每公顷苗木成本只需 150 元。而母竹每株需 2 元，每公顷成本需 1650 元。扦插苗造林的成本不到为母竹成本的 1/10。

（二）栽培技术

1. *林地选择*　绿竹要求深厚、疏松、肥沃，pH 在 4.5～7 的砂壤土或轻壤土。河滩、路边、房前屋后、山坡、山脚都适合绿竹的生长。

山坡造林地坡度不宜太大，一般宜在25°以下的中、下坡，凡是干旱贫瘠、土壤过于黏重，或地下水位太高，经常处于积水的地方不宜种绿竹。绿竹不耐寒，气温低是影响绿竹生长的主要因子。在海拔300m山坡中下部与河滩冲积土种植绿竹，其经营水平相同，山地种竹除竹株较小外，产量、质量、笋味道都比河滩上种绿竹更好。

山地种绿竹最好选择山谷，靠近田边的山脚地带，由于山地种绿竹，树冠位于不同的层次空间上，透光度、通气度比在平地上好，绿竹生长良好，产量高。

2. 林地准备　栽植前先要清理林地，整地、挖穴。穴规格为60cm（面）×50cm（深）×40cm（底），穴越大越好。排列方法平地上采取平行排列，山地上采取“品”字形排列。挖穴时表土与底土分两侧放置，以便于种植时回表土。在土质疏松、肥沃、杂草不多的地方，可边整地、边挖穴，杂草多的地方要先进行全面炼山清杂，后进行带状或块状整地挖穴。

山地种植应下足基肥。基肥应与穴土拌匀。基肥以有机肥或复合肥为好，每穴可施菜籽饼或油桐饼0.5～1kg，或施复合肥、磷肥0.5kg。

3. 造林季节　造林时间在3～4月，秆基笋目即将萌动前进行。此时气温回升，水分充足，造林成活率高。过早造林，气温低且干燥，绿竹栽后地下部分较长时间不能生根，成活率低；太迟造林，秆基芽目已萌动长笋，移植时容易损伤笋芽，且气温高，水分蒸发量更大，成活率低。选择阴天或雨后进行造林。

4. 移栽母竹造林（分蔸造林法）　选择竹丛边缘生长健壮、无病虫害、秆基入土深、秆基芽眼肥大（至少2个）、根系发达的7个月至1年生的竹秆为母竹。选取母竹的胸径不宜过大，以3～5cm为宜。

在选好母竹后，在离母竹30cm外，由远至近扒开土壤，逐渐挖深，防止损伤基部芽眼，找出母竹和老竹的连接处，用利刀切断取出。母竹挖起后马上斜劈去竹梢，以减少水分蒸发，保留母竹秆长1.2～1.5m，切口呈马耳形，切口斜向要与竹蔸弯曲方向一致。并注意最上一节尽量留长一些，以利于母竹在栽植后秆节能截留降水，保持水分平衡。也可随手将劈好的母竹倒插入土中一次，使切口灌满土，以利保水。或用塑料袋将切口扎好，减少水分蒸发。母竹应随挖、随栽，放置时间越短成活率越高，最好不超过2d。

栽植时，在有基肥的穴内，要将穴内基肥与土壤拌匀，覆土2cm，将母竹斜置穴内与地面呈30°～45°夹角，劈口朝上以利接存雨水。根系要舒展，两侧芽眼要水平方向分布。栽植深度要比母竹原入土深入略深3cm左右，覆土15～25cm，分层填土压实。栽植后要浇灌定根水。若遇干旱时间长，要适当浇水管理。管理得好，一般成活率可达90%以上。

5. 扦插苗造林　以扦插苗造林，起苗时保留竹秆长60～100cm，剪去新苗上端枝叶。起苗时应少伤根，多留宿土，当天起苗，当天造林。用丛竹苗造林比分株造林成活率高。栽植时采用直立造林，种植深度要比原来略深2～3cm，覆土要分层压实。

五、抚育管理与更新复壮技术

（一）幼林抚育

1. 除草松土　造林一个月后可生根，萌发枝叶，当年就能长出2～4根新竹。第3年即可成林投产挖笋。造林当年抚育两次。分别于7月、10月各锄草一次。第2年抚育2次，分别于5月、10月锄草、松土、培土一次。

2. 施肥　为了增加出笋数，必须施肥。刚种下的绿竹林地最好进行农竹套种，既增加收入，又以耕代抚。幼林施肥与抚育同时进行，有下基肥的第一年施一次肥，在9月施，每丛施尿素或复合肥 0.1～0.2kg；没施基肥的，特别在山地上造林，最好施 2 次肥，分别于 7 月、10 月施肥。第 2 年施肥 2 次，分别在 4 月、9 月进行，每公顷施尿素 230kg＋钙镁磷肥 800kg，即每丛施尿素 0.25kg＋钙镁磷肥 1kg。施肥方法采用环沟施。

（二）成林经营管理

1. 扒土晒目　每年“清明”前进行除草松土和扒土晒目，把竹丛的表土往外扒开。铲除表层细根，让竹蔸暴露于阳光中晒白一个月，以促进笋芽萌发，防止根群结网，并有利于积蓄养分，此称为“挖上促下”。扒晒是培育笋用林的关键措施，能提早出笋时间。

2. 施肥　每年施 1～3 次肥。第 1 次施肥在扒晒结束（5 月）时进行，结合覆土施肥，称笋前肥。以农家肥、土杂肥为主结合施化肥，如尿素、复合肥等，山地上要多施些磷肥。用肥量每公顷施尿素或复合肥 750～900kg，每丛 1～1.5kg。第 2 次施肥在出笋盛期的 8 月，每丛施 0.5～1kg 尿素或复合肥，称笋期肥，可促进 9～10 月长笋。第 3 次施肥在 12 月，结合冬季砍竹，清理林地。以施有机肥为好，每丛施 50kg 厩肥、垃圾肥、土杂肥或 1～2kg 饼肥，起到养竹、增加土温，催发笋芽作用。据竹农经验，冬季施肥的，比没有施肥的提早出笋 15～20d。

施肥方法都是半环状或穴状施肥，施肥穴深 20～30cm，注意肥料不能直接接触笋芽，以免肥害，施肥后覆土。

3. 挖笋　除留养母竹笋外，其余的笋都要挖掉。绿竹一般 6 月初开始发笋，7～8 月进入产笋高峰期，9 月上旬（“白露”）后渐减少，到 10 月（“霜降”）基本结束。前期笋 3～5d 挖一次。盛期笋隔日可挖，后期笋 3～5d 挖一次。

挖笋原则：挖前后留中间，即前期、后期笋全部挖，8～9 月盛期稍后留笋养竹。挖笋一般掌握在笋尖破土至露出地面 3～5cm 时割取。割笋时沿笋蔸上部割断取出，避免损伤笋蔸及其他笋蔸、笋目，因笋蔸有再发笋能力（当年或第 2 年再发），有的一个笋蔸会萌发出 2～4 个笋，笋蔸保护好对提高笋产量很重要，所以割笋时笋蔸（笋茎）要尽量完整留下，同时也要防止笋柄与母竹连接点撕裂。

4. 留养母竹　新种植的绿竹当年就能长出 2～4 株新竹，第 2 年每株新竹又可长 2～4 个笋，此时，每丛留下 4～6 个壮笋养竹即可，多的笋挖去。第 3 年每株新竹又再留 2 个壮笋养竹，其余的笋挖去。这样每丛就有 10～18 株，形成强大的光合作用群体，第 3 年冬季可砍去原来种下的母竹。第 4 年进入稳定时期，每丛留笋养竹 5 株左右为宜。除由于 1～2 年生竹分布不均，个别空间留 3 年生竹 1～2 株外，其余全部伐除，因为 3 年生母竹已经衰老，秆基的芽大多无发笋能力。在林中稀疏处留下个别株主要是为了充分利用营养空间，增强竹丛同化能力。

留养母竹要留 8～9 月的中期笋。留前期笋作母竹，会消耗大量的营养成分，从而影响后期出笋，竹林产量下降。同时，前期笋市场价格又好，一般不留养。留后期笋养竹，尤其是在没有施第二次肥的竹林中，会因养分不足，造成新竹质量差，越冬时容易发生冻害；中期笋生长力依然旺盛，留作母竹好。

5. 合理砍竹　绿竹在 3 年生以后，其材性基本稳定，出笋能力衰弱，故一般不宜继续保留。科学经营的绿竹林，每丛绿竹为 10 株左右，在当年新竹长成的冬天，将竹丛中第 3 年的老竹伐除，数量与原来的留笋数相同，即在 4～6 株/丛。株数多的竹丛砍去的老竹越多。每丛最多砍 10～15 根。

1）砍竹原则　要掌握“砍老留新，砍弱留强，砍密留疏、砍病留健、砍内留外”的原则。1 年生竹全部留用，除按竹林合理结构留竹外，剩余的可作为母竹挖去，移栽造林；2 年生竹可砍去病株、弱株；3 年生竹除个别丛立竹量小的需要留 1～2 株外，其余全部在第三年冬季砍除。

2）砍竹时间　绿竹到 11 月已基本停止生长，进入休眠或半休眠状态，可以进行砍竹，但为了让新竹养分积累充分，木质化程度高，砍伐时间最好在晚冬或早春，即 12 月至翌年 2 月。在易发生冻害或留晚期笋作母竹的地方，伐竹要在 2 月以后。如果越冬时新竹尾梢受冻而无法长枝叶，则与这些新竹相连的老竹不应伐除，要留着为新竹来年长笋提供更多养分。另外，老竹的枝叶对预防霜冻、保护幼竹，也会起到一定的作用。

3）砍竹方法　砍老竹时，伐根要尽量低，应先扒开一定土壤后再齐地伐除，待伐除后，再回土盖好，促进其腐烂，这样处理后，通常竹蔸一年就能腐烂。如果伐根过高，无法入土，可用砍刀在竹头中间劈裂至竹蔸，或通去竹节，也能促进快速腐烂。

6. *挖除老竹蔸，促进竹林更新*　竹林采伐后，竹丛下留下很多老竹蔸、死竹头，盘根错节，很难腐烂又占据空间。即使每年长些新竹，但夹在老竹之间，竹根不易入土，吸收水分、养分困难。新竹越来越细，竹笋质量逐年下降。若长期不挖除老竹蔸，竹林就会老残败坏。因此应在采伐老竹后，挖除老竹蔸、死竹头，释放空间，促进新竹更新复壮。注意不要伤害活株笋目，挖后要覆土不留穴，并增施土杂肥。

拓展阅读

（陈存及、侯晓龙）

苦竹栽培具体见选读内容 14-1。

选读内容 14-1

第十五章　工业原料经济植物栽培

【本章提要】工业原料经济植物种类很多，本章主要介绍鞣料类、栓皮类和淀粉类中 4 种代表性水土保持经济植物的栽培意义、主要种类与品种、生物学与生态学特性、繁殖与栽培技术、抚育管理与更新复壮技术。其中，属于鞣料类的有黑荆树、栲木，属于栓皮类的有栓皮栎，属于工业用淀粉类的有辽东栎。

第一节　黑荆树栽培

一、栽培意义

黑荆树是一种速生高产和优质的常绿乔木树种，其树皮、枝、叶和根部都含有丰富的单宁（鞣质）。树皮的单宁含量高达 40%～49%，纯度达 82%～85%，是优质栲胶原料。鞣质最早的利用是在印染方面，以后广泛应用于鞣革。其鞣质色泽光润透明，溶解度高，渗透快，沉淀少，缓冲性和鞣透速度好，为其他原料所不及，是中外驰名的鞣制剂，又是制造胶合板、刨花板和其他材料的黏合剂，并广泛用于锅炉水的处理、金属防腐、钻井泥浆降黏、纺织固色、矿石浮选、色素提取、环境保护中废水废气的处理、化工分析及作为医药卫生等轻、重工业的原料。

黑荆树材质坚硬，色淡红，纹理直，细致；经泡水后能耐腐、不易开裂，不受虫蛀，是理想的坑木、脚手架、车立柱、农具、家具等用材。其木材、枝丫也可以作造纸、人造丝、纤维板、刨花板及栽培香菇等的原料。黑荆树引火明亮，热量大，耐燃烧，是很好的薪炭用材。黑荆树枝叶茂密，为良好的绿肥，花是良好蜜源。因此，发展黑荆树是开发山区经济、加快山区人民脱贫致富的好途径。

黑荆树原是澳大利亚特有树种，天然分布局限于澳大利亚东南部，非洲、亚洲、南美洲有大面积的引种，人工林面积最大的为非洲各国、巴西和印度。我国从 20 世纪 50 年代开始引种，目前主要分布在福建和浙江的南部、广东、广西的北部、云南的东南部、贵州的南部及四川的东部和南部等地。

二、主要种类与品种

黑荆树（*Acacia mearnsii* De Wild.）属含羞草科（Mimosaceae）金合欢属（*Acacia*）。常绿乔木，高达 15～18m，胸径为 15～40cm。幼龄树皮光滑、绿色，老龄树皮棕褐色。小枝具棱，被绒毛，木质脆弱。叶为二回羽状复叶，长 6～10cm，宽 5～8cm；羽片 5～20 对，小叶 10～44 对，线形，排列紧密。先端浑圆，有绒毛，长 3～15mm，宽 0.7～1mm。总轴上每对羽片间腺体数为 1～2 个。花为头状花序，直径为 2～3mm，具花 25～35 个，黄色，有花梗，生于上部叶腋间，数个再组成腋生的大型总状花序。5～6 月荚果成熟，呈褐色；荚果带状稍扁，长 4～11cm，宽 5～7mm，密被绒毛。荚果的种子与种子之间有束腰状凹陷，种子处隆起，被疏毛或脱落。每荚果有种子 2～13 粒，卵形，黑褐色，外皮蜡质，有光泽，长 4～6mm，宽约 4mm，有种脐。

与黑荆树相近的属于金合欢属的另外 2 种是绿荆（*Acacia decurrens*）和银荆（*Acacia*

dealbata），其形态学特征与黑荆树比较见表 15-1。

表 15-1　黑荆、绿荆和银荆 3 种树形态比较

种名	拉丁学名	总柄腺体数	羽片数（对）	总轴上羽片间腺体数	小叶特征	小枝	果
黑荆	*Acacia mearnsii*	1	5～20	1～2	深绿色，长 3～15mm，宽 0.7～1mm，具绒毛	具棱，被绒毛	暗褐色，密被绒毛
银荆	*Acacia dealbata*	无	8～16	1	暗灰白色，被短柔毛，长 2～5mm，宽不到 1mm	不具棱	淡紫色，无毛
绿荆	*Acacia decurrens*	无	5～15	1	浅绿色，长 4～11mm，宽 0.5mm	有明显棱角，无或少有绒毛	紫红色，无毛

三、生物学与生态学特性

（一）生物学特性

1. 速生、生长期短　从树干解析材料表明，黑荆树的生长发育，可划分为 3 个阶段。

第一阶段是幼龄期，从定植至树冠形成，需 1～4 年。这阶段树高生长迅速，是纯生长阶段。一般树高在 4～12m，胸径 3～12cm，冠幅在 2～5m 及以上，形成椭圆形树冠。

第二阶段是壮龄期，5～6 龄。黑荆树 5 龄前树高生长迅速，6 龄后开始下降；而径生长和材积的连年生长在迅速增加，是大量开花结实的时期。一般树高 12～15m，最高单株达 18m，胸径 10～16cm，最高胸径达 40cm 以上。这阶段的长短，取决于立地条件和抚育管理状况，如立地条件好，壮龄期的时间便延长 1～2 年。

第三阶段是成熟期（衰老期），一般 7～9 龄。成熟期以后，植株生长缓慢，长势下降，结果极少，枝条自然枯萎。这阶段的长短也取决于立地条件及林内卫生、通风、透光情况。例如，立地条件好可以延长至 8～10 龄；立地条件不好时 7～8 龄后林木逐渐衰弱枯萎，如在广西河池地区树皮开裂，出现流胶。这阶段，树皮的单宁含量，在 8 龄前达到最盛期，8 龄以后呈下降趋势。

2. 早花、早实及早衰老　黑荆树在正常条件下，在幼龄期的第 3 年便开始结实，但数量很少。在立地条件好的地区，植株生长健壮，开花结实期推迟 1～2 年，有的第 4 年才开花结果，到壮龄期 5～6 年，是大量开花结实期，花蕾期较长，四季都可以看见。

黑荆树一般 1 年开 1 次花，也有 1 年开 2 次的。第一次在春夏季 4～5 月初开花，遇上雨季，提前到 2～3 月开花；第二次在秋冬季，9～11 月开花，花的数量很少。因此，种子成熟期 1 年内也有 2 次，一次是在夏季的 5 月中旬至 6 月，另一次是秋冬季的 10～11 月。黑荆树的采种年龄，一般在 4～8 年生，8 年生以后花的形成渐渐减少，结实量也逐渐下降。

黑荆树开花结实的现象比较复杂，果的发育和花的形成，与种源、种子质量和立地条件有关，在时间上极不一致，早花、早实的植株较普遍，在瘠薄干旱的土壤上长势弱，有的半年便扬花吐艳，甚至在苗圃地里便开花。所以，良种选育工作很重要。在肥沃疏松的土壤上生长良好，一般在 3～4 年便开花结实，5～6 年进入盛果期。

（二）生态学特性

黑荆树在整个生长发育过程中都不耐阴。在苗期，遇长期荫蔽，幼苗长势弱，枝条纤细，逐渐枯死。在造林中，定植密度适当，植株生长迅速，一般 2 年后便郁闭成林，冠幅达 5m 左右；植株过密时高生长快，径生长缓慢，树冠下部枝叶早衰，分化明显，被压木、枯死木、枯梢木多，材皮下降，树皮老化，开裂流胶，植株自然枯萎死亡。

黑荆树为浅根性树种，主根不明显，侧根多，根系多集中在表土 50cm 以上的土层，水平根的穿透性强，可伸长 3～10m，一般可达 3～4m。黑荆树幼龄期萌蘖性强，据测定：幼龄期 3 年生砍伐后，伐根的萌芽率可达 70%以上，但一般到壮龄期后砍伐时萌芽势渐差，萌蘖少，长势也很弱。其根部具根瘤菌，对黑荆树的生长发育和地力的恢复有促进作用。黑荆树对土壤的肥力要求不太严格，在红壤、黄壤中均能生长；在贫瘠的立地条件上也能生长，可作为荒山绿化的先锋树种，只是优良性状得不到发挥，经济效益不够显著。

黑荆树属热带、亚热带的树种，喜生于冬无严寒、夏无酷热的湿润气候环境中。

1. 温度　黑荆树适宜生长的温度，一般要求年平均气温为 16～20℃，1 月平均气温为 10℃，绝对最低温在−6～−5℃。据广西河池地区资料，幼林在−5.1℃，霜期长达 16d 的条件下会受冻害枯死，在北边迎风面和凹地的幼树受冻害更严重；大树只是嫩梢和叶萎缩黄化，春季照常抽梢开花。

黑荆树一般喜欢在温差不大的凉爽地区、霜期短的山地生长，霜期过长或有雪的地方对它的生长影响严重，会受冻害死亡。在年平均气温超过 22℃的地区则生长不良，流胶严重，病虫害多，并早衰早亡。

2. 湿度　黑荆树喜生长在湿润的丘陵山地，对水分有一定要求。原产区（澳大利亚），一般年降雨量在 470～1910mm，雨日为 105～175d，且分布较均匀，相对湿度大，蒸腾弱，有利于黑荆树生长。就广西河池的气象资料来看，一般年降雨量 1463～1617mm，相对湿度 82%，与原产地相近，适宜黑荆树生长，但雨量 80%以上集中在 4～9 月，10 月至翌年 3 月每月不过 40mm 左右。雨季过长，雨水过多，湿度大时如果黑荆树植株过密，就会因通风透光不良影响生长。花期遇到连续降雨时影响授粉，降低种子质量和产量。

3. 风、涝　风对黑荆树的生长和结果有很大影响，因为黑荆树枝叶茂盛脆弱，根系浅，多分布在 50cm 以上的表土层里，所以抗风能力比较弱，容易风折或风倒。黑荆树能耐短期干旱，不耐涝，在排水不良的积水低洼地容易烂根死亡。

4. 土壤　黑荆树在原产区（澳大利亚）的土壤为棕色的森林土。世界种植黑荆树面积最大的南非，其中心产区纳塔尔省的土壤多为玄武岩或页岩、砂岩发育的红壤和黄壤。据广西河池资料，黑荆树在 pH 5～7、有机质含量 0.7%～2%、硝态氮含量 2mg/kg、速效钾 100mg/kg、速效磷 3mg/kg 的土壤中生长良好。页岩、砂岩、变质岩和石灰岩等母岩风化发育形成的微酸性红壤、黄壤和红黄壤的砂壤土，有利黑荆树根系对水、养分的吸收和根瘤菌的活动，根瘤菌多的地方黑荆树生长最佳。总之，黑荆树喜欢生长在疏松、湿润肥沃、土层厚、排水良好、通气好的砂壤土里。在干旱期长、土层浅薄、黏重坚实、贫瘠、石砾过多、透气不良的土壤上生长不良，甚至死亡。所以，种植黑荆树，必须注意选择最适于它生长的土壤，才能达到丰产的目的。

中亚热带的红壤、黄壤一般缺乏氮素，磷的含量极低，甚至有的地方无速效磷，代换性钾含量微小。因此，在这种土壤上造林，易发生生理性病害，必须施用氮、磷肥和含有微量元素的肥料，尤其是施复合肥，促进黑荆树的迅速生长，达到造林的目的。

5. 光照　黑荆树对光照的争夺十分剧烈，苗期光照不足，生长纤细柔弱，甚至有的死亡。在纯林或混交林中，自然稀疏和林木分化现象严重，在林分中经常看到被压木。光照对黑荆树的生长影响很大，选择造林地点时，必须考虑坡位和坡向，因为光照的强弱受坡位和坡向的直接影响。在阴坡、风口、日照时数少的山地对黑荆树生长不利。在中山、丘陵地区，阳坡、坡度在15°～25°的山腰、山脚、少风的缓坡地黑荆树生长最佳。

6. 海拔　在原产区（澳大利亚），黑荆树分布在海拔1200～1500m的地方，以200～600m较多，在海拔1500m以上的山地也能生长。我国云南省昆明地区，四季如春，冬无严寒，黑荆树能在海拔1800m左右的高山上安全越冬，正常生长。广西河池各引种推广区，大都是在低海拔地区（200～600m），生长也良好，无冻害现象。但栽培在海拔920m以上的南丹县山口林场的黑荆树，遇到寒冬受害严重，植株全部冻死。为此，在同一个地区或气候带，黑荆树造林地的选择，一般在海拔200～600m的低丘山地。在常年无寒害、土壤肥沃深厚的地方，也可在海拔1000m以上栽培黑荆树。

四、繁殖与栽培技术

（一）种子处理

1. 种子采集和处理　黑荆树的荚果摘下来后，摊于竹垫上曝晒，并勤翻动，使荚果均匀受热开裂，种子脱出，及时收集，簸去荚果皮和杂物，用纸袋包好，再装入布袋里，干藏于通风干燥的地方。注意防虫防潮，每1～2个月，取出曝晒1h，能保持其发芽率。黑荆树种子千粒重为11～15g，每千克有6万～7万粒，发芽率达78%～95%。黑荆树种子的发芽力保存期较长，一般可保存1～3年。据广西河池资料，自采自存、贮藏好的黑荆树种子，3年后其发芽率仍可达85%以上。

2. 播种前种子的处理　黑荆树种子的外皮坚硬，附有蜡质，不易吸收水分，使种子发芽期长，且发芽率低。所以，在播种前必须进行种子处理，以沸水烫种法效果较好。其做法是先用清水将种子浸泡5min，把浮在水面上的空粒种子和杂物去掉，将沉在水底的种子捞出滴干水后，放在100℃的沸水锅中煮23～25s，煮时用木棒不断搅拌，使种子受热均匀，迅速脱蜡，然后将装有水和种子的锅抽离火处，让其冷却20～30min（不断搅拌），再换清水浸泡24h，进行人工搅拌，使膨胀的种子转到上层，将其捞出，进行播种或湿床催芽。最好用米糠催芽，具体做法是：先将米糠煮沸，滤去水，让其自然冷却后与膨胀种子拌匀即可。未胀的种子再继续浸泡，每天换水1次，48h后拣出膨胀的种子，其余的再用沸水烫种，大约23s，如此多次处理后，几乎所有的种子都能吸水膨胀。采用上述方法处理的种子，其发芽率达90%以上。

此外，当种子不进行处理、随采随播时，发芽率可达85%左右。采种时要掌握3点：①观察荚果颜色的变化，必须由青黄色转变为黄褐色；②剥开荚果，种子颜色呈黑褐色；③种粒饱满，采后要立即播种。这种方法的优点是：①操作简便，不需经过烦琐的催芽工序；②发芽率高，播种后3～5d即出土，且均匀；③易识别种子好坏；④种子不受损伤，安全可靠。缺点是用手剥开荚果时较费工。

（二）苗木培育

1. 圃地育苗　黑荆树是阳性树种，苗期怕寒害，要避免在连续结冰或霜雪期3d以上、气温0℃以下的地方育苗。苗圃地应选择在林缘背风、向阳、地势平坦、靠近水源、土层深厚、肥沃疏松和排水良好的砂质新垦地。菜园地、熟地、积水地及黏重的土壤不宜选用。苗圃地最好离造林地较近或就地育苗，以减少苗木的长途运输，提高造林成活率。

1）整地作畦　在前一年的秋冬季，将苗圃地耕耙好。深翻25～30cm，3耕3耙，打碎土块，除净草根和石块。播种前再耕耙1次，并施足基肥，每亩施猪牛粪1800kg，人粪尿1000kg，混合后充分堆沤腐熟，结合整地均匀地翻入耕作层，然后作畦。坡地沿等高线作畦，畦面宽1m，高25～30cm，长度适当，畦间留人行道40cm。畦面要平整，无杂草、砾石和大粒泥团。

2）播种期　除夏季多雨、湿热、病虫害严重的情况不宜育苗外，一年四季都可以播种育苗。在春季霜期后可催芽播种，最迟不超过3月，因3月“惊蛰”以后，鼻涕虫常危害种子。秋冬季在9～10月播种，翌年2～3月即可上山造林。播种宜在阴天或晴天的早、晚进行，不宜在下雨和烈日下播种，否则会影响发芽率。

3）播种量　黑荆树种子的播种量是根据种子发芽率的高低来决定的，如种子的发芽率在90%以上，纯度为98%以上的每亩播种量为0.5～0.75kg；发芽率在78%左右，纯度为95%以上的每亩播1～2kg。一般每亩产合格苗2万～3万株。

4）播种方法　采用苗床条状点播育苗，每隔20cm开一条播种沟，沟宽10cm，深3～4cm，在播种沟内每隔10cm点播种子2粒，露出胚根的种子要注意把胚根朝下播种。播后可用2∶1∶2的腐熟米糠、细沙和细土混合均匀覆盖，厚约1.5cm。随后淋水，以保持土壤经常湿润。

黑荆树种子发芽出土时，常发现带壳和半带壳出土，影响植株光合作用的进行，抗性差，易遭日灼死亡。因此，必须人工辅助脱壳，促进幼苗茁壮生长。人工辅助脱壳宜在雨后、阴天或早上有露水时进行，因为此时湿度大，幼苗的种壳柔软，易脱落。

5）幼苗管理　黑荆树幼苗期很细弱，抗性差，且苗期短，故需设专人负责管理方可获得高质量的苗木。在幼苗管理过程中，必须注意幼苗高生长的特点，因为不同种源的苗期生长高峰不一样。一般来说，日本种源的高生长出现在第2～3片真叶；温州种源出现在第3～4片真叶。两者均在晚上速生，因此淋水、施肥宜在下午进行，有利于幼苗根系的吸收，促进生长，这是苗期管理上关键性技术要点。

幼苗期要经常做好淋水、除草、施肥、松土及间苗等工作。幼苗出土前后15d，每天淋水1次，以后经常保持土壤湿润，根据幼苗生长情况及土壤干湿程度确定淋水次数。对杂草要本着除早、除小、除了的原则。追肥用人粪尿、化肥或饼肥。苗木长出2～3片真叶时，即施稀薄腐熟的人粪尿，每株施一匙羹，约5g，不要离根部太近。每隔10d施1次，连续2个月。在幼苗期如施尿素，每50kg水加尿素25～50g，到生长中期，6～8月是生长旺盛季节，每月要追肥1次，可每50kg水加尿素100g，每亩施1.5～3.5kg。施肥后用清水洗净苗叶，以免烧伤幼苗。入冬前着重施复合肥。施肥次数视苗木情况而定，既要使苗木高和粗生长达到规格标准，又要控制苗木生长过高，需酌情施肥次数，一般在4～6次。施肥宜在阴天傍晚时进行，不要在强阳光下施肥，以免使苗木灼伤或死亡。此外松土与间苗要及时，一般在幼苗出土后20d左右开始第一次松土、间苗。苗高5～10cm时进行第二次松土间苗，选择雨后阴天进行为宜，每平方米保留幼苗50～60株，每条播种沟留10～12株，株行距为10cm×20cm。

2. *营养杯育苗*　营养杯育苗造林优点在于带土、带肥，全苗上山定植，根系完整，造林成活率高，造林后幼苗生长迅速，特别是在自然条件恶劣的条件下营养杯育苗造林效果更为显著。

1）营养杯的制作　先做一圆形木制的杯模，直径为10cm，高20cm。用稻草均匀铺在平地上，宽约20cm，将杯模放在稻草上，把稻草包在杯模上，边包边转动杯模，使稻草转在杯模上，外面糊上一层黄泥浆，即成营养杯，晒干备用。也可直接用塑料袋代替营养杯。

2）营养土的配制　营养土配制有3种方法，一是肥沃表土（生地表土）81%，腐熟的农家肥10%，钙镁磷肥3.5%，草皮土5%，硼砂0.5%。二是肥沃表土81%，腐熟猪牛粪9%，腐熟米糠5%，钙镁磷肥4.5%，石灰0.2%，硼砂0.3%。三是肥沃表土80%，火烧草皮土8%，腐熟的农家肥10%，钙镁磷肥1.5%，硼砂0.5%。将营养土充分打碎过筛，并用波尔多液消毒，边喷边拌匀，堆沤 30d，装杯备用。

3）营养杯的排列　装杯时土要压紧，营养土要低于杯面 1cm。把杯排成 80～100cm 宽的带状畦，长度随地形而定。畦间留 30cm 宽的人行道，畦的四周要培土与杯同高，踩实畦边，以保持水分。杯间空隙用波尔多液进行消毒，然后塞满腐熟的米糠和细泥土。

4）播种　每个营养杯播放膨胀种子 2～3 粒，或发芽种子 1～2 粒。播放发芽种子时，要注意把胚根向下，用细沙、锯末、细泥土混合土覆盖，厚度为 1.5cm，不需盖草。雨季可制作活动草棚，下雨时要盖上，以防暴雨冲走种子，阴天或晴天可不盖草棚。5～8 月的晴天，除 12～16 时需盖上草棚外，其余时间可不盖草棚。其他管理与常规育苗管理相同。

（三）栽培技术

1. 造林地的选择　宜选择海拔 200～660m 的低丘和中山的中下部东南向的坡地，风口不宜选用，因为容易风折和风倒。土壤宜选用砂岩、砂页岩、玄武岩、变质岩和石灰岩等母岩风化发育的微酸性或中性土，土层深厚，疏松湿润，排水良好的砂壤土、轻黏土。在浅薄、干燥、黏重的土壤中黑荆树生长不良，产量低，不能选作造林地。

2. 细致整地　整地方法可分为全垦整地、块状整地和小梯级整地 3 种方法。坡度在 15°以下，林粮间作的造林地，都可采用全垦整地，深挖 35～40cm。在 25°～30°的山坡地，为了减少水土冲刷，应选用块状和小梯级整地。块状整地要求坑长和宽 0.8m，深 0.4m，坑的距离根据植株行距大小而定。小梯级整地，是沿山坡等高线带状整地，其宽度为 1m，深挖 0.4m，外高内低，带间的距离为 2～2.5m，在梯带内，按造林的株距，挖直径 0.5m、深 0.4m 的穴。

为了促进林木速生丰产，结合整地挖穴施放基肥，一般以混合肥为主。肥料与表土充分混合并腐熟后，在造林前放入穴内，每穴 250～500g。

3. 造林技术　黑荆树造林，因经营目的不同作业法有二：一是营造长伐期高林，二是营造短伐期矮林，两者都有其适宜的造林密度。

长伐期高林以培育高径材，产树皮为目的，主伐期为 6～7 年。造林密度是先密后疏，每亩定植 334 株或 296 株，即株行距为 2m×1m 或 1.5m×1.5m。3 或 4 年后，采取隔株间伐，每亩保留 167 株或 148 株，即株行距变为 2m×2m 或 1.5m×3m。

短伐期矮林以培育小径薪炭林和造纸原料林为主，主伐期为 3～4 年，每亩定植株数为 800 株、600 株或 513 株，其株行距分别为 1.6m×0.5m、1.6m×0.7m 或 1.3m×1m。

据测定，两种作业法，其经济效益是相近的。在立地条件差、土壤浅薄、干燥和面积小的地方，以短期矮林为好。

1）造林季节　黑荆树裸根苗的造林季节一般在春季 2～3 月进行，掌握在阴天或雨后土壤湿润时进行定植。苗木用黄泥浆根或小苗带土移栽成活率较高。营养苗和空压苗的造林一年四季均可以进行。用营养苗造林，一般在 8～9 月点播育苗，翌年 1～2 月便能出圃上山造林，成活率较高。

2）造林方法　黑荆树造林方法有两种。

（1）裸根苗穴植：栽植时，一手拿苗，将苗木放置穴的中央，一手理顺苗木根系，顺根入土要使根系舒展。将细表土填入穴内，填至一半时，将苗木略向上提一提，使根颈部低于地表 2～3cm，防止窝根或栽植过深，然后踩实，再填满土，再踏实，最后覆盖细松土，并盖草。遇干燥的土壤，要及时浇灌定根水。

（2）营养苗栽植：若是重复利用或不能腐解的营养杯，需首先将营养杯去除，将苗放入栽植穴内，略低于坑面 1cm，然后填细土于营养杯周围，用手对称分层压实，最后在杯上盖一层

1cm 厚的细土。切勿用脚踩营养杯，以免伤苗根，造成苗木死亡。

定植后，及时检查有无缺苗现象，栽后 20d 左右检查苗木成活率，如发现有枯死者要及时进行补植。只要是当年缺株当年补植的，林木长势一致，林相整齐。若隔年补植，往往成为被压木，效果不理想，这是多年观察的结果。

五、抚育管理与更新复壮技术

黑荆树是喜光树种，造林后的前 3 年，幼树处于根系恢复和逐步生长稳定阶段，必须连续抚育 3～4 年。因为幼林对自然灾害和杂草的抵抗能力都很弱，如不及时抚育和保护，不仅导致杂草丛生，夺取土壤中水分和养分，并遮蔽阳光，抑制幼树的生长，还会引起病虫害蔓延滋生，使幼树生长发育不良、早衰，变成老秃林，甚至死亡。因此，要认真贯彻“三分造，七分管”“一时造，长期管”的原则，加强对黑荆树的抚育管理和保护工作。

（一）幼林抚育

黑荆树的幼林抚育以除草、松土为主，结合进行间苗、除萌蘖、除蔓藤、扶正苗木、追肥等工作。新造幼林，每年应抚育 2 次，连续抚育 3～4 年，至幼林郁闭为止。

1. *抚育方法*　根据整地种类、林地情况，黑荆树抚育方法，可分为全面、带状和块状抚育三种。

全面抚育：在缓坡地，黑荆树造林多采用全面抚育，结合林粮间作，实行以农代抚，以肥养土，以土养树，全垦抚育。不仅有利于促进幼林的生长，还能增产粮食。

带状和块状抚育：一般适用于坡度较大或地形破碎的立地，在树冠投影范围内松土除草（不要把杂草、松土培于根蔸，以避免白蚁危害），松土深度为 5～10cm，在原穴外深挖至 20～30cm，并逐年扩大，至幼林郁闭为止。

2. *合理施肥*　为了促进幼林迅速生长，避免幼林早衰，在定植后 15d（营养苗）或 30d（裸根苗），结合除草松土，在雨后土湿时，第一次施肥，每株施尿素 2.5～5g。在距植株 15cm 左右处施放，以免烧死幼树。7～8 月，进行第二次施肥，这时要注意增施磷钾肥，每株施尿素 10～20g，磷肥 20g。以后结合抚育，每年施肥两次，至幼林郁闭为止。到第三年施肥时，第一次宜在 4 月进行，因为 5 月为生长高峰期，同时是黑荆树抽梢和花芽发育时期，消耗养分多，要有充分的营养才能促进果枝正常生长，减少因缺乏养分而造成的生理病态。一般每株施尿素 25g，磷肥 50g。第二次施肥，宜在 8 月进行，因为 9 月为第二次生长高峰期，同时正是黑荆树下层枝条老化、果实正常生长时期，消耗养分也多，宜施磷钾肥。如果营养失调，会造成大量落叶、荚果小而不饱满、落果严重。每株施磷、钾肥各 50g 为宜。

黑荆树的根系分布，一般集中在地表层 50cm 以内的土层，施肥的深度以 15～20cm 为好，也可在行间开沟深施。施肥后要覆土，以免肥料挥发。

（二）修枝、间伐与摘花

黑荆树幼林在郁闭前，如侧枝过分发达，林内通风透光欠佳，则会影响树木生长，造成树叶大量枯黄脱落。因此，在每年冬季必须修去幼树树冠下部过多的纤弱枝、密生枝、荫蔽落叶枝、病虫枝等，使营养集中，林内通风透光良好，促进主干生长，增强树木的抗性。修枝时注意不要伤害其他枝条和主干，剪口要平滑，并留 2cm 的小桩，剪后用石灰浆或封口剂涂抹伤口，防止病虫害感染危害。造林 3 年后，可适当进行间伐，按隔株间伐要求，注意伐去病虫株、弱株、被压株等。头 3 年树冠不大，根系分布范围较小，可在幼林内间种绿肥、豆类和杂粮，如绿豆、黄豆或其他矮秆农作物，提高土壤肥力，增加经济收入，而且可以促进黑荆树的生长。广西河池地区林业科学研究所在进行黑荆树栽培试验中，发现早花果的植株比较普遍，有的长势很差，但繁花满树、挂果累累。由于大量开花结果，生殖生长消耗了大量水分和营养，致使营养生长缓慢，甚至处于停滞状态。为了解决这一实际问题，于春季对 5 年生的黑荆树进行了摘花与不摘花的试验，结果表明，经过摘花的树高 10.5m、胸径 10cm；未摘花的树高仅 5m、胸径 4.1cm，可见效果相当可观。

拓展阅读

（刘增文）

第二节　栓皮栎栽培

一、栽培意义

栓皮栎又名软木栎、塔形栓皮栎，是我国重要的经济树种和用材树种之一。它的树皮（栓皮）也叫软木，具有相对密度小、弹性好、浮力大、不透水、不透气、耐酸、耐碱、绝缘、保温、隔音、防振、耐摩擦、耐腐蚀、不易与化学药品起变化等特性，是重要的工业原料。木材致密坚实，强度大，纹理通直，为建筑、车轮、船舶良材。又因耐冲击，适于作枕木、矿柱、地板等；作家具花纹优美；栓皮栎果壳可提炼栲胶，用于铸件和黑色染料。枝干材可培养木耳、香菇、银耳和灵芝。果实可酿酒、作饲料，种子含淀粉 50.4%～63.5%。栓皮栎火力强、热值高，是良好的薪炭材，其发热值为 20 444kJ/kg，是烧制优质木炭的原料。栓皮栎根系特别发达，适应性强，能改良土壤，皮不易燃烧，是营造水土保持林、水源涵养林、能源林、防火林和饲料林的优良树种。目前栓皮生产供不应求，远远满足不了国民经济建设的需要。

栓皮栎原产地中海沿岸，目前世界各地广泛栽培，其地理水平分布在北纬 22°～北纬 42°，东经 99°～东经 122°。在我国分布北自辽宁、河北、山西、陕西及甘肃东南部；南至广州、广西、云南；东至台湾、福建；西至四川西部等地；多生于海拔 3000m 以下阳坡。

二、主要种类与品种

栓皮栎（*Quercus variabilis* Blume）为壳斗科（Fagaceae）栎属落叶乔木，高可达 30m，胸径可达 1m；树皮栓皮层发达，厚达 10cm。树冠广卵形或圆柱形；树皮深灰色或黑褐色，深纵裂，栓皮层较粗厚；小枝具细点状皮孔，1 年生枝灰棕色、淡黄褐色，初微被短柔毛，后变光滑。叶卵状披针形或长椭圆状披针形或长圆状卵形，长 8～15cm，宽 3～6cm，叶缘锯齿具芒状突尖，叶背面密被灰白色星状绒毛，叶柄较短。壳斗碗状、鳞片卵形或三角状，多数覆瓦状排列，边缘具纤毛。坚果球形或短柱状球形，顶端平圆。花期为 4 月上旬，果期为次年 9～10 月。

赵天榜等在总结选育树木良种经验过程中发现了栓皮栎良种——塔形栓皮栎（*Quercus variabilis* Bl.var. *pyramidalis* Chao et Chang），其特点是树干通直，树冠塔形，冠窄（冠幅仅 1m），侧枝细小，与主干呈 20°～25°角。树皮深灰褐色，栓皮层厚，呈块状裂。幼枝绿色，密生锈色细绒毛，皮孔纺锤形，黄色，较密，多年生枝栗褐色。单叶，倒卵状披针形或卵状披针形，长 7.5～14.5cm，宽 1.8～5.0cm，先端渐尖，基部楔形或近圆形，边缘具针芒状刺尖，表面深绿色，背面浅绿色，密生白色毛层。叶浓密，生长快，22 年生树高为 12.1m，胸径 13.6cm，单株材积为 0.085 05m^3，而同龄栓皮栎树高为 9.2m，胸径 8.7cm，单株材积为 0.022 54m^3，塔形栓皮栎单株叶片数量和叶片总面积比较一般栓皮栎大 30%左右，栓皮层厚度比一般栓皮栎大 30%。

三、生物学与生态学特性

（一）生物学特性

栓皮栎生长中速，造林后2～3年生长缓慢，一般每年高生长仅20cm左右，瘠薄、干旱地区更是这样；4～5年后生长加快2～3倍，每年高生长0.5～1m，胸径生长0.5～1cm，最快分别可长1.5m和1.5cm以上，高生长和直径生长旺盛期在5～15年，15～20年后，高生长逐渐缓慢，直径生长旺盛期可持续30～60年，在深厚、肥沃的土壤上，百年仍不衰退。材积生长最高峰在50～80年，立地条件好的在100年左右，以后逐渐下降。萌芽林初期较实生林生长快，第1年萌条即可生长1m以上，5～10年后，生长逐渐衰退。

在深厚肥沃、排水良好的土壤上，第3年开始生长栓皮；15～20年生，胸径约15cm，栓皮生长厚度达1.5～2cm时，便可采剥；20～60年的树，再生皮每年可长1.5～2mm，优良类型最快可长3mm，一般20年生开始，剥到100～150年，可以轮剥10次以上。

7～9年生开始开花结实，15～20年生普遍开花结实，40～100年为结实盛期，200年左右渐趋衰退。萌芽林约在第5年开始开花结实。栓皮栎通常每年有少量结实，均每隔2～8年可丰收一次。

根系发达，主根明显，细根少。1年生苗主根长度可达1m以上，林木主根可达6～7m，并具粗大侧根，尤以生长在土层浅薄的山脊，陡坡更是如此，侧根平展在15～20cm深的土层中，可伸向6～7m远。

萌芽力强，至老龄不衰退，经三次砍伐的根株，仍能更新成林，安徽大别山群众多采用矮林作业，经营薪炭林。

（二）生态学特性

栓皮栎对气候的适应性很强，分布区域内年平均气温7.3～21.7℃，能耐－27.3℃的极端低温，年降水量为500～1600mm。对土壤要求不严，酸性土、中性土、钙质土，pH 4～8均能生长，但以向阳山麓缓坡和山凹、深厚肥沃、排水良好的壤土和砂壤土生长最好，所产的栓皮厚而软，容易采剥。在超过30°的陡坡上生长的栓皮栎，所产的栓皮多气孔，难采剥。在干旱瘠薄和低洼积水的土壤上生长较差，两者比较，前者高生长快1倍多，粗生长快近2倍。

栓皮栎为喜光树种，但幼苗稍耐庇荫，2～3年后需光量渐增。需上方光照多，喜侧方庇荫。林木和孤立木的树形差异很大，林木具有明显的主干，孤立木侧枝横生，生产中为培育通直的干材，造林应适当密植，或采取伴生树种混交，创造“穿着皮袄露着头”的侧方庇荫条件，以减少侧枝横生，加速天然整枝。

栓皮栎具有抗旱、抗火、抗风的特性。叶子表皮细胞外壁具有发达的角质层，且叶背面有密集的绒毛，树干外皮为木栓组织，这些都是防止内部水分蒸腾的保水组织。栓皮栎具有强大的根系，能广泛地从土壤中吸取水分和起支柱作用，所以能抗干旱，抵抗强风。栓皮厚，不易燃烧，林子经火烧后，其他树种大都被烧死，独栓皮栎犹存，因此混交的栓皮栎林经火烧后，往往演变成栓皮栎纯林。

拓展阅读

四、繁殖与栽培技术

（一）种子采集与贮藏

1．采集良种　栓皮栎是材、皮两用树种，要按照木材生长量和栓皮质量两方面，在立地条件相同的同龄林内，选择30～100年生，树高、胸径、栓皮的厚度和品质都超过平均指标30%，并且干形圆满通直、生长健旺、抗病虫害能力强的植株作为采种母树，采集种子。栓皮栎种子成熟期一般在 8 月下旬至 10 月上旬，种子成熟时种壳棕褐色或黄色。良好的种子，棕褐色到灰褐色，有光泽，饱满个大，粒重，种仁乳白色或黄白色。此时大量种实自行脱落，即可进行采种。但初期脱落的种实大都不甚饱满，播种品质极差，不宜采用。

种实采回后如不立即播种，则应妥善处理和贮藏。由于栓皮栎种子含水率很高，气干含水率为 40%～60%，无休眠期，易发芽霉烂，且多受虫害。采回后应立即放在通风处摊开阴干，每天翻动 2～3 次；至种皮变淡黄色，种子内水分散失至 15%～20%，便可贮藏。

2. *种子贮藏*　早秋随采随播，是防止虫害的有效措施之一。对于翌春播种的种子应进行贮藏，其方法如下。

1）室内堆藏　选通风干燥的室内或棚内，先铺一层 6～8cm 厚的沙子，接着铺一层同样厚的种子，这样一层沙，一层种子堆上去，堆的高度不超过 70cm。也可将种子和湿沙搅拌均匀放在一起堆藏。但无论哪种堆藏，堆的中间都必须间隔竖立草把和秸秆，以利通风，防止种子发热霉烂。

2）室外坑藏　此法适用于冬季少雨、气候寒冷的北方。选择在地势高燥、排水良好、地下水位较深的地方挖贮藏坑。坑宽、深各 1m，长短视种子多少定。方法与室内堆藏法相同，一层湿沙一层种子，每层种子和湿沙的厚度为 8～10cm。或将种子和湿沙拌匀倒入坑内，种子与沙的比例为 1∶2。堆至离地面 20～30cm 为止，用干沙覆盖，上面再用土堆成小丘，高出地面 20～30cm。为了通风透气，需在坑的四角或每隔一定距离竖立草把或秸秆。在坑的四周挖小沟，以利排水。

3）流水贮藏法　用竹篓、柳筐盛满种子（30～40kg），放在流速不大的河水、溪流中，用木桩固定篓、筐，防止被流水冲走。

上述三种贮藏方法，都必须注意定期检查，发现有霉烂或鼠害等要及时处理。

（二）苗木培育

1. *圃地育苗*　圃地应选择地势平坦、土壤肥沃、通风透光、灌溉便利、交通方便的地方。土壤以砂壤土、轻壤土或轻黏壤适宜。地下水位在 1.5m 以下，切忌选择低洼易积水、易遭受晚霜危害的苗圃地。

1）整地作床　秋冬季或提前一季进行翻耕整地，以利积蓄雨雪，翌年开春后浅犁耙耱，同时每亩施入有机肥 2000～3000kg，平整圃地作床。

2）播种　秋播和春播均可。长江流域各省采用冬播（11～12 月），黄河流域各省（自治区、直辖市）种子成熟期早（8 月下旬至 9 月中旬），宜采用秋播，也可采用春播（3 月）。但秋、冬播均较春播好，可免除种子贮藏和损耗，且成苗率高，苗木比较高且粗壮。播种方法可采用条播或点播，条播株行距以 10cm×20cm 或 15cm×15cm 较好，即每隔 15～20cm 开一条播种沟，深 6～7cm，沟内每隔 10～15cm 平放种子 1 粒发芽率在 90%以上的种子，播种量为 2500～3000kg/hm^2。

3）播后管理　幼苗出土前后，必须保持苗床一定湿度，要注意灌溉和松土除草。每次大雨后，必须在苗床上加盖一层细肥土，以补充流失。在施足基肥的基础上，因地因苗适时追肥，第一次在 6 月上中旬生长旺期，第二次在 7 月下旬左右，即第一次新梢生长基本停止时追，以提供孕育二次新梢的养分。初期松土深度以 3～5cm 为宜，整个生长期需松土除草 4～5 次。栓皮栎主根发达，幼苗垂直根生长很快，侧根往往很少，因此当苗木生长 2～3 个月后即可采取切根措施，促使幼苗多发侧根和须根。

2. *营养钵育苗*　选用规格为 12cm×20cm 的营养钵。备好营养土，施足基肥，进行土壤消毒，人工装袋或机械装袋后浇足水，略干即可将种子直接点播到营养钵中，每个容器放置 1～

3 粒种子，覆盖好草，搭好遮阳棚，加强圃地管理。

（三）栽培技术

1．造林地选择　正确处理栓皮栎生长发育与环境之间的关系，是林木生长较好的关键。根据经营目的可分以下两种。

（1）营造以用材和栓皮相结合的人工林，应选在阳坡或半阳坡土壤深厚肥润的地方（土层厚度要求在 50cm 以上，石砾含量不超过 35%）进行造林。在较好的立地条件上，栓皮栎生长快，木栓形成层细胞分裂也快，栓皮产量高，质量好（厚而软，无“气层”），容易剥。大别山区安徽霍山县桃源河林区大圣庙的栓皮栎林，生长在缓坡上，土壤深厚肥沃，含有机质丰富，35 年生，每株平均产栓皮 3kg，质地柔软，易剥。同一林区的栓皮栎林，生长在陡坡上，为瘠薄的砾土，含石块多，35 年生，每株平均产栓皮 2.5kg，品质坚硬有轻微气层，难剥。可见要生长良好的栓皮，必须注意造林地的选择。

（2）营造水源涵养林、水土保持林等，则对立地条件要求不严，在土层浅薄、干燥的山脊、石质山地、水库上游岩石裸露的陡坡，以及山口迎风处都可进行造林。在北方营造栓皮栎林，阴坡上树木枝条易受冻害，所以造林地应选在避风的阳坡、半阳坡上。

2．整地　各地实践证明，整地对栓皮栎新植幼林的成活、生长起着重要的作用。根据地形、植被类型、林种、劳力供应等具体情况，可采用全面整地、等高带状、穴状等整地方法，各地可因地制宜采用。

3．造林密度　栓皮栎初期生长缓慢，侧方庇荫可培育通直良材，提高栓皮质量，造林初期密度宜略大，郁闭后可通过间伐提供小径材和薪炭材，以调整相应年龄的立木密度，以促进林木生长。长江流域安徽东至县，中等立地条件上（30～50cm 厚的砂壤土），造林初期，冠幅半径平均每年向外扩展 12～20cm，4 年生时平均冠幅 1.0～1.6m。在立地条件好、土壤深厚肥沃、坡度又缓的山脚山凹处造林，且以培育材皮兼用为日标，不仅成活率高，生长迅速，而且旺盛生长期来得早，持续时间长，初植密度宜小，株行距宜采用（1.67m×1.67m）～（1.33m×1.67m），每亩 240～300 株；在土层瘠薄的山地或丘陵，土壤干燥，交通方便，人口稠密的地区，为提早郁闭，形成林地小气候以利栓皮栎生长，且以培育农具小用料及薪炭材为目的，宜适当密植，每亩 333～400 株，株行距为（1.0m×2.0m）～（1.25m×1.25m）；在岩石裸露的陡坡、破碎地段和石质山地，主要目的是涵养水源，保持水土或改变生态景观，造林密度可适当加大，每亩 400～500 株，株行距为（1.0m×1.4m）～（1.25m×1.25m）。

4．造林技术　栓皮栎可采用直播和植苗（裸根苗、容器苗）两种方法进行造林。

1）直播造林　直播造林适宜在立地条件较好、鼠害较轻的地方，可采用穴播、缝播和孔播 3 种播种方式，以穴播成苗率最高。穴播前整地，挖穴规格为 30cm×30cm，深度在 20cm 左右，每穴 3 个点，每穴播 3 粒种子；缝播是用镢挖一窄缝，为 1 个播种单位，播 2～3 粒种子；孔播是用一圆锥形木棍或钢钎，在造林地上打孔，孔呈三角形，每孔为 1 个播种单位，播 2～3 粒种子。

为了防止栓皮栎直播造林遭受鼠、兽等严重危害，张理宏通过试验提出了栓皮栎扣杯直播造林技术。具体做法是于当年 10 月上旬（雨后最佳）土壤湿润，有利于种子吸水膨胀出芽时，在直径为 12cm 左右、高为 20cm 的塑料杯内放湿土 3～5cm，然后放入 5 粒种子，再加满湿土倒置于已整好的水平带或鱼鳞坑内，将土拢到塑料杯周围，轻轻上拨塑料杯 2～3cm 后再拢土、轻拍，保证塑料杯在冬季不被风吹倒，到第二年 4 月上旬再将塑料杯去掉，去杯后使种子覆土不超过 5cm，土面稍高于周围地面。这种方法不仅能充分利用地表径流，而且能防止因地面板结而影响种芽出土。对种子进行扣杯，是防止兔、鼠危害的一种十分有效的方法。扣杯还可以减少蒸发，保证种子周围土壤水分，使种子在早春旱期有相对好的水分，出苗整齐，出苗率和保存率高。

三角穿孔簇播是以三孔为一簇，孔间距离为 15～18cm。每孔播 1 粒种子，簇间距离为 1.5～1.8cm，采用木制穿孔器（上下两端分装把手及控制节）钻孔，可控制入土深度（5～6cm），孔径 2cm 左右。播后用湿土堵塞孔穴。这种方法播种出苗后形成丛状小群体，相互蔽护，以抵抗不良环境的影响，同时能够起到侧方庇荫的作用。不仅有利于幼苗出苗，而且幼苗生长良好。

2）裸根苗造林　在鼠兽危害严重的地区，适宜植苗造林。栓皮栎幼苗主根特长，可达 1m 以上，为了提高造林成活率，起苗时，留主根长 20～25cm 为宜，过短则会影响造林成活率和幼苗生长。安徽滁州市沙河集林场，用 2 年生苗造林，留主根 10～15cm 长，成活率仅 15%，4 年生幼树高仅 0.4～0.5m，所以栓皮栎植苗造林时，不仅留根尽量要长，并且宜用 1 年生小苗，苗龄小、根小、截根时根系损失少，栽植容易。栽植时应使根系舒展，苗正、分层踏实。植苗造林在落叶后至放叶前除冰冻期外均可进行。

3）容器苗造林　造林前一年的冬季，在整好的造林地上挖好栽植穴，穴的规格为 70cm×70cm，株行距为 1.5m×2.0m。造林前先向穴内填入 3/4 的表土，然后将容器苗放置于穴的中央，扶正后再填细土于苗木周围并压实，最后在杯上盖一层 1cm 厚的细土。用容器苗造林，一年四季均可进行。

五、抚育管理与更新复壮技术

（一）幼林抚育

栓皮栎的幼林抚育，主要包括松土除草、间苗、平茬、修枝等。

1. 松土除草　消灭杂草，疏松土壤，可增强幼苗抗旱能力。全面整地，1～3 年内，结合林粮间作，松土除草须在距离幼树 10～30cm 处。带状和块状整地造林，第 1 年在 7～8 月抚育一次；第 2 年和第 3 年，每年抚育两次，第一次在 5～6 月，第二次在 8～9 月，每年向四周外扩展 15～20cm，3 年后林地基本上达到全垦。鱼鳞坑整地，可结合除草松土修整鱼鳞坑。

2. 间苗　栓皮栎播种造林 2～3 年后，苗木出现分化，苗木出现争光、争肥等现象，为保证优势植株能迅速生长，须及时除去部分纤弱苗。间苗强度、次数和具体时间，因立地条件而异。一般立地条件好，幼树生长快，间苗时间早，强度大，次数少；立地条件差的地方，幼树生长慢，间苗时间开始得晚，强度小，完成的时间长，可进行 2～3 次，在数年内完成。

3. 平茬　为培育主干通直的良材，在造林初期，对主干不明显或萌蘖成伞状的丛生植株，可采取平茬措施，造林 2～4 年后，用利刀平地面砍去，抽出的苗条一年便可达到或超过原有高度。

4. 修枝　造林初期栓皮栎主枝扩展较快，冠幅半径每年向外扩展 12～20cm，4 年生冠幅平均为 1.0～1.6m。因此，应进行修枝。修枝季节一般以晚秋和早春较好。这是树木休眠时期，整枝时树皮不宜撕裂，开春时愈伤组织形成快，伤口容易愈合。切忌在雨季或干热时期修枝，以防伤口渍水感染疾病或伤口很快干燥，影响愈合。修枝强度，一般 10～15 年生，保留树冠占全高 2/3～3/5，修去下面的枯死枝、下垂枝、遮阴枝，以及影响主干干形圆满的粗枝。

（二）成林抚育

栓皮栎成林抚育管理包括人工林抚育间伐和天然次生林改造。

1\. 间伐　栓皮栎不耐上方遮阴，造林4～5年后，即进入快速生长阶段，因此根据林分郁闭情况，必须适时进行抚育间伐。间伐开始时间，因造林密度、立地条件、幼林抚育状况不同而异，而林分郁闭度和天然整枝等，则是这些因子综合作用的主要体现。当林分郁闭度达到0.9，天然整枝约占树冠长度的1/3时，即可开始间伐。栓皮栎在较好的立地条件上造林后，每亩不到300株的，8～9年即开始出现上述情况（安徽东至县梅城林场），因此9～10年，可开始弱度的抚育间伐。伐除10%～20%生长势弱、干形不好的植株，并结合修枝，以改善林分的通风和光照条件。带状和块状整地的原在带间和块间保留侧方庇荫的非目的树种，可以逐年分期伐除。

15～20年后，胸径生长一般刚进入高峰，林分自然分化，主次树冠已明显形成，为保证林相整齐，培养树干通直良材和优质栓皮，当林分郁闭度又恢复到0.9时，可进行第二次间伐。在第一层林中保留树冠密集、尖顶。树干通直、生长旺盛的优势木，注意培育第二层林中干形良好的林木。伐去第二层林中生长纤弱的濒死木、枯立木、病虫木，间伐强度为30%～50%。以后根据生长发育情况，还可进行第三次间伐。

2\. 天然次生林改造　我国栓皮林分布区内，都有天然次生林，其中极大部分是混交的萌芽林，相互挤压、撞击，应选优除劣，砍去过密的苗条与畸形、罹病、生长不良的植株，并根据立木分布的均匀度，淘汰部分非目的树种，以改善林分组成，增加通风透光度和减少栓皮的腐烂。例如，安徽霍山县桃源河林区195亩栓皮栎的第三次萌芽林，30～40年生，树种组成为栓皮栎70%，白栎25%，山槐、枫香5%，平均林分高7.5m，平均胸径12.6cm；郁闭度0.85，每亩立木株数为94株，1954年进行了抚育间伐后，郁闭度为0.72，每亩48株，其中栓皮栎占94%，白栎占6%，平均高8.4m，平均胸径18.7cm，连年生长量增加0.67倍。

（三）更新复壮

栓皮栎萌蘖性很强，一般采取皆伐萌芽更新。萌芽更新不宜采取择伐更新，因栓皮栎林般郁闭度较大，林地湿润，伐根易遭病菌危害，萌条生长不良或感染病害。

萌芽更新，在山脚缓坡的地方，可采取全面皆伐更新，彻底清理林地，有条件的地方可进行间作。山腰以上陡坡，为保持水土，防止降低地力和林地水文条件的变化，可采取渐伐更新，伐区的排列，因地形而异，但以水平方向较好。

萌芽更新期以冬季采伐为好，最迟不能超过春末，过迟影响萌条当年木质化，易遭受冻害和枯死。采伐时，伐根要低，伐面要平，最好伐后在根蔸上培土，更有利于萌蘖。

（四）栓皮采剥

一般15～20年生的栓皮栎，胸径13～15cm，栓皮厚达1.5～2.0cm，即可第1次采剥（初生皮），约隔10年再生皮增殖到1.5～2.0cm厚时，可进行第2次采剥，以后每隔10年左右采剥1次直到100年以上。剥皮时间一般在每年的6～9月，其中以6月、7月、8月3个月为最好。此期气温为20～26℃，树木生长旺盛，水分充足，树液流动快，栓皮易剥离。长江以北、秦岭以南，在6～8月采剥；秦岭以北采剥时间更晚、更短；低山区（800m）采剥时间早些；高山区（1400m）采剥时间晚些；立地条件好，采剥时间早，立地条件差，采剥时间晚；幼树比老树要早些。一般不应在大风天、雨天或过度干旱天剥皮。

剥皮方法一般采取分段分节筒状采剥法。从根部10～15cm起，依照收购部门规定的长度分节（一般1.0m），按节环树干周围横切锯口，切口深度较栓皮纵裂痕底面深一些，然后选皮的纵裂呈一条直线的沟，用刀割开，再用刀尖撬开，即可取下环筒状栓皮。树干要剥得光滑、干净，以免影响再生皮的生长和降低质量。如剥皮不慎，误伤内皮，应立即用500倍多菌灵喷洒消毒或在伤口上抹沥青，以防虫菌危害。胸径15cm的树干剥1节，30cm

的树干剥 2 节。在较暖的阳坡，初次采剥，则 1 次剥到枝下高 3～6m，此称为“一杆子通到顶法”。剥面可用塑料薄膜等材料包裹，包裹时上紧下松，2 周后即可去除。

拓展阅读

（吕月玲）

辽东栎栽培和楤木栽培具体见选读内容 15-1 和选读内容 15-2。

选读内容 15-1　　选读内容 15-2

第十六章　树液、树脂类经济植物栽培

【本章提要】本章重点介绍漆树、马尾松、糖槭 3 种代表性树液、树脂类水土保持经济植物的栽培意义、主要种类与品种、生物学与生态学特性、繁殖与栽培技术、抚育管理与更新复壮技术。

第一节　漆树栽培

一、栽培意义

漆树又称漆、楂苜、山漆、小木漆、大木漆、干漆，原产我国，是我国特有经济树种之一，早在4000年前我国就开始栽培漆树，将生漆作为天然涂料来保护、装饰建筑物和生活用具。在漆树上割取的生漆具有防腐、耐酸碱、耐高温、绝缘等优良特性，是一种重要的优质天然涂料，成为我国著名的特产，也是重要的出口物资。除民用外，还广泛用于国防、军工、纺织、矿油、矿山、造船和轻工业等部门。漆树还是一种油料树和用材树，漆籽油为液体不干性油，可作为油漆工业原料，漆木宜作桩木、坑木，也可作家具、面板、细木制品和高级建筑物的室内装饰等。漆籽可榨取漆蜡，可提取甘油脂肪酸，是制取凡士林、肥皂、油墨、蜡纸、膏药、工艺蜡烛和三十烷醇的重要原料。另外，近年来用漆蜡合成作为表面活性剂和乳化剂的脂肪酸蔗糖酯，广泛用于医药、食品、发酵、洗涤剂、化妆品等部门，另外还利用石蜡开出发防水剂、粘接剂、润滑剂、碾磨剂等新产品。干漆和漆树的叶、花、果实均可入药。漆树浑身都是宝，具有极高的经济利用价值，也是优良的水土保持树种之一。

漆树主要分布于亚洲温暖湿润地区，我国是世界上漆树资源最多、分布最广的国家。在我国漆树水平分布于北纬 21°30′～北纬 41°45′，东经 95°40′～东经 125°30′，垂直分布于海拔 300～2500m，以 400～2000m 分布最多，在秦岭和巴山林区海拔 2000m 以上仍有漆树分布。分布范围西至西藏的通麦、东至辽宁的宽甸，北达辽宁的抚顺，南达云南的西双版纳，包括了东北地区的辽宁，华北地区的河北、山西、山东，西北地区的甘肃、陕西，中南地区的河南、湖北、湖南、江西、安徽，东南地区的广西、广东，华东地区的江苏、浙江、福建，西南地区的四川、西藏、贵州、云南等，共 20 个省（自治区）的近 900 个县。漆树的主要产区为贵州北部、湖北西部、陕西秦岭以南、四川东北部。从地理分布上看，我国漆树中心分布区在秦岭、巴山、武当山、武陵山、岚皋、佛坪、平利、竹溪、恩施、龙山、城口、北川、大方、毕节、镇雄等 60 多个重点区域。漆树中心区的主要生态条件为年降水量 724～1076mm，平均气温 14～15℃，相对湿度 60%～80%，土壤为棕壤、黄棕壤和黄壤，土壤 pH 中性至微酸性。

拓展阅读

二、主要种类与品种

漆树［*Toxicodendron vernicifluum*（Stokes）F. A. Barkl.］是漆树科（Anacardiaceae）漆树属的一种落叶乔木，通常说的漆树是指割漆的漆树。高达 20m，树皮呈灰白色，较光泽，后略粗糙，幼枝粗壮，淡黄灰色；芽被褐色毛。奇数羽状复叶，小叶 7～19 片，全缘，无托叶，长卵形或椭圆形，先端渐尖，基部偏斜，圆形或楔形，长 6～15cm，宽 3～7cm，侧脉 8～16 对，下面沿叶脉有毛，小叶柄短，圆锥花序腋生，萼片 4～6 枚，多数 5 枚，宿存；花瓣 5 枚，覆瓦状排列，雄蕊 5 枚；子房上位，1 室，1 胚珠，花柱 3 枚。核果，雌雄异株或杂性，果扁球形，径 3～6mm，先端歪斜，外果皮膜质，有光泽，中果皮蜡质，内果皮坚硬，与中果皮联合。花期 5～6 月，果 10 月成熟。种子扁球形。

漆树通常分为大木漆树（野生的山漆树）和小木漆树（人工栽培的漆树）两个类型，它们在形态上有一定的区别（表 16-1）。

表 16-1　大木漆树与小木漆树比较

类型	大木漆树	小木漆树
树形	高大，寿命长	中等大，寿命较短
分枝	水平伸长，节间长	较向上倾斜，节间短
小枝	当年生小枝光滑	当年生枝密生绒毛
叶	薄、色浅、叶背脉稀生绒毛	厚、色浓、叶背脉密生绒毛
花	黄白色或淡黄色	黄绿色或淡绿色
果、种子	果形小、籽多、长宽近相等，出蜡率为 20%左右	果形大、种子多皱纹，宽大于长，种子少，甚至不结籽，出蜡率为 11%～18%
割漆期	较晚，漆产量低，但漆干性好	较早、漆产量高，干燥性差
适应性	耐寒、耐旱，适于高山、中山气候	适于小丘陵或低山丘陵种植

1. 大木漆树　主要分布在海拔较高的高山、中山地区，低山地区也有少量分布。树干高大，成年树高可达 15～20m，胸径可达 80～100cm；树皮较厚，生命力强，耐寒耐旱；寿命可达 50 年以上。大木漆树的分枝多呈水平伸展，节间长；当年生小枝较光滑；叶片色较浅、质薄，叶背脉上疏生绒毛，花多为黄白色或淡黄色；漆籽比较饱满，果形小，长宽近相等。在大木漆品种（类型）群中，较为优良的品种有‘毛坝大木’（‘阳高大木’）、‘天水大叶’等。

2. 小木漆树　大多数分布在低山丘陵地区，中山地区也有少量分布。小木漆树一般树形低矮，成年树高 5～12m，寿命一般较短。小木漆树的分枝一般较上倾，节间较短，当年生小枝密生绒毛；叶片色较浓，质厚而较绵软，叶背脉密生绒毛；花多为黄绿色或黄色；一般漆籽多皱纹，果形大，多数宽大于长。在小木漆品种（类型）群中，较为优良的品种有‘大红袍’‘红皮高八尺’‘贵州红’‘灯台小木’等。

大木漆树与小木漆树的经济性状也各有不同。大木漆树开割期较晚，割漆周期较长，漆年产量较低。漆树结实量大，籽粒饱满，出蜡率一般在 20%左右。小木漆树开割期较早，割漆周期短（一般三年两头割），漆年产量比较高，但生漆的燥性较大木漆树的差，结籽较少，有的甚至不结籽，种子的出蜡率较低，一般只有 11%～18%。

根据全国漆树品种调查和漆树品种选优的研究结果，我国现有 31 个优良品种和 14 个优中之优的品种。31 个优良品种是‘粉红皮’‘官大木’‘红尖大木’‘红尖小木’‘红漆大木’‘复叶长’‘多层楼大木’‘核桃小木’‘高明大木’‘反早’‘泡洞皮’‘大籽漆’‘黄荆柴’‘陇南红’‘浦城小木’‘浙皖小木’‘太湖小木’‘四平头’‘花叶大木’‘白叶小木’‘灯台小木’‘绿灰小木’‘乐林小木’‘灯台大木’‘麻皮小木’‘毛椿小木’‘油叶漆树’‘油粉皮’‘秦佛漆树’‘金州红’‘火焰子’。14 个优中之优的品种是‘阳岗大木’‘大红袍’‘高人尺’（‘红皮黄茸’）、‘白粉皮’‘小大木’‘薄叶漆树’‘红壳大木’‘天水大叶’‘大毛叶’‘毛叶漆树’‘肤盐皮’‘白冬瓜’‘水柳子’‘岭子小木’。

这些品种中，大乔木类的年平均单株漆产量为0.42kg，小乔木类为0.33kg。许多品种为生漆、漆籽、木材兼用品种。它们分布在全国各产漆区，集中分布在陕西、四川、湖北、贵州、云南5省。

三、生物学与生态学特性

（一）生物学特性

漆树是速生树种。一般15年生高可达7～15m。3月初，当土温达15℃左右时，根系开始活动生长。4月上中旬，萌芽抽梢发叶，生长缓慢，到5月下旬，新梢生长较快。开花期为5月下旬至6月上旬。幼苗及幼树，8～9月新梢仍在生长。已开割的成年树，一般在7月以后新梢逐渐停止生长。10月以后树液逐渐停止流动，叶片开始脱落。

漆树主根不明显，侧根较发达。一年生实生苗常具3～6个明显的主根和许多细小的侧根。15年生以后的大树，根幅可达10m以上。根系具有很强的萌芽特性。

观察漆树皮的横切面，在次生韧皮部中的乳汁道是一种椭圆形或近似椭圆形的孔，是漆树体内的一种分泌道，其结构是由一层分泌细胞和2～3层薄壁细胞组成的鞘，包围着中央的腔道组成。生漆由上皮细胞产生并贮存在腔道中。漆树的各个器官，如幼茎、树干、根、叶和花都有乳汁道。

（二）生态学特性

漆树为喜光树种，不耐庇荫，喜生长于背风、光照充足、温和而又湿润的环境。年均温在15℃左右，1月平均气温为2.5～5℃，极端最低气温为−10℃，有效积温大于或等于4500℃，年降水量750～1200mm，相对湿度在70%以上的气候，最适于漆树生长发育。适宜排漆的日平均气温为14.5～30.4℃，日最高温为37℃，日最低温为11.3℃，相对湿度在70%以上。

漆树对土壤酸碱度适应较强，一般在pH 4.5～7.5都能生长。在酸性土壤上生长的漆树，生长较慢，割漆较晚，但漆的质量较高；而在钙质土上生长的漆树，生长较快，割漆较早，但漆的质量较差。

四、繁殖与栽培技术

（一）苗木培育

1. 播种育苗　选择15～20年生长健壮、无病虫害的实生树作为采种母树，一般在10～11月树叶发黄并开始落叶，种子呈黄褐色时开始采种。采种时连果梗采下，排放在通风处晾干，除去果梗、杂质，净种后入库贮藏。

1）种子处理　漆树种子外种皮上有一层蜡质，坚硬，水分不易渗入，导致发芽困难，播前必须进行催芽处理。常用的方法为先开水烫种，再用碱水退蜡，后温水浸种催芽，也可以用浓硫酸处理。碱水退蜡、温水催芽的方法是给漆树种子中倒入沸水，用木棒不断搅动，等自然降温至不烫手时（30～40℃），捞出上面漂浮的空粒，捞出种子，按1∶20（重量比）的比例加入碱面或洗衣粉，搅拌均匀，充分揉搓，等到种子变为黄白色，用手握时不再光滑，有粗糙感时，用清水冲洗干净。然后用清水浸泡，每天换水一次，连续浸种10～20d，种子膨胀、变软后捞出，放在25℃左右的地方，保持湿润10d左右，在此期间每2～3d可用温水淘一次，当有5%左右的种子裂嘴露白时，方可播种。

浓硫酸（98%）处理的方法是将已处理的纯净种子倒入塑料大盆中，再将浓硫酸倒入，用塑料棒不断搅动，使种子和浓硫酸充分混合，加入浓硫酸的量以刚浸泡种子为准。一般处理 1h 左右，种子蜡质层基本全部变成黑糊状，即可捞出，冲洗干净。经冲洗干净的种子用冷水浸种 24h，放置在 0～5℃条件下，保持湿润，经 30d 左右，即可播种。

2）育苗地选择　育苗地应选择在向阳、土层深厚、土质疏松、肥力较好、近水源、排水良好的地方。育苗前可施足底肥，细致整地。

3）播种　冬播和早春播种都可。播种方法以条播为主，条距 50cm，播幅 15cm，深 10cm，覆土厚 2cm 左右，碱水退蜡处理的，每亩播种量为 15～20kg。播后用稻草或枝覆盖。经浓硫酸处理的种子，播种量控制在 2～6kg，可用磷肥拌种。苗木出齐后开始追肥一次，用 0.6%的尿素 150kg 追施 1 亩，每隔 7d 追肥一次，连追 4 次。以后可用 1.3%的尿素连追 4 次。

4）播后管理　幼苗出土前要注意给床面洒水，保持床面湿润。出苗期为 10～20d，当幼苗大量出土后，在阴天或雨天分 2～3 次揭出覆盖物，及时除草，当幼苗长到 10～17cm 时，开始间苗，间苗 1～3 次，第三次定苗，苗间距为 13～16cm。幼苗期持续 60～70d 后进入速生期，在 6 月上旬至 9 月中旬，可追肥 2 次，并注意防治病虫害。每亩产苗量，控制在 8000～10 000 株。

2. 插根育苗　插穗可以选择阳坡生长健壮、无病虫害、尚未割漆的母树，从根部采集插穗，也可结合起苗，收集修根时剪下的根段、苗圃地上的断根和残根。采根时间在“立春”至“清明”，以“惊蛰”前后 10d 最好，采根应选择在晴天、阴天或多云天气进行，忌在雨天采根。根插穗粗度为铅笔粗细，长 10～15cm，切口要平滑。

1）催芽　在 3 月上旬至 4 月中旬进行。在圃地上按东西方向挖深 20cm、宽 25cm 的沟，将根插穗每 20 根捆成一小捆，捆好的根插穗按大头向上直立排列，每捆距离为 5～10cm，中间用土填实，覆土 3cm。一般经 20～30d 即可发芽。

2）插根　在苗圃地上开宽 30cm、深 20cm 的沟，放入根段，插穗上端，略低于地面，覆土以埋没幼芽 1～1.5cm 为宜。如果幼芽长出，覆土要浅，绿叶应露出地面。插根时应在阴天及早、晚进行，不宜在雨天进行。插根株行距以 18～40cm 为宜，产苗量控制在每亩 5000～7000 株。

3. 嫁接育苗　6～9 月“丁”字形芽接，以 7 月最好。短穗切接以 3 月中旬为好。砧木为本砧，接穗为 10 年左右优良品种树上的 1 年生枝。

（二）栽培技术

应选用优良品种营造漆树林，造林时应避免集中连片，以免大面积病虫危害。主要采用植苗造林，宜林地应选择背风向阳、土层深厚、肥沃、排水良好的砂壤土。造林时间可在秋季落叶后及春季萌芽前进行。整地可采用全面整地和带状穴状整地形式。若春季造林，整地最好在造林前一年的秋冬季进行。整地规格为穴径 40cm，深 30cm。小木漆的初植密度为 1200～1500 株/hm^2，大木漆为 900～1200 株/hm^2。‘浦城小木漆’的初植密度达 4350～4500 株/hm^2，4～5 年生时先隔行割漆，割漆数年后间伐，保留密度 1500 株/hm^2 左右。

拓展阅读

五、抚育管理与更新复壮技术

（一）抚育管理

造林后每年松土除草 1～3 次，施肥一次，在交通不便的陡坡立地上，可在春、夏季，每株施尿素 50g，有条件的地方可在春、冬季施用有机肥。随树龄增大，施肥量逐年增多。进入割漆阶段，每年须中耕除草，在生长期每株施氮肥 0.5～1kg。加强树体管理，可使枝叶茂盛，漆液分泌量增多，同时增强了树势，有利于割漆口的愈合。对老龄林分应及时进行更新改造，10～20年的林分疏密度应控制在0.6～0.8。同时，注意防治毛毡病、褐斑病、金花虫、樟蚕、漆毛虫、天牛、尺蠖等病虫害。

（二）割漆技术

1. 漆的年龄　因品种、立地条件和管理水平不同而异，早的5～6年、迟的10～15年才能开割，判断能否进行开割主要是根据树干直径粗度和树皮是否裂纹，一般干粗达15cm、树皮出现裂纹，开割比较恰当。

2. 割漆季节　气温高的地方，“夏至”开割，“霜降”收刀，可割120d，气温较低地方，一般在“小暑”开刀，“寒霜”收刀，历期90d。每天黎明割漆，上午10时结束。

3. 割漆部位　“凹漆凸水”，意思是漆树干较扁平一面流漆量大，凸起一面水分多，且流漆量小，故宜在较扁平一面开割。第1割口应在距树干30cm左右，第2割口离第1割口40～66cm，初开割的漆树，以1～3割口为宜，随着树龄增大，树干增粗，可逐年增加割口，每个割面上的割口安排在同一直线上，使树干上面有适度的营养带，绝不许在树上乱开割口甚至环状剥皮，否则会使漆树营养不良而枯萎死亡。

4. 切割方法　有斜口型和“V”字形两种。斜口型割漆即在干上割1条长10cm呈40°的斜线，每隔3～7d采割一次。第2次采割只是在原割口的上、下各割1刀，一般割的皮越细越好，在割口下端尖口处插上蚌壳，承接漆液，经过多次采割后，即形成“画眉形”或“柳叶形”。“V”字形采割即在干上割成“V”字形，以后每隔3～7d再割1次，沿“V”字形上、下两侧共割4刀，相继加宽加长割口。“V”字形基部插入蚌壳，承接漆液。

5. 割漆强度　割过漆的漆树，树皮受伤，需停割一定时间，使其恢复，一般1～2年，长的3～4年。立地条件好，漆树生长茂盛，也可每年割漆。对于采割年久、树势衰老或即将砍伐的漆树，可用多开口、开大口的强度采漆，1次取尽漆液。4～5年生时先隔行割漆，割漆数年后间伐，保留密度1500株/hm^2左右。

割漆后树木要加强抚育管理，及时追施复合肥料，注意保护幼龄林，限制开割年龄，积极推广合理的开割口形和开割刀口数，使漆树可连年割漆。另外，要缓解割漆和采种的矛盾，综合利用漆树资源。

（王乃江）

第二节　马尾松栽培

一、栽培意义

马尾松又称枞松、山松、青松，是我国主要的产脂树种，产脂期长，产量高，单株立木胸径在18cm以上，每年可割脂5～6kg。马尾松树脂是国防、冶金、水泥、医药、酿造和塑料工业不可缺少的重要原料。马尾松干性通直圆满、材质好、易加工、不变形、木材芳香、耐腐、抗蛀，深受人们喜爱；其木材纤维长，是制浆造纸和人造纤维的主要原料；松枝和松针富含松脂，是良好的薪柴。马尾松是我国特有的优良速生、耐干旱瘠薄的先锋造林树种，分布于南方14个省（自治区、直辖市）。在造林绿化、工业原料林基地建设、生态环境保护等方面占有重要的地位。

拓展阅读

二、主要种类与品种

马尾松（*Pinus massoniana* Lamb.）是松科（Pinaceae）松属双微管亚属的一种，因其针叶丛似马尾而得名。根据《中国树木志》记述，马尾松有下列3个变种。

1. *雅加松*（*Pinus massoniana* Lamb. var. *hainanensis* Cheng et L. K. Fu）　本变种与马尾松的区别在于树皮红褐色，裂成不规则薄片脱落，枝条平展；小枝斜向上伸展；球果卵状圆柱形。产于海南的雅加大岭。为中国二级重点保护植物。

2. *岭南马尾松*（*Pinus massoniana* Lamb. var. *lingnanensis* Hort.）　本变种与马尾松的区别在于大枝1年生长2轮。产于广东、广西的南亚热带地区，分布很广，为一地理变种，较中亚热带、北亚热带的马尾松生长快。桂林的岭南马尾松有的1年开花2次。

3. *黄磷松*（*Pinus massoniana* Lamb. var. *huanglinsong* Hort.）　树干上部的干皮及大枝皮呈黄色或淡褐黄色。产于广东高州。广东阳江林场用之造林，在海南海口的庭院有栽植。

三、生物学与生态学特性

乔木，高达40m，胸径1m；树皮红褐色，下部灰褐色，裂成不规则鳞片；幼树树冠圆锥形，老则广圆形；枝条每年生长一轮。1年生小枝淡黄褐色，无白粉；冬芽褐色。针叶2针1束，罕3针1束，长12～20cm，径≤1mm，细柔，树脂道边生。球果卵圆形或圆锥状卵形，长4～7cm，径2.54cm，熟时栗褐色；鳞盾微隆起或平，微具横脊，鳞脐微凹，通常无刺；种子连翅长2～2.7cm。花期4～5月；球果翌年10～12月成熟。马尾松喜光、喜温暖湿润气候。适生于年均温13～22℃，年降水量800mm以上的区域，能耐短时－20℃的低温。对土壤要求不严格，耐干旱瘠薄，不耐水涝及盐碱土。

马尾松根系深，主根明显，侧根发达，并有菌根共生。1年生苗木主根一般长达25cm以上，在轻壤土上可达60cm以上，侧根和须根较少，成年主根可深达5m多，随后主根逐渐衰退，侧根发达并在土壤表层四散分布。马尾松前3年生长较缓慢，3～5年后生长急剧加速，每年高生长50～100cm，最快可达2m以上，高、径生长旺期在15～25年，材积生长旺期在30～40年。是长江流域以南广袤酸性土、荒山荒地的先锋树种，常飞籽成林。但松毛虫危害严重，应注意加强防治。

四、繁殖与栽培技术

（一）马尾松的繁殖

1. *采种*　选择15～40年生、树冠匀称、干形通直、无病虫害的健壮母树。于11月下旬至12月上旬，球果由青绿色转为栗褐色，鳞片尚未开裂时采集。采集到的种子经筛选、风选，晾干，装入袋中，置通风干燥处贮藏。马尾松出种率为2%～4%，种子千粒重一般为10.4g，每千克76 000～90 000粒种子，新鲜种子的室内发芽率一般为85%。马尾松种子一般贮藏期为1年，若将干燥种子用塑料袋密封，放在0～5℃低温下可贮藏1～2年。

2. *圃地选择*　马尾松喜阳，圃地应选择地势平坦开阔、排灌便利的地方；马尾松耐干旱贫瘠，在砂土、黏土、壤土中均可生长，宜选择微酸性的土壤。圃地气温以保持在18～26℃为宜，苗床湿润但不积水，苗床坡度控制在15°～25°，圃地到造林地的交通便捷。马尾松育苗过程中，尽可能地使其培育成主根较短而侧根较发达的壮苗，避免起苗时造成损害。

3. *整地*　提前3～6个月翻挖苗圃地，使土壤尽可能地风化，降低病虫害的发生，整地深度为20～25cm，深度过深易使主根生长过长，侧根发育不好，起苗时也存在不便。结合整地撒施磨碎的硫酸亚铁粉（每亩 15～20kg）或生石灰（每亩 30～40kg）进行土壤消毒。在缺磷地区，还可每亩施入 60～100kg 磷肥作底肥。作高床，床宽 1m，高 20cm，步道宽 30cm。如圃地之前作非马尾松林或松苗，则床面需均匀撒一层松林菌根土。

4. *播种*　2 月上旬至 3 月上旬播种。播种前用 30℃温水浸种 12～24h，用 0.5%的硫酸铜溶液浸种 4～6h 进行种子消毒处理。可采用条播或撒播的方式育苗，条播时，条距 10cm，播种沟内铺上一层细土，每亩用种子 5kg。种子播后要薄土覆盖，可用焦泥灰盖种，以仍能见到部分种子为宜，然后盖草。条播产苗量较低，但便于进行后期管理。播种后 20～30d 幼苗出土。待幼苗大部分出土后，揭除盖草，揭草尽量在阴天或傍晚时进行，防止床面板结。幼苗出土后 40d 内需注意保持苗床湿润。5～7 月可每月施肥 1～2 次，每亩每次施硫酸铵 2～5kg。马尾松苗太密时，可以进行间苗移栽，通常分 2 次，第 1 次移栽在 5 月中下旬，第 2 次移栽在 7 月上中旬。间苗应在雨后阴天或阴雨天，略带宿土，成活率高。

（二）造林技术

1. *造林密度*　马尾松有喜光、侧枝扩展的特性，为培养通直圆满的干形，提高木材利用率，初植密度要适当大一些，林分郁闭以后，可通过间伐、修枝来提供小径级用材和薪炭材。可以根据培育目的、土壤条件、地形条件、交通情况及经营集约度等方面确定适宜的造林密度。

中等肥厚湿润的杂草地、荒山和稀松而低矮的灌木丛地，以生产用材为目的，交通方便的地段，可采用 1.7m×1.7m 的株行距，每亩 240～400 株。在干燥瘠薄的杂草地、石砾较多的荒山和废耕地及目的生产小径材、薪炭材的地段，可以采用 1m×（1.1～1.3）m 的株行距，每亩 600 株。

2. *造林技术*　一般选在冬末春初进行造林，苗木尽量做到随起随栽。为防止苗木和根系失水，运输过程中要采取防干保湿措施。

植苗时先挖开定植穴，回填表土，大小以苗木容器袋的两倍体积为宜，深度不得触及底肥层，然后撕破苗木容器袋，放在定植穴中央，应做到苗正、适当深栽（深度为根际以上 0.03～0.05m）、分层覆土，在距苗基 0.05m 外，捶紧压实、稍覆松土，严禁覆土压实过程中提苗及紧挨苗基重捶（强度松紧必须适度），以免损伤苗木根系。

3. *营造混交林*　通过树种的合理搭配，营造混交林可以增加生物多样性，改善林分结构，提高森林生态系统的生产力。常见的混交类型如下。

1）松、栎（麻栎、栓皮栎、石栎、大叶栎）混交　麻栎或栓皮栎耐火性很强，具有萌蘖性，相当耐旱。它虽是阳性喜光树种，但在全光照条件下，会形成横生而又发达的侧枝，与马尾松混交，可以形成侧方庇荫，创造上方光照条件，抑制侧枝生长、培养通直干形。麻栎或栓皮栎是落叶乔木，每年落叶量较多，落叶富含灰分元素，与马尾松混交，可以改良土壤。通过混交可以减轻马尾松松毛虫的发生与发展概率，也可抑制森林火灾的蔓延。

2）马尾松、木荷（香樟、台湾相思、常绿槠栲类）混交　马尾松、木荷无论是幼林阶段还是中龄阶段，均能形成稳定高产的复层针阔叶混交林，能充分利用立地环境条件。木荷能耐庇荫，在主林层下生长良好。木荷是阔叶树种，有大量枯枝落叶，易于分解，可以增加土壤腐殖质，改善土壤肥力。另外，对于防止森林火灾和抑制松毛虫的发生和蔓延也起到一定的作用。

木荷的水平根发达、粗壮，能耐干旱，天然更新良好。在阳坡、半阴坡，中、厚层的薄腐殖质土及立地条件较差的林地都适宜生长。混交方式以株间混交为好。马尾松、木荷杂交，可以调整干形，增高主干，在混交林中，木荷的主干比较通直高大，用材部分长，可以达到用材林的经营目的。

3）松、杉混交　在丘陵地区，近年来普遍在建立杉木用材林基地，本着适地适树的原则，可以根据地形的变化、土壤差异，进行松、杉混交。两者都是针叶树种，对土壤的改良作用不大，但由于马尾松是深根性树种，杉木为浅根性树种，根系各自分布在不同的土壤层次内，同时马尾松主根的穿插土壤的能力较强，可为杉木根系的伸展创造有利条件。另外，马尾松是喜光树种，杉木幼龄稍耐庇荫，在幼林阶段可以得到松树的庇荫，有利于杉木的生长，在缺材、缺薪炭材的地区，当其林分郁闭后，可对马尾松进行修枝和疏伐，这样可以提供部分小径材和薪材。

4）松、杂混交　松、杂混交可以培养多材种混交林分，既可降低造林成本，又可改良土壤，抑制火灾蔓延，减轻松毛虫的危害。马尾松主要常见的混交树种有桉树、枫香树、福建柏、醉香含笑等。此外在土壤贫瘠的地区，可与紫穗槐、胡枝子混交，紫穗槐、胡枝子既可作肥料，又可改良土壤，保持水土，促进马尾松的生长。

拓展阅读

五、抚育管理与更新复壮技术

（一）幼林抚育

造林后 3～5 年，根系入土浅，对不良环境的抵抗力差，加强对幼林的抚育管理，是巩固造林成果、促进幼林生长的重要环节。

1. 松土除草　松土除草主要是在幼树周围，范围稍大于原穴，由里到外，由浅到深，避免伤到根系和枝干，土培成馒头形。松土除草最适宜的时期在幼林生长旺盛期来临之前，以 5～6 月为好，入秋前杂草尚未结籽，除草松土效果好，且能减少来年杂草的滋生。一般连续抚育三年，第 1～3 年可按次数进行。第一年 1～2 次，第二年 2 次，第三年 1 次。造林后头三年，要严格封山或加强看护，防止割草、人畜破坏等。

2. 补植　幼林缺株，应于当年秋季进行一次造林成活率全面检查，了解成活情况，分析死亡原因。成活率在 25%～89%应进行补植，或成活率虽达 90%以上，但有局部地段成活低，也应补植。补植工作一般在当年秋季或翌年春季进行。补植应在原种植点上进行，用同龄苗补植。对郁闭度低于 0.2 的林地，按经营目的确定密度标准原则，根据改造地疏林分布状况，合理采用规则或不规则的配置方式，局部整地。

（二）成林抚育

幼林郁闭后至林分主伐前的整个生长发育过程属于林分分化稀疏阶段，表现为林木株数的减少，树高和直径的增加。如不进行必要的抚育任其生长，就不能达到速生、丰产、优质的目的。因此，马尾松幼林郁闭后，应进行修枝和抚育间伐等抚育管理。

1. 合理修枝　5～6 年生的马尾松是修枝最适宜的起始年龄。修枝应掌握“轻修、勤修”的原则，修枝要使树冠和树高比例适度。10 年生以前，树冠为树高的 2/3；10～15 年后，树冠可为树高的 1/3～1/2，以保持树干上部枝条有一定的营养面积。

修枝的适宜时期为晚秋至早春，这时修枝，伤口流脂量少，易封闭，修切的伤口至生长季节尚有一段时间，能加速愈合，缩短伤口的愈合期。生长季节和寒冬不宜修枝，否则会影响生长。供修枝用的砍刀、锯子等，一定要锋利。修枝时要避免树干劈裂或撕开树皮，以免影响切口愈合而造成溃烂，影响材质。马尾松修枝以不留桩或留桩长度小于 1cm 效果好。

2. 抚育间伐　马尾松林林分郁闭后进入群体生长阶段，原来幼树与环境的矛盾转化为个体之间的矛盾。随着林龄的增加，各林木要求的营养空间也不断增大，相互挤压，引起强烈的分化和自然稀疏。间伐时采用下层抚育法，砍去弯曲木、被压木、枯死木、病虫害木等。

1）始伐年龄　抚育间伐的始期，应从造林密度、立地条件、林分郁闭度、胸径和材积连年生长量及间伐木的利用价值等方面来综合考虑。一般在 4～6 年郁闭，郁闭后 2～3 年，林分的分化逐渐明显，出现被压木，小径材较多，郁闭度达 0.8～0.9，即可开始抚育间伐。一般在 8～10 年进行第一次间伐。造林密度大的、立地条件好的或经营水平较高的林分，生长快、郁闭早，抚育间伐应适当提前；造林密度不大或立地条件较差的，可推迟 1～3 年。

2）间伐强度　间伐强度关系到保留木的生长和林分产量。强度太小，林冠恢复郁闭快，没有起到抚育间伐的应有作用，反而缩短间伐重复期，增加间伐次数，间伐材过小，利用价值低，增加了抚育投资。强度太大，造成林中空地，林地杂灌滋生，林地干燥，树干尖削，破坏林分郁闭，影响林木生长。一般 8～10 年进行一次弱度的抚育间伐，强度为林分材积的 10%～15%，并可结合修枝。10～20 年可采用中度到强度的抚育间伐，强度为林分材积的 20%～30%。20 年以后，可采用强度为 30%的抚育间伐。

3）间伐重复期　通常以 3～5 年为宜。间伐后林分郁闭度应保持在 0.6～0.7。重复次数应根据培育材种而定，中径级用材林一般经 2～3 次重复即可主伐利用。

4）间伐方式　因林分结构不同，有上层抚育间伐和下层抚育间伐两种。在人工同龄纯林内，宜采用下层抚育间伐，主要伐去林冠下层的被压木、濒死木/干形不良的上层林冠的林木。抚育间伐时要按照“三砍三留”原则进行，即“砍小留大，砍密留稀，砍劣留优”。在以马尾松为主的混交林内，主要是伐除林冠上层压制马尾松生长的非目的树种，并可根据实际情况结合下层抚育间伐。

（三）采伐与更新

采伐利用必须贯彻采育结合的方针，要求扩大森林资源，保证青山常在，可持续利用。合理的采伐方式必须根据当地气候、地势和树种特性加以选择。

在坡度较陡的水土流失地区宜采用择伐方式，成片成熟林和地势较为平缓的地区可进行小面积皆伐，保留一定数量的母树，以促进天然更新。采伐为达到较好效果，注意以下方面：①种子飞散能力，马尾松种子小具翅，传播能力强，遇大风能远运，最远可达 400～500m，但有效距离只有 50～100m，这对于确定采伐面积和采伐宽度有实际意义。②林分郁闭度，马尾松是喜光树种。当郁闭度为 0.1 时，有效更新距离为 8m，郁闭度为 0.7 时，在母树基部成苗数量也不多。③植被覆盖度，覆盖度为 25%左右，更新中等，覆盖度为 80%时，不易更新出苗。④坡向与坡度，在深山区由于坡向不同，日照时间有长有短，天然下种成苗的情况也有差异，阴坡、半阴坡少于阳坡，半阴坡又多于阴坡。此外坡度大小也影响更新，32°以上更新不良。⑤采伐年龄，采伐年龄根据马尾松大量结实的最低年龄为根据。一般马尾松更新成熟龄以 30～50 年为宜。

采伐方式和天然更新，有 4 种情况：①渐伐，分两次进行，先伐去 50%～80%的林木，使留下的林木光照充足，枝叶开展，结实量增加，更新在两次伐木过程中进行，最后伐去全部林木，此法更新效果良好。②小面积块状皆伐不留母树，利用伐区侧方的林木天然下种，但采伐面积以不超过 4.5 亩为宜。③带状皆伐，侧方下种更新，沿逆风方向设置带状伐区，带宽 10～30m，每隔 2～3 年采伐一带。④大面积皆伐，每亩保留母树 3～4 株，且分布均匀。为了达到人工促进天然更新的效果，要及时进行林地清理、松土、补植和封山育林等工作。

拓展阅读

（刘亚敏）

糖槭栽培具体见选读内容 16-1。

选读内容 16-1

第十七章　果品类经济植物栽培

【本章提要】本章重点介绍核桃、板栗、苹果、柑橘、菠萝、龙眼、杨梅、荔枝、杏、枣、柿共11个果品类水土保持经济植物种的栽培意义、主要种类与品种、生物学与生态学特性、繁殖与栽培技术、抚育管理与更新复壮技术。

第一节　核 桃 栽 培

一、栽培意义

核桃又称胡桃，既是主要的油料树种，又是珍贵的干果和用材树种。发展核桃生产，对于满足核桃干果市场需求、实现食用油料木本化具有重要的意义。核桃仁含脂肪60%～70%，油质优良，味美芳香，易消化吸收，是很好的食用油料。同时，又是油画着色、油漆配剂等的重要工业原料。核桃仁营养价值极高，除含脂肪外，还含蛋白质15.4%、碳水化合物10%，此外，还含有钙、磷、铁、胡萝卜素、硫胺素、核黄素和烟酸等。据分析，1kg 核桃仁的营养价值相当于5kg鸡蛋、9.5kg牛奶，1kg核桃仁所发出的热量比1kg牛肉、羊肉、猪肉或鸡肉所提供的热量还大。另外，核桃中所含的一些特殊成分如ω-3系多不饱和脂肪酸、生育酚、抗氧化剂及褪黑素等，具有一定的保健功能和药用价值（付苗苗，2014）。在国际贸易上，核桃是世界四大干果之一，是我国传统出口商品，在国际市场上占有重要地位。

核桃木质强韧，质重而坚实，抗冲击的性能好，可以支持连续的振动，是一种优良的飞机及军器用材。核桃木纹理细致，又易着色，故在工业及交通运输，以及日用家具制造业中作为上等用材。核桃的总苞、树皮和树叶可提取单宁；核壳可作活性炭；根皮可作咖啡色或黑色染料的原料。

二、主要种类与品种

核桃为胡桃科（Juglandaceae）核桃属（*Juglans*），该属植物约18种，原产于亚洲的有5种，北美和拉丁美洲的有13种。以产果为目的，经济价值最高的是核桃，世界许多地区都有栽培。其他果用价值较低，但却是珍贵的用材树种，或可作核桃砧木用。

（一）种类

1. 核桃（*Juglans regia* L.）　又名胡桃。落叶乔木，高20～25m。树皮幼时灰绿，老时灰白。小枝光滑，具明显的叶痕和皮孔。奇数羽状复叶，长25～30cm，小叶5～9枚，稀3枚，椭圆状卵形至长椭圆形，长6～15cm，宽3～6cm，顶端钝圆或急尖、短渐尖，全缘或在幼树上者具稀细锯齿，侧脉11～15对。雄性柔荑花序下垂，长5～10cm（稀15cm）。雄花的苞片、小苞片及花被片均被腺毛，雄蕊6～30枚，花药黄色，无毛。雌性穗状花序通常具1～3朵小花。雌花的总苞被极短腺毛，柱头浅绿色。果实近球形，径4～6cm，无毛，果核稍具皱曲，有2条纵棱，顶端具短尖头。花期5月，果期10月。产于华北、西北、西南、华中、华南和华东。

2. 铁核桃（*Juglans sigillata* Dode.）　又名漾濞核桃、茶核桃、泡核桃。落叶乔木，树皮灰色，小枝青灰。奇数羽状复叶，长15～50cm，小叶9～11枚，稀15枚，卵状披针形或椭圆状披针形，长 6～18cm，宽 3～7cm，顶端渐尖，侧脉 17～23 对。雄花序粗壮，柔荑下垂，长 13.5～18cm。雌花序具 1～3 朵雌花。果倒卵圆形或近球形，长 3.4～6cm，径 3～5cm，幼时有黄褐色绒毛，成熟时消失，果核倒卵形，长 2.5～5cm，径 2～3cm，两侧稍偏，表面具皱曲。花期 3～4 月，果期 9 月。产于云南、贵州、四川西部、西藏雅鲁藏布江中下游。

3. 核桃楸（*Juglans mandshurica* Maxim.）　落叶乔木，高达 20m。树皮灰色或暗灰色。幼枝被有短茸毛。芽褐色。奇数羽状复叶互生，小叶 9～17 枚，小叶近无柄，长圆形或卵状长圆形，长 6～18cm，基部偏斜，宽 3～7cm，边缘有细锯齿，表面除中脉外无毛，背面脉上密生褐色短毛。雄花序柔荑状，长 9～20cm，腋生，下垂，雄蕊 12 枚。雌花序穗状，顶生，直立，具 4～10 雌花，生于密被短柔毛的轴上。果序长 10～15cm，常具 4～7 个果实。果实球形、卵形，顶端尖，长 3.5～7.5cm，径 3～5cm，外果皮绿色，有褐色腺毛，核坚硬，先端锐尖，暗褐色，有棱角。花期 5 月，果期 8～9 月。产于河北、辽宁、吉林、黑龙江、山西、甘肃等省。核仁可食用或榨油。一般作用材树种栽培，也可作核桃砧木。

4. 野核桃（*Juglans cathayensis* Dode.）　别名山核桃，落叶乔木，高达 25m。幼枝灰绿色，具腺毛，顶芽裸露、锥形，长约 1.5cm，黄褐色有毛。奇数羽状复叶互生，长 40～50cm，具小叶 9～17 枚。小叶近对生，无柄，硬纸质，长 8～15cm，边缘有细锯齿，两面有星状毛，腹面稀疏，背面较密，主脉有腺毛。雄性柔荑花序长 18～25cm。常具 6～10 果。果实卵圆形，长 3～4.5cm，具腺毛，先端有数条隆起的脊；核卵形，先端尖，有棱，内果皮坚厚，仁小。花期为 4～5 月，果期为 8～10 月。产于浙江、江苏、安徽、江西、福建、台湾、湖北、湖南、广西、四川、云南、贵州和甘肃等省（自治区）。油可食，材可用，可作核桃砧木。

此外，在美国和加拿大还有黑核桃（*Juglans nigra*）和函兹核桃（*Juglans hindsii*）等，国外也常用作核桃砧木。其中经济价值较高的为黑核桃，坚果大，木材最优良，为上乘家具和胶合板用材树种。

（二）品种

我国核桃栽培历史悠久，分布很广，品种繁多。辽宁省旅大市经济林试验站根据生态特性、生物学特性和经济性状等，对我国核桃品种进行了初步分类。浙江农业大学主编的《果树育种学》参照此而将我国核桃主要品种、类型做如下分类。

1. 北方核桃类群　适于我国中部和北部栽培，根据核桃开始结实的时间不同，又分为以下两个类群。

1）晚实类群　实生繁殖 8～10 年开始结果，这一类群包括 4 个品种群。

纸皮核桃品种群：主要分布于新疆，北方各省（自治区、直辖市）均有引种。核壳厚度在 0.9mm 以下，出仁率在 65%以上，内隔壁退化或呈膜质，一般可取全仁。主要品种类型有新疆等地的‘光壳纸皮核桃’‘花窗纸皮核桃’‘大果纸皮核桃’‘麻壳纸皮核桃’‘软皮核桃’等。

薄壳核桃品种群：全国主要产区有分布。核壳厚度在 1.0～1.5mm，出仁率为 50%～64%，一般可取半仁，个别可取全仁。主要品种类型有河北和北京的‘石门核桃’、陕西的‘陈仓核桃’等。

中壳核桃品种群：全国各核桃产区均有分布。核壳厚度在 1.6～2.0mm，出仁率为 41%～49%，一般可取仁 1/4～1/2。主要品种类型有山西孝义和汾阳的‘大绵核桃’、新疆的‘木马核桃’、河北遵化的‘茶核桃’、山东历城的‘鸡爪绵核桃’、陕西洛南的‘大绵仁核桃’等。

厚壳核桃品种群：核壳厚度在 2.1mm 以上，出仁率在 40%以下，内隔壁发达，内隔膜坚硬，取仁困难，如山西的‘夹核桃’、河北的‘厚皮核桃’、新疆的‘长核桃’、辽宁的‘楸子核桃’等。

2）早实类群　实生繁殖2～4年开始结果，包括以下4个品种群。

早实纸皮核桃品种群：优良的品种类型有新疆的‘纸皮核桃’‘丰产纸皮核桃’‘露丰核桃’‘香玲’等。

早实薄壳核桃品种群：优良的品种类型有新疆的‘薄壳核桃’‘早丰核桃’‘西扶1号’‘丰产核桃’等。

早实中壳核桃品种群：有陕西的‘隔年核桃’、新疆的‘中壳核桃’‘大果隔年核桃’‘大果丰产核桃’等。

早实厚壳核桃品种群：有‘新疆厚壳核桃’‘大厚壳核桃’等。

2. *南方核桃类群*　适于我国南方地区栽培，常根据核壳厚度分为4个品种群。

1）纸皮核桃品种群　如贵州、四川、云南、湖北等地的‘漏米核桃’（‘露仁核桃’）。

2）薄壳核桃品种群　如云南大姚的‘三台核桃’、南华‘早熟核桃’等。

3）中壳核桃品种群　如‘夹绵核桃’‘娘青夹绵核桃’‘大米核桃’‘葡萄状核桃’等。

4）厚壳核桃品种群　如‘大铁核桃’‘小铁核桃’。

3. *主要优良品种*　目前常见的优良品种主要如下。

1）‘香玲’　由山东果树所王钧毅等于1978年人工杂交育成，1989年定名。树势较旺，直立性强，树冠半圆形，分枝力较强，4月中旬雄花散粉，为雄先型。侧生混合芽比例为81.7%，每果枝平均坐果1.1个，坚果中等大小，6年生无性系单株产果3.72kg，陕西杨凌试验园内的高接树第三年株产5.6kg，每平方米冠幅（投影面积）产核仁220g左右。坚果壳面刻沟浅，浅黄色；缝合线窄面平，壳厚0.9mm左右，内褶壁退化，横隔膜膜质，易取整仁。核仁充实饱满，单果平均仁重6.6～6.8g，出仁率为60%～65%，脂肪含量为65%，蛋白质含量为21.63%，味香且不涩，早期产量和盛果期产量较高，大小年不明显。

该品种适应性强，抗枝干溃疡病及果实、枝、叶炭疽病和黑斑病能力强。易嫁接繁殖，盛果期产量较高，但不耐干旱。坚果光滑美观，品质上等，尤宜带壳销售或作生食用，适宜在山东、河南、山西、陕西、河北等地山丘土层较深厚地区和平原林粮间作及建园栽培。

2）‘西林2号’　由西北林学院高绍棠等于1978年从新疆核桃实生树中选出，1989年定名。树势强健，树姿开张，呈自然开心形，分枝力强，节间短，果枝占枝条总数63%；矮化型，6年生树高2m，平均坐果数1.2个。雌先型，雌花盛期4月中旬，雄花散粉期晚于雌花2～3d。每平方米冠幅（投影面积）平均产仁量达266g。坚果圆形、大果、壳面光滑、略有小麻点；缝合线窄、结合紧密，壳厚1.21mm，内褶壁退化，横隔膜膜质，易取整仁。核仁充实，饱满，单个仁重8.65g，出仁率为61%。含脂肪酸69.69%，其中含不饱和脂肪酸92.37%，粗蛋白17.68%，味脆而甜香，核仁淡黄。

本品种生长势强，早期丰产性强，进入盛果期早；有较强适应性，嫁接易成活，温床苗砧或高接成活率达80%以上。坚果个大均匀，品质优良，适宜于华北、西北及平原地区栽培。另外，适于本区栽植的还有‘西扶2号’。

3）‘西扶1号’　由高绍棠等于1981年从陕西扶风县隔年核桃实生树中选出，1989年定名。树势较旺，树冠较开张，圆头形。分枝力为1∶4.1；雄先型，雄花散粉期为4月下旬，雌花盛期为5月上旬，雄雌花期相距10d。侧花芽率为90%，每果枝平均坐果1.29个，丰产性强，高接后第4年最高株产4.7kg，每平方米冠幅平均产核仁275g。坚果长圆形，果基圆形。壳面光滑，色浅；缝合线窄平，结合紧密，壳厚1.2mm，内褶壁退化，横隔膜膜质，易取整仁，单个仁重5.6～6.6g，出仁率为53%，核仁充实，饱满，色浅。含脂肪68.49%，其中不饱和脂肪酸90.9%，含粗蛋白19.31%，味甜香。

该品种适应性强，早期丰产；嫁接易成活，温床苗砧嫁接或大树高接成活率均达 83%以上。抗病性强，适于在华北、西北及秦巴山区等地栽培。

4）‘西洛 1 号’‘西洛 2 号’‘西洛 3 号’　由高绍棠等从陕西洛南县实生核桃园中选出，1984～1987 年定名。树势中等，树姿较直立，盛果期较开张。分枝力较强，侧花芽率为 12%～30%，果枝率为 35%～44%，长、中、短果枝的比例多为 40∶29∶31。顶芽呈明显的三棱状，主芽呈半圆形。每雌花序着生 3 朵雌花，坐果率在 60%以上，多为双果。陕西地区芽萌动在 3 月下旬，芽萌发于 3 月底；雄先型，4 月下旬雄花盛期，5 月上中旬雌花盛期，雌雄花期相距 10d 左右。9 月中旬坚果成熟，11 月中旬落叶。

坚果近圆形，果基圆形。纵径 3.8cm，横径 3.5cm，侧径 3.4cm，平均坚果重 13～14.1g。壳面较光滑，色深；缝合线窄而平，结合紧密，壳厚 1.13～1.26mm。内褶壁退化，横隔膜膜质，易取整仁，出仁率为 54%～57%。核仁充实，饱满，仁色浅，风味香脆。核仁含脂肪 69.29%，其中含不饱和脂肪酸 92.1%，含粗蛋白质 14.6%～19.13%，高接后 6 年进入盛果期，较丰产。

该品种易嫁接繁殖，在条件较差的黄土高原地区，高接成活率达 80%。抗旱、抗病，耐瘠薄，适宜在秦巴山区、黄土高原及华北平原地区栽培。

5）‘辽核 4 号’　由辽宁省经济林研究所刘万生等通过人工杂交育成。树势较旺，树姿直立或半开张，分枝力强，4 月中旬发芽，雄先型，5 月上旬雄花散粉，5 月中旬雌花盛开。侧花芽比例为 79%，每果枝平均坐果 1.5 个，多为双果，单果平均仁重 6.62g，丰产性强，高接树第三年平均株产 5.5kg，平均每平方米冠幅（投影面积）产核仁 230g。坚果圆形，壳面光滑美观，出仁率为 57%～59.7%，核仁充实饱满，黄白色，品质极优。该品种耐旱、抗寒，抗病性极强，适宜在北方核桃栽培区发展。

6）‘中林 5 号’　由中国林科院奚声珂等通过人工杂交育成。树势生长较旺，树冠长椭圆到圆头形，分枝力强，结果枝短，丰产性强。雌先型，4 月下旬雌花盛期，5 月初雄花散粉，侧花芽比例为 98%，每果枝平均坐果 1.64 个，平均单个仁重 6～7.8g，高接树第三年株产果 5kg，每平方米冠幅（投影面积）产核仁 250g。坚果中等大小，圆球形，壳面光滑美观，核仁充实、饱满，可取整仁，出仁率在 65%左右，仁色浅，风味佳。坚果壳面光滑色浅，不需漂白，宜带壳销售。适于在华北、中南、西南年均气温 10℃左右的气候区栽培，抗病性较强，尤宜进行密植栽培，需适度修剪以维持树势。

7）‘三台核桃’　原产于云南省大姚县三台，早年在宾川称为‘乌台核桃’，后正式定名为‘三台核桃’，1979 年在全国核桃科技协作会上被评为全国优良品种。树势强，结果枝属中长型。结果枝率为 56.3%，平均每果枝坐果 2 个以上。每平方米冠幅（投影面积）产核仁高达 300g。坚果卵圆形，顶部渐尖，壳面麻点较多，但较浅，缝合线较隆起，紧密；单果重 7.2～11.6g，仁重 5.0～6.8g；壳厚 0.5～0.8mm；内隔壁纸质，取仁极易，可取整仁，出仁率为 51.49%～65.12%；仁不够饱满，黄白色，风味佳。适宜海拔 1600～2600m 栽植，以 1800～2400m 品质最优。

除上述品种外，‘鲁光’‘元丰’‘辽 1’等良种表现也很好。‘晋龙 1 号’‘晋龙 2 号’是山西林科所选育的晚实核桃良种，果形大，品质优，嫁接繁殖容易，抗逆性强，丰产稳定，适宜在华北、西北地区发展。还有‘扶风隔年核桃’‘商洛核桃’等品种已广泛栽植。

国外核桃品种优良的有：①法国的‘福兰克蒂’（‘Franqutte’），5～6 年生即可丰产，果大，色浅，外观好；缺点是成熟迟。②保加利亚的‘德良诺沃’（‘Drjanovo’），果个大，壳薄，含油率为 70%～73%。③美国的‘培尼’（‘Payne’），进入结果期早，产量高，果个大，色浅，品质好。④苏联（1959 年）的‘理想’，结果早，产量高，出仁率在 50.8%，仁含油率为 67%，树体矮化，便于管理，9 月下旬至 11 月上旬成熟。⑤日本的‘清香’，属晚实类型中结果早、丰产性强的品种。树体中等大小，树姿半开张，幼树时生长较旺，结果后树势稳定。高接树第二年开花结果，坐果率在85%以上，仁色浅黄，风味佳。雄先型品种，在河北保定地区4月上旬萌芽展叶，中旬雄花盛期，4月中下旬雌花盛期，9月中旬果实成熟，11月初落叶；清香是目前北方核桃品种当中最抗病的一个核桃优良品种，但抗寒性能一般。

三、生物学与生态学特性

（一）生长结果习性

核桃为主根发达的深根性树种。1～2年生的实生苗垂直根生长很快，3～4年生后侧根数量增加，水平伸展很快。大树垂直根的伸展与土层厚度和土壤质地有关，在土层深厚的砂壤土上，根系分布较深，最深可达4m，根系密集在20～60cm处；侧根长达10～20m，一般为枝展的3～4倍。在土壤干燥瘠薄的石质山地或地下水位高的地方，根系分布浅，水平伸展较广。

核桃幼树在北方生长较慢，4～5年才加快生长；在南方一开始就生长迅速，1年生苗高达0.7～1m。实生树一般8～10年开始结果，集约经营的5～6年即可结果；有的品种，如'隔年核桃'，实生苗2～3年生便开始结果了。一般20～30年后进入成熟期，经济寿命长达百年以上，有的200～300年生的大树仍然生长旺盛，结果累累，盛产期单株干果产量高者可达200～250kg。

核桃的芽，根据其性质可分为叶芽、混合芽和雄花芽。叶芽着生在新梢的顶端和其下的各叶腋间。混合芽着生在新梢的顶端及其下的1～3节，呈圆形或钝弹头形，芽内既具花芽原始体，也具枝、叶原始体，翌春抽枝发叶，开花结果。雄花芽为纯花芽，一般着生于枝梢的中部，呈桑葚状。

核桃的新梢，按其性质可分为结果枝、发育枝（营养枝）和徒长枝。结果枝由结果母枝上的混合芽抽生而成，当年开花结果，枝长6～7cm，也有长达45cm的，当年结果后，第二年有的可以再生结果枝，有的则不能，这主要取决于营养水平的高低。发育枝由叶芽萌发而成，当年不开花结果，但生长中庸充实者，顶芽当年可形成混合芽，而成为明年的结果母枝。徒长枝由潜伏芽或叶芽发育而成，生长极其旺盛，一年内平均生长量长达80cm左右。结果枝和发育枝都是极其重要的枝条。徒长枝在树冠局部空缺时可作填补之用。

核桃花是雌雄同株的单性花。雄花序由许多小花集合而成柔荑花序。花序的长短依小花的大小为转移，小花大则花序长，反之则短。花序基部的小花较顶端的为大。一个花序可以产生高达180万粒的花粉。雌花单性，1个或2～3个簇生，穗状核桃则7～8个乃至20～30个成串。河北农业大学的试验结果表明，套袋隔离，不授粉，孤雌生殖率为1.2%；用2,4-D 10mg/kg、20mg/kg、30mg/kg分别处理31朵、54朵、56朵花，成果率分别为3.22%、18.51%、21.43%。核桃的雌花不分泌花蜜，因而不能吸引昆虫帮助传粉，而只能靠风媒传粉。核桃花粉多而且轻，据日本研究，可随风飘送1000m之远；授粉范围为150m，有效范围为50m。

核桃开花还有一个很重要的特性，即雌雄异熟性。同一株树的雄花和雌花开放先后不一，有的雄花先开（雄先型），有的雌花先开（雌先型），也有雌雄花同时开放的（雌雄同熟型）。此种特性具有相对的稳定性。雌雄异熟性与品种、气候有关。幼龄树表现更多的异熟性；雄花在温度高的时候，活动特别快，尤其在严冬之后，突然转暖，雄花便很快开放；若春季寒冷，则雄花开放推迟，相反地却促使雌花提早开放。

虽然某些核桃可以自交结实和未交自育，但大多数还是需要借助异花授粉。雌雄异熟性影响着花期和授粉条件，因而对核桃产量有影响。国外一些学者认为雌先型的生产力高，因为雌花开放后，在尚未受精的情况下可以等待一个星期或更久，直到雄花授粉为止。因此主张核桃园加大雌先型的比例，以获得高产。

河北农业大学曲泽洲把核桃果实的发育分为3个时期：①迅速生长期，果实各部分及重量均表现旺盛生长。②硬核期，果大至一定程度，自果顶开始硬化，期末硬化完成，此期果实各部分的生长急剧下降，期末生长更慢。③熟前发育期，果实各部分已达到该品种成熟时应有的大小，生长甚微，但因果皮进一步硬化，种子进一步充实，故重量还在增加。

（二）对环境条件的要求

我国核桃主要分布在暖温带和北亚热带，年有效积温为3500～5000℃，年平均温度为10～21℃（生产区多在10～14℃），7月平均温度在20℃以上，绝对最低温度−29.5℃的广大地区。分布范围包括河北、山西、山东、北京、河南、陕西、甘肃、青海、四川、贵州、云南、西藏拉萨河谷、湖北西部、新疆南部。辽宁南部、江苏、浙江、湖南和广西西北部也稍有栽培。广东、福建由于气温过高，核桃很少。水平分布在北纬24°～北纬39°。垂直分布高达4200m（西藏拉孜）。

核桃休眠期间能耐−25℃的低温，但低于−26℃时，雄花芽及叶芽易受冻害；温度再低，则一年生枝条也易冻坏。在北方，早霜和晚霜对核桃都会构成威胁：早霜能将未成熟的枝梢冻死；晚霜则可能将新的嫩梢、花及幼果冻坏。故从对低温的关系来看，核桃是性喜温暖，不耐严寒的。但是在炎热的地区，夏季高温又易遭日灼之害，据测定，当超过35℃时，光合作用就会停止；7～8月，气温在38℃以上，如果果实受到强烈阳光的照射，即会被灼伤，致使核桃停止发育，形成空壳，严重影响产量。

核桃主产区的年降雨量为400～1200mm。北方一些年降雨量不足100mm，而蒸发量又特大的地区，依靠灌溉也能栽培。花期多雨影响开花、授粉。果实迅速生长期和硬核期充分的水分和养分有利果个增大，核仁饱满、肥大。

核桃喜光，即使在幼苗期也需要一定的光照。阳光充足则生长良好，早实、高产。但不适于高温下的强烈光照。核桃最适宜的土壤条件是深厚、疏松、肥沃、湿润的砂壤土和壤土，pH 5.5～8.0。土壤瘠薄，或排水不良，或地下水位太高的地段，核桃生长不良，树势衰弱，根系卷曲反转伸长于地表或是发生根腐。国外试验材料表明，核桃生长最适宜的土壤条件是表土层50cm以内，其腐殖质含量为2.5%～3.0%，pH 6.2～8.2，与我国情况近似。

四、繁殖与栽培技术

（一）种源及优树选择

核桃品种区域化未很好解决之前，欲发展核桃的新区，或原来栽培分布不多，基因资源贫乏的地区，都会面临从外地引入优良品种的问题。因此，种源的选择和试验是必不可少且关系成败的技术工作。在种源试验的基础上，确定本地区最适宜的种源和品种是新区发展核桃生产成功的先导。核桃优树选择的标准如下。

1. 高产稳产　发枝能力强，一个结果母枝（1年生结果枝）可抽生两个以上结果枝；侧芽结果枝率占50%以上，立体结果；每果序坐果率为80%～90%；每平方米冠幅（阴影面积）核仁产量为150～250g；大小年现象不明显，结果母枝有连续3年结果能力，连续3年的产量之差不大于30%。

2. 优质　核壳薄，厚度在1.2mm以下；取仁容易，能取整仁或半仁，出仁率50%以上；坚果三径平均值在3.0～4.0cm；核仁饱满，白色或浅，味香甜。仁含油率70%以上。

3. 结果早　播种后第2～3年开始结果，8～10年进入盛果期。

4. 抗性强　主要是对黑斑病和炭疽病具抗性。

（二）苗木培育

1. 播种育苗　繁殖用的种子应尽量采自种子园或优良单株。切忌采用商品种子；选用适宜的种源，切忌盲目调进大量种子。播种用种子，宜充分成熟。播种适期，南方为2月，北方为3月底至4月上中旬。春播的种子必须于头一年进行湿沙催芽处理（2～3个月），至胚根露出时即可播种。对于未曾处理的干藏种子，播种前需浸水5～7d，每天翻动换水一次，在种子大部分开裂时播种。20～30d发芽出土，持续一个月左右。播种时，种子放置方式对核桃发芽出土、幼苗生长、根系发育都有重要影响。苏联基什涅夫试验表明，种子顶尖朝向苗行，缝合线垂直于地面放置是正确的，结果期也会提前。行距30～33cm，株距12～15cm。每亩播种量为100～150kg，产苗量为7000～10 000株。

2. 嫁接繁殖　砧木一般用本砧，也有用核桃楸和野核桃作砧木的。枫杨（*Pterocarya stenoptera*）作砧可提高嫁接植株的耐湿性，对核桃仁品质的影响表现为蛋白质含量有所增加，但脂肪含量略有降低。

枝接常用劈接和切接法，3～5月进行。核桃根系活动较晚，过早嫁接难以成活。4～5月根系活动已盛，但此时芽已萌动、抽枝，故只能用冬季采集，低温贮藏的接穗。然而，低温贮藏的接穗，4～5月取出嫁接，突遇高温，不易适应，故也有碍成活。日本有人试验，用提高土温的方法使12～15cm处的土温保持23～25℃，提早砧木根系活动，在1～2月进行嫁接，此时接穗的芽尚在休眠中，成活率高达100%。美国Hansen用吲哚乙酸500mg/kg，在50%乙醇溶液中处理1s的接穗，用以嫁接成活率达100%，浸在萘乙酸100mg/kg的水溶液中1h，成活率也达100%。

芽接常用“丁”字芽接和方块芽接法，在7～9月进行（也有在春季芽接的）。试验表明，将芽在3%～5%蔗糖溶液中浸泡3h，芽接后将砧木剪去1/3，中层保留2～3片叶子，成活率高达98.2%。目前，总结推广的春季采用露地掘接，夏季采用改良双开门芽接法和嫩枝嫁接法，改进后这些枝接和芽接技术，不仅嫁接成活率高，成苗率也高，成本较低。具体方法如下。

1）露地掘接　在发芽前20～25d将实生苗掘出，在10cm处剪断，在室内用双舌枝接法嫁接，要求接穗、砧木粗细一致，砧穗皮层完全吻合，用聚乙烯塑料条将嫁接部位全部包严，绑好后将接穗和嫁接部位蘸蜡，根系用生根粉浸泡，栽植、浇水、覆膜至嫁接部位以下。从露地掘接与温床嫁接苗木成活情况比较可知：①温床愈合成活的嫁接苗在移栽后，大田环境相对于温床环境变化较大，嫁接苗不能适应环境的骤变，从而导致成活率降低。而嫁接后直接定植的露地掘接苗一直处于相对稳定的环境条件下，因而嫁接成活率高，同时苗木整齐度及生长量都较温床嫁接的苗木高。②温床嫁接苗在移栽过程中，不可避免地会发生撞动，会损伤刚刚愈合的嫁接部位，从而影响其成活率。

2）改良双开门芽接　此法操作方便，嫁接成活率高，嫁接时期长，5月下旬至8月下旬，天气晴朗都可进行。砧木选择1～3年生的核桃实生苗，粗度在1cm以上，在主干光滑处横切一刀，深达木质部，长度为砧木周长的1/2左右，在其下3.5cm处同样横切一刀，在横切口中间撕掉宽0.3cm的皮，然后将皮微微撬开；再从当年生健壮发育枝上选取饱满芽作为接芽，剪除叶片，仅留叶柄，芽上下等距离各横切一刀，相距3.5cm，在芽背面主干上撕去0.3cm宽的皮，双手轻拧芽片，取下芽片嵌入砧木，上下形成层对齐，用农膜条绑紧，露出芽子和叶柄，15d后用手轻碰叶柄，脱落者表明接芽成活，在嫁接部位上端2cm处剪截，促进接芽新梢生长，同时松绑包扎物。在新梢生长期对砧木上的萌芽及时抹除，待新梢长到10cm以上再解除包扎物。改良双开门芽接在渭南地区实施结果显示，平均嫁接成活率为84.76%，最高成活率可达

88%。

3）嫩枝嫁接　芽接时期接穗木质化程度较低，只用接芽，接穗浪费很大，利用嫩枝或芽接剩余的嫩梢进行枝接，不仅可充分利用接穗，提高繁殖系数，嫁接技术也简单易行，群众易掌握。具体做法是：将半木质化接穗剪成小段，每段至少一个芽眼，用插皮枝接或劈接法嫁接在砧木苗的半木质化部位，用农膜条将嫁接部位及接穗全部包严，接后10d观察接穗萌发情况，凡接穗上芽子开始膨大者表明已成活，应用小刀割膜放风，以利新梢生长。连续3年的试验结果显示，嫩枝嫁接平均成活率为86.34%。

3. 嫁接后管理　无论枝接还是芽接，嫁接后管理不仅直接影响嫁接成活率，而且影响嫁接苗的保存率和正常的生长发育。主要管理措施包括：及时除萌蘖、解除绑缚物、剪砧、肥水管理和病虫防治。

（三）栽培技术特点

核桃栽培，春秋两季均可。北方春季栽植宜在土壤解冻后、苗木发芽前的3月中下旬和4月初；秋季栽植宜在落叶后到土壤封冻前。南方栽植春季宜在早春2月，选择阴天细雨时进行。

鉴于核桃开花的雌雄异熟性和异花授粉的特性，栽植时必须高度注意品种间的搭配（或授粉树的配置），以保证授粉条件，从而达到高产稳产的目的。建园时，在选定的主栽品种中，根据花期吻合图进行雌先型和雄先型各半的配置，以互相提供授粉机会。栽植密度依据品种特点和立地条件确定，早实矮化或短枝型品种可采用3m×5m或5m×6m的株行距；晚实乔化品种可采用6m×8m或8m×9m的株行距。栽植坑为1m×1m×1m见方，每坑施农家肥50kg，磷肥1.5kg，栽后踏实灌水，待水入渗后覆盖地膜保墒。

南方土壤多呈酸性反应，定植前整地时，定植穴施适量的石灰对核桃生长结果都有良好影响。

五、抚育管理与更新复壮技术

1. 防寒　核桃幼苗（树）抗寒力较低，冬季易遭寒害，黄河以北必须注意防寒。南方无酷寒，对核桃不构成威胁。

2. 施肥　一般基肥以秋施为好，肥料为各种农家肥、油渣、绿肥及各种秸秆、杂草、谷壳、麦糠、树叶等；追肥主要在树体生长期进行，以速效性肥料为主，如尿素、碳酸氢铵及复合肥等。核桃树一年中有几个追肥时期：①萌芽期或开花前（4月上中旬），以促进开花坐果和新梢生长。肥料种类以速效氮为主，追肥量为全年追肥量的50%。②幼果发育期（6月），仍以速效氮肥为主，与磷、钾肥配合施入。此期作用是促进果实发育，减少落果，促进新梢生长和木质化及花芽分化。追肥量占全年追肥量的30%。③硬核期（7月），以氮、磷、钾复合肥为主，主要作用是供给核仁发育所需的养分，保证坚果充实饱满。此期追肥量占全年追肥量的20%。施肥方式多采用扩盘施肥或开沟施肥。此外，根外追肥（叶面施肥）效果显著，施肥的种类和浓度为：尿素0.3%～0.5%，过磷酸钙0.5%～1.0%，硫酸钾0.2%～0.3%，硼酸0.1%～0.2%，硫酸铜0.3%～0.5%。叶面施肥时期包括：花期、新梢速长期、花芽分化期和采收期。喷肥时间宜在上午10时前和下午4时以后进行，避免在高温、阴雨或大风天进行叶面施肥。

3. 灌溉　4～5月为枝叶旺盛生长期，需水较多，而北方降雨偏少，故5月中旬以前需灌一次透水；花后1～1.5个月，即6月前后如降水不足应灌水，以减少落果。南方4～6月一般雨水充沛，但在7～8月要注意灌水。

4. 整形修剪　核桃大部分品种主干性强，直立，并有较明显的层性，故幼树整形应因势利导地培养成疏层形，使树体骨干牢固，各种枝条配置得当，通风透光良好，树冠大，产量高。

1）结果母枝的修剪　树冠外围一年生的健壮枝常是明年的结果母枝，不宜短剪，但结果母枝过多会造成树冠郁闭，影响通风透光，须适当疏删部分细弱的结果母枝。为了防止内膛空虚，结果部位外移，应对结果多年的结果枝逐步回缩复壮。

2）延长枝的修剪　对15～30年生的盛果期树，树冠外围各级主枝顶部抽生的一年生延长枝，可在顶芽下2～3芽处进行短截；如顶部枝条不充实，可向下在饱满芽处剪截以扩大树冠和增加结果部位。

3）徒长枝的修剪　徒长枝大多由内膛骨干枝上的隐芽萌发形成，在生长旺盛的成年树和衰老树上发生较多，可酌情用以填补空隙和改造成为结果枝，从而扩大结果范围，达到立体结果的目的。

4）修剪时期　冬季严寒地区以9月上旬至10月上旬为宜。若在落叶后休眠期修剪，则伤流过多易引起树势衰弱或枯死。冬无酷寒的地区在秋季落叶后至1月上旬都可进行修剪，过迟则春季伤流多，影响树势和伤口的愈合。

5. 人工辅助授粉　核桃属异花授粉的果树，存在着雌雄异熟现象，花期不遇常造成授粉不良，严重影响坐果率和产量，分散栽植的核桃树更是如此。此外，核桃幼树最初几年只开雌花，3～5年后才出现雄花，影响授粉和坐果。人工辅助授粉可改善核桃的授粉条件，提高坐果率和产量。

6. 保花保果　赤霉素、稀土和硼砂被广泛应用于提高果实坐果率。研究表明，核桃大树在雌花盛期喷施赤霉素、稀土和硼砂能有效提高坐果率，三者作用程度顺序为赤霉素＞稀土＞硼砂，一般可使坐果率提高11%～20%（高中山等，1996）。

7. 林粮间作　合理间作可以充分利用光能、土地和空间，提高核桃园的经济效益。不仅可在幼龄核桃园间作，在成园正常生产中，留足营养带，采用不同形式长期间作栽培的也很普遍。间作作物种类和形式应以有利于核桃的生长发育为原则。通过对间作不同作物的核桃幼树生长情况调查，间作作物的高低并不是影响核桃生长的主要因素。但间作时必须留足营养带，要求作物和核桃树的距离保持1～1.5m。

8. 低产园改造　高接换优是目前广泛采用的改造低产园（树）的有效措施。装土保湿法是生产上应用较广泛的高接技术，加上高接后的保护措施，效果更好。具体措施是：将实生幼树（干径5cm以上）、劣质大树各主枝锯头（锯口处直径5～20cm）嫁接，方法为插皮舌接和插皮接，每个接头插入2～5个接穗。嫁接时间为树液开始流动到展叶初期之间。接前锯口刮平，利于愈合，接后采用农膜套袋，套袋外再包一层报纸保护、遮阴，避免因温度过高而烧芽，同时减少了装土等烦琐工序，高接15～20d后接穗萌发，将农膜撕出小孔，使芽萌出锻炼，之后逐渐去掉报纸和农膜。保护措施的高接与蜡封接穗法相比，新枝生长旺盛，分枝力强；与装土保湿法相比，穗芽不易霉变，操作简便；与套袋内包裹报纸比较，穗芽不易被灼烧。这种方法高接枝成活率达90%以上，株成活率99%以上，并且较装土保湿法提高工效3～5倍。

拓展阅读

（王进鑫）

第二节　板 栗 栽 培

一、栽培意义

板栗又名栗、栗子、大栗、毛栗、油栗，是我国特产优良干果树种，栽培历史悠久，素有“铁杆庄稼”之称。果实营养丰富，味道甜美，据中南林学院（现为中南林业科技大学）测定，邵阳‘它栗’的鲜果含淀粉 67.5%，蛋白质 11.96%，脂肪 2.15%，还有维生素 B 和钙、铁等；其叶、树皮、果皮也可入药，树皮、壳斗可提炼栲胶。栗树材质坚硬，纹理致密，耐水湿抗腐朽，是桥梁、车船、农具的优质用材。

板栗树适应性强，比较抗寒、抗旱、耐涝，产量稳定，在水土保持方面具有重要作用，且不与棉粮争地，一年种多年收，是发展山区、丘陵区农村经济的一条良好途径，板栗是我国传统的出口物资，在经济建设中具有其特殊的地位。

二、主要种类与品种

（一）主要种类

板栗为壳斗科（Fagaceae）栗属落叶乔木，栗属在全世界供食用的有 10 多种，其中作为经济植物栽培的只有板栗（*Castanea mollissima* Blume）、日本栗（*Castanea crenata* Sieb）、欧洲栗（*Castanea sativa* Miller）和美国栗（*Castanea dentate* Borkh）4 种。在我国主要有板栗（*Castanea mollissima* Blume）、锥栗（*Castanea henryi* Rehd）和茅栗（*Castanea seguinii* Dode）3 种。

板栗原产我国，高达 20m，冠幅 8～10m，树皮呈不规则深纵裂，褐色或黑褐色，枝长而疏生，灰褐色，有纵沟，一年生新梢密生灰白色茸毛。叶互生，长圆形或椭圆形，长 7～15cm，先端渐尖，基部为广楔形或圆形。叶下面密被灰白色星状毛，叶缘有疏锯齿，齿端刺毛状，叶柄长 1.2～2cm。雄花序直立，雌花序着生于雄花序基部，常 3 朵聚生在一个总苞内。总苞密被分枝长刺，刺上有星状毛，圆形或椭圆形，内有坚果 2～3 粒，最多可达 9 粒，少则 1 枚。种子半球形或两侧扁平或圆形。种皮易剥离。花期 4～5 月，果期 9～10 月。

（二）优良品种

板栗的栽培类型较多，大致可依其对气候的适应性分为北方系和南方系两大品种类群。北方系品种以河北省和北京市燕山山脉及山东省泰安等地为代表，抗寒能力较强，果较小（平均粒重 7～10g），但耐贮藏，品质甘美（含糖量 20%左右），适宜炒食；南方系品种以江苏、浙江、安徽、湖北、湖南、福建一带为代表，性喜温暖，抗寒能力弱，耐多雨湿润气候。果较大（平均粒重在 10g 以上），但比较不耐贮藏，含糖量较低（10%～15%），糯性。

经初步统计，板栗的品种（类型）资源在 300 个以上，现将主要优良品种（类型）介绍如下。

1. ‘油栗’　产于福建省上杭、长汀、寿宁等县。树势高大，强健，总苞大，苞刺短而稀疏，每总苞内含有坚果 1～4 粒，多为 3 粒。坚果大，果座突出，果皮薄，红褐色或赤褐色，全果除果顶端微有茸毛外，光滑无毛，富有光泽，故称油栗。果肉味淡而质硬，产量较高，稳产。色泽美观，福建省栽培面积较大。常分为‘上杭油栗’和‘长汀油光栗’两类。

2. ‘毛栗’　产于福建长汀、上杭、南平、寿宁等地。总苞大，苞刺长而密，每总苞内有坚果 1～3 粒。坚果中大，果座扁平，果皮厚，黑褐色或黄褐色。全果面被灰黄色或灰白色茸毛，果味可口，产量较高，较耐贮藏。常将其分为‘长汀毛栗’和‘上杭毛栗’。

3. ‘毛板红’　又称‘长刺板红’，原产于浙江诸暨，福建永春、寿宁、建瓯、政和等地有引种。树势强健，总苞大，椭圆形，刺束长且密，较软。坚果皮暗红色，茸毛多，遍布全果面，顶端茸毛密生。坚果大，平均粒重 15.2g。10 月上旬成熟，丰产性强，树形较矮小，适于密植，但不耐瘠薄。

4. ‘魁栗’　产于浙江上虞，福建永春、寿宁有引种。树势中等，发枝力强，树姿开张，产量高，大小年不明显。果大，平均重 17g，色泽美观，形状整齐，肉质粳性，不耐藏，宜作菜食。

5. ‘尖顶油栗’　产于山东郯城，是从油栗中选出的优良品种。叶卵状披针形，总苞高椭圆形，侧面呈梯形。坚果三角形，中等大，每千克 80 粒左右。9 月底至 10 月初成熟，鲜艳美观，抗病力强，耐藏。果肉质地细腻，味甜。

6. ‘处暑红’　产自江苏溧阳。树冠开展，叶形大，雄花序长，早熟、产量高、果大，每千克不到 60 粒。果肉细腻，9 月上旬成熟。不耐贮藏。

7. ‘中果红皮栗’　产于广西阳朔。树势较强，树冠开展，产量高，30 年生栗树每株产果 43kg。坚果每千克 76 粒左右，果皮赤褐色，富光泽，茸毛短而稀。10 月上旬成熟。

8. ‘九家种’　产自江苏苏州市吴中区洞庭西山，是当地主栽品种。树势较强，树冠紧密，树形较小。新枝短，叶片排到密集，叶色浓绿略带灰色，两侧略向上反卷。雄花序多数较短。总苞扁，刺束稀而开展。出籽率高达 60%。坚果大小均匀，每千克 80 粒左右。9 月中下旬成熟，极度丰产，味甜、糯性、质优、耐贮，当地誉为“十家中有九家种”，故此得名。本品种抗虫性较差。

9. ‘它栗’　产于湖南邵阳、武冈。分枝低，冠幅大，产量高。每千克 40～60 粒。果甜，外形美观，耐贮藏。9 月下旬成熟。

拓展阅读

此外，北方还有‘红明栗’‘毛栗’‘红光栗’‘红栗子’‘金丰栗’等品种，各具特色。

三、生物学与生态学特性

（一）生态学特性

板栗在我国分布很广，北自吉林省的集安，南到广东，东起台湾及沿海各省，西至内蒙古、甘肃、四川、云南、贵州等省（自治区），跨温带、亚热带和热带。板栗在我国的垂直分布，最低是山东郯城，江苏新沂、沭阳等地，海拔不到 50m 的平原，最高是云南维西，高达 2800m。目前我国板栗绝大部分栽培在丘陵山地的谷地缓坡和河滩地。

板栗在年均气温 8～22℃，绝对最高气温 35～39.1℃，绝对最低气温－25℃，年降水量 500～1900mm 气候条件下都能生长，但在年平均气温 10～14℃，年降水量 600～1800mm 的地方生长最好。年平均气温在 8℃以下，绝对最低气温在－30℃以下的地方，幼树和新梢在冬季常受冻害。因此，要选择背风向阳的小地形栽植板栗或是采取防寒措施，保证安全越冬。

板栗对土壤要求不严格，适合微酸性土壤，以 pH 4.7～7.5 为宜。pH 7.5 以上的钙质土和盐碱土生长不良甚至无法生存。以土层深厚，湿润且排水良好，含有机质多的砂质土或砂岩、花岗岩风化的砾质壤土生长良好，在黏重板结的土壤上生长不良。

（二）生长特点

板栗为深根性树种，根系发达，分布范围广，根幅可超过冠幅 1 倍，甚至 3～5 倍。根系损伤后愈合能力较弱，故在移栽和抚育时应尽量防止伤及根系。具有外生菌根，可增强根系的吸收能力及扩大吸收面积。

板栗为喜光树种，光照不足易引起树冠内部小枝衰老枯死，枝条迅速外移，产量降低。板栗的生长发育与当地气候条件和栽培措施有密切的关系。实生苗第一年地上部分生长较慢，地下部分生长较快，第2～3年后，地上部分加快，一般在5～7年开始开花结果，15年左右进入盛果期。无性繁殖起源的板栗，开花结实较早，一般4年左右始花，10～30年为盛果期，抚育管理得当则可推迟其衰老期的到来，实现持续的高产、稳产。

板栗的芽，分为完全混合芽（雌性花芽）、不完全混合花芽（雄性花芽）、叶芽、隐芽4种。在幼树枝条上，一般只有叶芽和基部隐芽，树龄稍大，即出现只开雄花的不完全混合芽，进入结果期，则形成带有雌花的完全混合芽。隐芽寿命很长，枝干折断或修剪即可萌发。

板栗通常每年抽梢一次，幼树、旺树及徒长枝上抽梢可达两次。在福建，4月中下旬萌动，5月枝梢生长迅速，6月下旬进入生长缓慢阶段。枝条粗生长旺盛期在8～9月。根系的年生长有两次高峰期，第一次约在6月，第二次约为9月。在树木生长高峰期来临之前进行适当的管理，可以促进树势生长，为高产、稳产打下坚实的基础。

四、繁殖与栽培技术

（一）实生繁殖

1. *采种*　采种宜选择产量高、果粒大、生长健壮、无病虫害、成熟期一致的中年健壮母树采种，待种子充分成熟，总苞开裂及时采收，并注意保护结果枝。打落的果实，搜集堆在阴凉、平坦、避风的地方，堆积的厚度以50～60cm为宜，过薄则种子易干，会失去发芽力，且占地面积大管理不便；过厚了易发热，使种子霉变而失去发芽力。为了防止干燥，降低堆内温度，可用清水适量泼洒。为了减少栗堆表层水分蒸发，保持湿润，促进后熟，也可用草垫覆盖。待壳斗呈淡褐色，大部分裂口时，再将栗堆扒开，除杂去劣，拣出种子，用沙贮藏。沙藏可采用混合或分层贮藏，种子与湿沙按1∶（2～3）的容积比混合，或种沙分层铺放堆藏或坑藏。沙藏时保持一定湿度，并定期翻动，保持一定的通风通气条件。沙藏至第二年早春即可播种。

2. *播种育苗*　分春播和秋、冬播，各地因气候不同而异。春播一般在3月上旬，冬播在福建省多为晚冬和早春，真正的秋末冬初较少采用。播种前先整地作床，并施足底肥，床宽1m左右，高20cm左右。作好苗床开好播种沟，行距20～25cm。在播种沟内进行点播，种子横卧沟内，株距10～15cm。而后用火烧土等干净的土壤覆盖，并稍加镇压，使种子与土壤密接。播种量为1500～1800kg/hm^2，发芽率可达90%。出苗后注意松土除草，及时灌溉、追肥和病虫害防治。幼苗没有明显主根，侧根发达，起苗时应注意保护苗木根系。起苗后不可放置过久，应及时栽植或进行假植。

（二）嫁接繁殖

为保证板栗早实、丰产和优质，应选用优良品系进行嫁接，保持母本的优良特性，提早开花结果，同时可矮化树冠，为果园管理及采果创造便利条件。生产上常见的嫁接方法有一年生苗切接法、幼树皮接法和芽苗砧嫁接法三种。

1. *一年生苗切接法*　目前生产上培育优质苗多采用此法，即在苗圃地上育苗、嫁接，后再移栽于果园中。

（1）砧木培育：在背风向阳、土质疏松、肥沃、湿润、排水良好的圃地上，进行作床开沟点播，株行距为15～20cm。播种后的管理同前。通过精心培育，一年生苗木生长健壮，高可达

120cm，地径在1.5cm以上。

（2）接穗采集：接穗应从品种优良、生长健壮、结果多的母树树冠上部外围1～2年生结果母枝上剪取，粗0.5～0.8cm，穗长8cm左右，带2～3个侧芽。

（3）嫁接时间：选择3月底至4月上旬无雨少风的阴天最佳，多云天气也可。若晴天嫁接，速度要快，避免砧木与接穗切口风干或晒干，以保证成活。

（4）嫁接方法：采用切接法。在砧木距地面10～15cm处断砧。用切接刀在光滑的一侧自外向内削成一个短斜面，并削平锯口，然后在短斜面上向下直切一刀，长3～5cm，深度要稍带木质部，接穗剪成8cm左右，在下部芽的另一侧斜削一刀，切口应比砧木切面略长，然后转向下部芽一侧基部，短短地斜削一刀，同时将此侧下端插入砧木部分的接穗表皮刮去，随后把接穗插入砧木切口，使形成层对准，再用塑料布条迅速绑紧。嫁接成活后，应及时松绑、除萌，使养分集中供应给穗条。

2. *幼树皮接法*　砧木几乎全采用小毛榛，即用种子培育实生苗，在早春移栽到果园中，定植3～5年后，即可进行嫁接。嫁接时间在"清明"前后。

（1）接穗采集：采集优良母树1～2年生的健壮枝条作接穗。接穗长10～15cm，留1～2个芽，上切口为斜口，以避免积水。

（2）嫁接方法：在接穗最下端芽的下侧方，削一斜面，削去1/3的木质部，斜面长2～4cm。再在接穗的背面下方削一小斜面，长1cm左右。接穗采好后，把砧木距地面40～60cm处锯断，用刀削平锯面，然后用嫁接刀按接穗粗细在砧木横切面边缘皮部往下削一刀，将接穗插入皮下，用弹性较好的塑料条扎紧扎好，注意砧木切口应密封。

3. *芽苗砧嫁接法*　芽苗砧嫁接法又叫子苗嫁接法，是指用尚未展叶的胚苗作砧木，用大树枝条作接穗的嫁接方法。它比普通嫁接法的培育周期短，在生产上具有实践意义。

（1）芽苗砧准备：将经催芽的种子播于露地或温棚，具体方法同实生育苗。待苗木萌发，胚苗出现第一片真叶（尚未展开）至出现2～3片真叶时进行嫁接最为适宜。

（2）接穗采集：接穗应选取优良品种，生长发育充实的一年生枝条，枝条粗度应与子苗砧的粗度相匹，一般为3～5mm。采后用石蜡封口或埋入湿沙贮藏。

（3）嫁接方法：采用劈接法，根据芽苗砧的粗度选择接穗。每条接穗上留1～2个芽，下端削成楔形，削面长1.5cm左右。然后在芽苗砧的上胚轴子叶柄2.5cm处剪断，用刀片将幼茎从中间劈1.5cm左右深的口，随即插入接穗，再将其用塑料条包扎。若在温棚培育，可将嫁接后苗木埋入温棚苗床内，培土1～2cm，露地育苗嫁接可培3cm厚的细砂土。

（4）嫁接后管理：嫁接后，应注意控制空气和土壤的温湿度，应保持土壤湿润。温棚育苗还应注意通风避免温度过高。嫁接后及时去蘖，以减少养分消耗，使嫁接苗正常生长。在嫁接苗长出2～3片叶子后，还应炼苗，逐渐增加光照。

苗木嫁接成功后，可于5月定植，移栽时应带宿土，移栽后应注意浇水、施肥，并在一定时间内将包扎用的塑料布条去掉。在8月下旬或9月上旬可摘除顶梢，以促进枝芽饱满充实。

（三）栽植技术

宜选择在坡度平缓、土层深厚、土壤疏松、光线充足的山坡中下部栽植。自秋天苗木落叶至翌春发芽前均可栽植，但多采用早春栽植。整地可采用穴状，或先在带状整地的基础上挖大穴栽植。每公顷600～700株。穴的规格为边长70cm，深50cm。挖穴时应回填表土，栽植时应做到深度适宜、根系舒展、土壤踩实。

五、抚育管理与更新复壮技术

（一）抚育管理

加强栗林的抚育管理，是保证栗园高产、稳产的重要措施之一。一般栽植后 3～5 年，应进行中耕除草、追肥，以促进幼树生长，提早成林结实。最好在林下套种豆科植物作绿肥，定期埋青。板栗主要的抚育管理技术如下。

1. *间种作物*　间种作物可选择花生、绿豆、蚕豆等豆科粮食作物，由于豆科植物具有较强的固氮能力，并且通过以耕代抚，对维护地力、改良土壤结构、提高土壤肥力、促进栗树生长和提高板栗产量具有重要作用，同时，可增加粮食收入，提高果园早期经济效益，从而提高了栗园的产量和质量。

2. *中耕锄草*　对林地进行全面的深翻改土，增施肥料，提高地力。对树兜进行培土，整修成水平阶，以利蓄水保土。冬、春季深翻施肥，夏、秋季节改劈草为锄草松土。栗园杂草较多时，在板栗采收前结合栗园清理进行锄草。此外在春季和夏季杂草生长旺盛时，进行果园中耕或块状抚育。在果园采收后可进行深翻，并结合埋青，收效良好。

3. *施肥和灌溉*　栗树施肥以有机肥为主，结合施化肥（以 N、P、K 复合肥为好），肥料应施于树冠边缘，一般在冬季下基肥，采用环状沟施有机肥，沟宽 15～20cm，深 25cm，春夏季施复合肥追肥，宜用放射状或穴施，深 15cm 左右，7～9 月重施秋肥，每沟施尿素 0.75kg、氯化钾 1kg，以壮果增重，提高产量并可促进秋季的生长发育，延迟落叶期，增加营养积累。

4. 整形修剪　整形修剪是培育良好的树体骨架、调节养分分配、促进结实、防治病虫害的重要措施。板栗幼树整形通常采用自然开心形和主干疏层形。

1）自然开心形　定干高度为 60～100cm，选留主干周围分布均匀的 3 个主枝，在每主枝上间距 60～70cm 选留 2～3 个强壮分枝作侧枝，使树冠稀疏开张，通风透光，结果面大。

2）主干疏层形　有明显的中央领导枝，树冠高大成层形，充分利用空间结果。定干高度同前，主枝 5～6 个，第一层 2～3 个，第二层 1～2 个，第三层 1 个，每个主枝保留侧枝 2～3 个，层间距 1～1.5m，层内主枝间距 50cm 左右，第一侧枝距离主干 60cm，侧枝上下交错，避免对生。

板栗结果树的修剪应掌握集中与分散的原则调整树势，促生强壮的结果枝，当年已挂果的衰弱结果枝应短剪；秋季落叶后至春梢萌发前，剪去病虫枝、枯枝和徒长枝。

（二）低产林改造

板栗是名、特、优干果之一，但由于过去长期采取粗放经营，引起地力衰退，土壤板结，通透性能差，大面积栗林处于荒芜和半荒芜状态，树体衰弱，病枯枝和寄生枝多，树冠残缺不全，病虫害严重，产量低、效益差，特别是一些树龄较大，结实年龄达 20 年以上的老树更是如此，因而，改造复壮低产林是亟待解决的问题。

对低产林的改造，应分析成因，划分类型，分类指导，对症下药。低产林改造主要措施如下。

1. *修枝整形，更新树冠*　根据老树的树势类型，采取相应的修剪和更新方法，对树冠进行修枝整形，促进更新。

1）初衰型树的修剪　主要剪除病枯枝、寄生枝和衰弱枝，对密枝和一些徒长枝进行疏剪，以减少养分消耗，促进形成健壮新梢，改善树冠内的光照和通风条件。

2）中衰型树的回缩更新　由于部分枝组严重衰弱或枯死（一般基部直径为 5～10cm），树冠残缺不全，对其进行适当回缩，剪（锯）除病弱的大枝组。在较密处将病弱枝组从其基部截除；在较稀疏部位则从病、健交界处以下 10～20cm 处锯断，促使锯口下的枝干长出更新枝组。

3）重衰树的回缩更新　由于主枝枯衰，枝叶稀疏，甚至木质部朽烂、折裂等，回缩更新截至主枝或主干的完好部位（截头）。对树干完好部位较高，且还有一定树冠的，进行逐级回缩，使之在处理期有一定的结果部位，保持一定的产量，对多主干的老树则采用分批回缩，并使各主干的锯口位置高低错落有致，使其由休眠芽所长出的徒长枝形成的树冠呈立体结构，处理后的锯口用接蜡封口。第二年对新形成的枝组进行选留修剪。

2. *深翻垦复与施肥*　培养强壮的根系结构是复壮的基础，对林地进行全面的深翻改土，增施肥料，提高地力。对树兜进行培土，整修成水平阶，以利蓄水保土。冬、春季深翻施肥，夏、秋季节锄草松土，施夏秋壮果肥。做法是：在两树中间挖一条 100cm 长、35cm 宽和 35cm 深的施肥沟，冬季下基肥，每条沟施过磷酸钙 1.25kg，5～6 月另挖施肥沟施复合肥，每沟施 1.5kg，以保果，并促进夏梢生长。7～9 月重施秋肥，每沟施尿素 0.75kg，氯化钾 1kg，以壮果增重，提高产量并可促进秋季的生长发育，延迟落叶期，增加营养积累。

拓展阅读

（董建文、侯晓龙）

苹果栽培、柑橘栽培、菠萝栽培、龙眼栽培、杨梅栽培、荔枝栽培、杏栽培、枣栽培、柿栽培具体见选读内容 17-1～选读内容 17-9。

选读内容 17-1　选读内容 17-2　选读内容 17-3　选读内容 17-4　选读内容 17-5

选读内容 17-6　选读内容 17-7　选读内容 17-8　选读内容 17-9

第十八章　饲料类经济植物栽培

【本章提要】本章重点介绍桑树、苜蓿、沙枣 3 种饲料类水土保持经济植物的栽培意义、主要种类与品种、生物学与生态学特性、繁殖与栽培技术、抚育管理与更新复壮技术。

第一节　桑 树 栽 培

一、栽培意义

桑树又名家桑、荆桑，是我国重要的特用经济植物，经济价值较高。桑叶是养蚕的主要饲料来源，是发展丝绸业的基础，我国是世界上栽桑养蚕最早的国家。桑葚味甜汁多，可鲜食，也可晒干或略蒸后晒干食用，是人们喜食的果品之一。桑树材质坚硬、纹理美观，可制作家具、乐器等。枝条可编织筐篓，桑皮可造纸、制绳。

桑树也是重要的药物资源，根、果、叶、枝均可入药。近代中医常以根皮、桑叶、桑枝、桑葚入药治病。根皮（中药称白桑皮）具有补益气血、解热利水、止咳平喘等功效。桑叶（中医称霜桑叶、冬桑叶）具有祛风清热、清胆明目的功效。桑枝，具有祛风湿，通经活络，利关节的功效。桑葚捣汁饮，具有解毒、利水消肿功效（国家中医药管理局中华本草编委会，1999；黄盖群等，2007）。

二、主要种类与品种

桑树（*Morus alba* L.）为桑科（Moracaea）桑属落叶乔木或灌木。全世界的桑属植物有 60 余种，主产北温带。我国有 9 种，各地均有分布。桑树在我国分布很广，北起黑龙江省的哈尔滨以南及内蒙古的南部，南至广东、广西，东起台湾，西到四川、云南及新疆都有栽培。以长江流域和黄河流域中、下游栽培最多。垂直分布多在 900～1700m。

桑树栽培品种有数百个，由于各地自然条件不同，栽培的桑树种类也不同，大致有以下几类。

1. 格鲁桑类　山西、陕西等省主栽。该类桑树的特点是枝条细长、直立、发条多。叶形中等，不裂或间有裂叶。成熟较快，硬化较早，耐旱性强，适宜较干旱和较寒冷地区栽培。优良品种有‘黑格鲁’‘白格鲁’‘腾桑’‘甜桑’等。

2. 白桑类　新疆、甘肃等省栽培。其特点是枝条细而长直，发条数多，枝条稍开展。发芽早，叶有圆叶和裂叶，多为卵圆形，成熟快，硬化早。叶色深，桑葚白色或粉红色。耐寒、耐旱和耐盐碱性强，叶产量较高。优良品种有‘白桑’‘雄桑’‘小白桑’等。

3. 鲁桑类　山东、河北一带栽培。其特点是枝条直立、粗短，皮色棕褐。叶形较大，叶肉较厚，成熟快，硬化早。耐寒、耐旱性强，适宜在比较干旱、寒冷地区栽培。优良品种有‘大白条’‘油桑’‘勺桑’‘梨叶大桑’等。

4. 广东荆桑　广东、广西等地栽培。发芽早，落叶迟，发枝力强，耐修剪。枝条比较细直，青灰色或棕褐色，皮孔小而多。芽多而大；叶不裂，间有分裂，叶肉薄，先端急尖；抗寒力弱。优良品种有‘北区 1 号’‘伦敦 40 号’等。

5. *湖桑类*　江苏、浙江一带主栽，山东、安徽、河南等地也有栽培。其特点是枝条粗长，弯曲，节间也稍曲，大部分有卧伏枝，皮色以灰褐色居多。叶片大，不裂，基部多为心形。发芽率低，发条数不多。木质化迟，耐寒性中等。优良品种有‘白条桑’‘湖桑7号’‘桐相青’‘荷叶白’等。

6. *嘉定桑类*　四川等地栽培。其特点是枝条粗长，皮色以褐色居多。叶片大，叶面光滑，基部多为截形或心形。发芽率高，叶质软，成熟和硬化迟。耐寒性较湖桑弱。优良品种有‘大花桑’‘黑油桑’‘小官桑’等。

三、生物学与生态学特性

桑树为喜光性树种。幼树稍耐庇荫，4～5年生树需光量较大，喜温暖湿润，春季地温在5℃以上时，根系吸收作用增强；气温达到12℃以上开始萌芽，抽枝长叶；气温达到25～30℃时，桑树旺盛生长；气温超过40℃时，生长受抑制；气温降到12℃以下，生长停止，转入休眠期。桑树可耐−40℃的低温，但早春的晚霜常使萌芽受冻。

桑树对土壤水分的要求是田间最大持水量的70%～80%，当土壤含水量降到9.3%时，有70.6%的桑树新梢停止生长，落叶率达23.7%。桑树耐瘠薄，对土壤适应性较强，在地埂岸边、荒丘及含盐量在0.2%以下的轻盐碱地生长正常。但建立专用桑园则应选择土层深厚、湿润、肥沃的土地。

桑树苗的生长发育特点是：出苗期为10d左右，缓慢生长期为25d左右，旺盛生长期为50～70d，地上部分生长量约占全年总生长量的90%左右。

四、繁殖与栽培技术

（一）苗木培育

桑树苗木培育分为播种育苗和无性繁殖育苗两种。其中，播种育苗主要是培育供嫁接用的砧木苗。

1. *播种育苗*　桑树种子5月下旬至7月上旬成熟，采种母树的选择，应依育苗用途而定。例如，培育定植苗，应选择叶片大、肉厚的母树，当大部分桑葚成熟时，应及时采集与处理，以便播种育苗。

1）种子处理　种子采集后，要及时拌入20%的草木灰揉烂，再用水冲去果肉和杂质获取种子。种子千粒重1.47g，出种率为2.3%～4.14%。

2）整地作床　应选择土层深厚、排水良好的地方建圃。圃地应禁止连作。圃地在封冻前要施足基肥，结合深耕翻入土中，翌年春播种前作床。

3）播种季节　播种分春播、夏播和秋播3个时期。春播在地表5cm以下温度达到20℃时进行，春播时间长，当年即可成苗。夏播不受温度限制，但苗木生长期短，当年成苗困难。秋播损失较大，来年出苗虽早，但出苗率低，不宜提倡。

4）播种　播种前应对种子进行催芽处理。播种分条播和撒播两种，以条播为主。每亩用种量为250～500g。

5）苗期管理　桑苗出齐后，应适时进行间苗，间苗一般进行2～3次，最后一次定苗、作定植用的苗木，每亩定苗10 000～12 000株；作嫁接用的苗木，每亩定苗15 000～20 000株。苗期要进行追肥，8月下旬后应停止追肥。

2. *无性繁殖育苗*　无性繁殖分为嫁接、扦插、压条、埋条4种，但以嫁接为主。桑树嫁接的种类和方法很多，常用的有袋接和芽接。

1）袋接　于树木休眠末期至发芽之前采集接穗，接穗选择 1 年生发育良好的枝条，采集后经过 20d 的贮藏，以延迟其发芽期。每袋接 10 000 株，需准备粗 1cm 左右的穗条 75kg。接穗准备好后，即着手剪砧木，先扒开砧木周围的泥土，深 4～5cm，然后在青黄交界的稍下方，选择皮部光滑无侧根处、剪成 45°左右的平滑斜面。砧木剪好后，选择冬芽饱满的穗条，从穗芽反面下方的 1cm 处起刀，削成 3cm 长的弧形斜面，并将削面先端的过长部分削去，再在斜面两侧向下削，使接穗先端和两侧的形成层露出，最后在芽尖上方 0.5cm 处剪断，将接穗斜面对着砧木皮层缓缓插入袋内，并用土将接好的苗木埋住。

2）芽接　芽接时间较长，从春季到秋季均可进行。特别是夏秋芽接，采条容易，方法简便，成活率高，易于推广。

（二）建园栽植技术

建立桑园是发展桑树的主要形式。目前，各地桑园的建立主要有以下几种。

1. *普通桑园*　以中高干为主的普通桑园，每亩栽植 300～500 株，树养成后留条 5000～11 000 根，叶产量可达到 700～1000kg。采用宽行密植，株行距为 2m×0.4m，或宽窄行密植，宽行距 3m，窄行距 0.5～0.7m，株距 0.4m。压缩主干的专用桑园，栽桑 800～1000 株/亩，幼龄留条 5000～6000 根，叶产量可达 900～1000kg。

2. *无干密植桑园*　无干密植桑园，每亩栽植 1500～2000 株，行距为 1.0～1.2m，株距为 0.3～0.4m。由于单位面积株数多，水分、养分需要量大，因此必须选择肥沃的土地，并施足基肥，栽后每年还要施追肥 2～3 次。

3. *梯田地埂栽桑*　这是黄土高原栽桑的主要形式。利用田边、地埂、地捻栽桑，既能大量发展桑树，又不与粮田争地，还能达到保持水土，实现粮丰、桑茂的目的。山西阳城、沁水等县在梯田地埂栽桑的经验是，在距田边、地埂 50cm 的地方，挖 50cm×50m 的栽植穴，每穴施基肥 10～20kg，株距 2.5～3m。栽植时，苗干略向地埂外沿倾斜，倾斜度为 15°左右。陕西省群众在地埂边栽桑的经验是，在修梯田时，当梯田埂修到 2/3 高度时，把桑苗按 2～3m 的距离压在土里，根部盖肥土，苗梢露出坎外。梯田修好后，桑树便生长在埂壁上。这种栽桑方法，不影响田面耕作，对梯田内的农作物生长影响极小。

田边地埂栽桑的另一种形式是栽植条桑。在田边地埂栽植条桑，既能形成灌木林带，保持水土，保护作物，又能采条编织和采叶养蚕。陕西榆林地区群众的做法是：于“霜降”前后在田边地埂，挖长度 0.6m、深和宽各 0.3m 的长方形坑，取桑条 8～10 根，分成 2 份交叉成“V”形埋入坑内，梢端露出 3～6cm。栽后 2～3 年不砍条，任其自然生长，4 年后开始砍伐桑条。据调查，每亩可采伐桑条 500kg，桑叶 540kg。

4. *“四旁”栽桑*　“四旁”栽桑是以用材为主，用 2 年生以上的大苗栽植，株行距一般为 1m×3m 或 2m×3m。春栽在开春解冻后，发芽前进行；秋栽在落叶后，封冻前进行。

五、抚育管理与更新复壮技术

桑树通过修剪，能减少花果，使树干通风透光，促进新梢生长，增加叶产量，并养成优良树形。

1. *无干密植的养成*　桑树定植后，应从离地面 7～10cm 处剪掉苗干，留下 2～3 个芽生长。当年春季不采叶，秋季适当采叶。第二年春蚕用叶后，可在枝条基部留 2cm 高剪伐，即夏伐，以后年年夏伐，每株保持 4～6 条。

2. *低干桑养成*　低干桑的养成是在第一年桑苗栽植后，将苗木离地面 15～20cm 处剪断，养成主干。当芽长到 10～20cm 高时，选择留下上部 3～4 个壮芽，其余疏去。当年养成

3根枝条。第二年早春发芽前，在离枝条基部10～12cm处剪断，养成第一支干，并在每根支干上留2～3个壮芽，培养枝条。第三年在枝条6～10cm处剪断养成第二支，每枝条上留2～3个壮芽，培养枝条。

拓展阅读

3. 中干桑、高干桑的养成　中干桑主干高度的标准是35cm左右，第一、二支干高30～35cm，第三支干高10～15cm，每一支干留条2根。高干桑主干高度的标准是50cm，第一支干高30～40cm，第二和第三支干高20～30cm，第四支干高10～15cm，每枝干留条2根。

（王进鑫）

第二节　苜蓿栽培

一、栽培意义

苜蓿又称紫苜蓿，因开紫花又叫紫花苜蓿。苜蓿素以“牧草之王”著称，不仅产草量高、草质优良，而且富含粗蛋白、维生素和无机盐。蛋白质中氨基酸比较齐全，动物必需的氨基酸含量丰富，干物质中粗蛋白质含量达15%～25%，相当于豆饼的一半，比玉米高1～1.5倍。适口性好，可青饲、青贮或晒制干草。幼嫩的苜蓿饲喂猪、禽、兔和草食性鱼类，是蛋白质和维生素的补充饲料。苜蓿草粉可制成颗粒饲料或配制畜、禽、兔、鱼的全价配合饲料。在放牧草地上一般采用苇状羊茅、无芒雀麦与苜蓿混播，这样既可提高饲草的饲用价值，又可防止家畜因食用苜蓿过多引起膨胀病。苜蓿与苏丹草、青刈玉米等混合青贮，饲喂效果也很好。

苜蓿根须强大，是很好的水土保持植物。根上长有根瘤，可固定空气中的氮素，除满足自身所需氮素之外，还可增加土壤中的氮，因此也是很好的绿肥植物。苜蓿芽菜和早春幼嫩苜蓿枝芽也可作为绿色食品供人们食用。

紫花苜蓿抗逆性强、分布广、栽培面积大、产量高、品质好、利用方式多、适口性好、经济价值最高，具有其他豆科牧草所不能比拟的许多优点，故有“牧草之王”的美称。

二、主要种类与品种

苜蓿（*Medicago sativa* L.）是豆科（Fabaceae）苜蓿属植物，起源于“近东中心”，即小亚细亚、伊朗、外高加索和土库曼斯坦一带，中心为伊朗。公元前700年即被用作饲料。它的野生类型很丰富，据统计，全世界苜蓿属植物已记载的有60多种，从中国到西班牙，从瑞典到北非皆有。在我国有12种3个变种6个变型，主要分布在西北、华北、东北和西南等地。苜蓿属植物虽然种类多，分布广泛，但绝大多数是野生草本植物，只有少数引入栽培，种植面积最大是紫花苜蓿。此外，黄花苜蓿、金花菜、天蓝苜蓿等也有少量栽培。

我国苜蓿的主产区是陕西、甘肃、山西、宁夏和新疆，这些省（自治区）的栽培面积较大，占我国苜蓿栽培总面积的70%以上，且种植范围日益扩大，向北推进到北纬34°～北纬45°，并延及北纬50°，向南到江苏、湖南、湖北和云南和高山地区。

目前种植的苜蓿品种大体来源于三个方面：一是地方品种，即长期历史遗留下来的，当地农民世代种植的农家品种，如‘新疆大叶苜蓿’‘陇东苜蓿’‘关中苜蓿’‘河西苜蓿’‘晋南苜蓿’‘偏关苜蓿’‘沧州苜蓿’‘无棣苜蓿’‘敖汉苜蓿’等，这些农家品种占我国苜蓿栽培总面积的80%以上。二是国内少数几个育成品种，如‘工农1号’‘工农2号’‘草原1号’

‘草原 2 号’‘甘农 1 号’‘甘农 2 号’‘甘农 3 号’‘新牧 1 号’‘新牧 2 号’‘图牧 1 号’‘图牧 2 号’‘龙牧 801’‘龙牧 803’‘中牧 1 号’等。三是国外引进品种，如‘猎人河苜蓿’‘格林苜蓿’‘秘鲁苜蓿’等。

三、生物学与生态学特性

（一）生物学特征

1. 根　苜蓿主根深入土中，主根呈圆锥形。生长多年的主根长达数米，有时可深达 10m 乃至 30m，侧根主要分布在 20cm 以上的土层中。根部上部膨大处为根颈，是分枝及越冬芽着生的地方，根颈粗大，在地表下 3～8cm 处，随着生长年限增长，逐渐向下层发展。根颈入土深浅与耐寒性和耐牧能力有关。每个根颈着生许多茎芽，通常可生数十条茎枝，多者在 100 条以上。

2. 茎　茎秆直立或有时斜升，高 60～120cm，光滑，稍有毛，具棱角，略呈方形，中空有白色的木质髓。茎秆粗 0.2～0.4cm，多分枝，皆自叶腋生出。生长两年以上的植株可生数十条茎枝，每个主枝有 10～17 个节。茎深绿色，并带有紫色或棕红色。

3. 叶　羽状复叶，托叶大，长 6～10mm，尖端尖锐，不易脱落。小叶倒卵形或长椭圆形，长 7～30mm，宽 3.5～15mm。尖端较阔，具小尖刺，叶缘上部 1/3 处有锯齿。叶片上面呈绿色，下面呈淡绿色，具有短毛。

4. 花　花呈簇状，排列成短总状花序，梗长 4～5cm，自叶腋生长，具花 20～30 朵，每花有短柄，紫色或蓝紫色，花萼筒状钟形；萼分 5 片，底部连接，顶端尖锐。花冠蝶形，花瓣 5 片，雄蕊 10 枚，9 合 1 离，雌蕊 1 枚。

5. 种子　荚果螺旋形，呈螺旋状，通常 2～4 圈，呈褐色，密生伏毛，每荚含种子 2～9 粒。种子肾形，黄褐色，陈旧种子深褐色，光泽减退；千粒重 1.44～2.30g。

（二）生态学特性

1. 对环境条件的要求　紫花苜蓿的适应性较广，喜温暖、半干燥、半湿润的气候条件和干燥疏松、排水良好且高钙质的土壤。

1）温度　紫花苜蓿种子在 5～6℃下就能发芽，但发芽速度很慢，最适发芽温度为 25～30℃，当温度超过 37℃时发芽停止。植株生长最适温度为日平均 15～21℃。

苜蓿的耐寒力较强，但又非常喜温，当气温达到 4～6℃时，苜蓿开始返青，从返青到开花活动积温为 700～900℃，到种子成熟需要 1200～2215℃，刈后再生至开花期为 700℃。春天在 7～9℃开始生长，幼苗可耐－6～7℃的低温。成株在较厚的积雪覆盖下，能经受－44℃的严寒。紫花苜蓿抗寒能力与其根中贮藏碳水化合物的含量和根颈入土深度关系大。根颈入土深的品种抗寒能力强，根颈随生活年份的增加向土内收缩而下移，因而老龄植株的抗寒能力较幼龄植株强。春播苜蓿越冬前根颈入土深 2.3～2.7cm，夏播苜蓿入土深 0.8～1.0cm。

2）水分　紫花苜蓿枝叶繁茂，生长迅速，因蒸腾而消耗大量水分，其产量形成与土壤水分保证程度密切相关。当土壤含水量为最低持水量的 70%～80%时，苜蓿生长发育良好，而且青饲料产量最高。对于以收获种子为目的者，最有利的土壤含水量为最低持水量的 60%～65%。

苜蓿是比较耐旱的牧草，种植苜蓿的地块一般地下水位不应高于 1.5m。在严重干旱的时期，苜蓿的生长暂时停止，部分叶片脱落。干旱解除之后，能很快恢复生长。研究报道，它比棉花、小麦的耗水量要多。苜蓿每制造 1kg 干物质要比三叶草多消耗 1.5 倍的水，比禾谷类的作物多消耗 2 倍的水。苜蓿的蒸腾系数依种类、品种及生长地不同，为 700～1200 个单位。在灌溉地区，年刈割4～5次，干草产量15～20t/hm²，其总耗水量可达7000～8000m³/hm²。苜蓿不同生长发育期的水分需要是不同的，萌发期昼夜耗水量为 25m³/hm²，到种子灌浆期和成熟期为31m³/hm²。紫花苜蓿种植地区的年降雨量以600～800mm最适宜，超过1000mm不适于苜蓿生长，尤以夏季多雨、天气湿热最为不利。苜蓿仍属抗旱牧草。因需水量较多，在雨量少的干旱地区进行灌溉才能获得高产。据西北农业大学试验，年灌水4次，鲜草产量达82.5t/hm²。

3）土壤　紫花苜蓿对土壤要求不严，除太黏重的土壤或极瘠薄的砂土及过酸或过碱的土壤外都能生长。最适在土层深厚疏松且富含钙的壤土上生长。黑钙土、栗钙土、灰钙土、生草灰化土都是很适于苜蓿生长的。苜蓿生长最忌积水，连续淹水3d以上将引起根部腐烂而大量死亡。故种植苜蓿的土地必须排水通畅，地下水位至少低于 1m。土壤如有积水，冬季也易冻死。苜蓿不宜强酸、强碱土，而喜中性或碱性土壤，以pH 7～8为宜，pH 6以下根瘤不能形成，pH 5以下会因缺钙不能生长。紫花苜蓿耐盐性较强，可以在可溶性盐0.3%以下的土壤上生长。在东北一些盐碱土壤上，紫花苜蓿成年植株能在可溶性盐分含量高于0.3%的土壤上良好生长。

4）养分　紫花苜蓿分枝多，茎叶繁茂，一年中刈割多次，因而生长发育需要的养分较多，如与小麦比较，需氮、磷多1倍，钙加倍；比豌豆所需养分多2倍。所以种植苜蓿欲获得稳产高产应多施肥。据分析，每生产苜蓿干草1000kg，约需氮肥12.5kg，磷肥3.5kg，氧化钾12.5kg。因根部共生的根瘤菌多，固氮能力强，故除生活当年根瘤作用尚弱，应少施些氮肥外，以后年份可不施氮肥。苜蓿特别需要磷肥，叶面施肥可增加叶片率，增多茎枝数，促进根系发育，更有助于提高土壤肥力。但磷肥为迟效肥料，最好冬季施用，待春季苜蓿旺盛生长时，即可以充分发挥肥效。此外，根外追施硼、锰、钼对苜蓿尤其是种子的增产效果也很显著。

2. *光周期和光合作用*　紫花苜蓿的多数栽培品种属于长日照植物，如果给以连续光照，它能大量开花；如果给以连续人工光照处理（光照强度为 23 700lx，温度为 27℃），其幼苗在生长5周后开花数可达80%。紫花苜蓿幼苗不耐弱光照，光照强度弱时会降低植株干重，地下部下降程度甚于地上部。紫花苜蓿积累干物质的适宜光照强度应在3000lx以上。

苜蓿叶子是进行光合作用的主要场所。通常一个发育良好的苜蓿群体，其叶面积指数应达到5。为了达到这一指数，每平方米应该有中等大小的叶子5000～15 000枚。苜蓿属于低光合效率作物，其刚开展的叶子同化二氧化碳的最大量为每平方米70mg。当光照强度不足3000lx，会限制叶子吸收二氧化碳。研究表明，叶比重（单位面积的干重）大时，它的光合作用效率强。因此，有人建议可以把叶比重作为选择光合作用效率高类型的一个指标。叶子制造的光合产物除了少量为叶子利用外，其余大多数都转移到植株的其他部分。苜蓿叶子里面的淀粉含量昼夜变幅大，干重从上午的8%一直增加到太阳落时的20%，其后含量急剧下降，还原糖和非还原糖的日变化很小，这两类糖不管哪一类，其含量均不到干物质的3%。

3. **生长发育**　紫花苜蓿的生长发育状况因气候、品种和播种时期而不同。紫花苜蓿如在陕西关中春播，5～6d即可出苗，15d齐苗。幼苗根的生长较早较快，茎的生长较迟较慢。播后40d，茎高仅2.3cm，根长已10cm以上。其后，茎叶的生长渐快，播后60d，茎高60cm，80d开始开花，茎高达130～140cm。其后，茎叶生长又趋缓慢。种子成熟约需110d。

苜蓿的秋眠性（fall dormancy）是苜蓿的一种生长特性，实质上是苜蓿生长习性的差异，即秋季在北纬地区由于光照减少和气温下降，苜蓿形态类型和生产能力发生变化。这种现象只能在苜蓿秋季刈割之后的再生中才能观察到，即在秋季短日照低气温条件下，北方类型品种刈割后再生的植株发育长短不一的纤细茎，而南方栽培品种刈后再生植株高而直。相反，在长日照条件下，这两种类型的再生差异就很小。由于在短日照条件下不同类型苜蓿对低温反应明显不同，将南方类型苜蓿称为非秋眠苜蓿，而将北方类型品种称为秋眠苜蓿。

苜蓿秋眠性是光照和温度综合作用的结果，光照对非秋眠和半秋眠品种茎秆伸长率有很高的相关性。秋季茎秆伸长的临界温度，最不秋眠品种为6.9℃，最秋眠品种为13.6℃，相应的光照临界值分别为9.2h和10.4h，说明在秋季生长方面，秋眠品种比非秋眠品种需要更多的光照和温度。

苜蓿秋眠性与其再生力、耐寒性和生产力高度相关。在苜蓿种植区，过量秋眠会因光能利用不充分而导致减产，秋眠不足会因越冬率下降而影响产量。因此，秋眠性鉴定可为苜蓿的品种区划和最佳播种期的预测提供科学依据。我国苜蓿多为秋眠至半秋眠类型，适宜在温带和暖温带种植。若要进一步扩大在亚热带的种植范围，除加强对‘淮阳苜蓿’（非秋眠型）推广外，应从地中海地区和美国引入非秋眠品种。

4. *开花与授粉*　紫花苜蓿为总状花序，一个花序上小花的多少，因花序在植株上着生的位置、花序形成的时间、品种和栽培技术等条件而有所不同。通常主枝上形成的花序较侧枝上的多，栽培在灌溉地上的较旱地上的小花数多。它的开花时间极不一致，一般开花时间可延续40～60d。开花顺序与花序形成顺序是一致的，即自下而上。一个总状花序的开花顺序也是自下而上的。一朵花能开2～5d，晴天时间短，阴天时间长；晴天开花数多，阴天开花数少，甚至完全不开花。在1d之内，每天以9～12点开花最多，下午1点以后显著减少。开花最适宜的温度为22～27℃，相对湿度为53.75%。

紫花苜蓿是很严格的异花授粉植物，自交授粉率一般不超过2.6%。紫花苜蓿的花虽在温度较高的情况下能自行弹粉，但一般它的开花授粉须借助外力即主要借助昆虫进行授粉。紫花苜蓿具有弹粉机能，这种机能是当外力作用于龙骨瓣时雄蕊柱（包括花柱）弹放出来的一种动作。和其他牧草不同，紫花苜蓿花弹粉时有一定力量，而且弹粉后雄蕊柱不能恢复原位。紫花苜蓿柱头上包被着一层膜，花粉管发芽进入花柱首先必须弄破这层膜，弹粉就起这种作用。弹粉时柱头膜破裂，因而为花粉管发芽受精提供了先决条件。弹粉动作一般是由昆虫特别是蜜蜂来完成的。但是在特殊条件下，如遇高温、轻霜及其他一些情况也会发生自动弹粉，但这种情况只能进行自花授粉，结籽率很低。没有弹过粉的花很少能结籽，即使结了籽也会萎缩脱落。在一般情况下，花粉管进入子房的时间为8～9h，但在弹粉后大概24～27h才能受精。

5. *寿命和生产力*　紫花苜蓿为多年生豆科牧草，它的寿命很长。一般为20～30年，寿命最长的可达100年。

紫花苜蓿的产量随栽培年限的增加而有所不同。一般在无保护作物的情况下，它的最高产量是在第二年和第三年，第四年以后产量逐渐下降。在有保护作物时，它的最高产量在第三年。在我国西北地区，如果生长季节雨水充足或有良好的灌溉条件，一般年份可收获青草3～4次，产鲜草45～60t/hm^2，高者可达75t/hm^2。在宁夏银川灌区，产青草75t/hm^{2}以上；在新疆、甘肃及青海灌区可达60～90t/hm^2。如果按一年刈割4次计，青草产量以第一次刈割为最高，占全年产草量的50%左右，第二次占20%～25%，第三次和第四次各占15%左右。

四、繁殖与栽培技术

紫花苜蓿种子硬实率为5%～15%，新收种子硬实率达25%～65%，播前晒种3～5d，比对照提高发芽率19.7%。夏播或秋播当年收获的苜蓿种子时，为提高发芽率应进行擦破种皮处理。采用万分之一钼酸铵或万分之三硼酸溶液浸种，可提高发芽率11.5%和9.8%。并用根瘤菌接种或将种子丸衣化播种，保证苗齐、苗壮。

紫花苜蓿种子小，幼苗较弱，顶土力差。加之苗期生长特别缓慢，易受杂草为害，又因生长年限长，根系入土深，为使根系能充分生长，所播种苜蓿的土地，于前作收获后，应立即浅耕灭茬，然后深翻，播前整地应精细，要求做到土碎、地平、无杂草，以促进幼苗生长健壮。

播种时期可根据当地气候条件和前作收获期而定，要因地制宜。北方各省区要春播或夏播，春播多在春季墒情较好、风沙为害不大的地区采用，也有早春顶凌播种的；夏播常在春季土壤干旱、晚霜较迟或春季风沙过多的地区进行；长江流域9月播种最好。某些春旱又寒冷的地区，常行冬季寄子播种，可提高苜蓿的抗寒性和抗逆性。具体来说，西北、东北、内蒙古4～7月播种，最迟不晚于8月。河北南部3～4月播种，最迟可延至9月中旬，河北北部应在8月以前，8月以后播种不易越冬。北京地区3～9月上旬播种，但应避开夏季炎热干燥时期。长江流域3～10月均可。新疆春秋皆可播种，秋播时南疆不迟于10月上旬，北疆不迟于9月中旬。

紫花苜蓿的播种方式分条播、撒播和穴播。但以条播为宜，便于田间管理。行距收草者20～30cm，收种者45cm甚至100cm左右。播种量，收种者每公顷播7.5～15.0kg，收草者每公顷播15.0～22.5kg。覆土深度为2～4cm。

紫花苜蓿生长快分枝多，枝叶茂盛，刈次多，产量高，比较适宜单播。如要混播，以苜蓿和鸡脚草配合。每公顷用种量，苜蓿3.75kg，鸡脚草1kg。俄罗斯常将苜蓿与猫尾草混播，每公顷可用苜蓿和猫尾草3.75kg。苜蓿与多年生黑麦草混播时，它能供给多年生黑麦草的氮素，其数量约为后者地上部总氮的8%。紫花苜蓿转给禾本科牧草的大多数氮素不是来自根瘤或根系的腐败，而是来自根的分泌物。目前我国北方各地常将苜蓿与无芒雀麦混播，播种量为各自单播时的70%～80%，如河北省察北牧场采用苜蓿、无芒雀麦行距30cm交叉播种，产草量最高，每公顷产干草分别为3055.5kg、4374.0kg。紫花苜蓿和禾本科牧草间播的产草量不如撒播和同行条播的好，部分原因是禾本科牧草侵占性强。播种紫苜蓿时保护作物要与否视播种时气候而异。气候干热，为避开幼苗灼伤起见，可种麦类、油菜等保护作物，如冬季温度较低而秋播苜蓿，保护播种可减轻冻害。但如果气候温和，苗期不十分干热，也无冻害，则不必进行保护播种。在北方冬小麦地区与冬小麦同时播种；春小麦地区多在小麦拔节或第二次灌水时撒播，播量通常应低于单播播量。

拓展阅读

五、抚育管理与更新复壮技术

（一）杂草防除

控制和消灭杂草是田间管理的关键，苜蓿苗期生长缓慢，须除草2～3次，以免受杂草的为害。但对有些地区，其后年份的杂草防除也不能忽视。越冬前应结合除草进行培土以利越冬。早春返青及每次刈割后，也应进行中耕、松土、清除杂草、促进再生。

杂草的防除方法很多，现在世界上许多国家已把选择性除莠剂应用在紫花苜蓿地上，但对于防除多年杂草还是没有一个完全解决的问题。播种时应用除莠剂一定要慎重，因为它不仅能消灭禾本科杂草，还能危及其他禾本科牧草和作物。播前将菌达灭施入表土5～7cm处，既能消灭一年生禾本科杂草，也能杀伤其他阔叶杂草。一般施后紫苜蓿变矮畸形，但随后即能正常生长。在播种时如果土壤墒情差或温度高，应用菌达灭对苜蓿有一定的为害。应用这种除莠剂还不能完全防除阔叶杂草时，还应在出苗后用2,4-D丁酸除莠剂来消灭。通常在苜蓿有两三片真叶、阔叶杂草苗高8cm时施用。西玛津可用来消灭苜蓿地的禾本科和双子叶杂草，它在秋季杂草萌发前或刚萌发时施用效果最好，苜蓿生长旺盛时施用会损伤株丛。

（二）施肥

增施肥料和合理施肥是紫花苜蓿高产、稳产、优质的关键。为了苜蓿的正常生长发育，满足其对营养的需要，就要由施肥来补充。高产苜蓿所摄取的营养物质比作物多，研究指出，每公顷苜蓿每年自土壤中吸取的养分氮约 200kg、钾约 250kg，磷约 66.5kg；产量越高，从土壤中带走的营养元素就越多。

由于苜蓿有根瘤菌与之共生，借根瘤菌固定大气中的氮以供自身需要，所以长期以来人们认为苜蓿不需要施氮肥。但是现在一般认为在有机质含量低的土壤上，施用少量的氮，有助于根瘤形成前的苜蓿幼苗生长。增加苜蓿的氮素营养能使苜蓿的叶色更显深绿，株高和含氮量稍为提高，并且影响苜蓿中含氮化合物的形态，即增加了硝酸态氮和非蛋白氮的含量，但对总氮量很少有影响。

磷在植物体内的分布不均一，生长旺盛的分生组织中含磷量高。苜蓿在其生长的早期对磷的吸收也较多，干物质量达到成株总干重 1/4 时的幼年植株，其含磷量可达成株总磷量的 3/4。苜蓿植株的含磷量不高，其 1/10 开花期尚不足 0.25%，健壮植株达 0.30%。在较湿润的季节，磷的浓度还要低些。因而，苜蓿对磷的需要量不大，据估算每 10t 苜蓿大约吸收 22.68kg 磷。苜蓿缺磷降低干物质产量，但施用磷肥，尤其在缺磷土壤上施磷，虽能使干物质产量提高，却很少提高粗蛋白含量。磷肥在施用后能被还原可供牧草吸收利用的仅占 10%～20%，所以为了苜蓿高产，磷肥的施用量应远高过苜蓿对磷的吸收量。磷肥在播种前、播种期间或播种后均可施用，定植后的苜蓿也可地表条施追肥。磷肥的施用次数一次大量施用或分批每年小量施用产量基本相同。因此，单就磷肥的施用来说，以不太长的间隔时间较大量地集中施用比较合适。

苜蓿是需高钾植物，在苜蓿植株中，除氮外，钾的含量较高，植株中充足的钾对苜蓿早期生长、产量和质量很关键。在苜蓿地中如钾肥不足，则草层很快稀疏，为禾本科牧草和杂草所代替。苜蓿在播前、播后皆可施用钾肥。在土壤湿度较好的情况下，早春施钾对越冬再生有促进作用。刈割后施钾肥，有利于苜蓿再生和下茬的高产优质。钾肥应分期施用，至少每年施一次，一般每年两次为宜。钾肥延长苜蓿株丛寿命，使植株茂盛生长。

苜蓿对钙的吸收常比禾本科牧草多，植株含钙量为 1.3%～1.6%，每 10t 苜蓿约吸收 158.79kg 钙。施用价廉易得的农用石灰能有效提高土壤的 pH，使之适合于苜蓿的种植和高产。此外，施用石灰还有降低土壤铁、铝和锰的溶解度，提高钼与磷有效性的能力。石灰的施用量和施用频度因土壤酸度和土壤结构、气候条件、耕作制度等而不同。

（三）灌溉

虽然紫花苜蓿的抗旱性强，但其对水分的要求比较严格，水分充足时能促进其生长和发育。在年降水量 600mm 以下时，灌溉可以明显增产。在潮湿地区，当旱季来临、降水量少时进行灌溉能保持高产。在半干旱地区，降水量不能满足高产的需要，因此需酌情补充水分才能获得高产。在干旱地区，如不进行灌溉则产量很低。研究指出，紫花苜蓿各个生育期的适宜需水量为从子叶出土到茎秆形成要求田间持水量的 80%；从茎秆形成到初花期为 70%～80%；从开花到种子成熟为 50%左右；越冬期间为 40%。灌水时间对苜蓿的影响很大，据试验，刈割后立即灌溉，牧草的干物质产量比刈后 10d 或 25d 灌水的都高。灌溉老龄苜蓿地可以提高产量，春灌可提高 30%。若加上夏灌即可提高 1 倍，配合施肥进行灌溉，可使苜蓿长期保持丰产，甚至到 13 年，每公顷干草量仍达 12.5t。在生长季节较长的地区，每次刈割后进行灌溉，可获得较大的增产效果。但秋冬长期的田间积水和春季温度的急剧变化，会导致苜蓿的死亡。

（四）刈割

刈割时期要根据产量、茎叶比、总可消化物质含量、对再生草的影响及单位面积获得的总营养物质产量而定。从在现蕾期、初花期、盛花期、结荚期刈割时产量的效应来看，在盛花期刈割时产草最高，植株寿命最长。盛花期刈割能使苜蓿根贮存大量碳水化合物，保持植株旺盛的生活力。初花期刈割单位面积营养物质产量最高，但从初花期到盛花期产草量仍在增加，主要增加了纤维素成分，一般认为在初花期刈割比较合适。早春当苜蓿幼嫩时刈割是有害的，减产很明显。它和每年两次在盛花期及每年三次均在初花期刈割相比产量低，原因主要是根中碳水化合物含量低和根受损后还未来得及很好恢复。

一个值得注意的问题是，用刚刈割后的鲜苜蓿饲喂家畜时，容易得膨胀病。发生膨胀病的主要原因是苜蓿青草中含有大量可溶性蛋白质和皂素，它们是引起反刍家畜发生膨胀病的泡沫剂，能在家畜瘤胃中发酵产生气泡，从而形成大量的持久性泡沫。这种泡沫产生后妨碍了瘤胃中 CO_2、CH_4 等气体的排出，因而发生膨胀病。减少膨胀病发病率的一种方法是不让空腹的家畜直接食用嫩绿的苜蓿，饲喂前宜先喂一些干草或青贮饲料。近年来认为，聚氧丙烯对膨胀病有较好的疗效，方法是饲喂前几天喂足聚氧丙烯，每日每 45kg 体重 1～2g，也可在青饲前给家畜口服普鲁卡因青霉素钾盐等抗生素，成年大家畜每次口服 50～75mg。

拓展阅读

（李会科）

沙枣栽培具体见选读内容 18-1。

选读内容 18-1

第十九章　寄主树类经济植物栽培

【本章提要】本章重点介绍紫胶虫、白蜡虫、五倍子蚜虫 3 种出产工业原料的资源昆虫寄主树类水土保持经济植物的栽培意义、主要种类与品种、生物学与生态学特性、繁殖与栽培技术、抚育管理与更新复壮技术。

资源昆虫是指其产物（分泌物、排泄物、内含物等）或虫体可作为资源被人类利用，具有重大经济效益，种群数量具有资源特征的一类昆虫。从广义上讲，资源昆虫包括工业原料昆虫（紫胶虫、白蜡虫、五倍子蚜虫、胭脂虫等）、产蜜昆虫（蜜蜂类）、药用昆虫、食用昆虫、饲料用昆虫、授粉昆虫、天敌昆虫、环保昆虫（粪金龟类）、观赏昆虫（蝴蝶类）等，它们和人类生活密切相关。其中，紫胶、白蜡、五倍子已经成为重要的出口创汇产品，在国民经济中占有一定的位置。但资源昆虫的价值与其利用状况相比较，巨大的潜力还没有被开发出来。随着科学技术进步，特别是高新技术在农业上的应用，会给资源昆虫利用带来前所未有的发展机遇，资源昆虫的开发利用及产业化将成为 21 世纪昆虫学研究的热点和关键领域。要发展优质高产的资源昆虫产业，寄主植物栽培是基本环节。

第一节　紫胶虫寄主植物栽培

一、栽培意义

紫胶虫依靠吸取寄主植物的树汁维持生命活动，同时分泌出一种经济价值极高的紫红色胶质物，称为紫胶，也称为“虫胶”或“洋干漆”。紫胶具有绝缘、黏合、热塑、防水、防潮、防锈、耐腐蚀等特性，广泛用于国防、电气、塑料、油漆、印刷及轻工业等方面；紫胶色素无毒副作用，着色鲜艳，经久不脱，为生物染剂、尼龙染色和食品工业的优良原材料；紫胶也是我国重要的出口创汇产品。

由于寄主是紫胶虫唯一的食物源泉，紫胶虫的生长发育、泌胶量、紫胶质量及越冬或越夏保种的好坏均随寄主种类、生长状况及环境条件而改变。因此，了解不同寄主的生物学习性及其栽培技术，对于建立优质高产的紫胶生产体系尤其重要。

拓展阅读

二、主要种类与品种

紫胶虫是广食性的寄生昆虫，我国已知寄主植物 324 种。其中，钝叶黄檀、南岭黄檀、思茅黄檀、火绳树、木豆是我国紫胶虫的优良寄主，所产紫胶占全国总产量的 80%以上。这些寄主均具有喜热、喜光、耐旱、耐贫瘠和生长快的特点，当原有的热带雨林、南亚热带季雨林和常绿阔叶林等植被受到破坏以后，它们往往是最先侵入的先锋树种，并以它们为优势形成新的次生植被。

三、生物学与生态学特性

（一）钝叶黄檀

钝叶黄檀（*Dalbergia obtusifolia*）是蝶形花科黄檀属落叶乔木，又名牛肋巴、牛筋木。主要分布于云南省西南部，包括思茅、澜沧、保山等地区，德洪、西双版纳也有少量分布；垂直分布在海拔 1600m 以下，集中在 800～1200m。此外，广西、广东、福建、四川、贵州、湖南等省（自治区）也有引种造林，多栽植于海拔 600m 左右，生长正常。

钝叶黄檀属阳性树种，喜温暖而耐干旱，多散生在常年无霜的干热河谷、热带稀树草原上，是该地区植物群落演替的先锋树种；天然更新能力很强、生长迅速，经多次砍伐、火烧后仍能萌发出茁壮的枝条而很快成林。主根发达，能够吸收土壤深层的水分和养分；树冠紧凑而叶片显著革质，并在旱季落叶，适应干旱瘠薄的立地条件；多生长在砂页岩形成的微酸性红壤或黄壤土上。

钝叶黄檀喜温暖，抗寒能力比较弱。在其自然分布区较冷的年份里，幼苗和当年生的幼嫩枝梢会出现寒害。在引种栽培的诸省（除个别地方外）冬季常有枯梢现象，较冷的年份则有幼苗和小树被冻死，大树地上部分也会干枯。

（二）南岭黄檀

南岭黄檀（*Dalbergia balansae*）是蝶形花科黄檀属落叶乔木，又名不知春、茶丫、水相思。分布于长江以南的湖南、广西、广东、福建、浙江、江西、湖北等省（自治区），以南岭山脉分布最多，福建西北和广西西南也有大量分布。垂直分布于海拔 900m 以下的低山丘陵、山坡谷地及溪涧两旁较为潮湿的地段。

南岭黄檀是中性偏阳、喜肥、好湿树种，生长于温暖、湿润的亚热带气候区。根系较浅，侧根发达，生长迅速，萌发力强；对水肥条件要求高，在土层深厚、湿润肥沃的微酸性红壤或黄壤上生长良好，但在比较干旱瘠薄的山坡上部则生长不良，人工造林经常出现“小老树”现象。但是，在紫胶虫优良寄主树中，其耐寒力名列前茅。

（三）思茅黄檀

思茅黄檀（*Dalbergia szemaoensis*）是蝶形花科黄檀属落叶乔木，又名秧青、紫梗树。分布于云南高原，以思茅、临沧、保山、德宏、西双版纳最多，玉溪、楚雄、红河、文山等地也有少量分布。垂直分布在海拔 1700m 以下，1400m 以下比较集中。目前，广东、广西、福建、四川、贵州等省（自治区）已经引种栽培成林，多种植于海拔 600m 左右，生长良好。

思茅黄檀属中性偏阳树种，喜湿好肥。其生物学特性类似于南岭黄檀，对水肥条件要求更高，耐寒能力低于南岭黄檀，高于钝叶黄檀，是南亚热带溪河谷地季雨林地段次生植被的组成树种之一。

（四）木豆

木豆（*Cajanus cajan*）是蝶形花科木豆属常绿或半落叶性灌木，又名三叶豆、树豆等。木豆在我国云南、贵州、四川、广西、广东、湖南、湖北、福建、浙江等省（自治区）均有栽培，在云南、贵州、四川三省分布于海拔 1600m 以下，而华南地区栽培于海拔 500m 以下地区。

拓展阅读

木豆属于阳性、喜湿好肥树种，适宜生长于温暖湿润的气候和肥沃疏松的土壤环境中，具有一定的耐旱和萌发能力，但不耐低温，易受冻害。一般零星栽植在山坡中部、下部及河流岸边、道路两旁、房前屋后。在土壤黏重、排水不良的地方容易遭受病害而死亡。

（五）火绳树

火绳树为梧桐科落叶乔木，又名泡火绳，实际上泛指火绳树属的火绳树（*Eriolaena spectabilis*）、南火绳（*E. candollei*）、光火绳（*E. glabrescens*）、滇火绳（*E. yunnanensis*）、王室（角）火绳（*E. quinquangularis*）、和角火绳（*E. ceratocarp*）等，因云南群众剥其树皮晒干搓绳引火而得名。火绳树分布于云南思茅、临沧、玉溪、西双版纳、红河、文山等地，以及贵州南部和广西的西北部地区；垂直分布于海拔300～1700m，集中在400～1600m。福建、广东、四川等省已经引种成林，多栽植于海拔600m左右。

火绳树系阳性喜温耐旱树种，其生物学特性与钝叶黄檀相近，是热带和亚热带稀树草原的组成树种之一。主根不发达，多膨大成贮水组织，侧根庞大。叶片虽然纸质，但密被星状毛且落叶较早，因此适应干旱瘠薄的立地条件。耐干旱瘠薄能力比钝叶黄檀稍差，而比南岭黄檀和思茅黄檀强；耐寒能力比南岭黄檀弱，而较钝叶黄檀和思茅黄檀强。

四、繁殖与栽培技术

（一）苗木培育

1. 播种育苗　采种应选择树体结构合理、生长健壮、无病虫害，经试放产胶性能良好的壮龄母树；播种期为2～4月，以3月较好。其中，钝叶黄檀的种子生活力较低，可在5～6月种子成熟时随采随播；钝叶黄檀、南岭黄檀、思茅黄檀均可带荚播种，但需尽量搓碎果荚，每亩播荚果7.5～10kg；木豆常采用直播造林，株行距（1.0～2）m×（1.5～2）m，每亩播量0.1～0.25kg，每穴播种3～5粒；火绳树每亩播1～1.5kg，但其种皮坚硬，不易透水、透气，发芽率低，应进行播前处理。火绳树种子在播前可用沸水汤种，方法简便易行，效果比较理想；也可用浓硫酸（浓度96%）浸泡1h后，清水冲洗干净再播种，效果很好。

2. 扦插育苗　在需要保持母体优良性状或种子不足的情况下，均可采用扦插育苗。钝叶黄檀、思茅黄檀、南岭黄檀、火绳树扦插育苗都已经取得成功，其关键在于正确选择插条、扦插后保持床面湿润。插条最好选用1年生苗干或幼龄母树上的1年生枝条，2年生苗干和枝条也可以用于扦插，在幼龄母树上采集插条时应尽量靠近树干及树冠基部；插穗长度12～20cm，下切口剪成马蹄形，上切口以下2cm处保存发育充实的腋芽1～2个；扦插时间为2～4月，扦插前可以用生长素对插穗进行适当浸泡。

（二）栽植技术

1. 林地选择　紫胶虫和寄主植物均受生态因子的影响，它们在长期的相互适应过程中形成了具有一定特点的虫—树立地体系。因此，造林地应该同时满足虫和树对生境条件的要求，只有做到适地适树适虫，才能树茂胶丰、稳产高产。一般情况下，造林地应选择在海拔800～1300m的南坡或西南坡，坡度不超过45°。在这样的地段，北部和东北部有高山屏障，南部和西南部地形开阔，冷空气难进易出，冬季日照时间长，有利于胶虫和寄主植物的生长。此外，选择地形开阔的河谷、山坡中部和背风的河流沿岸等地亦可。

2. 寄主选择　不同寄主植物，对光照、热量、水肥条件的要求不同，耐旱、耐寒的能力也不一样。因此，适地适树是紫胶优质丰产的关键环节之一。实践证明，钝叶黄檀和火绳树要求较高的光照和热量条件，但耐旱能力较强，可栽植在水肥条件较差的山地、山坡中部和上部；南岭黄檀、思茅黄檀或木豆（可直播造林）对水肥条件要求较高，宜栽植在平地、缓坡、山坡下部。存在胶虫越冬保种问题的地方，应特别注意选择小气候环境良好的地段（北有高山屏障、南面开阔，冷空气难进易出的南坡等）栽植钝叶黄檀、南岭黄檀等优良寄植物，作为冬代保种基地。

3. 整地造林　整地以促进寄主植物生长和保护生态环境为目标，在山高坡陡、水土流失严重的地段，应采用鱼鳞坑整地；在地形比较平缓的地方，应采用水平带状整地。合理的造林密度也是树茂胶丰的关键措施之一，具体密度应根据造林目的、立地条件、作业方式和树种的生态学特性来确定。一般情况下，钝叶黄檀为（2～3）m×3m，南岭黄檀、思茅黄檀为3m×（3～4）m，火绳树为4m×（4～5）m。至于造林季节，在干湿季分明的云南、川西南等地，可选择5～6月的雨季造林；在其他省（自治区、直辖市），可于冬季或春季造林。

4. 树种搭配　树种搭配是营造混交林成败的关键因素，良好的混交林不仅可以提高紫胶产量和寄主植物的生长，兼顾近期和长期效益，而且能够维持和提高土壤肥力，防止病虫害发生。实践证明，木豆与瓦氏葛藤（马鹿花）（*Pueraria wallichii*）、钝叶黄檀与瓦氏葛藤等都是较好的混交林类型。此外，胶园还可以间作牧草，如格拉姆柱花草（*Stylosanthes gracilis*）、卡松古鲁狗尾草（*Setaria anceps*）等。

5. 苗圃式胶园　苗圃式胶园已经在南岭黄檀中获得成功，它具有投产早、周期短、便于集约经营、经济效益高等特点，值得进一步研究和推广应用。其方法是在苗圃将播种苗培育22个月就开始挂种利用，关键是控制密度，以每亩1200～1500株为宜。同时，结合施肥，及时松土除草，并注意将胶虫控制在适当的范围内。

五、抚育管理与更新复壮技术

（一）合理利用寄主植物

合理利用寄主植物是紫胶园经营管理过程中一项极为重要的技术环节，它关系到紫胶产量高低和寄主植物的兴衰。在生产中，经常发现过早利用和过度利用的现象。过早利用抑制寄主植物的生长，甚至造成枝枯、树死、虫亡；利用太晚，枝干老化，不能充分发挥胶园的生产性能；过度利用使几代胶虫生活在同一寄主植物上，简称“原株留种”，致使寄主植物生长严重不良，有效枝条大量减少，单株产量明显下降，变成了不产胶的“小老树”。合理利用寄主植物，就是要克服和纠正种种不良倾向，正确处理虫、树之间的关系，达到树茂胶丰之目的。

1. 利用时间和年限　利用寄主植物首先应根据种类、年龄、长势来确定其原则，一般坚持幼树以养为主，养用结合；壮龄树以用为主，用养结合；老龄树以改造为主，改用结合。木豆、瓦氏葛藤等灌木寄主利用的时间比较早，正常情况下只需1～2年。但其可供利用的年限比较短，如木豆一般只利用一次就需要更新，重新种植。同时，即使灌木寄主管理得比较好，单株产胶量也仅0.5kg左右。钝叶黄檀、火绳树等乔木寄主植物，投产的时间比较晚，一般需要5～7年，而利用年限则较长，可达数十年甚至百余年。因此，在生产中应积极提倡大树放虫、单株产胶量高的经营方式，克服过早利用的错误倾向。近年来，我国普遍采用乔灌木混交的造林模式，克服了纯灌木或纯乔木放虫的传统做法，使胶园长期和短期效益相得益彰。

2. 作业方式　根据树种的特性，可将寄主植物的作业方式分为乔林作业和矮林作业，它们各有优缺点。乔林作业多用于钝叶黄檀、火绳树等，能充分利用寄主植物的有效枝条，容易实现高产稳产，但操作不便、花工多、工效低；矮林作业适用于南岭黄檀、思茅黄檀等，操作方便安全、工效较高，但有效枝条较少、产胶量较低。因此，乔林作业和矮林作业相结合是解决上述矛盾的有效途径。

3. 轮放制度　为了克服“原株留种”引起的弊端，必须坚持合理的放养制度。

1）三三轮放　将胶园或放养地按株、行、片分成三部分，每年集中放养其中的一部分，并对其实行全放（全株放养）、全收（采收全部紫胶）、全修（结合收胶，对寄主树进行修剪或切枝、切干更新），休养两年之后，对这部分寄主植物再次进行放养。这样，每年放养其中的一部分，轮休两部分；第二年放养另外一部分，又轮休其余两部分；如此周而复始，使生产形成良性循环，寄主树长盛不衰，保证高产稳产。

2）不同寄主树种的种胶交替放养　这种方法简称为“异树交替放养”。例如，将夏世代火绳树、瓦氏葛藤上的种胶，放养在冬世代钝叶黄檀、木豆寄主树上；第二年又用冬代钝叶黄檀、木豆上的种胶，放养在夏代聚果榕、火绳树上；再用夏代聚果榕、火绳上的种胶，放养在冬代思茅黄檀、大叶千斤拔树上。这样一来，不仅可以培养紫胶虫适应各种生态环境和不同寄主树所含营养成分的能力，提高胶虫的生活力与繁殖率；还能够使寄主树得到休养生息，萌发出更多适合胶虫寄生的同龄壮枝。

3）不同地域、海拔种胶的交替放养　这种交替放养，可以通过改变环境，增强紫胶虫的抗逆能力，保持紫胶虫和寄主树良好的产胶性能。例如，将云南的种胶，拿到四川、贵州、广东、广西等省（自治区）放养。又如，把在江边生长的冬代种胶，拿到山坡上部进行夏代放养；又把山坡上部生长的夏代种胶，拿到江边等比较温暖的地方进行冬代越冬保种放养。

（二）老胶园的改造

现有老胶园，多分布在胶农的轮歇地和自留山上，是经过人工管护逐步形成的胶粮间作式胶园；在村寨附近或较远的宜林地上，有国家、集体、个人营造的纯胶园；在边远国有林区，还有小片集中的天然胶园没有开发利用。改造老胶园的目的是通过补植补造、砍密补稀、切枝切干更新等技术措施，把零星分散、枝干老化、利用价值低的胶园，改造成集中连片、枝条健壮、管理方便、利用价值大的高产胶园。

1. *清理垦复*　根据紫胶虫喜光喜热喜透风的特点，清除影响胶虫和寄主植物生长发育的杂草、灌木、藤蔓等，结合种植粮食和经济作物等措施，对林地进行全面垦复，改善环境条件、恢复土壤肥力，以促进胶虫和寄主植物的生长发育。在坡度较大、土壤瘠薄的胶园中，可沿等高线进行带状或块状整地，防止水土流失带来的不利影响。

2. *砍密补稀*　砍去过密生长不良而衰老的寄主树，在林中空地和现有寄主树密度过小的地方，用优良寄主树进行补植补造。乔木株行距为4m×4m或5m×5m，灌木株行距为1m×2m或2m×2m，整地规格为50cm×50cm×40cm。

3. *加强抚育管理*　对补植的新寄主树，必须认真进行中耕、除草、施肥、防治病虫害等工作，严防人畜破坏，严防森林火灾。

4. *寄主树的改造*　紫胶寄主树一般萌发能力较强，能多次修剪利用。根据这一特点，在每年冬夏两个世代，结合收胶放虫，对枝干衰老利用价值低的寄主树进行修剪、切干切枝等，使其重新萌发新芽新枝再投入放养利用。对寄主树改造的技术措施，主要根据树种、树龄和长势来确定。

1）幼龄树　对幼龄树（5年以下）的改造，采取剪顶整形技术，目的在于控制高生长、促进侧芽侧枝的萌发，以培养适宜胶虫生长的良好树形。操作时，主要围绕培养第一、二层干枝和宜胶枝（有效的放虫枝条）进行，既要注意干枝的数量和顶梢的生长，又要剪除过密枝、枯枝、病虫枝和细弱枝，一般每年可进行2～3次。第一层干枝的数量通常控制在3～5个，长度为30～50cm；第二层干枝的数量和长度可大于第一层。具体时间因树种而异，钝叶黄檀和火绳树萌发较晚，以每年3～4月、7～8月、11～12月为好；思茅黄檀和南岭黄檀萌芽较早，可以提前进行。

2）壮龄树　对壮龄（中龄）树（6～30年）的改造，采取修枝整形技术。壮龄树处于紫胶生产时期，修剪整形应特别注意结合每年冬夏两个紫胶生产世代的活动进行。对于树冠开展、长势旺盛、宜胶枝条多的壮龄树，只能进行轻度修剪，即结合放养前的准备工作，仅贴枝条的基部剪除枯枝、病虫枝、细弱枝；收胶时，在长胶枝条的梢下部剪收紫胶。对于冠幅小、植株高、长势差、宜胶枝少、利用价值低的壮龄树，可结合收胶进行重剪，一般是在第一或第二级干枝基部离切口 20～30cm 处砍去干枝上部，促进切口下面的休眠芽萌发，形成新的适合紫胶虫寄生的有效同龄枝。

3）老龄树　对于老龄树（31 年以上）的改造，采取高截干或低截干留桩更新复壮法，简称“切干更新”。对于树冠小、分枝少、主干高而直立、利用价值低，但立地条件好、生长能力强的老树，可在离地面 1.5～1.8m 进行截干，称为高截干法；对于立地条件差，生长能力弱的寄主树，可在离地面 0.7～1.5m 处截干，称为中截干法；对于分枝很少、树干高直、有严重病虫害、长势很差或刀砍火烧、空心脱皮等，基本丧失利用价值的老树，可在离地面 10～15cm 处砍去主干，称为低截干法。

灌木寄主树的自然寿命和利用年限短、植株矮小，改造方法却与乔木寄主相同，但施行改造技术时，必须特别注意轻度处理。

六、紫胶虫放养技术

紫胶虫属同翅目胶蚧科，雌雄两性，雌虫泌胶并行两性或孤雌生殖而繁衍后代，在我国一年共发生两个世代。因此，每年可以收放两次。第一次于每年 4～6 月放养、9～11 月收胶，中间经过一个夏季，故称之为“夏代”；第二次于每年 9～11 月放养、来年 4～6 月收胶，中间经过一个冬季，故称之为“冬代”。夏代胶被丰厚、产胶量大，是紫胶的“生产代”；冬代一般胶被较薄、产胶量小，是紫胶的“保种代”。

放养前，首先要采集种胶，但紫胶虫一生仅在幼虫刚孵化出 3～5d 的涌散期具有迁移能力。因此，种胶的采收应认真做好测报工作，尤其是远距离引种放养，必须专人观察、及时预报，准确掌握采种时间。放养时，先将种胶枝条的两端削成马蹄形斜口，斜口均朝有胶的一面。绑挂时，有胶面朝外，使种胶两端同时紧贴在寄主枝条上，至少种胶上端要贴紧，以黄麻、铁线绑扎牢固。绑放要力求均匀，尽量靠近有胶枝条，使幼虫能顺利爬到寄主树的枝条上固定。绑放时间应选择在晴天无风或微风的早晨或傍晚，待幼虫涌散固定后，及时收回种胶，剥下胶块交售。

紫胶虫放养于寄主植物后，幼虫选择 2～3 年适宜枝条固定取食同时开始泌胶，但整个幼虫期泌胶量很少。进入成虫期后，雄虫羽化并与雌虫交配后死亡，紫胶主要依靠雌虫分泌。因此，雄虫偏多时会影响产胶量。当下一代幼虫即将涌散或少量涌散时即为收胶季节，可砍取胶枝、剥下胶块，摊放于晾胶棚内，经常翻动以防止堆压发热而使紫胶变质结块，待幼虫爬完后即获得交售的原胶。

第二节　白蜡虫寄主植物栽培

一、栽培意义

白蜡是寄生在植物上的白蜡虫雄性幼虫在生长过程中分泌的白色蜡质物，也称为“虫蜡”。由于盛产我国，是我国著名的土特产品，因此国际上通称“中国蜡”；又因四川的产量占全国 90%以上，故国内习惯称为“川蜡”。

白蜡具有理化性质稳定、熔点高、防潮、防腐、防锈、着光、润滑和生肌止痛等特性，广泛用于军工、轻工、机械、化工、手工、纺织及医药等领域，也是我国传统的出口创汇商品之一。1949年前，由于我国工业生产落后，白蜡主要用于蜡烛、丸药外壳和蜡纸制造及医药等有限的几个方面。1949年后，随着我国社会主义建设事业的发展和科学技术的进步，白蜡的用途不断扩大，现已成为几十项工业产品不可缺少的原料和配料，需求量日益大增。根据调查（张长海，1984），仅上海复写纸厂的用量就达70 000kg，天津日用化工四厂每年用量为30 000kg，广东的制药厂每年用量为100 000kg，供不应求的现象十分突出。因此，白蜡虫寄主植物栽培具有广阔的前景。

二、主要种类与品种

白蜡虫是一种广食性昆虫，寄主植物约45种，以木犀科（Oleaceae）的白蜡树属和女贞属为主，我国虫蜡产区传统采用的寄主为白蜡树（*Fraxinus chinensis*）和女贞（*Ligustrum lucidum*）。近几年，白蜡虫又在华南小蜡（*L. calleryanum*）上放养成功。在云南省永德县又发现，女贞、长叶女贞、尖叶女贞（*L. acutissimum*）、小叶女贞（*L. quiboni*）均是白蜡虫的优良寄主。另据群众反映，女贞分甜皮和苦皮，甜皮上虫好，苦皮不上虫，有的苦皮女贞经过“放水”或重剪、重绑以后可以上虫；白蜡树在经济性状上的种内变异也比较丰富。这些事实说明，白蜡虫虽然寄主植物种类较少，但主要寄主植物（如白蜡树和女贞）的种内选择具有一定的潜力。

三、生物学与生态学特性

（一）白蜡树

白蜡树（*Fraxinus chinensis* Roxb.）是木犀科落叶乔木，又名蜡树、水蜡树、水白蜡、插蜡树、青榔木、白荆树等。主要分布在长江流域和黄河流域各地，以云南、贵州、四川、湖南、湖北、山西、陕西、山东、河南、江苏、浙江等地分布较多，广西、广东、福建也有栽培。垂直分布在海拔2000～3000m，集中分布在1000m以下的河谷、坡地、平坝或河流两岸。

白蜡树属阳性、喜湿耐涝树种，根系发达，适应性广，对气候和立地条件要求不严。在多种类型土壤及碱性、中性和酸性土壤上均能正常生长，在温暖湿润的丘陵、平原地区生长良好，但在高寒山区或干燥地段生长不良。萌发能力和萌蘖能力很强，反复采蜡、摘虫、修剪后，其萌发力仍经久不衰。生长快，寿命达200年以上，可一次栽植长期受益，便于经营管理。

白蜡树枝条柔软，除用来挂蜡和育虫外，还可以编制用具；其木材坚韧而富有弹性、纹理通直，是制作家具、农具和体育器材的优良原材料；树皮（称秦皮）大量入药，可治疗疟疾、月经不调，花用来治疗咳嗽哮喘。

（二）女贞

女贞（*Ligustrum lucidum* Ait.）是木犀科女贞属常绿小乔木，又名冬青树、蜡树、虫树、将军树等。女贞主要分布于长江流域以南各省区及甘南地区，其他省区也有引种栽培。垂直分布于海拔3000m以下的山坡谷地、丘陵平坝地区。

女贞属阳性、喜湿耐旱树种，适应性强，对气候和立地条件要求不严，广布于我国南方各省的平坝、丘陵和山地，在海拔高达2000～3000m的山地都有分布。无论在潮湿多雨地带还是干燥少雨的高原，或是土壤深厚肥沃的田边地头、房前屋后、沿边路旁，或土壤瘠薄的山地均可生长。根系发达，耐寒耐旱，萌发能力强。除作为优良的白蜡虫寄主植物外，还是良好的“四旁”绿化树种。

拓展阅读

四、繁殖与栽培技术

（一）苗木培育

1. *播种育苗* 女贞种子于11～12月成熟，当果皮由青绿色转变为紫蓝色、表面被有白粉时即可采摘。采种时，选择生长健壮、无病虫害、适于白蜡虫寄生的壮龄树作母树，成熟一批采摘一批。采回的鲜果，先堆沤3～5d，搓去果皮和果肉，用清水反复淘洗干净，晾至半干用草木灰拌匀即可播种，播量每亩为30～40kg。如果当年不播种，可用湿沙和种子按2.5∶1的比例混合堆放于阴凉处，第二年2～3月进行春播，播前用20～30℃温水浸泡1～2d催芽。女贞鲜种育苗出苗率高，在可能情况下，以鲜种育苗为好。

白蜡树种子一般在10～11月成熟，可以随采随播或沙藏至第二年2～3月春播。沙藏的种子在播种前应进行温水浸种或层积催芽，播种量为每亩3～4kg。由于白蜡树种子发芽率低，生产上经常采用扦插育苗。

2. *无性繁殖* 由于白蜡树萌芽再生能力极强，因此生产上经常采用无性繁殖进行育苗，常用方法有以下三种。

1）扦插育苗 要求插穗取自生长健壮、无病虫害的1年生或2年生枝条上，插穗长度为12～20cm，上切口下2～3cm处保留1～2个饱满的芽，下切口削成斜面。

2）“蚂蚁包”育苗 即先用稀泥和牛粪（4∶6或5∶5）的混合物抹在一把稻草上制成“蚂蚁包”，然后在白蜡树上选择2～3年生健壮枝条，在距其分叉处15～20cm的地方挫伤韧皮部或刀砍深至形成层，用准备好的“蚂蚁包”裹紧伤口。第二年春天，当包内长处幼根时将枝条砍下直接造林。

3）插干造林 即将插穗直接扦插在造林地上，扦插前用铁器或木器打孔，扦插时插穗与地面夹角约60°，扦插后踩实使插穗与土壤密接。

这些方法各有优缺点，它们均属于无性繁殖方法，可以保持木本优良性状，第一种方法适于苗木的大量繁殖，第二种方法不占圃地、苗木生长快，第三种方法不适合于大面积造林。因此，生产中应根据实际情况选择适宜的繁殖方法。

（二）栽植技术

女贞、白蜡树适应性广，栽培都比较粗放。但是，白蜡虫雌、雄性虫的生态习性差别较大。因此，育虫和产蜡在树种和林地选择、造林密度等方面应有区别，只有兼顾虫、树两者的习性，才能做到适地适树适虫，保证资源、蜡虫和寄主的持续利用，达到高产稳产的目的。

1. *林地选择* 一般选择年平均气温16～19℃、年降水量1000mm以上、海拔1000m以下的山地丘陵、平坝谷地等地段；产蜡林地宜选择海拔低、气温偏高，尤其在夏季具有高温高湿的低山、丘陵、平坝、田埂等地段；育虫林地宜选择海拔稍高、气温偏低而冬无严寒的山坡谷地或丘陵等地段。在多风特别是强风多的地区，虫园最好建立在背风向阳、四山环抱的地带，以免蜡虫上叶、定杆时被风吹失。

除上述情况外，如果虫蜡生产和桑、果、茶相结合时，就必须因地制宜地搞好规划，合理布局，切忌桑、果、茶和蜡树混栽。这样一来，既不便于经营，又不利于病虫害防治。因此，蜡林必须集中成片，便于管理和从事育虫、挂蜡的各项生产活动。

2. *林地整理* 长江以南有大量的荒山荒地还没有利用，但其中许多地区的土壤为红壤，有效磷缺乏、质地黏重、通透性和保水保肥能力都较差，如果采取适当措施加以改良，则可成为发展蜡林的良好场所。例如，整地时增施有机肥料，如厩肥、堆肥、绿肥等，以提高土壤有机质含量，改善土壤结构，增强保水保肥能力；合理施用磷钙肥料，根据土壤的酸碱度，每年每亩可施石灰 50～150kg，注意配合施肥分次施入。有些地区的土壤砂砾含量高，缺乏有机质和胶体物质，保水保肥能力差，可施入河泥、塘泥和有机肥料加以改良。至于整地方式，在坡度较大或地形破碎的地段，可以采用穴状整地，规格一般为 45～65cm；在坡面平缓或地形完整的地段，可以采用水平带状整地，带宽 60～100cm。

3. *造林密度与季节*　以产蜡为主的林分株行距为 4m×5m；以育虫为主的林分株行距为 2m×3m；地边田埂栽植要因地制宜，兼顾农作物的生长，株行距可在 3～5m。造林在冬、春、秋季均可进行，应根据当地的具体情况确定。

4. *复合经营*　试验表明，女贞、白蜡树、华南小白蜡均可与玉米、小麦、黄豆间作，林木株行距为 2m×4m，农作物带宽 2.5～3m，以不影响幼树生长为宜。这种复合经营不仅可以充分利用自然资源，同时改善了白蜡园的生态条件，比传统白蜡园增产种虫、白蜡 14.4%～20.5%，年总产值提高 56.8%～90.4%。

拓展阅读　拓展阅读

五、抚育管理与更新复壮技术

（一）寄主植物的合理利用

1. *树形培育*　在白蜡生产中，一般比较注意寄主树整形，但在育虫过程中多不注重树形培育，以致树体高大、树冠杂乱而不整齐，难以进行各种经营管理活动和病虫害防治，而且枝条容易老化或枯死，不利于蜡虫生长发育。因此，为了使育虫生产做到高产稳产，必须重视寄主树的树形培育工作。对于白蜡树和女贞而言，以中干伞形树冠为好，所谓中干伞形树冠是指树干高度在 1.5m 以下，树冠展开呈伞形。具体整形方法是在栽植一年后，离地面 60cm 处剪断培育主干，当新枝条长到 10cm 左右时进行疏芽，选留不同方向的健壮芽 2～3 个培育成枝条，如果有的植株只长出一个新芽，可在新枝条长到 15cm 以上时进行摘心，促使腋芽萌发，最终培育 2～3 个枝条。第二年春季，在离枝条基部 45cm 处剪断育成第一干枝，每个干枝上选留 2～3 个饱满的新芽培育成枝条。第三年春季，在上述枝条基部 30cm 处剪断培育成第二干枝，保留干枝上的新芽培育成小枝，任期生长。这样的树形便于开展各种经营管理活动及病虫害防治，可利用的有效枝条多，树冠整体、枝条健壮、分布均匀，通风透光良好，对农作物影响不大，适于进行林农复合经营。在荒山空地上建立的专业虫园，还可以培育成低干伞形树冠，即树干高度不超过 70cm，培育方法与中干伞形树冠相同。这种树形更便于各种操作，但遮阴面积大、通风透光能力差，不适于进行林农间作。

对于原有自然生长、树干过高、可利用的健壮枝条少，且已经衰老的寄主树，可在放养后进行剪枝、切干使其矮化，然后参照上述伞形树冠培育法进行改造，培养有利于虫、蜡生产的良好树体结构。

2. *适度放养*　寄主树栽植后 3～4 年便可以投入生产，进行育虫和挂蜡。投产不宜过早，否则由于树体幼小，不仅蜡虫产量不高，而且会使树势受损，难以恢复长势。投产以后还要注意控制放养量，小树宜轻，不然会因负担过重而导致枯干死亡。中龄以后放养量可以增大，以便充分利用有效枝条，但放养量也不能过大，避免形成名育虫、实挂蜡的现象，不但严重影响树势，而且上虫过多、过密，培养不出高质量的蜡虫。但在寄生蜂大量发生的地区，可适当增加放养量，以保证有较多的蜡虫成长。这样，既可以发挥寄主树的生产潜力，又不使树势受到过大的影响。此外，放养蜡虫以后，应注意松土、除草和施肥，做到用树和养树相结合，使蜡树生长旺盛，才能为蜡虫提供充足的养分。

3. *轮休和更新*　蜡虫在寄主树上生活期间，大量吸食寄主植物组织中的营养液，当虫口密度较大时，树势必然受到很大影响。加之有些林分连年挂蜡，造成枝条老化、长势衰弱，导致蜡虫定杆率低，定杆后由于营养不足导致自然死亡率高。因此，在绑挂蜡虫一年之后，应该进行休闲，使树势得到恢复。生产中应该采用的方法是挂放蜡虫 2 次即可砍枝摘蜡，1～2 年后待萌发的新枝条长到 2m 左右时再行挂放，保证虫蜡的产量与质量。在实行轮休和更新的同时，为保证每年有一定的产量，需要大力培养后续资源，以便有三套寄主树实施分片轮放，即一套投产、一套休闲、一套更新萌发新枝，形成投产、休闲、更新三者交替使用的格局，达到年年有树育虫、年年都以健壮枝条育虫之目的。此外，在生产中，有时不是所有的树上虫都很均匀，上虫少的寄主树势没有受到多大影响，第二年还可继续放养。

（二）寄主树的复壮和改造

1. *寄主树的复壮*　当寄主树衰老或因连续多年利用，致使树形杂乱、树势衰弱、萌发力不强时，可视树龄和衰老的程度，采取一些复壮措施恢复树势、增强萌发能力。

1）截枝复壮　当寄主树的树势不旺、可利用枝条较少，且树形不整、树干过高，绑虫、防治病虫害不便时，可结合树形改造使树势得以恢复。具体方法是将二、三级分枝从基部 50cm 处剪掉，即“截枝留叉”，促使寄主树从分叉处萌发大量新枝，形成有效放养枝条。

2）截干复壮　对树龄不大、生长过高或多次投产利用后树势衰弱，用截枝方法不能达到目的时，可截干复壮。截干高度一般控制在 1.5m 左右，在有饱满休眠芽以上 10cm 处截断，截干后必须注意培养树形。

3）低伐干复壮　已经衰老或空心脱皮等生长不良的寄主树，用截枝、截干的办法都不能达到复壮的目时，可在距地面 30～50cm 处砍伐树干，实行低干复壮。

采取复壮措施时要注意使截面光滑或呈倾斜状，避免积水腐朽；不要撕破树皮，以防病虫害发生；注意培育树形，萌发的 1～2 年生枝条不宜放养蜡虫，应留作母枝；加强抚育管理，促进萌条生长，争取早日投产。

2. *寄主树的改造*　在全国各个产区，都有一部分不适宜白蜡虫生长的所谓“苦树”类型的女贞。根据湖南芷江县调查，新造蜡林中有 6%～15%的个体，白蜡虫定干后雄虫泌蜡少且不能羽化，雌虫不发育，并在越冬前早衰死亡，严重者在定干几天后便全部死亡。对于这种苦树类型可以采用嫁接的方法进行改造，即在产虫、产蜡良好的树上截取枝条作为接穗，用切接法嫁接于苦树上，并对每个大枝进行嫁接。实践证明，经过嫁接的苦树，不仅白蜡虫生长发育良好，而且泌蜡丰富。用嫁接法改造苦树，方法简便、成活率高、收效快，并能保持林相整齐、提高虫蜡树的利用率。

六、白蜡虫放养技术

白蜡虫属同翅目蜡蚧科，雌雄两性，雄虫泌蜡，雌虫行有性生殖而繁育后代，生产“种虫”。因此，雌雄性虫在白蜡生产中同等重要。白蜡虫一年发生一个世代，于 5 月当蜡虫卵孵化成幼虫涌散上树后，雄虫经 3 个半月的生长发育开始泌蜡，至 9 月羽化出成虫与雌成虫交配后便死亡，而交配受精的雌成虫越冬后至来年 4 月产卵，历时长达 11 个月才完成一个世代。

白蜡虫的涌散期较短，迁移爬行能力弱。因此，每年 5 月前后蜡虫即将成熟时，必须派专人负责采种测报工作。当雌蜡虫“吊糖”消失、虫颗呈深红褐色时，撕开虫壳若无体液（俗称“海底水平”，出现“虫蜡沙”），说明“种虫”已经成熟，必须及时“摘虫”。种虫放养前或运输途中，注意摊晾和翻动，防止因发热而使种虫闷死，也可适当喷洒冷的浓茶水延长卵的孵化时间，减少损失。

绑挂前，当气温在 20～30℃时，将种虫置于光亮处以促使虫卵孵化整齐，选择晴天无风或微风的清晨和傍晚挂放；绑挂时，应采用“高绑匀挂”的方法，将蜡包均匀地绑挂在寄主的第二龄枝和第三龄枝的交叉处。绑挂后，幼虫 2～3d 即可全部定叶，开始树上生活。等到蜡虫全部上树后，要及时收回蜡包烧毁，以减少椿象等害虫的蔓延和危害。

采蜡时间一般在 9 月，当蜡条出现白蜡丝（俗称“放箭”）时即可进行。此时，泌蜡停止，雄虫已经羽化为成虫，应在阴雨天或晨露未干时砍取蜡枝剥蜡，并经过数次沸水溶化和冷结处理，清除杂质倒入容器冷却即获得出售的蜡饼。

拓展阅读

（李根前）

五倍子寄主植物栽培具体见选读内容 19-1。

选读内容 19-1

主要参考文献

白寿宁．1999．宁夏枸杞研究．银川：宁夏人民出版社

毕培曦，江润祥，吴德邻．1985．姜科药用植物的化学、药理和经济用途（二）益智．中药材，（04）：43-45

曹福亮．2002．中国银杏．南京：江苏科学技术出版社

曹红霞．2016．关于油茶栽培技术的探析．科技创新与应用，（9）：292

常磊，杨志让，高圭，等．2002．彭阳县集流造林整地工程设计．西北林学院学报，17（2）：47-51

陈笳鸿，汪咏梅，毕良武，等．2002．我国西部地区植物单宁资源开发利用现状及发展建议．林产化学与工业，22（3）：65-69

陈金海，胡健全．2010．我国经济林资源的现状及其发展对策．华东森林经理，24（2）：1-5

陈静，周开兵．2018.越南油茶实生树茶籽油主要脂肪酸组成变异分析.森林与环境学报，38（3）：355-360

陈榕虎，林端宜．2001．我国银杏开发价值及思考．海峡药学，13（4）：60-62

陈卫军，潘晓杰，田开红．2003．立地条件对山苍子果实产量及油质的影响．经济林研究，21（4）：77-78

陈卫民．2013．柑橘的营养与药用及副产品利用．浙江柑橘，30（3）：26-29

陈艳，袁春今，石玉莲．2003．杞柳高产优质栽培技术．林业科技开发，17（2）：50-51

陈宜木．2012．山茶属3种食用油植物苗期施肥效应研究．福州：福建农林大学硕士学位论文

陈贻金．1993．枣树实用新技术．北京：中国科学技术出版社

陈阵．1996．红富士苹果优质丰产栽培技术．北京：科学技术文献出版社

党丽敏，陈东晖，尹爱武．2017．苦竹竹笋营养成分分析．广州化工，45（14）：133-134

邓婷鹤．2015．世界油料、油脂供需及贸易格局分析．中国油脂，40（9）：1-6

狄娜丽．1990．全国漆树良种选育初报．陕西林业科技，（4）：19-20

丁贵杰，周志春，王章荣，等．2006．马尾松纸浆用材林培育与利用．北京：中国林业出版社：36-41

董伟伟，周桂生，陆建飞，等．2008．能源植物蓖麻栽培技术的现状与发展趋势．安徽农业科学，36（6）：2290-2291

鄂竟平．2008．中国水土流失与生态安全综合科学考察总结报告．中国水土保持，（12）：3-6

樊金栓，李凯荣．1999．低产劣质柿林改造技术研究初报．西北农业学报，8（6）：87-89

福建省医药研究所．1979．福建药物志．福州：福建人民出版社

付苗苗．2014．核桃的营养保健功能及药用价值研究进展．中国食物与营养，20（10）： 74-76

高传璧，刘永泉．1992．黑荆树水土保持林生态、经济效益研究．林业科学研究，4（1）：32-38

高绍棠．1989．核桃丰产栽培技术．北京：科学技术文献出版社

高绍棠．1990．早丰薄壳核桃优树选育研究//王佑民．黄土高原沟壑区综合治理及其效益研究．北京：中国林业出版社

高愿军．1995．中国野生植物开发与加工利用．北京：中国轻工业出版社

高志义．1996．水土保持林学．北京：中国林业出版社

葛红群，朱轶群．2009．芦苇生态护坡在京杭运河两淮段治理工程中的应用．南通大学学报（自然科学版），8（2）：62-64

郭廷辅．1995．水土保持经济植物实用开发技术．郑州：黄河水利出版社

国家林业和草原局．2015．中国荒漠化和沙化状况公报

国家外国专家局培训中心．1998．大果沙棘繁育技术（培育教材）．沈阳：辽宁大学出版社

国家中医药管理局中华本草编委会．1999．中华本草．上海：上海科学技术出版社

韩蓓蓓．2010．陕西省五种主要经济林树种气候区划研究.杨凌：西北农林科技大学学位论文

何方，胡芳名．2004．经济林栽培学．2版．北京：中国林业出版社

何方，张日清，汪灵丹．2008．经济林在中国社会主义新农村建设中的作用．经济林研究，26（1）：93-97
何方．2000．中国经济林栽培区划研究．经济林研究，18（1）：1-10
何建高，黄宝强．2005．黑荆树工业原料林定向培育经济效益评价．经济林研究，23（4）：57-59
何长辉，莫业勇，刘锐金．2020．中国天然橡胶生产能力预测分析（2019—2025年）．林业经济问题，40（3）：320-327
胡芳名，谭晓风，刘惠民．2006．中国主要经济树种栽培与利用．北京：中国林业出版社
胡芳名，谭晓风，裴东．2010．我国经济林学科进展．经济林研究，28（1）：1-8
华北植物志编写组．1984．华北植物志．北京：中国林业出版社
黄炳超．2019．高产油茶栽培技术解析．现代园艺，（12）：17-18
黄盖群，邬谨，刘刚，等．2007．桑树的药用价值及其开发应用．蚕学通讯，27（4）：41-43
黄国年．2015．栓皮栎人工林栽培技术．北京农业，（3）：66
黄河上中游管理局UNDP项目办公室．1998．沙棘资源建设与开发利用，8（3）：2-46
黄利斌，董筱昀，梁珍海，等．2018．“秋艳1号”等乌桕秋叶观赏新品种选育研究．林业科技通讯，（10）：57-59
火树华．1993．树木学．北京：中国林业出版社
霍转业，赵百选．1998．北方经济林栽培．北京：新华出版社
金立周，孙志旺．1988．柿的丰产栽培技术与加工．北京：科学技术文献出版社
鞠建峰，张德珂．2022．苦杏仁的炮制历史沿革考据．药学研究，41（7）：462-466
康国正．1984．影响紫胶生产的主要因素探讨．云南林业科技，（1）：49-51
赖抗星．2000．黑荆树栽培技术的研究．经济林研究，18（2）：15-16，47
赖永祺．1990．五倍子丰产技术．北京：中国林业出版社
黎章矩，施拱生，吴德华．1992．油茶生育规律及其影响因子研究．经济林研究，10（1）：21-26
李建红，张水华，孔令会．2009．花椒研究进展．中国调味品，34（2）：28-31
李孟楼，曹支敏，王培新，等．1989．花椒栽培及病虫害防治．西安：陕西科技出版社
李萍，侯雪棉．1991．中国漆树研究发展概况．中国生漆，10（4）：18-23
李润淮，李云翔，焦恩宁，等．2002．宁夏枸杞规范化种植及病虫无害化防治．世界科学技术/中药现代化，4（1）：52-55
李世奎，朱佳满，周远明，等．1985．我国苹果种植区划研究．山西果树，（4）：2-7
李松．2009．我国因水土流失年损失耕地百万亩．山东国土资源，（5）：57
李文华，李飞．1996．中国森林资源研究．北京：中国林业出版社
李晓莉，黄登艳，刁英．2020．中国花椒产业发展现状．湖北林业科技，49（1）：44-48
李新岗，王鸿哲，孙文杰，等．1998．枣树丰产栽培．西安：陕西人民教育出版社
李长林，王洪学，王砚革，等．2006．杞柳工艺原料林营造技术的研究．林业科技，31（6）：12-14
李正明，武斌，许艳，等．2015．乌桕良种丰产栽培技术．湖北林业科技，44（4）：88-90
李志辉，柏方敏，陈晓萍，等．2004．湖南省马尾松飞播林综合经营技术．北京：国防科技大学出版社
廉永善，陈学林．1996．沙棘属植物的系统分类．沙棘，9（1）：15-24
林晨，李诺，韩琦．2005．菠萝蛋白酶的药用功能及其在畜牧业的应用前景．中国畜牧兽医，32（1）：14-16
林锦仪，陈登雄，刘寿强，等．1999．凹叶厚朴杉木混交林生物量及分布格局研究．福建林学院学报，19（4）：314-317
林锦仪，兰金奖．1998．肉桂树皮量及影响因子的研究．中草药，29（10）：698-700
林锦仪，李勇．1999．药用植物栽培技术．北京：中国林业出版社
林锦仪，刘寿强，李荣生．2000．肉桂薏苡复合经营模式结构与生物量的研究．经济林研究，18（1）：34-35
林旗华，张泽煌，卢新坤，等．2011．福建省杨梅种质资源的收集保存与利用．福建果树，（1）：45-48
刘秉正，吴发启．2003．黄土高原经济林（果）建设与开发．郑州：黄河水利出版社
刘传和，贺涵，邵雪花．2021．菠萝品种选育与栽培技术研究进展．农学学报，11（8）：53-59

刘德胜，方建民，丁增发，等．2011．山苍子的栽培和利用（下篇）．安徽林业科技，37（2）：38-42
刘厚成．2011．浅谈生态环境变化与林业生产的关系．安徽农学通报，17（9）：150-151
刘化琴，李昆．1988．紫胶园间作牧草的初步研究．林业科学研究，1（4）：464-466
刘化琴，资云祯，李昆．1987．紫胶园树种配置研究．林业科学，（营林专辑）：12-18
刘静，张无敌，李建昌，等．2010．云南省农村能源发展现状评述．现代农业科技，（6）：273-278
刘锐金，黄华孙．2021．“十四五”时期推动天然橡胶产业健康发展的思考．中国热带农业，（4）：5-12
刘树泽，张宏铭，蓝鸿第．1987．作物产量预报方法．北京：气象出版社
刘延琳，许明宪．1995．苹果无病毒无公害栽培技术．西北园艺，（1）：20-21
刘义．1988．老紫胶园的改造利用技术．云南林业科技，（4）：59-63
陆富军．2019．桂中地区软枝油茶造林和油茶低产林改造技术要点．农业与技术，39（8）：77-78
路安民．1999．中国枸杞属的分类研究//白寿宁．宁夏枸杞研究．银川：宁夏人民出版社
罗伟祥，张文辉，黄一钊，等．2009．中国栓皮栎．北京：中国林业出版社
罗伟祥．1995．黄土高原渭北生态经济型防护林体系建设模式研究．北京：中国林业出版社
马锋旺，李嘉瑞，黄尚志．1994．陕西省的杏品种资源及栽培技术．果树科学，11（4）：270-271
马锦林，李炳寿，白卫国，等．2004．八角低产林改造效益分析与评价．广西林业科学，33（2）：81-83
马敬能，孟沙，张佩珊，等．1998.中国生物多样性保护综述．北京：中国林业出版社.
马艳丽，王鹏．2013．糖槭的应用价值与栽培技术．黑龙江农业科学，（5）：154-155
莫沫．2022．中国水土保持公报（2021年）
聂小兰．2007．沙枣的研究现状及展望．北方园艺，（4）：67-69
潘丽鹏．2019．油茶新造林丰产栽培技术及油茶低产林改造技术探讨．绿色科技，（7）：73-74
彭彪，王文奇，刘慧君，等．2013．提取山苍子油及柠檬醛的工艺研究．应用化工，42（10）：1786-1788
彭松．1985．紫胶虫寄主树的营造和利用．云南林业，（5）：14-15
蒲淑芬，原双进，马建兴．1994．花椒丰产栽培技术．西安：陕西科学技术出版社
祁承经，汤庚国．2004．树木学．北京：中国林业出版社.
卿汰明，赵志奎．1992．桤柏混交林和半封禁草坡区保持水土效益的研究．四川林业科技，13（2）：53-55
全国绿化委员会办公室．2021．2020年中国国土绿化状况公报
任明莹，马玉华，任杰，等．2015．加拿大糖槭嫩枝扦插技术．东北林业大学学报，43（4）：8-11
沈鸣铜．2007．长江中游芦苇的供需现状与未来需求形势分析．湖北造纸，（4）：8-9
石才，戴玉伟，杜宏志．2009．论桑树资源的开发与利用价值．防护林科技，（3）：104-105
宋瑞雪．2021．漆树资源综合增效初探．中国生漆，40（3）：41-43
孙达旺．1997．栲胶生产工艺学 .北京：中国林业出版社
孙守华．2013．栓皮栎特征特性及其人工林栽培技术．现代农业科技，（19）：206-209
孙颖，卢彰显，李建安．2007．中国油桐栽培利用与应用基础研究进展．经济林研究，25（2）：84-87
泰国峰．1997.马尾松培育及利用．北京：金盾出版社
谭晓风．2006．油桐的生产现状及其发展建议．经济林研究，24（3）：62-64
汤诗杰，李和平，贺善安．2007．杜仲研究的现状与展望．林业科技开发，21（2）：8-11
唐德瑞，陈辉．2000．陕西省长江防护林建设技术与成就．西安：西安地图出版社
唐莹莹，杨祥燕，蔡元保，等．2016．植物源天然色素研究进展概述．农业研究与应用，（3）：62-69
陶弘景，尚志钧，尚元胜．1955．本草经集注．上海：群联出版社：66
田大伦．2005．马尾松和湿地松林生态系统结构与功能．北京：科学出版社
仝月澳，周原基．1982．果树营养诊断法．北京：农业出版社

万华胜，王新洋．2008．板栗复合经营技术研究．现代农业科技，（18）：30-31

汪景彦．1994．红富士苹果规范化栽培技术．北京：气象出版社

王白坡，刘洪愕，钱银才.1986．糖槭树的引种栽培试验．浙江林学院学报，3（2）：117-119

王百田．1993．干旱半干旱地区集流造林工程设计．水土保持学报，7（3）：60-66

王斌瑞，王百田．1996．黄土高原径流林业．北京：中国林业出版社

王宏宁，高德武．2010．优良防风治沙经济植物沙枣高产栽培技术．水土保持应用技术，（3）：30-31

王华清，王本一．1999．1998年温州蜜柑异常落花落果气候分析．园艺作物，（3）：30-31

王佳友，何秀荣，王茵．2017．中国油脂油料进口替代关系的计量经济研究．统计与信息论坛，32（5）：69-75

王进鑫，张晓鹏，高保山．2000．渭北旱塬红富士苹果需水量与限水灌溉效应研究．水土保持研究，7（1）：69-72

王敬楠．2017．加拿大糖槭的无性繁殖技术研究．合肥：安徽农业大学硕士学位论文

王敏．2022-01-13．我国经济林产值超过2.2万亿元．中国绿色时报

王明春．1998．苹果、梨园鼠的危害及防治．陕西农民报，5：21

王乃江，赵忠，李鹏．2000．施肥措施对大扁杏生理特征的影响．水土保持研究，7（1）：85-88

王仁梓．1987．柿子．北京：中国展望出版社

王树杞．1993．大扁杏-甜仁杏栽培与利用．北京：中国林业出版社

王晓琴，徐僮，刘悦，等．2021．沙棘属药用植物亲缘学研究进展．世界中医药，16（15）：2217-2227

王旭，杨关锋．2010．我国山苍子开发利用的现状与发展对策．经济林研究，28（3）：136-139

王亚军，安巍，石志刚，等．2008．枸杞药用价值的研究进展．安徽农业科学，36（30）：13213-13214

王佑民，刘秉正．1994．黄土高原防护林生态特征．北京：中国林业出版社

王宗训．1989．中国资源植物利用手册．北京：中国科学技术出版社

韦诗梦．2020．油茶新造林丰产栽培技术与油茶低产林改造技术探讨．南方农业，14（8）：77-78

吴次彬．1989．白蜡虫及白蜡生产．北京：中国林业出版社

吴钦孝，杨文治．1998．黄土高原植被建设与持续发展．北京：科学出版社

郗荣庭，张毅萍．1996．中国果树志·核桃卷．北京：中国林业出版社

奚如春，邓小梅．2005．我国油茶产业化发展中的现状、要素及其优化．经济林研究，23（1）：83-87

夏家超．2009．棕树栽培及棕片采剥方法．特种经济动植物，（11）：32-32

肖文一，陈德新，吴渠来．1989．饲用植物栽培与利用．北京：农业出版社

胥耀平，李冰．1996．10个主要枸杞品系综合评定．西北林学院学报，11（3）：46-49

徐鸿华．1986．热带药用植物栽培．广州：广东科学技术出版社

徐华聪，杜一新．2015．山苍子资源保护及人工栽培技术．世界热带农业信息，（2）：7-10

徐乃良，岑丽华．1990．名贵中草药栽培手册．南宁：广西民族出版社

薛建宏．1989．漆树的生长、产漆量与环境因子关系的调查．中国生漆，8（2）：16-19

解进金，解秉旭．1989．枣树丰产栽培管理技术．北京：中国林业出版社

杨慧萍，高睿．2017．银杏药用成分及药理作用研究进展．动物医学进展，38（8）：96-99

杨继群．1993．药用植物栽培学．北京：农业出版社

杨家旺，叶有才，王礼明．2007．杜仲树皮的采剥技术．陕西农业科学，（4）：165

杨健，裴艳玲．2019．柿子资源综合利用的研究进展．安徽农学通报，25（17）：116-118

杨每宁．1996．果树根外施肥集锦．北方园艺，（6）：41-45

杨照勇．2019．乌桕栽培技术推广应用探析．现代农业科技，（18）：108-109

杨学军，胡忠朗，陈孝达，等．1995．林区鼢鼠人工捕杀技术．陕西林业科技．（1）：40-43

姚远，李凤山，陈永胜，等．2009．国内外蓖麻研究进展．内蒙古民族大学学报（自然科学版），24（2）：172-175

于洪柱，徐安凯，王志锋，等. 2008. 苜蓿高产栽培技术. 草业与畜牧，（12）：60-62

于胜男. 2012. 花椒的研究概述. 中国调味品，37（12）：10-12，28

袁德义，彭邵锋，邹锋，等. 2011. 油茶种子脂肪酸与游离氨基酸的分析. 中南林业科技大学学报，31（1）：777-795

岳沛华，刘中文. 1991. 吉林省人参业历时和现状及当前对策. 人参研究，（1）：8-11

翟梅枝，高绍棠，王晓斌，等. 2000. 核桃露地嫁接试验研究. 西北林学院学报，15（3）：76-79

张广军，韩玉兰. 1989. 如何提高沙棘育苗成活率. 陕西水土保持，（1）：27-29

张康健，王蓝. 1997. 药用植物资源开发利用学. 北京：中国林业出版社

张康健，张亮成. 1997. 经济林栽培学（北方本）. 北京：中国林业出版社

张魁，崔代云，孟宪武，等. 1988. 大扁杏密植早期丰产栽培试验. 中国果树，（1）：9-13

张立伟. 2021. 2020年我国油脂油料进口特点及2021年进口展望. 黑龙江粮食，（4）：32-34

张振珏. 1985. 阳春砂仁人工授粉的生物学基础. 植物学通报，3（5）：36-37

张振珏. 1989. 益智雌配子体发育与受精过程的观察. 植物学集刊，（4）：105-110

张志华，罗秀钧. 1998. 核桃优良品种及其丰产优质栽培技术. 北京：中国林业出版社

张子荣. 1981. PVO蒸腾抑制剂在油橄榄树上的应用效果. 林业科技通讯，（5）：16-19

赵海鹄，江泽鹏，王东雪，等. 2008. 山苍子扦插试验. 广西林业科学，（4）：15-17

赵宏. 2008. 糖槭叶化学成分及抗氧化、抗炎活性研究. 佳木斯：佳木斯大学硕士学位论文

浙江药用植物志编写组. 1980. 浙江药用植物志. 杭州：浙江科学技术出版社

郑灏. 2015. 不同套种模式下油茶幼林土壤微生物及理化性质研究. 福州：福建农林大学硕士学位论文

郑骥. 1997. 提高板栗坐果率的有效措施. 江西林业科技，（2）：15-18

郑郁善，洪伟. 1998. 毛竹经营学. 厦门：厦门大学出版社

中国林业科学研究院资源昆虫研究所. 1999. 资源昆虫学研究进展. 昆明：云南科技出版社

中国树木志编委会. 1981. 中国主要树种造林技术. 北京：中国林业出版社

中国香料植物栽培与加工编写组. 1985. 中国香料植物栽培与加工. 北京：轻工业出版社

中国医学科学院药用植物资源开发研究所. 1991. 中国药用植物栽培学. 北京：农业出版社

中国医学院药物研究所. 1979. 药用植物栽培技术. 北京：农业出版社

中国植物志编委. 1959—2004. 中国植物志. 北京：科学出版社

中华人民共和国水利部 2013. 第一次全国水利普查水土保持情况公报.

中南林学院. 1983. 经济林栽培学. 北京：中国林业出版社

周建云，林军，何景峰，等. 2010. 栓皮栎研究进展与未来展望. 西北林学院学报，25（3）：43-49

周建云，杨祖山，郭军战，等. 2003. 栓皮栎优树选择标准和方法的初步研究. 西北农林科技大学学报（自然科学版），31（3）：151-154

周政贤. 2001. 中国马尾松. 北京：中国林业出版社：5-8

朱健. 1993. 花椒. 西安：陕西科学技术出版社

朱世玲，胡元书. 1990. 应用浓硫酸（98%）处理漆树种子育苗研究报告. 中国生漆，9：9-15

庄瑞林. 2008. 中国油茶. 2版. 北京：中国林业出版社.

邹高顺. 1995. 台湾桤木引种造林及其培肥能力的研究. 福建林学院学报，15（2）：112-117

邹年根，罗伟祥. 1997. 黄土高原造林学. 北京：中国林业出版社

查轩，黄少燕. 2001. 植被破坏对黄土高原加速侵蚀及土壤退化过程的影响. 山地学报，19（2）：109-114

Bartholomew D P, Paull R E, Rohrbach K G. 2002. The Pineapple: Botany, Production and Uses. Wallingford: CABI Publishing

Ferree D C, Warrington J. 2003. Apples: Botany, Production and Uses. Wallingford: CABI Publishing

Franzel S, Scherr S J. 2002. Trees on the Farm: Assessing the Adoption Potential of Agroforestry Practices in Africa. Wallingford: CABI

Publishing

Lind K, Lafer G, Schloffer K, et al. 2003. Organic Fruit Growing. Wallingford: CABI Publishing

Litz R E. 2005. Biotechnology of Fruit and Nut Crops. Wallingford: CABI Publishing

Lovisolo C, Ferrandino A, Guidoni S, et al. 1997. Effect of rootstock on the growth and quality of fruit of cultivas San Castrese (*Prunus armeniaca* L.). Italus Hortus, 4 (2): 84-86

Price M F, Butt N. 2005. Forests in Sustainable Mountain Development: a State of Knowledge Report for 2000: Task Force on Forests in Sustainable Mountain Development. Wallingford: CABI Publishing

Sherma N, Chauhan J S, Singh R P. 1997. Influence of pruning time on growth , productivity and fruit quality in New Castle apricot. Horticultural Journal, 10 (2): 15-21

Szalay L, Pedryc A, Szabo Z. 1997. Dormancy and cold handiness of flower buds of some Hungarian apricot varieties. Horticultural Science, 29 (1/2): 39-42

Wilfried Ehlers, Goss M J. 2003. Water Dynamics in Plant Production. Wallingford: CABI Publishing

